[韩] 金吉英 主编　　李倩 译

现代育儿大百科

青岛出版社
QINGDAO PUBLISHING HOUSE

图书在版编目（CIP）数据

现代育儿大百科 / 〔韩〕金吉英主编，李倩译. – 青岛：青岛出版社，2014.2

ISBN 978-7-5552-0081-9

Ⅰ.①现… Ⅱ.①金… ②李… Ⅲ.①婴幼儿 – 哺育 – 基本知识 Ⅳ.① TS976.31

中国版本图书馆 CIP 数据核字(2014)第 019184 号

书　　名	现代育儿大百科
主　　编	〔韩〕金吉英
翻　　译	李　倩
出版发行	青岛出版社
社　　址	青岛市海尔路 182 号(266061)
本社网址	http://www.qdpub.com
邮购电话	13335059110　0532-85814750（兼传真）　68068026
责任编辑	尹红侠
责任校对	谢　磊
制　　版	青岛艺鑫制版印刷有限公司
印　　刷	荣成三星印刷股份有限公司
出版日期	2014 年 5 月第 1 版，2017年2月第1版第5次印刷
开　　本	16 开(720mm × 1000mm)
印　　张	33.5
书　　号	ISBN 978-7-5552-0081-9
定　　价	49.80 元

编校质量、盗版监督服务电话　4006532017

青岛版图书售后如发现质量问题，请寄回青岛出版社出版印务部调换。电话：0532-68068638

建议陈列类别：育儿类

序　言

在育儿的过程中，每个妈妈都会有迷茫无助和手足无措的时候。宝宝们千差万别，似乎没有哪一本书能把所有的育儿问题全部痛快解决。本书从妈妈的角度出发，为妈妈细致讲解宝宝养育护理知识、辅食添加与营养餐知识和早教启蒙知识。每位父母都希望自己的宝宝健康成长，聪明活泼，本书为父母送上宝宝早教启蒙大餐，用很大的篇幅讲解促进宝宝大脑发育、开发宝宝潜能、培养宝宝好习惯好品格的内容。

本书从襁褓之中的新生儿开始讲起，详细介绍0~5岁每个月龄的宝宝发育状况与性格特征、育儿要点、日常照顾方法、不适处理对策、辅食营养餐、生活技能培养方案、益智训练方案、早教启蒙方案、亲子游戏方法、潜能开发方案等内容，可谓是面面俱到，实用有效，是新手爸妈的育儿早教指南宝典。

宝宝的成长，需要各种丰富多样、生动有趣的体验和感受。研究证明，如果婴儿的视觉体验在6个月内被阻断，那么就有可能丧失视觉功能。同样，如果婴儿的语言能力在一定时期内不加以训练发展，也有可能丧失掉，印度的"狼孩"就是一个例子。

在宝宝的不同发育阶段，如果家长能够给予丰富多样的刺激，让宝宝有多种多样、鲜活有趣的体验，宝宝就可以聪明健康地成长。但是，如果家长过于心急，不配合宝宝的发育阶段，而将刺激和体验提前，反而会对宝宝有副作用。耐心地陪伴宝宝成长，跟随宝宝发育的步调，适时进行早教，才是明智的育儿方法。正如优秀的农夫熟知农作物的生长规律，适时灌溉施肥，就能够喜获丰收一样，爸爸妈妈们在本书的帮助下，也一定会收获惊喜，拥有一个可爱精灵宝贝。

本书列出了几百个生活中妈妈最关心最头疼的育儿难题，并一一给予详细的解答，相信这些内容会对妈妈很有帮助。本书附录的"如何做个好爸爸"篇，让新手爸爸明白，爸爸在育儿过程中扮演的角色是多么重要和有价值。本书将教会你如何成为一个好爸爸，教您如何从孩子的视角去理解孩子，同时列举了各个月龄适合爸爸和孩子一起玩耍的游戏。

郭努義

哲学博士，首尔教育大学特殊教育科教授

2014年2月

CONTENTS

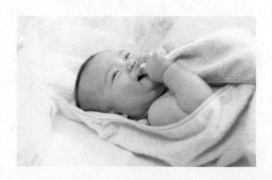

Mom & Baby

1

制订育儿原则和
安排时间表

如果想科学养育宝宝，就要制订育儿计划。从确认怀孕的那一刻开始，爸爸妈妈就应该明确育儿的方向，并制订具体的育儿计划。本章教您制订科学的育儿原则，合理安排时间表，帮您成为育儿达人。

科学养育宝宝

制订育儿原则

如果想科学合理地养育我的宝贝，需要制订怎样的计划呢？

小宝贝在大家的祝福中出生贝，爸爸妈妈如果想要科学地养育宝宝，就应该尽早制订育儿计划。如果没有任何计划和原则，容易产生纠纷，而且也会使孩子陷入混乱。建议爸爸、妈妈，以及其他家庭成员仔细阅读和思考以下内容。

在孩子出生之前制订计划

如果想科学地养育宝宝，最好在宝宝出生之前就制订育儿计划。

如果没有任何原则和计划，即使是很小的事，父母也可能因意见不和而争吵，还会使孩子感到混乱。

明确育儿原则

很多夫妻在孩子出生之前关系良好，几乎不太吵架，常常因为孩子的出生而开始争吵。

为避免争吵和纠纷，爸爸、妈妈和其他家庭成员应制订明确的育儿原则。

明确父母的角色

当宝宝做错事了，父母在批评或教育宝宝时，明确各自扮演的角色是很重要的。

多和照看孩子的人交流

在爸爸妈妈都要外出工作的情况下，应将制订的育儿原则告诉照看宝宝的奶奶或阿姨，以免在育儿过程中出现问题。

爸爸妈妈要和照看宝宝的人多交流。

配合不同的成长阶段给予多样的刺激

孩子在不同的成长阶段接受的刺激不同，身体发育状况和智商水平也不同。父母一定要牢记，如果不能承担起育儿责任，就有可能影响孩子的健康成长。

把育儿原则贴在全家都能看到的地方

夫妻要把制订的育儿原则认真地写下来，贴在冰箱、饭桌等显眼的地方，经常看到就能始终如一地把育儿原则坚持实施下去。

爸妈还可以一边观察宝宝，一边修改育儿原则，以便更好地了解宝宝究竟喜欢什么。

预先确定何时教宝宝什么内容

很多妈妈都在为何时教给宝宝什么内容而苦恼，但在这方面并没有明确的方案。没有人比父母更了解自己的孩子，父母可以制订适合孩子资质和性格的教育原则，按照心中所想的进行吧！

称赞宝宝的个性

想要培养一个积极、自信的孩子，首要原则是在孩子做得很好的时候要给予充分的表扬，对宝宝拥有的独特个性也要给予称赞。在表扬中长大的孩子情绪稳定，对所有的事情都能表现出积极正面的态度。

不要过分干涉孩子的事

过分干涉孩子的行动很难培养出有创造性的孩子。让孩子自由地玩耍，当孩子依靠自己的力量做成一件小事的时候，要给予足够的称赞和鼓励，这是培养创造能力的好方法。

选择适合自己孩子的方法

无论有多少育儿好方法、好原则，如果不适合自己孩子，不仅没有任何作用，甚至会有反效果。

孩子做了对的事情，父母要给予充分的表扬；孩子做了错事，父母就要严格批评，这样才能让宝宝学会分辨对错。

对待第一个孩子的态度要和其他孩子不同

对第一个孩子来说，弟弟妹妹的出生会让他感到父母的爱被夺走了，甚至产生嫉妒心。父母要尊重老大，绝对不能拿他和弟弟妹妹比较。对老大要用和弟弟妹妹不同的教育方法。

让哥哥参与到对弟弟、妹妹的照看中

若想让老大把弟弟妹妹当成家庭中的一员，并疼爱弟弟妹妹，不妨试着让他直接参与到对弟弟妹妹的照顾中。喂弟弟妹妹牛奶，跑腿拿尿片等对大孩子来说都是不错的训练。

父母是孩子的榜样

无论用什么原则教育孩子，都要铭记一点：父母是孩子的榜样。因为孩子在成长过程中看到最多的是爸爸、妈妈，所以不知不觉中就会模仿父母的性格、习惯和生活态度。

创造多种多样的环境

制订出育儿原则之后，还要为孩子提供各种有助于其成长的环境，并让孩子多接触不同的人。还有一点要牢记的是，要多学习与孩子成长和发育相关的育儿知识，绝对不能偷懒。

培养对别人的关心

要想培养孩子心地善良、关心他人的品格，就要在训斥孩子时站在孩子的立场想想，在罚过之后给他一个拥抱。对他人的关心，在人世间堂堂正正生活的智慧，都由父母展示给孩子吧。

科学安排时间
安排育儿时间表

根据孩子的生活规律，制订属于自己的时间表。

宝宝出生以后，妈妈忙得连看书的时间都难以挤出来。解决这一苦恼的方法就是根据妈妈和孩子的生活规律，在各个时间段精心安排各项事务。

妈妈可以在照顾孩子的闲暇时间做自己感兴趣的事，双职工家庭的妈妈也可以利用零散的时间多陪伴孩子，也可以做些家务。

制订基本的生活时间表

无论是吃饭、睡觉，还是游戏、外出散步、看书、听音乐、看电视、学习、和爸爸玩，都可以把这些事情加入到时间表中。

3岁以内，要多陪孩子一起玩耍

对不到3岁的孩子，要在时间表中安排足够的玩耍时间，可以玩各种游戏，进行各种体验。

对不到3岁的孩子来说，每一个游戏都会对其身体发育和情绪、技能的培养产生积极的作用，因此要让他玩各种游戏，进行各种体验。

玩完玩具给孩子留出整理玩具的时间

玩具玩完，要给孩子留出自己整理玩具的时间。让其养成整理自己物品的习惯，这样不仅可以培养孩子的独立性，还能帮妈妈缩短整理玩具的时间。

每天让孩子在外面玩1~2个小时

与整天待在家里相比，每天让孩子在外面蹦蹦跳跳地玩上1~2个小时更有助于孩子的成长发育。

列出让老公做的家务

列出让老公做的家务并写进时间表。无论妈妈是上班族还是全职太太，在老公上班期间照顾孩子和家庭都是很辛苦的，因此老公下班之后要帮助妻子分担一些家务。

让老公和孩子一起洗澡

即使是给孩子洗澡这样的小事，对妻子来说也不轻松，需要老公积极帮助。

让老公和孩子一起洗澡，既可以省出单独洗澡的时间，又可以增加爸爸和孩子玩耍的时间。

孩子学会走路以后，可以和爸爸一起玩身体游戏

孩子学会走路之后，妈妈带孩子一起玩时经常力不从心，爸爸下班后可以和孩子一起玩能消耗很多体力的游戏，如骑大马等。

让老公负责在夜里给宝宝喂奶粉

夜间孩子醒来要喝奶粉时，最好让老公喂。宝宝周岁之前经常在夜里醒来，导致妈妈睡眠不足，第二天还要做家务，非常疲惫。此时老公帮一点忙，会让妻子轻松很多。

假日里要给妈妈留出外出休闲的时间

假日里妈妈要有属于自己的时间。假日里让老公带孩子，这是形成父子间亲密关系的好机会。

时间表做好后，贴在醒目的地方

时间表做好之后要将其贴在电冰箱上，或者放在其他醒目的地方，而且要根据情况的变化随时修改时间表，灵活运用。

在孩子睡觉时做家务

把堆积的家务留在孩子睡觉时再做。

如果是上班族妈妈，清扫、洗刷等家务活很容易积压，在孩子醒着的时候做家务会很累，所以有些家务活最好安排在周末，或者等孩子睡着以后再做。

一定要在早上抱抱孩子

孩子在3岁以前如果不能从父母那里得到充分的关爱，很容易产生不安情绪。

双职工夫妇没有太多时间和孩子待在一起，一定要经常抱抱孩子，陪孩子玩耍，这样才能让孩子有被爱的感觉。

适当减少打扫的次数

在孩子睡着之后开始做家务时，不要勉强把所有的事一次做完，要有把今天做不完的事情推到明天的勇气。与每天都打扫洗刷相比，几天做一次更节约时间。

在头一天晚上做好入托和上班的准备

当天早上才开始准备孩子入托的东西时间会很紧张，因此，最好在头一天晚上把东西准备好，同时也可以准备好自己上班需要带的东西。

上班时用电话向孩子表达爱

在上班时偶尔给孩子打个电话表达你的爱。如果孩子太小，还不能讲话，那么将爸爸妈妈讲的童话或唱的摇篮曲录下来放给孩子听也很不错。

PART

2

新生宝宝长什么样●宝宝出生后要进行的检查

宝宝1个月需要进行的检查● 0~3岁宝宝的发育状况

仔细观察宝宝的状态●培养新生儿的生活规律

培养新生宝宝的生活规律

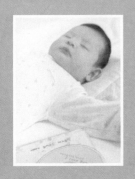

对只知道吃喝拉撒睡的新生儿，妈妈如果想尽快安稳下来，就要尽早熟练掌握宝宝睡觉、吃奶、排便的规律。另外，妈妈还需要了解从宝宝一出生就需要进行的检查项目，以及在满月时需要进行的检查项目。

新生宝宝长什么样

新生儿具有很多特殊的生理特征。经阴道分娩的新生儿出生时要通过狭窄的产道，他们的脑袋看上去有点尖，而且浑身被乳白色的胎脂包裹着，可能还会有青色或红色的斑点。下面介绍新生宝宝的具体特征。

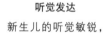

囟门未闭合

刚出生的宝宝头骨偏软，轻轻摸甚至可以发现头顶有两处软软的地方没有头骨，这两个地方叫"囟门"。囟门可以使宝宝的头在通过产道时变长，从而容易通过产道，而且出生后有助于大脑发育。

6周之内基本看不清东西

宝宝在出生6周之内基本看不清东西，但是看到某些光亮会觉得耀眼；出生后1~2个月能在一定程度上识别物体，并能看到抱着自己的人的脸。

听觉发达

新生儿的听觉敏锐，很小的声音也会被惊吓到。和胎教一样，此时也可以给宝宝听听音乐或讲讲故事。

胸部会隆起

无论男婴还是女婴，在出生后几天内都可能出现乳房泌乳或肿大。这是胎儿在母亲体内，通过胎盘接受母体的雌激素、孕激素，使乳腺增生形成的生理现象。

手脚指甲长，足扁平

宝宝的指甲从怀孕16周时开始生长，到出生时已经长到足够长了。指甲太长可能会划伤宝宝的脸，所以要及时修剪。婴儿的足部脂肪丰满，大多为扁平足。

剪断脐带

脐带是胎儿期间母体输送氧气和营养物质的通道。婴儿出生后，脐带的作用终止，即刻被剪断，留下脐带的残端。正常情况下，脐带会在出生后10天左右自行愈合。

刚出生的宝宝皮肤多半是皱皱的，像个小老头儿，肚子鼓鼓的，整个身体大概是头的四倍长。等了十个月的妈妈们原本期待见到一个白白净净的宝宝，一旦面对这样的宝宝难免慌乱。其实用不了多久，宝宝就会变得像想象中一样漂亮可爱了，妈妈们根本不用担心。

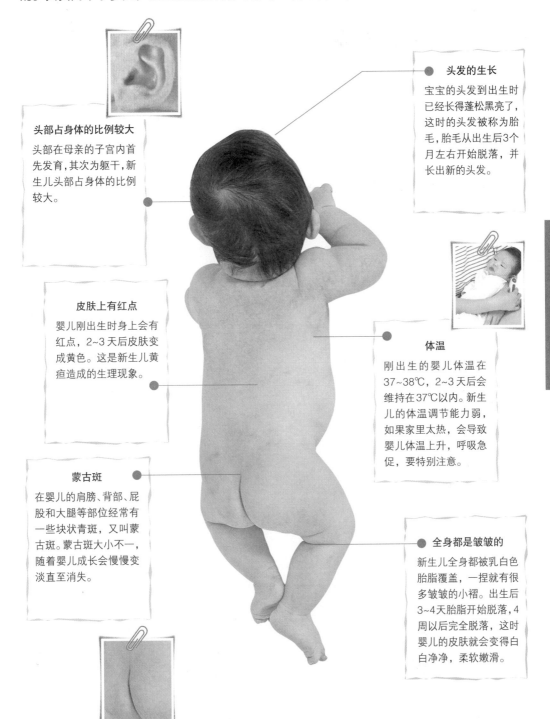

头部占身体的比例较大

头部在母亲的子宫内首先发育，其次为躯干，新生儿头部占身体的比例较大。

头发的生长

宝宝的头发到出生时已经长得蓬松黑亮了，这时的头发被称为胎毛，胎毛从出生后3个月左右开始脱落，并长出新的头发。

皮肤上有红点

婴儿刚出生时身上会有红点，2~3天后皮肤变成黄色。这是新生儿黄疸造成的生理现象。

体温

刚出生的婴儿体温在37~38℃，2~3天后会维持在37℃以内。新生儿的体温调节能力弱，如果家里太热，会导致婴儿体温上升，呼吸急促，要特别注意。

蒙古斑

在婴儿的肩膀、背部、屁股和大腿等部位经常有一些块状青斑，又叫蒙古斑。蒙古斑大小不一，随着婴儿成长会慢慢变淡直至消失。

全身都是皱皱的

新生儿全身都被乳白色胎脂覆盖，一捏就有很多皱皱的小褶。出生后3~4天胎脂开始脱落，4周以后完全脱落，这时婴儿的皮肤就会变得白白净净，柔软嫩滑。

1 口腔检查
先清除宝宝口腔和肺里的羊水，使宝宝呼吸顺畅。将止血后较长的脐带剪断，只保留3~4cm，然后结扎。

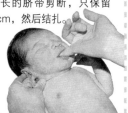

2 身长与体重的检查
先将头面部的羊水清洗擦拭干净。测量宝宝的体重、身长、头围和胸围，并观察全身情况。

3 头部检查
对于阴道分娩的婴儿，要检查其头部有无异常。触摸囟门，确认是否有两条并合线，有无血肿。

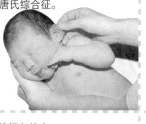

宝宝刚刚出生后

要进行的全身检查

宝宝刚刚出生便要接受很多检查,而且在满月时还要接受多项健康检查。家长要对这些检查内容有所了解,以免错过宝宝健康检查的时机。

4 脖子、眼睛和鼻子的检查
抚摩宝宝的脖子，检查是否有肿物，将宝宝前后摇一摇，看其眼睛是否能睁开，瞳孔的状态是否正常。然后检查鼻孔是否张开，下颌骨能否活动。

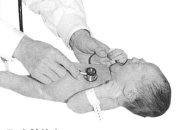

5 耳朵检查
查看耳朵的位置。如果耳朵比眼睛位置过低，常怀疑为唐氏综合征等染色体异常疾病。另外，若手掌掌纹只有长长的一条，且呈贯通状，也要怀疑是否为唐氏综合征。

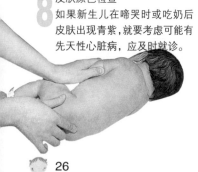

6 心脏检查
检查宝宝的心跳次数和呼吸状态。用手轻轻按压腹部，确认肝脏和脾脏的大小及位置，如果位置异常，就要怀疑心脏畸形。

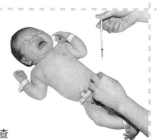

7 肛门与生殖器官的检查
查看肛门、生殖器官和脊椎的发育是否正常。特别是男婴，如果一侧的阴囊格外大，可能是阴囊水肿或腹股沟疝。

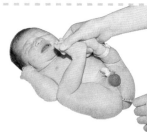

8 皮肤颜色检查
如果新生儿在啼哭时或吃奶后皮肤出现青紫，就要考虑可能有先天性心脏病，应及时就诊。

9 血液检查
为了确认宝宝是否存在先天性代谢异常，要在出生两天后从脚后跟抽血进行血液检查。

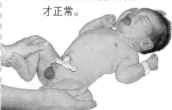

10 骨关节检查
让宝宝仰卧，让其两条大腿与躯干分别呈直角，看看两腿的高度有无差异，然后将两腿向两边张开，呈180°才正常。

1 莫洛反射
宝宝身体移动幅度过大或受到声响惊吓时，宝宝的手指会张开，背部伸展或弯曲，头朝后仰，双腿挺直，严重时甚至会哭。

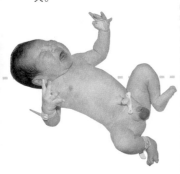

2 吮吸反射
将手指靠近宝宝嘴边，宝宝就会紧紧地把手指吮吸住。正是因为存在这种反射，刚出生的宝宝就会吮吸母亲的乳头。

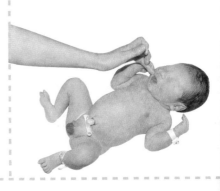

宝宝刚刚出生后

要进行的反射检查

对宝宝的全身进行仔细检查后，还要进行简单的反射检查。即使是刚出生的婴儿，在一定的刺激下也会出现与生俱来的反射，而且反应能力是否正常对判断神经和肌肉的成熟度非常重要。新生儿的原始反射有以下几种：

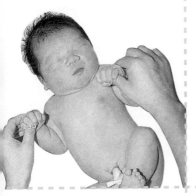

3 抓握反射
用手指轻轻刺激宝宝的手掌，宝宝会无意识地把手指握起来。宝宝握手的力度比想象中更强。如果将手指抬高，宝宝的手也会跟着抬高。如果刺激宝宝的脚，宝宝也会弯起脚趾。

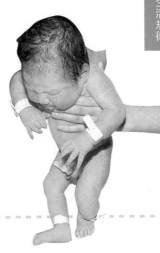

4 牵引反射
让宝宝仰卧，慢慢拉起宝宝双臂，即使宝宝头部还不能挺立，依然会做出试图抬头的动作。

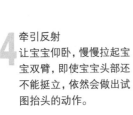

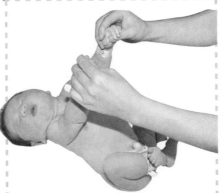

5 步行反射
扶着宝宝的两肋，让宝宝两脚着地，宝宝会自然向前迈动双脚，做出类似走路的动作。这个动作会持续到出生以后两个月，但与真正的步行完全不同。

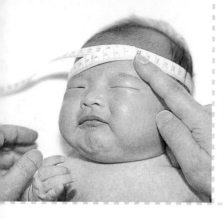

◀ 测量头围、身长、胸围和体重等，看宝宝的发育是否正常。一般情况下，宝宝在一个月时平均身长增长4~5厘米，体重增长1千克左右。宝宝的发育速度因人而异，只要不出现太大的偏差就不用过于担心。

▼ 通过观察几种原始反射（抓握反射、莫洛反射、步行反射、牵引反射、吮吸反射等）来检查宝宝的神经反射是否正常，然后仔细检查身体各个部位。下图为牵引反射的图片。

要进行的检查

宝宝出生后的一个月，是宝宝定期接受检查的时期。即使宝宝没有不舒服，也一定要接受定期检查，以保证宝宝的健康。

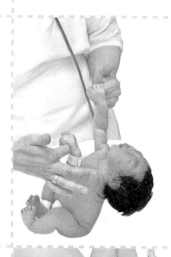

出生4周后进行定期检查，仔细查看宝宝的发育状态

到宝宝出生的医院或者就近选择值得信任的医院接受一个月定期检查。如果宝宝出现不适或异常，要随时就诊。

仔细检查宝宝的发育状况是否良好，有无遗传病或传染病。同时接种疫苗，做好疾病预防。

▶ 用手按压宝宝腹部，检查消化器官的状态。

▲ 仔细检查肚脐、肛门、生殖器官发育是否正常，查看宝宝脖子、脊柱的发育是否正常。

需要注意的是，即使未到4周，若宝宝的脐带出现糜烂、严重发炎或其他异常情况，就不能再等定期检查了，要马上去医院接受治疗。

事先记录好宝宝的异常症状和担心的问题

在接受1个月健康检查之前，妈妈最好把宝宝的异常症状和担心的问题记录下来。在检查前一天要将婴儿手册、医疗卡，以及尿片、要换的衣服和喂奶用品、毛巾等全部准备好。

0~3 岁宝宝的发育状况

单位：厘米

男 婴				年龄	女 婴			
体重	身长	头围	胸围		体重	身长	头围	胸围
3.40	50.8	34.6	33.4	新生儿	3.30	50.1	34.1	33.1
4.56	55.2	37.3	38.7	1 个月	4.36	54.2	36.6	36.1
5.82	59.0	39.2	39.7	2 个月	5.49	58.0	38.5	38.9
6.81	62.5	40.7	41.7	3 个月	6.32	61.1	39.9	40.6
7.56	65.2	41.9	42.7	4 个月	7.09	63.8	41.0	41.7
7.93	66.8	42.8	43.4	5 个月	7.51	65.7	41.9	42.5
8.52	69.0	43.7	44.1	6 个月	7.95	67.5	42.6	43.1
8.74	70.4	44.1	44.7	7 个月	8.25	69.1	43.2	43.7
9.03	71.9	44.7	45.3	8 个月	8.48	70.5	43.8	44.3
9.42	73.5	45.2	45.9	9 个月	8.85	72.2	44.4	44.8
9.68	74.6	45.7	46.4	10 个月	9.24	73.5	44.7	45.4
9.77	76.5	46.1	47.0	11 个月	9.28	75.6	45.4	45.9
10.42	77.8	46.4	47.4	12 个月	10.01	76.9	45.6	46.6
11.00	80.1	47.1	48.0	15 个月	10.52	79.2	46.2	47.2
11.72	82.6	47.7	48.7	18 个月	11.23	81.8	46.8	47.9
12.30	85.1	47.9	49.4	21 个月	12.03	84.4	47.2	48.6
12.94	87.7	48.4	50.0	2 岁	12.51	87.0	47.7	49.1
15.08	95.7	49.6	51.9	3 岁	14.16	94.2	48.7	50.5

part
2
培养新生宝宝的生活规律

妈妈需仔细观察分辨的异常情况

新生宝宝的身体机能尚未发育完全，照看新生宝宝时要格外小心。宝宝无法表达自己的感受，所以妈妈要靠观察来分辨宝宝哪里不舒服，怎么不舒服。

	正 常	异 常	可能存在的疾病
呼吸不好	新生儿每分钟呼吸次数在 40 次左右	睡着时宝宝每分钟的呼吸次数在 60~80 次以上，或者呼吸时伴有杂音、憋气的现象，或者吸气时出现胸腔抬高的现象	胸膜炎、肺炎、肺出血的可能性很大，或者是脑部疾病、心脏瓣膜异常
易受惊吓	新生儿的脑神经尚不发达，即使是很小的一点刺激也会受到惊吓，随着身体的生长发育会渐渐好转	没有外部刺激却自己受惊，这种症状持续且变严重的话可能是疾病，最好接受检查	受到外部刺激时，出现手脚不停地哆嗦、眼睛上翻等情况，有可能是癫痫病
汗多	新生儿汗多，容易长湿疹。喂奶时额头和脸上有汗是正常的现象	与平时相比，汗突然多了很多，有可能是生病了。特别是在半夜发烧并抽搐的话，要马上送医院	可能是败血症或细菌性脑膜炎，要尽快治疗

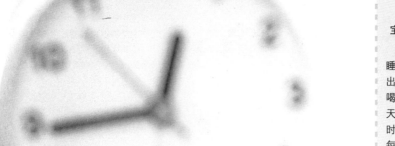

培养新生儿的生活规律

喂奶规律

在宝宝还没有形成吃奶的生物钟之前，最好是宝宝什么时候想吃就什么时候喂，3~4个月之后喂奶间隔会逐渐增长，宝宝睡觉前将宝宝喂饱，慢慢地，就不会半夜饿醒，一觉可以睡到天亮。

宝宝会自然形成吃奶生物钟

刚出生的小宝宝每天除了睡觉以外，就是"吃喝拉撒"。出生后1个月内，宝宝一天中喝奶粉以3~4小时为间隔，每天6~7次为宜；母乳以1~2小时为间隔，每天10~15次为宜；每次吃奶需要15~20分钟。

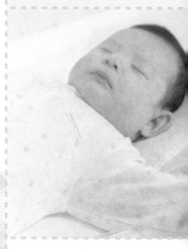

喂奶间隔要符合宝宝的意愿，宝宝想吃奶的时候，不要刻意等到规定的时间间隔，不用担心经常给宝宝喂奶会让宝宝养成坏习惯。宝宝长大一点儿时，自然就会形成吃奶的生物钟了，因此，在此之前还是顺其自然的好。

3~4月以后，差不多可以半夜不喂奶了

大部分宝宝饭量会越来越大，吃奶间隔也会越来越长。到3~4个月以后，半夜不喂奶也基本可以了。这时要让宝宝睡前吃得饱饱的，这样就不大会在半夜饿醒，一觉就可以睡到天亮了。

宝宝因肚子饿而哭闹时，先哄再喂奶

搞清楚宝宝的吃奶生物钟，就能准确地判断出宝宝是睡醒了还是饿醒了。如果宝宝是因为饿了而哭闹，在给宝宝喂奶前，要先把宝宝舒服地抱在怀里，哄宝宝安静下来再喂奶。

睡眠时间长、浅睡多

刚出生的小宝宝虽然睡眠的整体时间较长，但是睡眠周期仅为40~60分钟，与成人周期90~120分钟相比反而较短。3~4个睡眠周期连在一起，宝宝就能连续睡3~4个小时，如果这个睡眠周期被打断，或者是由于饥饿、吵闹、不舒服等原因，宝宝就会惊醒，哭闹就在所难免了。

室内温度、湿度要适当，宝宝才能睡好。随着宝宝的成长，宝宝的睡眠时间逐渐缩短，深度睡眠更有利于宝宝成长。那么，什么样的环境才最有利于宝宝睡眠呢？

温度22~23℃，湿度50%是最佳环境。光线刺眼、吵闹喧哗等环境都不利于宝宝的睡眠。

培养新生儿的生活规律

睡眠规律

刚出生的小宝宝一天的大部分时间都在睡觉，但是夜里总会醒来好几次，这让妈妈没办法好好休息。从出生后3个月开始，宝宝多少形成了一定的睡眠规律，照看宝宝的工作也就稍微轻松了一些。

新生儿的浅睡

新生儿的睡眠50%~70%为浅睡，深睡、浅睡反复交替。成人的睡眠中浅睡占25%，可见新生儿睡眠的不安定性更强。在浅睡状态下，外界很小的刺激就会把宝宝吵醒。宝宝睡觉时，身体动一动或是微微一笑，都说明宝宝是在浅睡。

宝宝的睡眠时间因人而异

有很多妈妈常因为自己的宝宝觉多或觉少而担心不已，其实这是没有必要的。宝宝和大人们一样，睡眠时间也因人而异，因此不要刻意调整宝宝的睡眠。

昼夜颠倒的宝宝，可以洗澡后再哄睡

遇上昼夜颠倒的宝宝，妈妈晚上就要辛苦了。白天要多陪宝宝玩，少让宝宝睡觉，晚上睡觉前给宝宝洗个澡，为宝宝创造一个安静的环境，让宝宝清清爽爽、舒舒服服地入睡，坚持一段时间，宝宝的作息时间就调整过来了。

出生后一个月宝宝的睡眠时间会缩短

新生儿的平均睡眠时间是每天16~20小时，每个孩子的情况稍有不同。这样的睡眠时间在一个月后逐渐减少。

饿

饥饿的哭声是吸一口气停一下，如果宝宝已经形成了吃奶规律，看一下时间父母就明白了。这时只要立刻喂奶或者把奶瓶拿来，宝宝马上就不哭了。

宝宝感到不安时，只要一吃奶，接触到妈妈，立刻就有了安全感，自然也就不哭了。

疼

疼痛的哭声常常是一惊一停，声音变动大，容易区分。这时不要把宝宝丢在一边，以为哭够了便能停下，如果宝宝哭了30分钟以上，那一定是哪里不舒服，要马上带宝宝去医院。

培养新生儿的生活规律

学会判断宝宝哭闹的原因

新生儿不会说话，无法和大人进行交流，稍有不适就会哭，哭就是他们的语言。新妈妈看见宝宝哭就慌了，手忙脚乱地哄上一阵，宝宝反而哭得更凶。如果能读懂宝宝这种特殊的语言，那么照顾宝宝就会容易多了。

困

宝宝困的时候哭起来有点像生气一样，这种哭声就是为了告诉妈妈："我睡不着，快来哄哄我。"这时抱着宝宝，轻轻摇晃，再唱上一首摇篮曲，宝宝就能睡着了。

另外，宝宝在睡觉的过程中体温会升高，头皮常常会发痒，妈妈可以一边抱着宝宝，一边轻轻抚摸宝宝的头，他就能舒舒服服地入睡了。

烦

宝宝生气的时候，要比饿的时候哭的声音更大更强烈。如果放任不管就会演变成大哭大闹，这时再哄就很难了，通常要抱着宝宝哄上很久，他才会渐渐平静下来。

想让妈妈抱抱

不饿也不疼，尿布刚刚换过，这时宝宝无缘无故地哭闹，大概是想要让你抱抱他了。这时把宝宝抱起来，他就不哭了，让宝宝伸展一下手脚，做一做简单的体操和按摩，和宝宝做这样的沟通会让他开心地笑起来。

需要妈妈的关怀

宝宝只有哭这一种表达方式，如果父母对宝宝的哭闹不予理睬，甚至责备，则会让宝宝陷入更深的不安之中。

如果这种情况持续下去，会导致宝宝该哭的时候却不会哭，或者一天到晚哭个不停。最好的方法是耐心地哄宝宝，找到哭闹的原因，给宝宝安全感。

尿布湿了

如果不是无力的哭闹或刺耳的哭闹，一般就是尿布湿了，宝贝睡得不舒服了。给宝宝换上干尿布，小家伙立即就变得高兴了，玩着玩着又睡着了。换完尿布后抱起宝宝给他喂奶，无论是母奶还是奶粉，宝宝都会通过和妈妈的接触而获得安全感。

排泄通畅，宝宝健康

新生儿的明显特点就是吃得多、拉得多，这是健康的表现。新陈代谢旺盛的宝宝才会更快更好地成长。宝宝小便的量也是由吃奶量的多少而定的。

排便规律

出生48小时之内，宝宝第一次排便，之后宝宝就有吃有排，开始了正常的新陈代谢，宝宝的排便规律也各不相同。只要小宝宝玩得开心、吃得香、睡得甜，体重也在稳步上升，那么妈妈只用留意宝宝的大小便次数性状，不用过于担心。

新生儿的第一次小便

新生儿在出生后48小时之内会有第一次小便，最初每天6~8次，待宝宝两周之后，随着饭量的增大，排尿的次数也增至一天15次左右。偶尔宝宝的尿会染上红褐色，新妈妈们会担心宝宝哪里不舒服，其实是由于新生儿的尿液中混合了尿酸的原因，因此不用太多虑。

一天大小便10~15次

新生儿每天最少要大小便10~15次，如果肠胃感染细菌，或者患有呼吸道疾病，排便次数会大大增加，甚至出现腹泻。如果腹泻并不影响宝宝食欲和心情便无大碍，但是如果发生严重腹泻，同时呕吐、发热，大便颜色发红，呈黏稠状，这时就要及时带宝宝看医生了。

腹泻时，小便次数减少，宝宝会出现口腔干燥、哭闹不停、无精打采等状况。腹泻还可能导致宝宝臀部皮肤红肿破皮，要及时用温水给孩子清洗臀部，晾干后再换上干净的尿布。

新生儿的第一次大便

新生儿的第一次大便称为"胎便"，是黏糊状的墨绿色大便，在出生后24小时内排出。出生两周之内，宝宝的大便由稀黏状逐渐变成褐绿色的正常稀便，一天3~4次。出生1个半月后，宝宝便会形成一定的排便规律。

通过大小便状态判断宝宝的健康状态

哺乳期内的宝宝（包括新生儿在内），如果大便呈黄色、卵黄色、黄绿色、绿色，发出酸甜的气味都属于正常，有奶瓣或黏液也不用担心。添加辅食后，宝宝平时吃的东西也会影响到大便的颜色，吃菠菜，大便会发绿；吃橘子，大便就会变黄。

母乳喂养和奶粉喂养宝宝的大便差异

母乳喂养的宝宝和奶粉喂养的宝宝相比，大便的形态稍有差异。吃母乳的宝宝，大便呈略带绿色的卵黄色，有酸味，较稀；吃奶粉的宝宝大便呈金黄色，较干，大便次数比母乳喂养的宝宝略多。

装扮不同月龄宝宝的婴儿房●婴儿房清洁整理技巧●装饰婴儿床●哄宝宝入睡

给宝宝洗澡●换尿布●穿脱衣服●抱宝宝●喂药●哄宝宝

训练大小便●晒太阳●外出时为宝宝准备的用品

宝宝日常照顾

新爸爸、新妈妈照顾宝宝缺乏经验，遇到问题便会手忙脚乱。下面我们将介绍一些抱宝宝、哄宝宝的技巧，以及给宝宝洗澡、处理大小便等事项的要领。新爸妈快来一起学习如何为不同月龄的宝宝装扮房间，如何有效地收纳婴儿用品吧！

装扮婴儿房

从整日睡觉的新生儿到满地乱跑的小淘气，在宝宝成长的不同阶段，家长该如何为宝宝布置房间呢？不同位置的收纳怎么做才合理呢？现在就介绍给大家一些快捷的房间整理办法，把用爱心装扮的婴儿房送给宝宝做礼物吧！

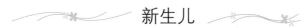
新生儿

新生儿几乎整天都在睡觉，给予宝宝舒适、安全的睡眠环境是最重要的，妈妈需要经常陪在小宝宝的身边，在宝宝身边要留有妈妈休息和给宝宝喂奶的地方。

壁纸和床的选择

为了给宝宝营造一个温馨、舒服的睡眠环境，寝具、窗帘、壁纸的颜色最好选择白色或浅黄色。白色的寝具能将宝宝的汗渍、口水等分泌物及时地显现出来，以便及时清洁。宝宝的寝具颜色要和妈妈寝具的颜色吻合，这样更能带给宝宝安全感。这个阶段，婴儿房只是宝宝短期使用的房间，因此修饰并不重要，重要的是能让宝宝舒服地睡、开心地玩。

❶ 寝具要选择白色或淡黄色

按月龄为宝宝装扮房间

随着宝宝月龄的增长，房间的装饰也要有所变化，对婴儿房颜色、布局、收纳等的调整都能更好地促进孩子成长。

将宝宝的小床放在墙边

婴儿用品筐放在床边

新生宝宝房间的布置

point 1　婴儿床要避开过道，靠墙放置，避开风口和阳光直射的地方。

point 2　台灯的光线不要直照宝宝的眼睛，将灯光调柔和，这样晚上即使不关灯也不会影响宝宝睡眠，妈妈方便照看宝宝。

point 3　在宝宝视线所及的地方，挂上醒目的玩具。

point 4　将宝宝的日用品整理后装入筐中，放在床边，便于随时拿取。

宝宝3个月时

3个月左右的宝宝开始对周围环境产生好奇心，因此房间的布置不能再以淡雅为主，要改用鲜明的色彩装扮屋子，刺激宝宝的视觉。此外，婴儿用品要摆放整齐，科学收纳，提高空间利用率。

这时宝宝的活动时间渐渐固定，即使妈妈和宝宝住在同一个房间，各自的空间也会自然地分开，这样更整洁利落。等宝宝会爬的时候，宝宝手能触及的地方，所有危险物品都要收走，有可能磕碰到的地方要采取相应的保护措施。

3个月宝宝房间的布置

point 1　在宝宝床边挂上铃铛或布娃娃。

point 2　在床下放收纳箱，收纳箱上贴好挂钩，将易丢失的婴儿用品放入布兜，挂到挂钩上。

point 3　在宝宝视线前方的墙上挂上色彩鲜明的挂件或镜子，诱发宝宝的好奇心。

point 4　床边放一把小凳子，妈妈可以一边照顾宝宝，一边喝咖啡看书。

❶ 在床边放一把凳子，作为妈妈的自由空间

宝宝1周岁时

宝宝刚学会走路，活动空间进一步增大，要为宝宝创造自由的活动空间，将没用的东西统统收起来，给宝宝一个宽敞、明亮、简洁的环境。日益增多的宝宝用品、玩具不要全堆到卧室，要另找地方存放起来。可以根据家庭的具体情况选择一处宽敞的地方，将其装饰成游戏间。

营造统一的格调

设计宝宝游戏间时，要以宝宝最喜欢的主题来统一地板、壁纸、小件物品的风格，以求达到格调的一致。另外，要将用不着的家具收拾起来，给宝宝充分的活动空间。要做到即使宝宝独自玩耍也不会有任何安全隐患，室内安全防护一定要做好。

五颜六色的箱子堆放好　贴纸贴画都可以用于装饰

1岁宝宝房间的布置

point 1　地板上铺上方垫，既防滑又能当玩具。

point 2　寝具色彩要丰富，图案要生动有趣。

point 3　台灯加上灯罩，防止光线直射。

point 4　在宝宝手能触及的墙面上贴上各种装饰。

37

学龄前儿童

随着身体的发育，学龄前儿童的活动范围、活动强度都在不断地增大，因此房间中摆放的家具要尽量减少，为宝宝留下最大的活动空间。

◀◀ 原色和暖色的和谐搭配

学龄前儿童好动、贪玩，因此，房间的布置要以简洁为主。家长要为宝宝留出尽可能多的活动空间，尤其要注意的是，这时期宝宝会很喜欢涂涂画画，所以要在墙上贴上白纸，或是挂上小画板供宝宝涂鸦。如果放任宝宝，任他折腾，宝宝会变得更加任性，不好管教，但如果要求过于严格，干涉过多，宝宝则会变得消极。使用原色调的儿童用品，有助于培养宝宝的色彩识别能力，再在周围添加一些暖色调，则能增加宝宝的安全感。

❶ 把整理箱放到孩子房间，让孩子能够自觉地整理东西

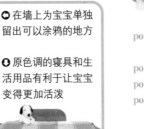

❶ 在墙上为宝宝单独留出可以涂鸦的地方

❶ 原色调的寝具和生活用品有利于让宝宝变得更加活泼

学龄前儿童房间的布置

point 1 在宝宝房间里准备一个大箱子，让宝宝学会自己整理玩具和用品。

point 2 单独准备一个地方让宝宝尽情涂写。

point 3 红色、黄色等原色能让宝宝更加活泼开朗。

point 4 尽量减少不必要的家具和装饰，为宝宝留出最大的活动空间，可以为宝宝布置游戏设施。

point 5 宝宝经常要用到的生活用品，要收纳到透明的整理箱内。

point 6 整理箱的高度要适合宝宝的身高，以便于宝宝自己拿取物品和整理收纳。

Mom & Baby

在夫妻卧室内布置儿童房的收纳要领

idea1 宝宝床下放收纳箱：宝宝床下的空间应该充分利用，将宝宝的衣物、用品放入收纳箱中，再将收纳箱放到床下，拿取方便，也便于整理。

idea2 采用柳筐和整理箱：在夫妻卧室内布置儿童房时，可以用柳筐和整理箱来代替衣柜，尽可能多留出一些空间，供宝宝活动。

idea3 抽屉、收纳箱的位置选择：抽屉、收纳箱、柳筐等要以宝宝的小床为中心布置摆设，虽然是在夫妻卧室内布置儿童房，但一定要突出宝宝的空间。

❶ 抽屉、整理架都要以宝宝的小床为中心摆设布置

快捷整理婴儿房

宝宝房间不仅要装饰得漂亮，还要注意保持清洁整齐，快捷的整理是必不可少的。将各种危险和疾病隔绝在外也离不开快捷的管理，大家一起来了解一下吧！

▶▶ 定期清扫

清扫宝宝的房间要格外留心，洒在地板上的饮料要及时擦洗，防止宝宝滑倒；灰尘和污染的空气会使宝宝寝具和玩具滋生病菌，导致宝宝生病；宝宝的被褥和毛绒玩具洗涤后要日晒消毒，塑料玩具也要定期清洗杀菌。

▶▶ 宝宝床侧要装上挡板

宝宝单独睡一张床的话，一定要装上挡板，一般的儿童床也是自带挡板的，这样就能防止宝宝滚下来了。要在婴儿床床侧垫上厚褥子做缓冲，这样宝宝就不会磕碰到床沿了。

▶▶ 注意室内温度和换气

宝宝房间的温度，冬季以20℃为宜，夏季以25～27℃为宜，湿度要保持在50%～60%。空气干燥的话，要利用加湿器来调节。每小时最好换一次气，以保持空气的新鲜。

▶▶ 隔离强光和噪音

电视、音响、收音机这类有强光和噪音的家电不要摆放到宝宝房间。因为杂乱的声音和电视变换的光线会干扰宝宝的睡眠。台灯要加上灯罩遮光，并放在较低的位置。

↻ 宝宝的寝具、毛绒玩具等都要定期清洗，并且进行日光消毒

↻ 床侧要有挡板，防止宝宝滚下摔伤

○ 宝宝房间要经常换气，以保持空气的新鲜
○ 电视、录音机会防碍宝宝休息，要格外注意

Mom & Baby

每日清扫

吸尘器除尘： 每天都要用吸尘器为孩子的房间除尘。灰尘会引发呼吸道疾病，还容易长痱子，要格外注意。

勤抖被褥： 宝宝睡过的被褥一定要抖落灰尘后晾晒，睡觉的时候灰尘会积落到被褥上，宝宝的头屑等各种污垢也会掉到被褥上，因此勤抖被褥对宝宝的健康是大有裨益的。

勤换被褥： 宝宝睡觉的时候会流汗流口水，甚至吐奶，被褥极易弄脏，最好能勤换。如果精力有限的话，可以铺上毯子或小薄被，这样就不用每天洗被褥了。

每周清扫

寝具日光消毒： 被褥极容易滋生螨虫和各种病菌，因此每周要晒一次被褥，进行日光消毒。

清洗毛绒玩具： 毛绒玩具和被褥一样容易黏附灰尘，滋生螨虫，因此每周要清洗一次，并进行日光消毒。

洗玩具： 宝宝动不动就把玩具塞进嘴里，要么就给它们"喂饭"。这些玩具很容易沾染细菌，每周都要彻底刷洗一次玩具，以保持卫生。

▶▶ 用报纸代替壁纸

涂鸦能够提高宝宝的想象力，在宝宝手能触及的高度上贴上报纸，让他尽情地涂写画画吧。

▶▶ 在墙上挂块留言板

宝宝喜欢便签纸，甚至把便签贴得到处都是。这时与其责备宝宝，不如直接在墙上挂个留言板，让宝宝将便签都贴在上面，这样房间就不乱了。

❶ 为了方便宝宝涂画，可以把报纸贴到墙上　❶ 如果宝宝喜欢贴便签，就为他们准备一块留言板

五花八门的好点子

不用花很多钱也能将宝宝的房间装饰成快乐的游乐场，下面就介绍一些有趣、实用的好点子。

▶▶ 旧抽屉柜放玩具

先不要把旧抽屉柜扔掉，清洗干净晾干后，就可以用来存放玩具和布娃娃了。在这个以旧变新的过程中，让宝宝一同参与效果会更好。

❶ 将旧抽屉柜变成布娃娃的家

▶▶ 画壁画

如果墙壁过于单调的话，可以动手画壁画，这不仅能够为卧室平添生趣，而且有利于提高宝宝的想象力。

▶▶ 明亮的屋子

宝宝房间的格调要明亮，不要有慵懒的氛围，用宝宝喜欢的布料遮住一半床边，再收起边角就做成一个漂亮的床帘了。

❶宝宝们喜欢在角落玩耍，利用床下的空间，做成一个游乐场是个不错的主意

▶▶ 丰富多变的床头挂件

宝宝的床前挂件不必端庄一致，色彩绚丽、图案生动的动物花草都是鲜活的元素，碎布条也能做成漂亮的装饰。

▶▶ 隔板式收纳柜，充分利用空间

宝宝房间内的收纳柜如果采用推拉式的柜门，使用起来就不太方便。如果采用隔板式无拉门的收纳柜，不仅便于宝宝拿取物品，而且一目了然，便于整理。

宝宝房间应该采用没有拉门的隔板式收纳柜

▶▶ 贴片

宝宝房间易显旧，买几个贴片试试吧，不喜欢哪儿了，就贴上一块。贴片质感好，价格又便宜，是改变房间氛围的好方法。

▶▶ 将床或桌子下面装扮成游乐场

宝宝喜欢在角落或阴暗处玩耍，将床下或桌洞清扫干净后挂上帘子，摆上玩具，就变成宝宝的个人空间、梦想摇篮了。

▶▶ 漫画、动物培养宝宝感性指数

漫画和动植物的设计能增进宝宝对大自然的亲近感，提高感性指数。

在夫妻房中布置宝宝的天地

将宝宝的小天地设计到夫妻房中，空间利用一定要巧妙合理。首先要把宝宝的小床放到夫妻大床的附近，以便随时照看。特别是收纳东西一定要多费心。将整理箱、收纳柜放在一侧或床下，四周的家具也要尽可能利用起来。

❶ 将宝宝小床放在夫妻房中，一定要有效利用空间，床底和屋内的家具都要派上用场

装饰宝宝的房间

point 1　最好将宝宝的照片、玩具等日用品放在显眼的地方，在宝宝床边安装上漂亮的隔板，既方便收纳，又能起到装饰的作用。

point 2　在靠近宝宝小床的墙上和天花板上留出宝宝的空间，挂上卡通图片、玩具风铃等。

❶ 宝宝房间的墙壁上安装隔板，既可以放装饰品，又可以挂小包和日常用品

单独的儿童房

给宝宝提供单独的儿童房能够提高宝宝的独立能力。选择一个光线较好的房间，采光可以自主调节，将儿童房布置得宽敞明亮。宝宝的衣物可以放入箱子或收纳柜中，使之看上去清爽整齐。

装饰宝宝的房间

point 1　在箱顶放上 MDF 木板，可用作装饰架，摆上照片、玩具都很美观。

point 2　装饰效果满分的木隔板是宝宝房间必不可少的，上面可以放小饰物，下面可以挂衣物。

point 3　5~6个月之后，宝宝便可以自由翻身了，这时少不了靠垫的辅助，可以在婴儿床、地板、大床上使用靠垫。

point 4　箱式家具兼装饰和收纳于一身。MDF 箱式家具 30~40 元便可买到。这些箱子可以层层垒高，也可以根据宝宝的身高横向排列，既解决了收纳问题，又能起到装饰的作用。

point 5　将收纳箱放在箱式家具中间，可以用来存放内衣或玩具。这种收纳箱不用单独购买，可以自己动手用纸制作，也可以将包装箱涂上色或贴上彩纸，废物利用一举多得。

point 6　用碎布制作小布兜挂到床栏上收纳小东西，奶瓶、纸巾、小人书都可以放进去，随用随取。

❶ MDF 箱式家具可以根据宝宝身高叠放或平放，集收纳和装饰功能于一身。

❶ 床栏上的多功能小布兜

装扮婴儿床·哄宝宝入睡

一起为宝宝创造一个舒适的休息环境吧。婴儿床不舒服会直接影响宝宝的睡眠质量，宝宝哭闹是在所难免的。为孩子创造一个舒适的休息环境，温度、湿度、通风换气、光线调节、消除噪音等方面，妈妈都要花不少心思。

哄宝宝入睡的环境

室内温度 22~23℃，湿度 50% 左右

新生儿一天要睡16~20个小时，换句话说，新生儿最需要的就是舒舒服服地睡大觉。舒适的睡眠环境要求室内温度维持在22~23℃，湿度在50%左右，而且光线要柔和，没有噪音。

将洗干净的湿尿布或湿衣物挂在屋中调节湿度

虽然成人喜欢干爽的空气，但是如果吸气时感到鼻黏膜干燥的话，这样的湿度是对宝宝不利的。

特别是供暖的冬季，宝宝房内一定要

● 室内湿度的调节可以使用加湿器，也可以采用晾湿衣物的办法

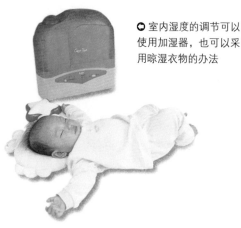

打开加湿器调节湿度，有除菌效果的加湿器对宝宝的身体更好。如果没有加湿器，可以将湿衣物晾到屋子里，洗干净的湿尿布也可以，只要不让宝宝感到干燥就行。

成人感到愉悦舒服即可

夏季里应保持室内外温差在5℃以内，如果温差过大，不利于宝宝健康。电风扇也不要直冲着宝宝吹，风吹向墙面再反弹回来，风速降低了，宝宝才能适应。1个月之后，宝宝对环境的特殊要求逐渐减少，成人感觉舒适的环境宝宝也会感觉很舒适。

舒服的婴儿床

要选择有护栏的婴儿床

有护栏的婴儿床最大的特点是安全性高，即使宝宝翻身也不用担心他会摔下来，而且床体轻巧，移动方便。

另外，由于婴儿床具有一定的高度，在床脚边或床底下都可以放一些宝宝的日用品，取用方便。

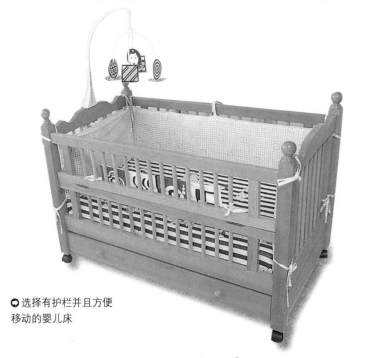

○ 选择有护栏并且方便
移动的婴儿床

不要在床上乱放东西

照看宝宝经常要用到纸巾、手帕等物品，这些东西不能随便放在婴儿床上，宝宝翻滚时若纸巾、手帕贴到脸上就会有窒息的危险。小挂件也不能挂到宝宝视线的正上方，而应牢牢地固定在与视线呈45度角的位置上。

不要将婴儿床放在空调、暖气和门窗旁

冷暖风直吹的地方，温度变化快，不适合放置婴儿床。特别是房门旁边温度湿度变化频繁，开关门时的振动和光线照射都不利于宝宝睡眠。

避免噪音

电视或音响声音过大，宝宝会变得不安，受到惊吓就更睡不着了。宝宝的房间要尽可能地避免噪音。

哄宝宝入睡的各种方法

直接入睡

很多妈妈担心宝宝整日枕枕头，头会变形，想让宝宝趴着睡，又担心宝宝会窒息。这时为宝宝准备一个中间凹陷的小枕头，让宝宝枕着睡就行。宝宝平躺的时候，如果吐奶，有可能会呛到气管里，很危险。所以，宝宝刚吃过奶，或者有感冒症状时，不要让宝宝平躺着，要让他的头稍微歪向一边，或者侧着身子睡觉。

❶ 宝宝刚吃过奶，不要让他
平躺着睡觉

培养宝宝的睡眠好习惯

● 适应宝宝的生物钟

宝宝在3个月以内几乎大部分时间都在睡觉，家长不能刻意地改变宝宝的作息时间。饿了就给他喂奶，困了就哄他睡觉，这才是适应宝宝生物钟的方式。

● 饭后不要立即睡觉

3个月之后宝宝的生物钟会稍微变得规律，大部分宝宝会在晚上睡觉，但要让宝宝到点就能自己入睡还是有些不实际。宝宝刚吃完奶不能马上睡觉，因此尽可能让宝宝吃饱后玩一会儿再睡。

● 吃奶睡觉的时间尽可能固定

1岁左右的宝宝每天要睡14个

☝ 即使宝宝睡醒哭闹也不要立刻抱他起来

小时，其中有12个小时在晚上，并且一旦入睡，晚上一般不会醒。白天要睡两三次小觉，这时就需要妈妈将宝宝吃和睡的时间尽可能固定下来，每天在同一个时间哄宝宝睡觉，并且睡前将宝宝喂饱，这样就不会半夜饿醒哭闹了。

● 不要宝宝一哭就抱，先缓一缓

如果睡前已经把宝宝喂饱，宝宝半夜醒来哭闹，很可能是哪儿有什么状况，但是如果哄一哄摇一摇，宝宝又睡着了，那就不是饿了，更不是身体不舒服，只是习惯了一睡醒就要妈妈哄。这时要让宝宝习惯，即使没人哄也能自己安静下来慢慢入睡，因此不要一哭闹就抱起宝宝。

趴着睡

很多妈妈喜欢让宝宝趴着睡觉。但宝宝刚出生，脖子还直不起来，趴着睡时，妈妈要在一旁细心照顾才行。趴睡能够预防关节脱臼，有利于睡眠。但这种睡姿也有不可避免的缺陷，那就是如果宝宝身子一歪，鼻子贴着褥子，就有窒息的危险。妈妈看不到宝宝的

脸，宝宝醒来也看不到妈妈，眼前只有褥子，会产生恐惧感，有可能导致宝宝习惯性吮指。

如果坚持选择这种姿势，一定要等宝宝能够直起脖子来以后再开始。而且，妈妈要在一边照看，不能远离。

另外，趴着睡的时候，最好用较硬的床垫，这样即便宝宝翻来覆去，床褥也能比较固定。不要选用太柔软的被子，也不要把毛巾、枕巾、手帕、布娃娃等物品放在宝宝枕边。

☝ 还没学会撑脖子的宝宝如果趴着睡，需要妈妈在旁边悉心看护

左右翻转睡

为了防止宝宝的后脑勺变形，妈妈一般会选择让宝宝侧睡，并每隔一段时间调换方向，保持宝宝左右侧头部的平衡对称。

有些宝宝往往更喜欢侧向某一边睡，但即便这样，家长也要尽可能保持两边的平衡。如果想让宝宝的头侧向不喜欢的一边，可以将毛毯、小被子、手巾等东西堵在另一侧，防止宝宝再转回来。如果宝宝不适应，可以等宝宝睡着以后，再把宝宝转向另一侧，如果时间不好控制，可以按吃奶时间为准一次一换。

◐ 为了保持后脑勺左右的平衡对称，要每隔一段时间帮助宝宝翻身

纠正睡眠习惯

昼夜颠倒的宝宝

照顾昼夜颠倒的宝宝是相当累人的，如果是新生儿，即使昼夜颠倒也属于正常现象。如果过了6个月，宝宝还是晚上玩，白天睡，就有必要纠正一下作息习惯了，但这时习惯已经形成，纠正起来并不容易。

这时可以将宝宝睡觉的时间和早晨起床的时间稍微提前一些，培养宝宝睡午觉的习惯，增大白天的活动量，晚上为宝宝创造一个可以一觉到天亮的睡眠环境，循序渐近地改变生物钟。

◐ 想让宝宝养成自己睡觉的习惯，睡前可让宝宝自己把玩喜欢的玩具

不同季节的寝具

 春·秋

毯子、被子+布兜+长袖薄衣

在不冷不热的季节，准备以上衣物就很合适，在半夜和温度较低的凌晨，被子则要盖两层。

 夏

毯子、夏凉被+夏衣

在夏季，短袖、睡衣或一般的婴儿衣物都比较合适。如果开着空调，室内温度保持在25℃左右，给宝宝盖上毯子或浴巾就可以了。

 冬

棉被+薄被+睡袍+冬衣

如果没有暖气，温差较大，要在被子上再盖一床被，调节温度。如果供暖条件好，不用穿太多衣物，只穿内衣就可以了。

睡前爱哭闹的孩子

孩子睡前哭闹是一种习惯。因为刚出生的时候，都是妈妈抱着他、背着他、哄着他才睡觉的，这就养成了睡前哭闹的习惯。

如果没有妈妈抱，妈妈背，宝宝就睡不着了，即使睡着了也容易醒。因此，妈妈要给宝宝心理上的安全感，让宝宝学会自己入睡。听一听平缓的轻音乐，打开台灯，或者让宝宝自己玩一玩喜欢的玩具，宝宝一会儿就能睡着了。宝宝入睡之后妈妈要先在宝宝身边待一会儿。

半夜哭闹的宝宝

习惯半夜哭闹的宝宝是家长的大难题，家长晚上要起来照看宝宝，白天还要上班，整日精疲力竭、不得休息，如何解决这个难题呢？专家指出，宝宝哭闹时，拍拍他的背，换一下睡觉的方向，睡前让宝宝吃得饱饱的，都是很有帮助的。

◐ 如果孩子睡一会儿就醒，醒了就哭，晚上睡觉前家长应该喂孩子喝一些奶

特别是4个月以后的宝宝，分离焦虑增强，半夜醒了找妈妈的例子很多。这时给宝宝哼一首摇篮曲，或者放一段宝宝喜欢的音乐，他就会睡着了。

千万不要宝宝一哭就把他抱起来哄，这样养成习惯，宝宝夜夜哭，妈妈夜夜哄，一家人都得不到休息了。

但家长也不要以纠正坏习惯为由，宝宝哭半个小时都不管。这时先将宝宝抱起来哄一会儿，待宝宝平静下来再放他躺下，唱一段摇篮曲，拍拍宝宝后背，让宝宝静下来，一会儿就睡着了。

睡醒就找奶的宝宝

3个月后的宝宝，一般不用半夜喂奶，但是每个宝宝都有自身的差异，无条件禁止喂奶也是不对的。

只是3个月之后的宝宝，在夜间喂奶的间隔要增大。另外，夜间喂奶时不要开灯，让宝宝知道这是晚上，要好好睡觉才行。

睡觉浅的宝宝

睡眠浅，睡一会儿就醒，这也是一种习惯。没有特别原因的话，可能是缺乏安全感，也可能是因为长牙。妈妈不要强制孩子睡觉，也不要过于责备，因为这只会让孩子更加不安，导致睡眠状况进一步恶化。

解决这个问题的关键是，在入睡前让宝宝身心都能放松下来，比如给他讲童话故事，听喜欢的音乐，唱摇篮曲，轻轻地抚摸宝宝的脸颊和手背，让宝宝平静地入睡。这样宝宝睡觉浅的问题就能逐步改善了。

◐ 宝宝睡不实，睡前可以给他读童话书，宝宝身心完全放松后，自然就睡着了

给宝宝洗澡

如果宝宝一洗澡就哭，妈妈也会一想起洗澡就发愁。事实上，照看新生儿最头疼的事情之一就是给宝宝洗澡，但是试上几次就能掌握要领，使恐怖的洗澡时间成为宝宝和妈妈的最爱。其实大部分宝宝都是喜欢水的，所以妈妈们请鼓起勇气迎接挑战吧！

洗澡须知

每天洗一次澡

在出生后3个月内，无论是什么季节都要坚持每天为宝宝洗澡。洗澡不仅能够保持身体清洁，缓解疲劳，而且能促进新陈代谢，起到安神静心的作用。特别是容易流汗的夏季，一天能多洗几次澡最好。

洗澡时观察宝宝的身体状态

洗澡之前一定要先检查一下宝宝的身体状态，体温是否正常，有无感冒，有无湿疹。如果有问题，切不可强行给宝宝洗澡，可以推后几天，只用毛巾蘸温水帮宝宝擦擦身子就可以了。

水温在37~40℃之间

给宝宝洗澡，室内温度的调节很重要，温度以24~27℃为宜。有不少宝宝在脱穿衣物的一瞬间，由于温差较大而着凉感冒。因此，寒冷的季节一定要注意室内温度的调节。

准备洗澡水的时候，先将凉水倒入浴盆，再加入热水，水温以37~40℃为宜。水温以妈妈肘部或手腕内侧感到温和为宜，手的感知力比较迟钝，所以用肘部和手腕内侧能判断得更加准确。

事先备好要换的衣服

洗漱之前，要事先将洗澡后要穿的衣服放在一边。冬天，可以先将衣服搭在暖气上，如果用地暖，可先把衣服铺在地板上的爬爬垫上，穿起来会更暖和。

事先准备好洗浴用品

洗浴用的洗发水、毛巾、儿童香皂要先放在浴盆一侧并打开，这样洗澡时就能得心应手，速战速决了。

水深以没过宝宝大腿为准

洗澡水的深度以没过宝宝大腿为宜。如果水太多，容易溢出，清理起来麻烦。水

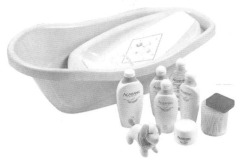

○ 给宝宝洗澡之前，先将洗浴用品备齐放在手边，方能得心应手

量最多不能超过浴盆的 1/2，这样水就不会溢出了。

用浴巾做围裙

无论多么小心，洗澡时妈妈的衣服都会溅湿。解决这个问题的好方法是把浴巾缠在腰前，两端用衣夹夹住，这样给宝宝洗完澡后还可以直接拿浴巾给宝宝擦干，一举两得。

○ 围上浴巾，既保证了衣服不湿，又能在洗完后马上给宝宝擦干

不要给新生儿用香皂

给新生儿洗澡，最好不使用香皂，用毛巾和水就能帮宝宝洗得干干净净了，只要在特别部位稍用点婴儿香皂就可以了。

如果孩子脸上、身上有白色结痂污垢的话，需要在毛巾上涂一点婴儿香皂，然后轻轻地把污垢擦下来，用温水冲洗干净。

给宝宝洗澡实战

1 托起

① 给宝宝洗澡的基本动作是左手托住宝宝脖子，右手托住大腿根。但如果妈妈是左撇子，则方向正好相反，托起宝宝的时候不是用手指，而是用手掌和手腕。
② 左手手腕托住宝宝的脖子，手指按住宝宝耳朵，防止耳朵进水。

2 放入浴盆

左右手分别托住宝宝的脖子和屁股，然后让宝宝的脚跟先入水，慢慢将宝宝放入浴盆，这时宝宝的肚兜或者裹在身上的毛巾浸水后更加贴身，宝宝也能慢慢适应水中的状态，不至于受到惊吓。

3 擦脸 ●

将宝宝放入水中后，先擦洗眼角，眼部擦完后再用毛巾蘸水擦洗宝宝脸部，最后再擦耳朵、耳后根和鼻子。

● 4 洗身体 ●

① 用食指和中指轻揉清洗脖子。
② 脖子洗过后，再用手掌画圆的方式给宝宝洗胸部和肚子。

8 洗头

洗头的时候就像从前往后梳头发一样，一边洗一边给宝宝做按摩，然后用湿毛巾擦头发，脏东西就能被擦下来了。1个月之后，宝宝的胎发会脱落，而且流汗、灰尘增多，洗发时可以使用少量洗发水。

5 洗腿

① 轻轻抓住宝宝的脚或腿，然后从上往下轻轻地揉洗。
② 用湿毛巾将腋部和大腿根部擦洗干净，如果不用香皂的话，有可能将宝宝弄疼。

6 洗背

① 让宝宝趴下，从脖子到屁股自上而下清洗。
② 和洗肚子时差不多，用手掌在背上轻轻地一圈一圈揉搓，用香皂时要防止香皂沫粘到宝宝脸上，洗时更要注意。

9 清洗

① 用来清洗的水要提前备好，直接将宝宝抱入水中即可。
② 用湿毛巾轻轻擦拭宝宝的头发，将宝宝抱出浴盆，擦干并穿上衣服。整个洗澡过程在 10 分钟以内结束。

7 清洗生殖器官

宝宝的外生殖器用清水冲洗干净即可。

洗澡后的全身护理

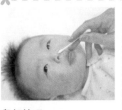

擦干

point 由里向外擦
① 取一条吸水性强的毯子对折，将宝宝平放在对角线处，然后将身体整个包住，擦干全身。
② 脖子、腋窝、大腿根部容易长湿疹，要特别仔细地擦干，手指、脚趾也要擦干净。
③ 让宝宝侧躺，给宝宝擦背，将宝宝抱起来擦也可以。

口腔护理

point 口腔和口周围都要擦干净
① 宝宝的嘴角一旦有了脏东西，要立刻用湿毛巾轻轻地把小嘴擦干净。
② 如果发现宝宝嘴里有白色的沉渣，可将干净纱布缠在指端伸入宝宝口中轻擦几次。让宝宝张嘴时，一定要平托住宝宝身体，下巴稍稍上仰。

鼻部护理

point 将宝宝头部固定好，用棉棒擦拭鼻部
① 鼻子中间有一处是出血点，清理鼻孔时要小心，不要用棉棒触到出血点。
② 棉棒头插入鼻孔时要贴着内壁慢慢移动，即便有鼻屎也不要掏得太狠，一般取出棉棒，脏东西就和鼻涕一起流出来了。

手指甲、脚趾甲的护理

point 先固定宝宝，别让他乱动，再慢慢剪指甲
① 准备底端呈圆弧状的儿童剪刀一把。
② 无论手指甲还是脚趾甲都不用经常剪，而且也不要剪得太短。

眼睛护理

point 由内眼角向外眼角擦拭

① 准备一条专为宝宝擦脸的毛巾，在温水浸湿后再适当挤出一部分水。

② 眼屎擦不下来时，可以在毛巾上多蘸些水，再小心擦洗就擦干净了。

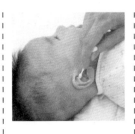

耳部护理

point 以耳廓为中心清洁

① 让宝宝侧躺，轻轻按住头，然后小心地将棉棒头插入耳洞，在入口处转圈，擦拭2~3次。

② 耳廓容易粘上污垢，应沿耳廓自身纹理擦洗干净。

③ 耳根部位容易生湿疹，也容易出血，因此洗澡时要特别注意清洗干净，擦拭时也一定要仔细擦干。

手足护理

point 手指、脚趾缝要擦干净

① 擦手的时候，让宝宝将手指伸展开，然后用湿毛巾擦指缝。如果宝宝还不会自己伸手，那么就将宝宝的手掌放在妈妈手心，然后轻压宝宝手背，手指就自然伸开了。

② 擦脚的时候也要仔细擦净脚趾缝，不要让宝宝的小脚乱踹。

肚脐护理

point 脐带脱落之后肚脐要清洗干净

① 宝宝脐带脱落后，肚脐完全变干，洗澡时肚脐也是要洗的。1个月大的宝宝洗肚脐时也可以用一点香皂。

② 肚脐洗后要用棉棒擦干。1个月内的宝宝清洗肚脐时要在肚脐上滴两三滴碘伏之后再擦洗，这时注意不要用手挤压肚脐。

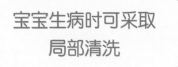

宝宝生病时可采取局部清洗

洗浴方式根据宝宝身体状况而定

如果宝宝体温在37.5℃以上、流口水、流鼻涕，心情不好、无精打采，最好不要给宝宝洗澡。在这些时候，不要脱掉宝宝衣物，只用湿毛巾擦洗宝宝的脸、颈、手、屁股就可以了。

所谓局部清洗就是指在不脱宝宝衣物的情况下用毛巾蘸温水擦洗宝宝身体各部位。擦洗顺序和洗澡时顺序一样，该法适用于宝宝脐带脱落之前，因为担心脐带感染，所以最好不要采用盆浴。

长疹子的护理方法

尿布疹

●症状：湿尿布没有及时更换，屁股上粘有便便，很容易会导致局部皮肤红肿破皮，特别是经常使用一次性尿不湿的宝宝，情况会更加严重，稍一触碰便会有火辣辣的感觉。

●护理：每次换尿布时，先用温水清洗宝宝的屁股，待完全晾干之后再换上新尿布。

湿疹

●症状：主要发生在宝宝1～2个月大的时候，多出现在宝宝的头部、眼眉、耳朵四周，表现为流黄色黏液并伴有头皮屑一样的黄色结痂，有时还会伴有红色湿疹。

●护理：每天用婴儿洗发水或婴儿香皂为宝宝洗头，洗头前拿梳子给宝宝逆向梳头发。一周后就能康复。

痱子

●症状：主要出现在大量流汗的宝宝身上，严重者一抓就会流脓，炎症有可能恶化到皮肤深部，因此要提前预防。

●护理：洗澡时，宝宝的脖子和腋窝一定要仔细清洗，洗净后擦干，并给宝宝穿上透气性好的衣服。

奶疹

●症状：出生后3个月以内，宝宝的汗腺和皮脂腺发育尚不成熟，新陈代谢过于旺盛，容易出现湿疹等皮肤问题，这也叫"奶疹"，不同成长时期其形态也不相同。

●护理：喂奶后或是宝宝大量流汗时，要用温水浸湿后的毛巾及时擦洗。

局部清洗

用湿毛巾擦洗全身

毛巾浸入温水中，捞出挤掉一部分水后，擦洗宝宝全身各部位。擦洗时宝宝穿着衣服即可，擦洗顺序和盆浴的顺序相同。

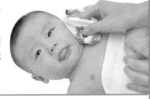

1 擦脸

给宝宝擦脸时，用左手托住宝宝头部，抱宝宝坐在膝盖上，耳根、下巴和脖子都要仔细地擦，特别是皮肤皱褶处。将奶渍和口水擦洗干净后，再用柔软的干毛巾把水擦干。

2 擦腋窝和胳膊

用湿毛巾仔细擦腋窝和胳膊。

3 擦手和脚

小心地将宝宝的手指展开，轻轻擦洗手背、手心和手指指缝，再用干毛巾擦干水迹。擦脚也是同样的方法。

4 擦前胸和肚子

擦前胸和肚子时，拿湿毛巾以画圆的方式轻擦。

5 趴着擦背

擦背和擦肚子一样，手拿毛巾在背上画圆轻擦。

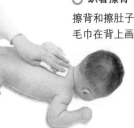

6 擦屁股

脱掉宝宝裤子，摘下尿布，左手握住宝宝的脚，擦洗大腿沟。如果屁股上粘有便便，则用湿毛巾蘸少量沐浴乳轻轻擦洗，腿部也一同擦洗。

7 护理

全身都擦洗干净之后，用柔软的干毛巾将宝宝身上的水渍擦干，在脖子、腋窝、大腿根等部位涂抹儿童乳液或爽身粉。

换尿布

新生儿一天的全部活动就是吃喝拉撒睡，对于换尿布，新手爸妈常会有很多的不解和困惑。但只要把握住节奏，掌握要领，不用多久，你就能"学业有成"。

尿布和纸尿裤的比较

传统尿布的优缺点

质地100%纯棉，对宝宝的皮肤刺激小，制作容易，一般一匹布能做10条尿布。在儿童用品专卖店中出售的纯棉尿布，经过特殊处理，刺激更小，吸水性也更强，更为实用。新生儿的排便次数多，至少要准备20~30块尿布，另外还要准备尿布兜和固定带。

○ 传统尿布对宝宝的皮肤刺激性小，吸水性强，但清洗和晾晒都不方便

Mom & Baby

换尿布前做好准备，让宝宝换得清爽

●准备尿布专用筐

宝宝小便不分时间、不分地点，因此，如果不提前将更换尿布所需用品备好，妈妈就要慌神了。擦屁股的毛巾、湿巾、棉棒、爽身粉等必备品都应放在显眼的地方，以最快的速度换上干净的尿布，小家伙就高兴了。

●选择安全舒服的位置

宝宝一不留神就有可能碰伤，安全问题尤为重要。而且宝宝喜欢在固定的地方换尿布，最好不要在嘈杂喧闹的地方给宝宝换尿布，安静、安全、舒适是妈妈必须要考虑到的因素。

●用玩具吸引注意力，防止宝宝乱动

给宝宝换尿布时，如果宝宝随便乱动，妈妈就要吃苦头了。这时，让宝宝自己把玩喜爱的玩具，注意力转移了就不会乱动了，此时以最快的速度换上尿布就行了。

○ 换尿布时，用玩具吸引宝宝注意力，就能轻而易举地搞定了

但是，传统尿布也有缺点，清洗晾晒麻烦费事，吸水能力也比不上尿不湿。使用传统尿布，一定要清洗干净，能水煮消毒更好。另外，尿布要随洗随晾，不宜堆积。

纸尿裤的优缺点

纸尿裤使用方便，无需事后处理，能减轻妈妈负担，但是费用高，又分为条型、腰贴型等。

换尿布的顺序

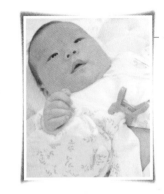

1 卷起上衣

将专用的垫子铺好后，让宝宝躺下，然后卷起宝宝上衣，并用衣夹牢牢地固定，防止大小便弄脏衣服。

2 擦大小便

① 一手提起宝宝小腿肚，另一只手托住宝宝屁股。

② 使用传统尿布的话，先用尿布干净的部位将大便擦掉，拿下尿布后再用湿巾或纱布将屁股擦干净，如果大便蹭到背上，要先脱去衣服，用香皂给宝宝洗背。

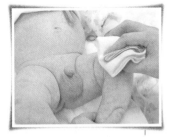

3 擦腿部

①新生儿大便很稀，容易粘在褶皱处，把宝宝腹股沟间的褶皱展开，从上往下擦干净。

②把大毛巾叠成小方块，擦脏一面反过来再用，直到把小屁股擦干净为止，但切忌过于用力，以免划伤宝宝。

4 擦屁股和肛门周围

肛门周围要擦拭干净，但不要用力过大，以免划伤宝宝。

5 擦干屁股

用水洗净屁股之后，拿干毛巾擦干，再给宝宝穿上裤子。

6 男孩 point

①阴囊是个敏感的部位，不要拽着硬擦，动作要轻柔。
②小鸡鸡后面也有可能粘上大便，一定要仔细擦净，这也是个特殊敏感的部位，应当轻擦。

7 女孩 point

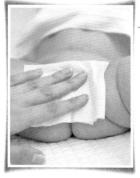

擦阴唇时，要防止感染细菌，用毛巾或湿巾从前往后仔细擦洗，不能为了擦拭生殖器官内部而拽着阴唇擦。

换尿布

传统尿布的更换要领

1 尿布平铺在宝宝屁股下面

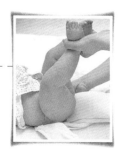

①将尿布叠成适当大小，平铺在尿裤上。
②一只手伸到宝宝腰下，将屁股抬起，然后把尿裤推到屁股下面、尿布的中心位置。

3 穿尿裤

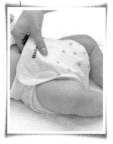

肚子和尿裤之间的间隙以3~4指宽为宜，这样有利于通气。另外为了防止大小便粘到背上，尿裤和背之间要贴紧。

2 尿布上折

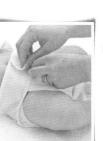

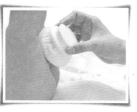

①换尿布之前，先将爽身粉涂抹在尿布遮盖部位，然后将尿布从宝宝两腿之间穿过，再将尿裤侧翼贴在腰部。
②换尿布要在宝宝双腿自然舒展的状态下进行，尿布要展平，减少折痕。
③换尿布时让男孩的小鸡鸡头冲下。

4 固定尿裤

尿裤要左右对称，要确保尿布在尿裤之内，不能左右晃动，固定之后换尿布的工序就完成了。

纸尿裤的更换要领

1 将纸尿裤垫到宝宝屁股下面

①手托起宝宝屁股，将新纸尿裤平铺在屁股下面。

②为了防止大小便溢露，纸尿裤要稍微往上垫一垫。

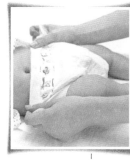

4 固定纸尿裤 ●

①在纸尿裤腰部有专门的粘贴标记，将侧翼上折粘贴即可固定。

②肚皮与纸尿裤之间留3~4指宽，保证空气流通，再固定两侧，防止侧露。

2 涂爽身粉 ●

在被纸尿裤包裹、通气性差的腹股沟处涂上适量爽身粉。

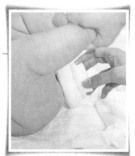

3 上折纸尿裤 ●

纸尿裤上折，中心位置在宝宝两腿之间。折过来后，顶端在肚脐之下，然后将纸尿裤上的折痕展平。

脏尿布的处理

传统尿布的处理要领

2 两次清洗

● ①将尿布泡入加有婴儿专用洗涤液的水中，迅速将污迹洗净。

● ②将首次清洗后的尿布再泡入洗衣水中，过一会儿数条尿布一起清洗会更加方便。

1 轻轻搓洗 ●

①将粘有大便的尿布丢掉。

②将粘有小便的尿布泡入婴儿专用洗涤剂中立即搓洗。

3 将尿布煮沸消毒 ●

①将尿布在清水中充分漂洗之后，再加洗涤剂放入洗衣机中翻洗，或者煮沸消毒。如果漂白剂洗不彻底，会大大刺激宝宝皮肤，因此请不要使用漂白剂。

②日光消毒，自然风干。

纸尿裤处理要领

减少空间

① 将纸尿裤上粘有的大小便用纸擦掉。
② 污面向里卷起，再用两侧胶带固定，所占空间要尽可能少，卷得紧不容易散发异味，而且能减少垃圾量。

包入报纸中扔掉

① 将卷起的纸尿裤外面再包一层报纸，这样就不会散发异味儿了。
② 准备一个专门放纸尿裤的垃圾袋将袋口封紧。

Mom & Baby

母乳喂养和奶粉喂养的宝宝大便

● 母乳喂养

母乳喂养宝宝大便的气味很特别，样子像打散的鸡蛋一样，2~3周之后，大便的颜色变为浅黄色，呈浆状。

2~3周之后，宝宝大便中偶尔会有草绿色黏液物质，这也是正常现象。

● 奶粉喂养

出生2~3周之后，宝宝偶尔会有几天甚至1周都不大便，但忽然会一次性拉很多（有时会连续拉两次），之后又是2~3天不排便。

有的宝宝出生后1周之内，一天会拉几次像水一样稀的便便，也可以说是喂一次奶拉一次。

奶粉喂养的宝宝大便呈暗灰色或黄色，像泥汤一样稀。无论是用母乳喂养还是奶粉喂养，如果大便中有小硬块，则说明宝宝缺水，即喂奶过少。

❶ 新生儿小便   ❶ 母乳喂养宝宝的大便，尚混有少量小便   ❶ 奶粉喂养宝宝的大便，同样混有少量小便   ❶ 母乳喂养宝宝的正常大便   ❶ 奶粉喂养宝宝的正常大便

穿脱衣服

宝宝的身体柔弱，穿衣服时要格外小心。用力不当，宝宝的胳膊就有可能受伤，熟能生巧，现在就一起一步步地学习吧。

新衣服

剪下标牌

宝宝的衣服上一般都有标牌，而且脖颈处和衣服内侧的标牌往往会有化学成分，因此穿之前一定要剪掉，否则有可能划伤宝宝柔嫩的皮肤，或者造成瘙痒红肿。

新衣服在穿之前要先把价格标牌剪下，然后再仔细翻查，将有可能划伤宝宝的一切隐患消灭。

内衣在穿之前要先清洗一遍

为宝宝买衣服首先要看吸水性和柔软性，颜色和样子都不是关键问题。即使标明为纯棉质地也不能疏忽大意，在穿着之前一定要先清洗一遍，因为粉尘、异物都不是肉眼能够完全分辨的，而且衣物本身在加工过程中也受到了一定污染。清洗后便能放心地穿了，注意不要使用洗涤剂，直接用水清洗即可。

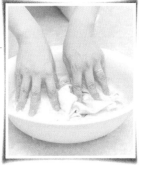

新衣物要用水清洗，去除灰尘异物之后再给宝宝穿

前开式衣物

穿上下一体的连体衣

宝宝刚出生的时候，一般穿小睡袍，3个月大的时候就可以穿连体衣了。小家伙活动能力增强了，翻身打滚踢腿，要么露出肚皮，要么缠住腿脚，所以穿上有裤腿的连体衣活动就能更加自如了。

连体衣有时也称为太空服，因为造形上有点像航天员穿的太空服。这种衣服便于妈妈给宝宝穿脱，也好打理，但是大小一定要合适，衣服紧绷在身上不好，太过肥大也不方便宝宝活动。

系带或摁扣都可以

换衣服时、洗澡时、换尿布时都要求衣服穿脱方便，这时就要选择系带或摁扣的衣服了。摁扣式小睡袄，主要是在脖子到腋窝之间设计摁扣，能尽可能缩短穿衣时间，宝宝也会高兴地合作。

宝宝四肢纤弱，给他穿衣服时，妈妈一定要掌握动作要领，熟练快速，孩子才不会有负面情绪。

◐ 随着宝宝的成长，宝宝的活动量不断增大，这时穿脱方便的连体衣最适合宝宝

前开式衣服的穿着要领

宝宝3个月左右的时候，活动量增加，翻来翻去，一会儿露出肚子，一会儿又缠住腿脚，这时，一件大小合适的连体衣就再合适不过了。

3 **握住宝宝肘部，将胳膊伸入袖子，手撑开袖子，方便宝宝伸入**

一手轻轻握住宝宝肘部，将宝宝的手送入袖子入口，然后向上提，衣服就穿进去了。

2 **让宝宝躺在套好的衣服上**

在暖和的室内，用手托住宝宝的脖子和屁股，抱宝宝平躺在平铺好的衣服上面。

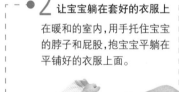

4 **系带子的衣服**

先平整内衣，然后将右侧衣襟往下拽，左侧衣襟往上提，扣子左右一一对应扣上即可。

1 **内衣套在外衣内** ●

给宝宝穿衣服之前先将外衣平铺在床上，再将内衣袖子套入外衣袖子中，这样套起来穿，省事又方便。

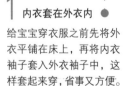

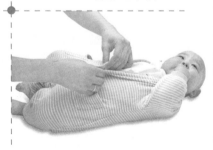

前开式衣服的脱衣要领

脱衣要领就是将穿衣顺序颠倒过来，脱衣物时一定要握住宝宝肘部，不要让宝宝乱动。

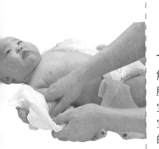

一手握住宝宝肘部

解开扣子，展开衣服，一手轻轻握住宝宝肘部，别让宝宝乱动。可以活动的只有妈妈的手和衣服。握住肘部的同时用另一只手拉住袖子。

● **伸开袖子把胳膊抽出来**

手将袖口尽可能撑开，托住宝宝肘部，将宝宝的胳膊抽出来，这样比较简单方便。用同样的方法将另一侧的袖子脱掉。

穿脱裤子

出生后 3 个月，宝宝的小腿长了力气，这时就可以给宝宝穿裤子了，注意握住宝宝蜷曲的膝部时，可不要让他乱蹬啊。

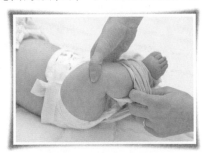

提住裤裆，把小腿儿伸进去

买裤子时，要选择裤裆伸缩性强、较宽大的裤子，一手握住宝宝膝部，一手撑住裆部，将宝宝的腿套入裤腿中，待脚后跟伸进

裤腿之后再用同样的方法把另一条腿也套进去。要小心别伤到宝宝的腿。

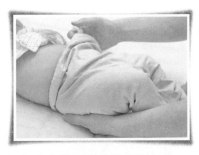

托住宝宝的屁股将裤子提上去

两条腿都套进裤子之后，向上推裤腿，最后一只手托起宝宝屁股，一手将裤子提上去。

托住膝盖拽下裤子

脱裤子的时候一只手抬起宝宝屁股，另一只手将裤子退到屁股下面，然后一手从下面托住宝宝屁股，拽下裤子即可。要小心别伤到宝宝脚踝，另外裤裆要轻轻往下拽，托起膝部时要将两膝并齐。

穿脱T恤

宝宝还不能支撑脖子时，给宝宝穿T恤有点强人所难。近来出现了不少领口为摁扣设计的T恤，如果尽可能撑大领口，宝宝穿起来也不困难。

穿T恤的要领

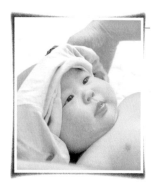

1 领口撑至最大

将领口和肩部的摁扣解开，把领口撑至最大，双手抓住两侧，靠到宝宝头上，往下拉，不要让衣服碰到宝宝面部。

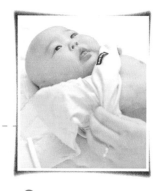

2 注意不要压迫到宝宝脖子

手伸到宝宝脖子下面，抬起宝宝上身将衣服向下拉。

3 伸袖子

将袖子展平，一只手伸进袖口，另一只手托住宝宝肘部，将宝宝的胳膊送入袖子入口，从袖口将胳膊轻轻拉出来。

脱T恤的要领

脱T恤时不要硬拽，硬拽的话，宝宝的肩部、颈部关节都可能受伤。

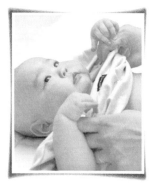

1 抓住肘部，慢慢将胳膊抽出

抓住宝宝肘部，慢慢将胳膊抽出，再将衣服卷到颈部。

2 尽可能撑大领子，并让宝宝钻出去

将领子撑到最大，小心不要让扣子划到宝宝的脸，向上提，让宝宝钻出来。

抱宝宝

宝宝在爷爷奶奶怀里睡得很香，可换成爸爸妈妈便开始不停地哭闹，很有可能是爸爸妈妈抱宝宝的姿势有问题。如果掌握了抱宝宝的动作要领，就不会发生这种情况了。

抱宝宝的注意事项

轻柔地抱宝宝

刚刚出生的宝宝，新爸爸新妈妈们都不敢抱，生怕伤到柔弱的小生命，这样小心很好，不过还是应该练习一下自己抱宝宝。

不要宝宝一哭就猛地一下抱起来，这样容易让宝宝受到惊吓，宝宝会哭得更厉害。抱宝宝的时候，要轻轻地、慢慢地。照顾宝宝的时候，给他安全感是最重要的。

抱起宝宝或者把宝宝放下的时候，妈妈要弯下腰，身体和宝宝保持一个固定的距离。把宝宝放到床上时，让他脊背贴床平躺，或者侧着躺下。

Mom & Baby

用背兜抱宝宝

● **总是用背兜系着宝宝，宝宝会很累**

宝宝刚吃完奶30分钟，有可能会吐奶，这时最好不要用背兜抱宝宝。平时也不要长时间地拿背兜系着宝宝，宝宝会很累的。

● **调节双肩挂带的长度和宝宝腰部系带的松紧**

刚开始抱宝宝的时候，为了安全，妈妈会把带子系得很紧，这样不仅妈妈不舒服，孩子也会感到不适。将双肩挂带和孩子腰部系带调节到舒适的程度即可。

◐ 如果长时间用背兜的话，宝宝也会很累

抱3~4个月前的的宝宝时，妈妈要托住宝宝的脖子

刚出生的宝宝腿还伸不直，妈妈抱宝宝的时候不要强制他把腿伸直，保持这样的姿势就好。另外，由于宝宝的脖子还直不起来，抱宝宝的时候，妈妈要托住他的脖子，保证安全。

如果只靠胳膊的力量抱宝宝，不仅宝宝不舒服，妈妈也很容易疲劳。因此要协调好腰部、腿部等身体各部位的力量，这样宝宝会更有安全感，妈妈抱着也省力。

宝宝脖子能直起来了，就可以用多种姿势抱宝宝

宝宝的脖子能直起来以后，抱宝宝就轻松了很多。随着宝宝体重的增加，长时间用同一个姿势抱着会很累。宝宝脖子能直起来了，妈妈就可以用多种姿势抱他，只要舒服就好。

朝一边抱宝宝

让宝宝的头放在妈妈的胸前或胳膊上，会让宝宝感到很舒服，然后把宝宝的大腿搭在妈妈的大腿上。

● **让宝宝坐在妈妈的大腿上**

如果用腿来支撑宝宝的重量的话，胳膊就不会累。抱宝宝的时候把宝宝转向妈妈胸前，会让宝宝感到安心。

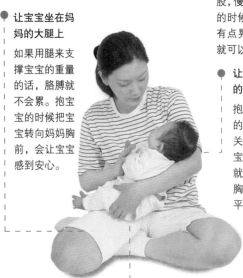

● **扶着宝宝的脖子抱起来**

妈妈一只手托住宝宝的脖子，一只手托住宝宝的屁股，慢慢地抱他起来。抱起的时候，宝宝的脖子稍微有点晃也不用担心，扶正就可以了。

● **让宝宝的头靠在妈妈的胳膊肘上**

抱宝宝的时候，妈妈的肩膀自然放松，肘关节向内弯曲。如果宝宝开始哭闹的话，就轻轻地拍拍宝宝的胸前，宝宝就会慢慢平静下来。

用另一只手托着宝宝的屁股和腿

用手轻轻地托起宝宝的腿，宝宝会更有安全感。不要长时间朝一个方向抱宝宝，要适时地换一下方向。

竖着抱宝宝

高度以宝宝的胳膊可以放到妈妈的肩膀上为宜，然后托住宝宝的脖子、后背和屁股。

托住宝宝的脖子，让他趴在妈妈肩膀上

托住宝宝的脖子，竖着抱起他，高度以宝宝胳膊能搭到妈妈肩膀为宜。如果想帮助宝宝打嗝，高度以宝宝的胸部能靠到妈妈的肩膀上为宜。

用胳膊托着宝宝的屁股

用胳膊托着宝宝的屁股，这样会很安全，把宝宝的头放在肩膀上倚着，这样即使长时间地抱宝宝，胳膊也不会累。

抱宝宝的爸爸们要注意

如果抱宝宝的时候太过小心，宝宝也会很累，所以爸爸不要过于紧张，自然地抱着就行。宝宝哭了也不要慌张，慢慢拍拍他的屁股或后背，宝宝就能安静下来了。

抱得过紧，宝宝会感觉闷

爸爸抱宝宝时往往不知不觉肩膀就会用力，手臂往里扣，把孩子抱得很累，这样孩子会感到憋闷，不舒服。

●**不要只是抱着，要经常跟宝宝说说话，逗他开心**

宝宝听到爸爸妈妈的声音会很安心。要跟宝宝说话，逗他玩儿，可能刚开始的时候感觉有些不自然，多试几次就好了。

如果爸爸的手或肩膀太用力，宝宝会觉得没有安全感

爸爸对抱宝宝没有信心，往往会不知不觉紧张起来，身体也变得僵硬。紧张的情绪影响到宝宝，小家伙也不能安心了。

如果抱得太高的话，肩膀很容易疲劳。稳稳地托住宝宝的下半身，抱得低一点，还能借助腿部和腰部的力量，这样才抱得长久舒服。

●**要轻轻地拍拍宝宝的背**

当你正在小心翼翼地抱宝宝，宝宝突然"哇"地一声哭了，这时爸爸就会紧张，肩膀或手就会更加用力，这只会让宝宝哭得更厉害。这时候不要紧张，轻轻拍拍宝宝的背、屁股、胳膊，宝宝的心情就会好起来。

把躺着的宝宝抱起来的要领

从头到屁股，保持宝宝身体水平，将其抱起来。

按照宝宝原来的姿势抱起来会更舒服

如果一下子托起宝宝的头，宝宝容易受惊。抱起宝宝的时候，要尽可能让宝宝保持躺着时的姿势。

一只手从屁股下一直托到脖子后

宝宝穿着上下一体的衣服，抱他起来的时候，先看看衣服有没有绞缠，然后利用手掌和手臂托住宝宝的屁股、后背和脖子，再抱他起来。

●**一手托起宝宝的肩膀，一手托着宝宝的脖子和后背**

一只手垫到宝宝的肩膀下面，把他稍微托起来一点，另一只手从下面托住宝宝的后背和脖子，然后把宝宝抱起来。

63

把宝宝递给对方的要领

托住宝宝的脖子和大腿

一只手托住宝宝的大腿根部，另一只手托住宝宝的脖子，这样就不用担心宝宝会摔下来。交给他人抱的时候，要确定对方完全接过宝宝后再放手。

●如果动作不熟练，递宝宝的时候最好是坐着

站着递宝宝的时候，如果宝宝突然哭闹、乱动，爸爸妈妈有可能就慌得手忙脚乱。所以，动作不熟练的情况下，最好能坐着递宝宝。

Mom & Baby

过度依赖学步车，宝宝走路会更晚

最好不要使用学步车。每天坐几分钟没事，长时间坐的话，宝宝会对学步车产生过度依赖，丧失学步的动力，反而会让宝宝走路更晚。

●学步车会减弱宝宝的想象力和创造力

研究表明，一天中的大部分时间都坐在学步车上的孩子运动能力会明显下降，学会走路的时间要比一般的孩子晚。这样不利于宝宝对世界的探索，学步车间接减弱了宝宝的想象力和创造力。

●宝宝在1周岁以内发生的意外事故多与学步车有关

学步车会给宝宝带来安全问题，宝宝1周岁以内发生的事故多半与学步车有关。如果收到了学步车这样的礼物，最好让宝宝玩两天就收起来吧。

长牙的顺序

宝宝一般最先长下门牙，然后是上门牙，其他牙齿的萌出顺序可以参考下面的图片。

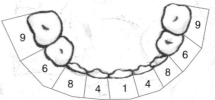

喂药

发烧、咳嗽、闹肚子、磕磕碰碰，宝宝总是小事故不断。带宝宝看医生，喂宝宝吃药是爸爸妈妈的必修课。让宝宝乖乖地吃药并不简单，一定要掌握技巧才行。

喂药要领

给宝宝讲他喜欢的故事，自然地喂宝宝吃药

喂宝宝吃药需要技巧。如果妈妈又是鼓励又是称赞，宝宝就能感觉到喂他吃的不是好东西，自然会抗拒。喂宝宝吃药要自然一点，就像平时给他吃东西一样，一边讲着有意思的故事，一边把药递到他的嘴边，小家伙自然就张开嘴吃下去了。

○ 宝宝不想吃药时不要硬逼他吃

强行喂宝宝吃药不可取

宝宝拒绝吃药，不要强制喂药。喂药的时候，将宝宝的上身稍稍抬起，让宝宝的头略微侧向一旁，然后按一下宝宝的双颊，宝宝自然

会张开嘴，这时就可以喂药了。有的爷爷奶奶会捏住宝宝的鼻子，或者让宝宝上身后仰，强制宝宝张开嘴吃药，这样的方法都不可取。

药粉要混合糖或蜂蜜一起吃

宝宝吃的药一般都是易溶的，或者本身就是糖浆。可以将不易溶解的药压成药粉，然后掺上一勺白糖、蜂蜜，混合一下再喂给宝宝吃。直接喂宝宝药粉是很困难的，如果量少的话，妈妈可以把手指洗干净，然后蘸一点药粉，放到宝宝嘴里，就像喂他吃奶一样。宝宝吃药以后，要马上喂他喝一点温水。

喝糖浆应注意用量

宝宝的月龄不同，糖浆的用量也不相同。要拿小勺一点点地喂给他吃，不要因为宝宝爱吃就多喂。儿童糖浆中含有不少调节口味的糖分，因此宝宝吃完药应该喝点

○ 喂药时一定要注意这种药是否需要忌口

○ 要根据孩子的月龄服用适量的糖浆

水，稀释一下口中的糖分，再用小手帕把嘴巴擦干净。

眼药水要在宝宝睡觉的时候滴

眼膏、眼药水应该在宝宝睡觉的时候用。给小婴儿滴眼药水时，让宝宝平躺，一只手固定宝宝的头部，不要让他乱动，然后用另一只手给宝宝上药。给宝宝鼻子里上药时也可以用这个姿势。

不要把药掺到宝宝爱喝的饮料里

把药掺到饮料里喂宝宝的时候，要避开宝宝常喝的牛奶和果汁。因为，如果宝宝察觉到自己平时爱喝的东西变了味道，很长时间都不会

◐ 吃药的时候如果把药加在牛奶、饮料里一起喂给宝宝，以后宝宝可能就不想喝牛奶或是果汁了

再喝了。而且，喂宝宝吃药的时候，也要注意药性与吃的东西有没有冲突。

比如补血药不能和红茶、绿茶一起喝，治便秘的药或抗生素不能和牛奶一起喝。另外，果汁中含有的一些成分有可能影响药性，需要咨询一下医生。

药栓上蘸一些水或油，快速插进肛门里

药栓的使用需要遵循医嘱。使用时可以提起宝宝的双腿，在药栓上蘸一些水或油，快速地插到宝宝的肛门内。然后用手指按一会儿肛门，防止药栓脱落。药栓在室内常温下容易融化，一定要放到冰箱内保存。

宝宝吐药的话，需要根据服药时间判断是否再用药

宝宝吐药的话，需要根据服药时间判断是否再用药。一般吃药20分钟以内出现吐药的话，需要给宝宝补喂一次；超过了20分钟，就不用再喂了。如果宝宝吃药特

一定要遵循医生所开的处方

妈妈不是医生

不能自己给孩子乱吃药。妈妈可不是医生。有这样一个例子，有个孩子感冒咳嗽，医生给开了咳嗽药。2个月以后，孩子又咳嗽了，这次妈妈没有带孩子看医生，而是直接照上次看病的药方给孩子喂药。刚开始孩子看起来好多了，可马上又厉害了起来，妈妈只能带孩子去看医生。结果孩子这次不是简单的咳嗽，而是得了百日咳。本来应该早点隔离治疗的，结果治疗晚了1个星期，延误了病情，也感染了其他人。

即使症状相同，病因也有可能不同

宝宝出现感冒、头痛、腹痛等症状时，有的妈妈用同样的方法治疗几次，收到效果后，就把自己当成育儿专家。孩子出现同样的症状，妈妈很容易以为是同一种病，但有时在医生看来却是不同的病因，治疗的方法自然也就不一样了。如果用错了药，不仅不能治好病，还有可能引起贫血、呕吐等副作用。

◐ 妈妈喂药一定要遵循医嘱

别困难的话，可以把一次的药量分两次喂。如果宝宝吐得不多，即使不到20分钟，也不用再喂了。

吃剩下的药，若过期一定要扔掉

经常有这样的情况：宝宝没吃完的药，家长舍不得扔，便放到冰箱里留着下一次吃。其实这些药应该立刻扔掉，特别是液体药，很容易变质，药效也得不到保证。可能在妈妈看来，宝宝这次生病和上次的症状一模一样，可实际上病因并不一定相同，所以还是不留药的好。

❍ 不要给宝宝服用过多的保健品，以免维生素摄入过量

服用保健品的要领

容易累的宝宝可适当服用维生素

儿童保健品能够补充宝宝成长所需的营养，增强宝宝体质。一般的儿童保健药，含有维生素A、B族维生素、维生素C、钙、铁、锌等成分。如果宝宝比同龄人气色差，又容易疲劳，可以给宝宝吃一些儿童保健品。

❍ 宝宝身体虚弱，易感疲劳的话，可以适当吃一些维生素

过多服用保健品会有副作用

如果不仔细辨别保健品的种类和药效，胡乱给宝宝吃的话，有可能引起副作用。比如，过量服用维生素A会损伤肝脏，造成食欲不振、湿疹等症状。服用钙过量的话，会引起腹泻、呕吐、头痛、神经损伤等问题。服用铁过量的话，心脏和肝脏都会受损。

因此，选择保健品时，一定要考虑宝宝的体质，最好由医生给宝宝开药。

大人和宝宝不能吃同样的保健品

不少人认为宝宝吃的保健品只要加大用量，大人也是可以吃的。那么把大人吃的保健品减少一下用量是不是就可以给宝宝吃了呢？不是的。要记住，只能给宝宝吃儿童保健品。

另外，不要因为宝宝身体弱，就过度依赖保健品，不要把保健品当成包治百病的灵丹妙药。当宝宝不想吃的时候不要强迫他吃。

不要因为孩子爱吃，就加大用量

为了讨宝宝喜欢，儿童保健品往往外观漂亮，口感香甜，宝宝往往是把它当点心、糖果吃。宝宝经常跟妈妈要着吃，要么就在大人不注意的时候自己打开瓶盖拿。而服用过量的保健品可能会造成食欲不振或肝功能受损。平时，要把保健品放到宝宝碰不到的地方。

❍ 将保健品放到宝宝碰不到的地方

满两周岁后，便可以吃保健品了

满两周岁后才能让宝宝吃保健品。宝宝断奶后要和大人一起吃饭，有可能会因为偏食等不良饮食习惯造成营养不均衡。如果孩子不偏食，什么都爱吃的话，是没有必要吃保健品的。也就是说，是否服用保健品要根据孩子的具体情况而定。

吃补药的要领

补药等宝宝大一些再服

如果宝宝身体特别虚弱，或是经常生病的话，可以请大夫诊治，服用补药时一定要遵循医生的意见。

喂母乳的产妇，在产后调理时所吃的补药可能对宝宝产生间接影响，一定要咨询医生。

● 含有鹿茸的中药至少要在宝宝1岁之后才可以吃

在换季时吃补药效果好

补药通常是在冬天，或是从冬天向春天过度的换季时节吃效果会更好一些，在

这个时节吃补药的话，可以促进宝宝的成长，预防疾病，增强免疫力。

另外，人体在有的季节会感到累，有的季节会比较容易生病，所以在季节转换之前吃一下中药或补药，效果会更好。对于一到夏天就没有食欲、浑身无力的宝宝来说，在夏季来临之前，有必要吃一点中药。

充分考虑宝宝的体质状况

幼儿阶段，宝宝的成长速度惊人，身体的恢复速度也很快。因此，宝宝吃保健品的效果要比成人明显。

是否需要吃补药要根据宝宝的体质状况、消化能力来判断。吃中药的话，需要注意阴阳调和。擅自给宝宝用药，容易造成腹泻或发热，用药一定要听医生的意见。

一定要根据医生的诊断服用

中药也会有副作用，所以即使是单纯的补药也要听取医生的意见再吃。无论多么好的药材，一定要根据宝宝的体质或健康状态考虑是否适合吃，否则的话，补药就会变成毒药。

不要认为对大人好的东西，宝宝吃了也一定好。宝宝的身体器官发育还不够健全，用药的时候一定要小心再小心。

● 在给宝宝用中药的时候，一定要按照中医的处方吃

哄宝宝

宝宝通过哭声来表达自己的感情，如肚子饿了、身体不适等。
新妈妈要根据宝宝的哭声判断宝宝哭的原因，从而找到解决办法。

宝宝用哭声来表达自己的要求

如果宝宝哭得厉害，肯定是有原因的。可能是哪儿不舒服了，或者肚子饿了，困了，尿床了，口渴了，也可能是热了。总之宝宝会用自己的方式表达要求。

这时，妈妈需要通过直觉判断宝宝的意愿，及时满足他的要求。不过新妈妈要完全理解宝宝的哭声还是比较困难的。

妈妈急得满头大汗，宝宝却越哭越厉害。遇到这种情况，妈妈不要慌，仔细查看一下宝宝的状态，找到哭的原因，问题就好解决了。经验的积累很重要。

各种哭声

肚子饿的时候

肚子饿的时候，宝宝的哭声像"断奏"，哭的时候一喘一喘的。这时，妈妈给宝宝一喂奶他就不闹了。而且吃奶的时候，和妈妈身体的接触能给宝宝带来安全感。

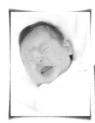
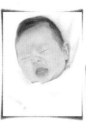
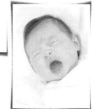

❶ 要充分了解宝宝的哭声，才能更好解决宝宝的不安

尿布湿了的时候

身上不舒服了，宝宝哭起来跟磨人的时候一样。如果不是哭得特别没力气，或者特别急促，很有可能是尿布湿了。给宝宝换上干爽的尿布，他立马就能不哭，可能还会开心地冲着你笑呢，这时再逗他玩一会儿就更好了。

要求抱抱的时候

要求抱抱的时候，宝宝的哭声可能不太一样。如果像撒娇一样小声地哭，很有可能就是想让大人抱抱他了。如果不是饿了，也不是尿布湿了，宝宝又哭起来不停，这时一般抱起来哄一哄，他就高兴了。因为宝宝自己不能动，所以喜欢妈妈抱他起来转一转。

困了的时候

具体情况可能有所不同，不过如果宝宝困了又睡不着，一般会很烦躁地哭闹。这时，抱着宝宝轻轻地摇一摇，给他唱唱摇篮曲，轻轻地拍拍他的肚子，抚摸一下他的头，宝宝很快就能睡着了。宝宝快睡着的时候，体温会上升，头也会变轻。

❶ 宝宝因为困而哭时，让宝宝咬咬奶嘴或是摸摸他

哄宝宝的基本要领

喂奶时

尿布没有湿，抱着还是闹个不停，很有可能是饿了。如果宝宝平时吃奶很有规律的话，根据时间也能判断出宝宝是不是饿了。

新生儿时期，宝宝每次哭就喝奶也没有什么关系。但是1个月之后，宝宝一哭就给喝奶是不行的。要先看看宝宝为什么哭，是因为肚子饿，还是其他原因。有必要了解宝宝吃奶的规律，这样才能更好地哄宝宝。

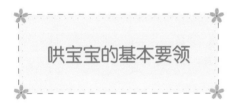

❶ 掌握宝宝的吃奶规律，判断宝宝哭的原因就简单了

换尿布时

有个别的宝宝即使尿布湿了也不哭，但是大部分宝宝会用哭声表达自己的不适。换上尿布，宝宝的心情变好了，家长可以陪宝宝玩一会儿。

抱宝宝时

刚喂过奶，尿布也没湿，可宝宝就是不停地哭，可以把宝宝抱起来试试。在爸爸妈妈温暖的怀抱里，呼吸一下外面新鲜的空气，宝宝马上就能高兴起来。

一边拍着宝宝的背，一边唱着摇篮曲

宝宝困了却睡不着的时候，经常哭闹。这时，把宝宝抱起来，让他的胸脯贴着妈妈的身体，然后轻轻抚摸他的头；或者抱着他轻轻地摇一摇，唱首摇篮曲，宝宝安静下来，很快就能睡着了。宝宝入睡的时候，体温会升高，头部会变轻。妈妈可以一只手轻轻地拍着宝宝，一只手慢慢抚摸宝宝的头，那么小家伙一会儿就安静地睡着了。

❶ 抱着宝宝轻轻地摇晃，并且给宝宝唱唱摇篮曲，宝宝很快就入睡了

逗孩子时

如果试了很多办法，宝宝还是哭，可以试一试这个办法：一边喊着节拍"一、二、三"，一边跟着节拍晃动宝宝的手或脚。宝宝很喜欢这种节奏，一会儿就高兴了。还有一个办法，爸爸妈妈先跟宝宝脸贴脸，再一下子把脸拿开，然后再靠过来，再拿开。就这样一近一远，来回反复，也会把宝宝逗得很开心。另外，跟宝宝脸贴脸，蹭蹭鼻子，蹭蹭脸蛋，也是不错的办法。

part
3
宝宝日常照顾

边对话边玩

● 笑着和宝宝进行眼神的交流

无论说了多少话，如果不和宝宝进行眼神的交流，效果就会变差。洗澡的时候也是和宝宝进行交流的好时机，和宝宝说说话，宝宝就不会害怕了。

自然地和宝宝对话

一些简单的话，常说就变得很自然了。单方面对话会让人感到很尴尬，但是慢慢就会习惯的，而且逐渐可以和宝宝说更多的话。

要慢慢地和宝宝说话

说话速度太快会让宝宝感到累，这和声音的高低没有关系，只要慢慢地说就可以了。有的父母会有这种想法，反正宝宝也听不懂，我们什么话都不说，只是看着宝宝就好，建议不要这样，要和宝宝多说说话。

拿着玩具和宝宝玩

让宝宝抓握玩具

宝宝有抓握东西的本能。只要刺激一下宝宝的手掌，他就会条件反射地把东西抓住。妈妈可以把手指放到宝宝的掌心，宝宝马上就会握住妈妈的手指不放。

● 在宝宝眼前不断摇晃玩具

宝宝的目光会随着玩具左右移动。刚开始宝宝可能对玩具还不敏感，家长不用担心。另外，宝宝的视线范围是30厘米，所以放得太远的东西，宝宝是看不到的。

和哭闹的孩子玩

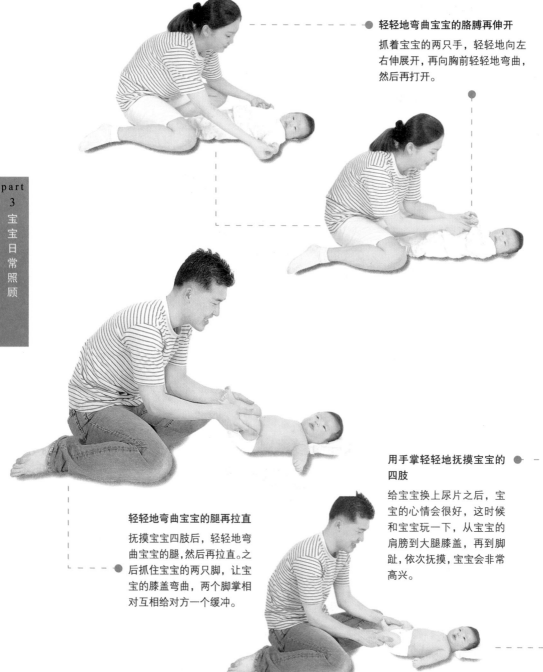

● **轻轻地弯曲宝宝的胳膊再伸开**

抓着宝宝的两只手，轻轻地向左右伸展开，再向胸前轻轻地弯曲，然后再打开。

用手掌轻轻地抚摸宝宝的四肢 ●

给宝宝换上尿片之后，宝宝的心情会很好，这时候和宝宝玩一下，从宝宝的肩膀到大腿膝盖，再到脚趾，依次抚摸，宝宝会非常高兴。

轻轻地弯曲宝宝的腿再拉直

抚摸宝宝四肢后，轻轻地弯曲宝宝的腿，然后再拉直。之
● 后抓住宝宝的两只脚，让宝宝的膝盖弯曲，两个脚掌相对互相给对方一个缓冲。

训练大小便

宝宝1岁时，大小便还不能自理。到宝宝两岁的时候，就要慢慢地开始训练宝宝大小便，但是对那些习惯于尿片的宝宝来说，坐便器还是很陌生的，这个时候需要妈妈倾注足够的爱与耐心。

要阶段性地教宝宝大小便

第1阶段 把卫生间装饰成游乐场，让宝宝感到舒适

❶ 为了不让宝宝对排便练习产生排斥，要把卫生间装饰成游乐场

最好先确定宝宝大小便的场所。不管是使用单独的幼儿坐便器，还是在成人坐便器上放置儿童坐垫，都要先将场所固定下来，让宝宝知道这是大小便的地方。

要想让宝宝接受这一事实，就要把卫生间装扮得有吸引力。在卫生间里面放一些宝宝比较喜欢的画或玩具，这样一来，宝宝早上醒来或午睡起来都会不自觉地到卫生间去。

第2阶段 接受宝宝的失误，不断地鼓励他

宝宝从小就一直使用尿片，突然换成坐便器，宝宝会不适应，甚至有时会感到害怕，所以有些宝宝会产生便秘现象。因为不能在坐便器上大小便，所以宝宝有时候会在卫生间以外的地方方便，甚至是拉在裤子里。这时妈妈要格外注意，不要一味地只是骂宝宝，这样只会让宝宝对练习产生恐惧和反感，根本无法产生正面效应。

如果宝宝能够在坐便器上排便，哪怕只有一次，或只是偶然，我们一定不要吝啬，好好表扬一下孩子，这毕竟是第一步，正所谓万事开头难。

第**3**阶段　反复练习

第一次用坐便器上厕所，对宝宝而言是个了不起的经历，而且对他日后的生活习惯有很大影响。在宝宝养成用坐便器上厕所的习惯之前，需要经过反复的练习，妈妈要有足够的耐心才行。

● 因为排便练习需要不断反复练习，所以对妈妈来说，重要的是要有耐心

第**4**阶段　体验尿裤子后的不爽

随着到卫生间小便次数的增多，宝宝就可以不再使用尿布了。当然宝宝可能还会尿裤子，但重要的是，从现在开始消除宝宝对尿布的依赖。宝宝可能需要很长时间才能适应，这期间经常会尿裤子，妈妈要多包容，不要责备他。即便宝宝尿裤子了也不要发火，只要说："小宝贝，尿裤子了，是不是心情很不好呀！赶快去换一下吧，记得下次一定要坐在坐便器上之后再尿呀！"

● 宝宝尿裤子了，妈妈不要责备他，应该耐心地提示他以后一定注意

这样温柔地指出宝宝的错误，让宝宝对下一次更有信心，对妈妈来说是最重要的。

宝宝尿了裤子，自己也会不高兴。这种不好的感觉也会让宝宝慢慢地减少尿裤子的次数。

第**5**阶段　用语言来表达自己排便的欲望

现在宝宝已经慢慢熟悉了排便，虽然偶尔还会失误，但是如果想去上厕所的话，一般会用简单的话来表达。

从这个阶段开始要正式教宝宝一些表达排便意愿的话，比如"尿尿""便便"，这样宝宝才能把自己的意思及时地告诉妈妈。宝宝什么时候学会控制大小便是因人而异的。家长不要拿自己的宝宝去和别人刻意比较，要有耐心。

● 要培养宝宝用语言来表达自己要大小便的想法

训练大小便的要领

在坐便器上呆的时间别超过3分钟

用宝宝坐便器时一定要先定下放坐便器的场所，这会让宝宝意识到应当在这个地方排便。另外，不要让宝宝在坐便器上坐

太久，2~3分钟对宝宝已经足够了，如果超过3分钟，而且宝宝也说不想再坐着了，那就停下来，待宝宝想上时再去也可以。不要让宝宝长时间呆在坐便器上，否则宝宝会便秘，慢慢也就不喜欢上卫生间了。

◐ 宝宝上厕所时，妈妈一定要在身边，让宝宝感到安全

妈妈要在一旁陪着宝宝

宝宝上厕所时一定要保证厕所的门是开着的，因为门如果关上，会让宝宝感到害怕。最好的办法是妈妈在一旁陪着宝宝，即使离开一会儿也要让门开着，如果排便结束，一定要表扬一下宝宝。

要不断地表扬宝宝

人们排便后会有一种愉悦感，家长也要让宝宝感受到这种感觉，所以妈妈的表扬就必不可少了。宝宝是在家长的表扬和鼓励下成长进步的，练习排便也不例外。

当宝宝没有尿在裤子上而是去卫生间小便的时候，家长要说一些称赞的话："我们宝宝好乖呀！""我们孩子太懂事了！"

◐ 宝宝成功地掌握了排便练习之后，要给予热情的鼓励与表扬

宝宝摸小鸡鸡怎么办？

Mom & Baby

● 不要反应太强烈

宝宝摸自己是非常正常的行为，宝宝之所以会有这种行为是因为好奇心在起作用。这与吸吮自己的手指是一样的，宝宝知道如何让自己高兴起来，也可以说宝宝是健全成长的。

● 用其他的话题转移宝宝的注意力

宝宝摸生殖器的时候，家长不要反应过激。"真脏！"这样的话一定不要说。要知道利用身体的部位让自己高兴也是成长中的宝宝健全性欲的一部分。

家长可以这样劝宝宝："你总是摸小鸡鸡，它也会疼的。""再摸的话，一会儿虫子就钻进去了。"或者找个宝宝感兴趣的话题，转移一下宝宝的注意力。等宝宝3~4岁的时候，可以开始对宝宝进行一些简单的性教育，比如男女性器官的差异。

◐ 对自己身体的探索也是宝宝好奇心的表现

妈妈的表扬会令宝宝感到自信。如果在给宝宝表扬的同时，也给宝宝他们最想吃的食物，效果会更好。

即使犯错也不要责怪宝宝

经过几个阶段的学习，宝宝已经可以自己一个人去卫生间大小便了，但是并不等于宝宝不会失误，可能某一瞬间因为判断失误，尿裤子的情况还是会出现的。特别是宝宝沉浸在游戏或电视节目中的时候，很容易忘记大小便，因此弄脏衣服的情况很多。

◐ 宝宝如果沉浸于电视或游戏，就很容易忘记大小便

这时候妈妈如果批评宝宝的话，很有可能以前的努力都白费了，到头来宝宝又回到练习之前。妈妈不应该批评宝宝，而是要给宝宝一些鼓励。比如说："玩过头忘记上厕所了呀！下次一定要上厕所之后再玩。"或者说："动画片太好看了，是不是就忘记上厕所了呀？以后想上厕所的时候告诉妈妈，妈妈把动画片暂停下来就行了，记住了吗？"给宝宝理解、安慰、鼓励，让他记住以后不要再犯就可以了。

让宝宝了解排便前后的感觉

妈妈常常会确定好一定的时间间隔，把宝宝带到卫生间让宝宝大小便，这种情况下，时间间隔是非常重要的。如果宝宝不想去，你硬让宝宝小便，结果只能是尿出几滴而已。

如果宝宝膀胱还没满就让他尿尿，时间久了，孩子会养成尿频的习惯，妈妈一定要注意。

比起规定好宝宝上厕所的时间间隔，不如训练宝宝主动发出排尿、排便的信号。因为，当宝宝自己说要"尿尿""便便"的时候，肯定是比较急了。这样排便后，宝宝就能体会到便后的愉悦感。这种感觉是让宝宝学会自己控制大小便的关键。

排便之后一定要冲水和洗手

当宝宝还小的时候，一般是大小便之后妈妈帮忙冲水，但是随着宝宝年龄的增长，家长要教宝宝如何冲水。

一般在宝宝上幼儿园的时候教宝宝如何冲水，但是从孩子小时候起就开始教，并不是一件坏事。

对宝宝来说，排便之后冲水是很有意思的，我们要告诉宝宝排便之后，要看一下自己的便便是否正常，不要让宝宝对便便产生厌恶感。

上完厕所之后一定要告诉宝宝把屁股擦干净，特别是女孩，因为擦不干净很容易造成细菌感染。另外，上完厕所之后一定要把手洗干净。

◐ 在大小便之后，一定要养成冲水、洗手的习惯

各个月的小便训练

新生儿的膀胱尚不能储存尿液，所以宝宝会时不时地小便。尿片湿了，妈妈要及时给宝宝换下，如果湿的尿片长时间不换，宝宝会长尿布疹。

6~10个月

这一时期宝宝的膀胱慢慢地变大，有的宝宝用哭来表达自己想小便的意思，所以一定要好好观察一下宝宝大小便的时间间隔，这对以后的排便练习会有帮助。

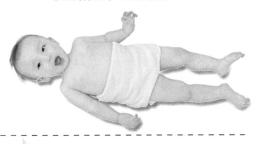

0~6个月

这个时期，宝宝慢慢开始学说话，当可以说一句两句话的时候，就可以教宝宝一些可以表达自己想大小便的话语，这样宝宝就可以用语言表达自己排便的意思了。

18~24个月

这个阶段，宝宝的膀胱变大，盛尿量也随之增多，排尿间隔增长，宝宝能够控制小便到尿量足够多的时候。由于大便信号比小便明显，训练宝宝控制大便要更容易些。这个阶段是宝宝排便训练的最佳时期。一旦发现宝宝有排便的信号，一定要马上带他去卫生间。

10~18个月

宝宝可以自己去卫生间的坐便器上方便了。宝宝自己会对妈妈说"想尿尿""想便便"。另外，要教给宝宝便后按冲水阀冲马桶的本领。

24~30个月

30~36个月

宝宝控制排便的能力越来越强，即使晚上也几乎不尿床了。但是不要一下子撤掉宝宝的尿布，要给宝宝一个适应的过程。等宝宝基本上不尿床了，就可以不垫尿布了。

晒太阳和外出

宝宝出生一个月后，父母开始考虑带宝宝外出。外界空气对宝宝的刺激还是很大的，出门之前一定要做好准备。先让宝宝晒晒太阳，然后再根据季节、气候、时间、场所等外部条件，看一下是否适合外出。

晒太阳

晒太阳的注意事项

晒太阳的好处

晒太阳对宝宝来说很有必要。阳光中的紫外线可以让机体产生维生素D，促进胃肠对钙的吸收，并且可以让宝宝的骨骼变得强壮。通过和外面空气的接触，可以培养宝宝对外部世界的适应力。

不必选择特定场所与时间

不必为了晒太阳而选择特定的时间和场所，只要天气晴朗，不刮风，温度适宜，就可以把宝宝房间的窗户打开，让宝宝晒晒太阳，接触一下外面的空气。在窗户旁边铺一个毛毯，把宝宝放在上面，效果更好。给宝宝换尿片或衣服的时候，自然就会和外面的空气接触。

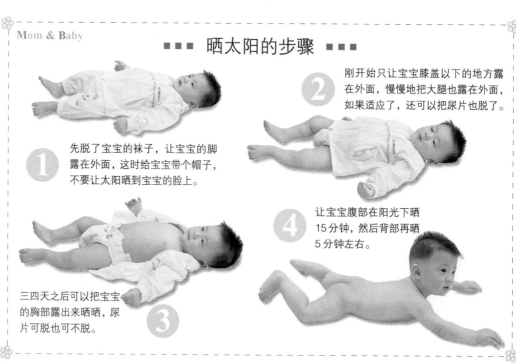

Mom & Baby

■■■ 晒太阳的步骤 ■■■

1 先脱了宝宝的袜子，让宝宝的脚露在外面，这时给宝宝带个帽子，不要让太阳晒到宝宝的脸上。

2 刚开始只让宝宝膝盖以下的地方露在外面，慢慢地把大腿也露在外面，如果适应了，还可以把尿片也脱了。

3 三四天之后可以把宝宝的胸部露出来晒晒，尿片可脱也可不脱。

4 让宝宝腹部在阳光下晒15分钟，然后背部再晒5分钟左右。

外界环境帮助宝宝养成良好的生活规律

宝宝接触外界空气的时候，皮肤受到刺激，血管会收缩。一回到室内或者关上窗户，皮肤又会舒缓下来，血管也恢复正常。这个过程中，宝宝的支气管与肺部黏膜得到锻炼，抵御感冒的能力增强。在外界环境的刺激下，宝宝吃得香，睡得好，心情也不错。

根据宝宝的健康状态决定是否外出

宝宝发热、打喷嚏，或有其他不适，或哭闹不止，应该避免其接受外界环境的刺激。在宝宝身体好、心情好的时候，适当地接触户外环境，才是有益健康的。

晒太阳的方法

换尿片或衣服时晒一下太阳

第一次晒太阳时，没有必要把衣服全脱了，只要在换尿片或衣服时有机会露出皮肤即可。

从脚开始一步一步晒太阳

先从脚开始晒太阳，慢慢适应之后，可以晒一下大腿、胸部、背部、屁股等部位。

选择通风效果好的地方

阳光好、风也不大的窗边是最好的场所，如果宝宝房间通风效果好的话，那是比较理想的地方。

在阳光下给宝宝按摩

晒会儿太阳之后，宝宝的体温会上升，这时轻轻地按摩宝宝的全身。不需要用什么特别的方法，全身一个地方一个地方的按摩就可以了。

外 出

带宝宝出门散步

从出生后2个月开始带宝宝出门

宝宝出生60天后，可以带他出门看看，一方面可以呼吸新鲜空气和晒晒太阳，另一方面可以刺激宝宝的视觉、触觉，使五感更发达。

在阳光明媚的上午出门30分钟左右

因为宝宝的体温调节能力尚未发育完全，所以一定要选择合适的时间出门，一年四季中除了冬天之外，其他季节都可以。具体来说，春秋两个季节，上午10点以后比较适合出门。而夏天，凉爽的早晚出门散散步，20~30分钟恰好合适。

应该尽可能避开人声嘈杂和空气质量不好的地方。

◑ 阳光明媚的天气，特别是上午10点，最适合带孩子一起散步

准备出门时的必需品

带宝宝外出时间较长的话，宝宝有可能会饿、会哭闹、会冷，所以一定要带全有可能用到的物品，比如奶粉、尿不湿、手纸、湿巾、小毯子、水等，必要的应急药物也最好带上。如果宝宝适应了郊游，可以带一个

防潮的地垫，偶尔让宝宝近距离地接触一下大自然也很好。

抱着宝宝或是让宝宝乘婴儿车去散步

很多妈妈认为把宝宝放在婴儿车里出去散步会比较方便，但是如果坐婴儿车的话，和宝宝就缺少了交流。偶尔把宝宝抱起来，一起散散步会更好，但是如果宝宝更喜欢坐婴儿车的话，还是要选择宝宝喜欢的方式。

给宝宝穿手脚可以方便活动的衣服

散步对宝宝来说也是一种运动，要给宝宝穿舒适的衣服，以便于活动手脚，但是不要穿得太厚。

散完步一定要给宝宝擦擦脸和手脚

散完步之后，一家三口的心情都会很好。如果宝宝出汗的话，一定要简单地洗一下澡，然后给宝宝换一下衣服。即使不能洗澡，也要给宝宝擦擦手脚，即使散步的时间很短，也一定要用湿手巾擦擦宝宝的脸、手和脚。

○ 散步后一定要将宝宝的脸、手、脚擦干净

Mom & Baby
根据外出的场所准备相应的宝宝物品

市内商场 如果是还在喝奶的宝宝，出门时必须带着奶瓶和奶粉。除此之外，其他的食品可以在商场内购买。要选择宝宝状态好的时间出门，尽可能避开宝宝睡觉和吃奶的时间，上午10点前后最为适合。由于商场的空调开得比较大，带宝宝去商场时，要给宝宝准备一件轻便的外套。

幼儿园、游乐园 如果宝宝开始学走路了，可以带宝宝出去散散步，或是去公园、游乐园。这时一定要带上宝宝的玩具

带宝宝出去的时候一定要准备好奶瓶、奶粉、尿片

和婴儿车，不仅可以让宝宝睡睡午觉，行走起来也方便。另外还要带一些宝宝平时吃的东西，准备一些湿巾和衣服。

海边 海边的光线对宝宝的皮肤有很大的伤害，所以一定要给宝宝擦防晒霜，穿长袖的衣服。如果想和宝宝一起洗海澡的话，一定要选择阳光不强的早上，拿上太阳伞，选择一个阴凉处。接触海水之后，一定要把宝宝身上的盐水洗净。另外，海边的温差比较大，宝宝不大容易适应。

外出的必需品：婴儿车

婴儿车从宝宝出生四五个月开始可以一直用到两岁，安全使用婴儿车一定要注意以下几点：

● 拿婴儿车上下楼的时候，一只手抱着宝宝，另一只手提着婴儿车比较好

上下楼时

使用婴儿车时，上下楼比较麻烦，这时最安全的办法是：一只手抱着宝宝，另一只手提着婴儿车上下楼。

乘电梯时

推着婴儿车乘电梯的时候，为了不防碍别人，要最后一个进电梯。进电梯时，妈妈先退一步，然后把婴儿车的把手转向前面，让宝宝能够看到妈妈。

过矮坡时

如果出现小坡的话，可以先将婴儿车的前面提起之后再上去。如果车把手在前面，妈妈和宝宝是面对面的话，抬起车前部宝宝可能有往前倾的危险，所以要保持正确的方向之后再抬上去。

带宝宝一起去购物

先买最需要的东西

如果去百货商店的话，一定要从最需要的东西买起。因为宝宝随时都有可能哭，也可能疲惫，所以先买最需要的东西，然后看看宝宝的状态，再决定是否继续买东西。

在工作日上午去购物

商店在工作日时最闲，特别是上午，所以最好避开下午或打折的时候去购物。

● 和宝宝一起去逛商场时，最好选择工作日的上午去

要充分利用卫生间或儿童用的休息室

宝宝如果哭了或累了，可以把宝宝带到卫生间或儿童专用的休息室，让宝宝好好休息一下。

使用公共交通工具

宝宝乘坐公交车不能超过1个小时

乘坐像公交车这样的大众交通工具时，可能在中途遇到堵车现象，一时半会儿又不能下车休息，所以除非是1个小时以内的短距离行程，其他情况下最好避免乘坐公共汽车。

火车对宝宝来说比较舒服

只要有座位，火车对于1~3岁的宝宝来说是最好的交通工具，既不会出现交通阻塞，又有足够的空间可供宝宝活动，而且父母也可以给宝宝足够的照顾。但是火车也是有缺点的，火车上的嘈杂常会让宝宝心烦。另外，火车上的空调很凉，可以准备一件外套或者可以在睡觉时盖在身上的毛巾、毛毯等。

不到两岁的宝宝不能乘坐飞机

飞机在起飞和着陆的时候，由于气压差，耳朵会嗡嗡地响。这时宝宝可能会被吓哭，一般喂宝宝吃会儿奶就不哭了。但是飞机旅行除了国内之外，基本上时间都很长，可以活动的空间很窄，很容易让宝宝厌烦和疲惫，所以乘飞机时可以带上宝宝喜欢的图画书和玩具，以防宝宝哭闹。

带宝宝一起旅行的注意事项

尽量避免长途旅行

短途旅行在宝宝三四个月大时就可以进行了，但是如果没有急事的话，最好不要进行长途旅行。长途旅行在宝宝五六个月之后就可以进行了，自驾车旅行的时候，一定要在车后座放上宝宝专用

○ 外出之前一定要好好观察一下孩子的情况

的座椅，座椅的位置一定要固定准确，以便你通过后视镜可以看到宝宝。

仔细准备宝宝的日用品

要仔细地准备宝宝的奶瓶、奶粉等喂奶用的物品，同时也要准备好纸、尿片等宝宝的日用品，这样如有突发状况才能更好地解决。还要根据室外的温度状况给宝宝适时添加或脱减衣服。一般3个月内的宝宝要比成人怕冷，但是具体情况又要因人而异。尤其是现在室内的保暖设施都很完善，给宝宝穿得太多反而不好。如果感觉有些冷，可以把宝宝抱起来，用大人衣服裹住他就行了。

○ 计划和宝宝一起出门的时候，一定要准备好奶瓶、奶粉、水、尿片、衣服等物品

随时观察宝宝的健康状况

如果宝宝心情不好，或者有感冒发烧的症状，无论有多么重要的事，也不要带宝宝外出。另外，如果在外出过程中，宝宝突然发烧，或者开始哭闹，也一定要马上带宝宝回来。

自驾车旅行

带宝宝出门旅行最适合的交通工具是私家车。最好避免4个小时以上的长途旅行，在宝宝睡觉的夜晚出发，宝宝可以少受罪，父母也会感到轻松些。

饭后30分钟再出发宝宝才不会晕车

如果在出发前刚吃过东西的话，一定要等30分钟左右才可以出发，这样才不会晕车。如果宝宝晕车呕吐，一定要把车停下来，然后把宝宝带到阴凉处，让宝宝喝点温水，休息一会儿再出发。

调节好车内的温度和湿度

以大人的标准来调节温度对小孩来说并不适合，比如天气热，家长就把空调开冷点，天气冷就长时间开暖气，这对宝宝的身体百害而无一利。要保持车外和车内的温度差不超过5℃，如果长时间开空调，车内就会变得很干燥，宝宝很容易感冒咳嗽。可以把湿毛巾挂到窗户上，增加车内的湿度。另外，每隔30分钟开窗换一次气，对于改善空气质量、调节车内温度都很有效。

要预防交通事故

安全问题决不可掉以轻心。汽车后窗架上不可以放东西，否则在急刹车或下坡的时候，东西有可能坠落砸伤宝宝。

出发前一定要检查车辆的安全装置。不要把宝宝一个人放在车里，特别是夏天，车内的温度会急剧升高，宝宝随时都有窒息的危险。即使是和宝宝闹着玩把车门关上，也有可能把宝宝关到一个不透风的空间。

制订和宝宝一起去度假的计划

出发之前应确认的事项

如果计划和宝宝一起去度假的话，要准备的东西很多，不仅要准备宝宝的日常生活用品，出发前需要确认的事项也很多。

❍ 计划和宝宝一起去旅行的时候，一定要了解一下旅行目的地的天气状况和居住旅馆的设施条件

确认天气情况

和宝宝一起外出的时候，首先应看一下天气状况如何。因为宝宝的体温调节能力尚未完全成熟，对天气变化很敏感，所以最好选择在暖和的下午出门。如果是夏天，要避开紫外线强烈的中午12点到下午2点。在太冷、太热、刮大风或者过于干燥的天气，要尽量避免带宝宝出门。

观察宝宝的状态

旅行出门时一定要考虑宝宝的身体状况，即使宝宝的健康状态只是稍有异常，也不应该带宝宝出门。在制订出门计划，特别是长距离的旅行计划时，首先要考虑宝宝的状态。

确认预订的旅馆及设施状况

和宝宝一起出门旅行时，首先考虑的问题就是住宿。如果空间狭窄，不干净，睡觉的地方也不舒适的话，对宝宝会有很大影响，所以一定要选择干净、安静的环境。如果能找到和家里的设施状况相同的旅馆就更好了，尽量选择宾馆、旅店，避免野外宿营。

• • •
选择旅行目的地

一旦决定出门，就应该先选好目的地。虽然是要去爸爸妈妈想去的地方，但是既然带着宝宝，就应该根据宝宝的情况来选择旅行地。

谨慎决定场所和行程

要避免人多嘈杂的地方，尽量去离家近的地方。虽然长时间旅行对于6个月大的宝宝来说是可以的，但最好还是避免长途旅行。

对于过完百天的宝宝来说，最好选择三四个小时以内的旅行。

收集关于旅行地的资料

要仔细打听一下旅行地的食宿问题和当地著名观光景点。如果运气好的话，旅行期间还可以参加当地的活动。对于在城市中心生活的宝宝来说，长期生活在被污染的环境中，能够呼吸到新鲜空气是出行的主要目的。充分了解旅行地可以使大家更好地享受这次旅行，而且家长对于突发状况也可以很好地处理。现在凭借网络就可以找到自己需要的各种信息。

计划开支

和旅行地同等重要的是费用，决定了旅行的地点和时间后，就要计算一下所需费用。其中住宿、吃饭是最基本的费用，还包括出发前的准备费用，以及在旅行地的花销等。

Mom & Baby

乘自驾车旅行时的必需品：婴儿座椅

婴儿座椅一定要放在后排座位上 开

车带宝宝旅行的时候，婴儿座椅一定要放在后排车座上，并用安全带牢牢固定。有不少家长会把宝宝放在前座，但如果发生事故造成气囊破裂是非常危险的。

朝后设置 如果宝宝还不满1周，为了防止在紧急刹车时出现意外，婴儿座椅应该与副驾驶座背对背朝后设置。

45度倾斜放置 婴儿座椅和后座靠背呈45度斜角放置，宝宝最安全舒服。如果婴儿座椅不能灵活调节角度，可以在汽车后座上垫几块毛巾，并固定好。

准备好宝宝的行李物品

出去旅行时没有什么比备齐宝宝的行李更重要的了。对于大人来说，少拿一两样东西无所谓，但是宝宝却不同，宝宝的东西直接和健康相关联，所以一定要好好准备，不要到了旅行地却因为忘记拿这个拿那个而手忙脚乱。

一次性尿片

旅行的时候，宝宝可能因为环境的突然变化而发生腹泻，为了以防万一，要多准备一些纸尿片。为了减少行李的重量，可以把纸尿片外面的包装除去，然后放进比较容易拿取的包中，以便在需要的时候可以快速拿出来。

奶粉、牛奶

一般的短途旅行带上宝宝平时吃的奶粉就可以了。如果是长途旅行，或是去一个不方便购物的地方旅行，准备一些灭菌牛奶会更好。灭菌牛奶在常温下仍能保存10周以上。

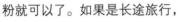

水、果汁

因为需要给宝宝补充水分，所以应该准备一些凉开水或果汁。果汁不要太酸也不要太甜，准备50~100毫升就可以了。白开水也可以，特别是在不能给宝宝喂奶的情况下，白开水和果汁是最好的选择。

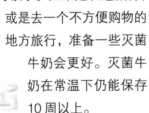

衣服

如果是长途旅行的话，1天至少要准备2套衣服，这是最基本的。除此之外，还要再多准备几件，以备万一。旅游的时候，衣服一般都需要手洗，所以最好选择一些容易晾干的衣服。另外，为了防止天气突然变冷，应该准备几件厚衣服。

急救药品

宝宝免不了会出现大大小小的事故，为了应对这种情况，应该准备一些常备药品，以防宝宝出现肚子疼或受伤等情况，比如凡士林、一次性胶布、皮肤软膏、消炎药、体温计等。有了这些药品，在遇到突发状况时就不至于手忙脚乱。如果宝宝晕车现象很严重，家长应提前和小儿科医生商量一下，看能否拿到一些处方药应急。

奶瓶

即使是母乳喂养的宝宝也会因特殊情况而无法喝母乳，所以一定要准备奶瓶。断了奶的宝宝，一天只喝2~3次奶就可以了，所以大约要准备3个奶瓶。对于尚未断奶的孩子来说，最好准备1个奶瓶。

玩具

宝宝适应旅游地区的陌生环境需要一些时间。因为宝宝坐车时间长了就会哭闹，所以一定要提前备好宝宝喜欢的玩具或画册，用发声类玩具哄孩子的效果是最好的。此外，医疗保险证、帽子、毯子、婴儿乳液、婴儿防晒液也是宝宝旅行的必备品。宝宝平时在家里用的枕头、被子最好也带上，这样宝宝在新环境也能睡好了。

4 PART

1~6个月 咿咿呀呀、抬头、吃奶的时期 ● 7~12个月 爬、坐、蹒跚学步的时期

13~24个月 行走、跑动、牙牙学语的时期 ● 25~36个月 自我意识萌发的时期

37~48个月 上幼儿园的时期 ● 49~60个月 懂事的年龄，上幼儿园的时期

培养宝宝的生活技能

本章讲述宝宝0~5岁期间每个月龄的育儿要点，介绍促进宝宝身体发育和智力发育的各种方法和游戏，各个时期容易困扰妈妈的问题也会在这里一起解决。

对孩子们来说，没有任何限制

孩子们眼中所看到的所有东西

他们都想尝试

超出孩子能力范围之外的事情

他们也要冒险去做尝试

这样有时也会引起不可知的危险

根据孩子的年龄选择适当的游戏和运动

让孩子身心健康，越来越聪明

自然在给予父母孩子的同时

也给予了人类战胜育儿难题的惊人能力

倾听一下自己的心声

为了自己和孩子

做出最明智的判断吧

1~6 个月

咿咿呀呀、

抬头、吃奶的时期

满 **1** 个月

女婴：身高约 54.2cm，体重约 4.4kg　　男婴：身高约 55.2cm，体重约 4.6kg

满1个月的宝宝能做到的事情

part
4 培养宝宝的生活技能

STEP 1

90% 的可能性
大部分宝宝能做到

1.让宝宝趴下，想抬起头来很费力。
2.一直注视妈妈的脸。

STEP 2

75% 的可能性
一般的宝宝能做到

1.顺着声音的方向转头。
2.眼睛能追视物体。

STEP 3

50% 的可能性
有的宝宝能做到

1.让宝宝趴下，头能很快抬起来。
2.眼睛能追视物体。
3.妈妈对宝宝笑的话，宝宝也会跟着微笑。
4.除了哭声外，还会发出咿咿呀呀的声音。

STEP 4

25% 的可能性
较少宝宝能做到

1.脖子能来回转动，然后向
　上抬起来。
2.双手能握在一起。
3.竖抱时，脖子能直起来。
4.眼睛能追视物体。
5.愉快时会自然地微笑。
6.能被妈妈逗乐。

育儿要点

宝宝的发育速度各不相同

POINT1 了解宝宝各阶段的发育规律

宝宝的生长发育有基本的规律，大部分宝宝都遵循这个规律。第一，发育的顺序是从上到下，从头到脚。宝宝首先学会竖起脖子，再学会坐着，然后才学会站立和行走。第二，发育遵循从中间到两端的顺序。宝宝胳膊会动之后，手才开始日益灵活，之后是手指，腿、脚、脚趾也是这样的顺序。第三，由易到难。比如，孩子先学会看东西，也就是"凝视"，之后视线才会跟着物体移动，也叫"追视"。

POINT2 每个宝宝的身体和智力发育速度都不同

很多妈妈担心宝宝的身体发育慢会使智力发育迟缓，但是有很多身体发育较晚的孩子都非常聪明，因为孩子表现出的感觉运动技能、社会性才能和智力没有太大的关系。

有的宝宝6周大就能冲着人笑，可6个月了还不会拿玩具玩。有的宝宝早早地就会说话了，可走路却比同龄人晚好多。

很多宝宝在身体、智力、感情等方面的发展并不同步。所以，不要总是以周围其他宝宝为标准，关注宝宝每个月的变化才是最重要的。

POINT3 适当的刺激有助于宝宝的发育

受遗传影响，每个宝宝的发育程度都不相同。换句话说，对宝宝而言，各自的成长过程都是内在的，到了一定的时期，宝宝就能学会抬头、坐立、走路，等等。宝宝的发育环境是不容忽视的条件，如果不能根据宝宝的发育阶段营造合适的环境，就会耽误宝宝的成长。用足够的爱让宝宝健康成长，给予适当的刺激比什么都重要。

解答育儿难题

Q 宝宝吃母乳也吃奶粉，可就是不怎么打饱嗝，有时吃完奶好半天才打一个嗝，不会有什么问题吧？

A 不用担心。宝宝吃奶时，嘴巴和乳头之间没有缝隙，咬合得很好，吸不进空气当然也就不打嗝了。喝奶粉和吃母乳是一样的道理。一般抱着宝宝，轻轻拍拍他的屁股就会打嗝。也有的妈妈会一直拍宝宝的背，直到打嗝为止，其实这样有可能会引起宝宝吐奶，大可不必。

Q 宝宝的大便呈绿色，除了母乳以外什么都没吃，正常吗？

A 宝宝身体并没什么异常。绿色大便和宝宝体内的消化液——胆汁分泌有关。另外，如果长时间没有换尿片，大便和空气接触后也会变成绿色。这两种情况都不属于身体异常或疾病，所以都不需要担心。

❶ 宝宝的身体发育和智力发育的个体差异很大，所以不必太过担心

POINT 4 让宝宝养成良好的睡眠习惯

宝宝慢慢能够感受外部刺激，要逐渐增加宝宝醒着的时间，减少其睡眠时间，让宝宝养成晚上和爸爸妈妈一起睡觉的习惯。

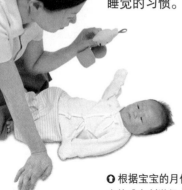

❶ 根据宝宝的月份，通过适当的感官刺激促进宝宝成长

宝宝喂养

不要忘记喂初乳

POINT 1 喂初乳

对新生儿而言，没有什么东西比妈妈的乳汁更有营养，妈妈的乳汁能促进宝宝的消化和吸收，也有利于宝宝的情感发育。

妈妈分娩5日前后分泌的初乳可以帮助宝宝抵抗疾病，提高免疫力，一定要让宝宝喝初乳。

POINT 2 喝奶粉要像喝母乳般亲切

如果妈妈有乳腺炎或其他慢性病，或者由于工作的关系不能进行母乳喂养，也要尽一切可能给宝宝等同于母乳喂养的感受。选择的奶嘴要和妈妈的奶头尽可能相似，喂奶的量和时间要控制好。最重要的是，喂奶的时候一定要抱着宝宝，让他感觉到妈妈的爱。

❶ 将喂奶的时间固定，有计划地喂奶

培养宝宝的好习惯

宝宝趴着睡觉好吗？

有不少人认为，让宝宝趴着睡觉，宝宝便不会把被子踢掉，同时也有利于宝宝胳膊、背、胸和肌肉的发育。如果宝宝吐奶，趴着睡还能防止奶水进入气管。其实，这种说法没有什么依据。

在宝宝脖子还不能好好抬起时趴着睡，可能会因为不能抬头、不能左右转动脖子而导致窒息，所以在宝宝4个月之前，趴着睡觉很不安全。在洗澡或日光浴时，为了宝宝皮肤的健康，可以让宝宝稍微趴一会儿，注意一定要仔细看好宝宝。

适合1个月宝宝的体智能开发游戏

POINT 3 大致确定喂奶时间

宝宝刚出生时吸奶的力气比较小，过一阵就能吃得很熟练了，而且每次的食量会逐渐增大，吃奶的间隔也会逐渐变长，一般不用半夜喂奶。每个宝宝的吃奶时间和间隔都不一样，但可以大致上固定下来，妈妈能够有计划地喂奶。

POINT 4 吃完奶让宝宝打嗝

宝宝吃奶时吸进空气的话，可能会造成吐奶。因此，喂奶之后一定要竖着抱起宝宝，用手轻轻拍拍宝宝背部，让宝宝打嗝。宝宝有可能在吃奶后20~30分钟才打嗝，也有可能不打嗝，这些都不用担心。

认知发育游戏

和宝宝对话

即使是新生儿，也可以通过听觉、触觉、味觉、嗅觉、视觉来感受到周围的一切。在给孩子喂奶、洗澡、哄睡觉的时候，妈妈要不断地和宝宝说话，轻轻地抚摸宝宝，宝宝肯定会很高兴的。

⬆ 经常和宝宝视线相对，不断地和宝宝对话

社会性发展游戏

让宝宝和妈妈视线相对

在宝宝面前走来走去，看看他的视线会不会跟着动。如果宝宝没有反应的话，再走近一些，跟他说话，冲他笑笑，或者拿个铃铛摇一摇。把宝宝的注意力吸引过来之后，妈妈要一边说话一边动，让孩子的视线渐渐地适应移动，之后再慢慢后退，逐渐拉开距离。

part 4 培养宝宝的生活技能

Q & A 解答育儿难题

Q 宝宝察觉不到床前挂着的玩具，视力正常吗？

A 新生儿的眼睛在20~35厘米距离内才能够对焦，更远或更近时无法找到焦点，也就看不清楚了。在出生的几个月内，宝宝更习惯看侧面的东西，所以不理会挂在上面的玩具也是正常现象。

如果宝宝不看玩具，那首先要检查一下玩具的位置是否在宝宝视力范围之内。如果想测评一下宝宝的视力，就将玩具放在距宝宝眼部25~35厘米范围之内，放在宝宝左侧或右侧，哪怕只有短暂的视线集

⬆ 新生儿无法察觉20~35厘米以外的物体

中，也说明宝宝一切正常。如果宝宝的眼睛一直无法聚焦，或者对光线没有反应的话，一定要带宝宝去看医生。

Q 宝宝体温忽上忽下，不去医院能行吗？

A 出生1个月的宝宝，体温有时会忽然升至38~39℃，然后又降下来，这是缺水引起的。宝宝发热时，要多让他吃奶，多喂一些白开水。但这也有可能和新生儿败血症等疾病有关，所以最好去医院检查一下。

满 **2** 个月

女婴：身高约58cm，体重约5.5kg 男婴：身高约59cm，体重约5.8kg

part
4
培养宝宝的生活技能

满2个月的宝宝能做到的事情

STEP 1

90%的可能性
大部分宝宝能做到

1.拿东西在宝宝眼前慢慢地晃动，宝宝的视线慢慢能跟上。
2.向发出声音的方向转头。
3.妈妈对他笑，宝宝也会跟着微笑。
4.除了哭以外，宝宝还能发出牙牙学语般的各种声音。

STEP 2

75%的可能性
一般的宝宝能做到

1.头能抬起来。
2.拿东西在宝宝眼前慢慢地晃动，宝宝视线很快就能跟上。

STEP 3

50%的可能性
有的宝宝能做到

1.趴着的时候，两臂不仅能支撑起头部，也能支撑起胸部。
2.竖着抱起宝宝，宝宝能够支撑住脖子，抬起头。
3.眼前有小东西时，宝宝会好奇地注视。

STEP 4

1.趴着的时候能一下子抬起头。
2.拿东西在宝宝面前左右摇晃，宝宝的视线会跟着进行180度移动。

3.会用两手捧东西。
4.心情好的时候自己会笑。
5.自己会咧着嘴笑。
6.挠挠宝宝的肚子，他会咯咯地笑。
7.会简单地发声。

25%的可能性
较少宝宝能做到

育儿要点

☺ 宝宝喜欢爸爸妈妈经常抱他、抚摸他

开始和宝宝分享爱

POINT1 理解宝宝丰富的肢体语言

宝宝通过各种方法来表现自己的情感和需要，特别是有具体的目的或者特别开心的时候会咿咿呀呀地叫，这种行为就像成人高兴了会唱歌一样。

宝宝还不熟悉发音，因此一边叫一边手舞足蹈，通过全身的动作来传达自己的意思。这时最重要的就是要积极回应宝宝，绝对不要让宝宝一个人说话而无人理睬。

POINT2 父母一直对宝宝笑脸相迎

宝宝会笑了，就说明他已经产生了丰富的感情。宝宝的笑就是一种情感反应，如果父母不经常对宝宝笑，那么宝宝自己也就不会笑了，因此要做到一直对宝宝笑脸相迎。

POINT3 多爱抚宝宝

微笑并不只是对视觉的反应，即使宝宝看不到，也要轻轻地抚摸他，温柔地跟他说话。抚摸对宝宝的成长很重要，抚摸能让宝宝知道你爱他，让他感觉到幸福和柔情。

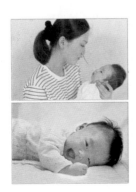

☺ 宝宝笑时，妈妈也要用灿烂的笑容回应宝宝

☺ 宝宝通过身体语言来表达自己的喜怒哀乐

POINT4 满足宝宝的要求

孩子希望妈妈能够满足他的要求。比如，孩子饿了就会哭，这时只要听到妈妈的脚步声，即使没见到人，孩子也会立马停止哭闹。又比如，孩子拉了便便，妈妈给他擦了屁股，换下尿布，可孩子看起来好像还在等着什么，这时十有八九是饿了，如果妈妈不马上给他喂奶，小家伙肯定会哭的。总之，如果这些要求得不到满足的话，孩子就会产生挫败感，还会影响对妈妈的信任。反之，如果妈妈对孩子的要求都做出了及时一致的回应，便会增进母子感情，增加信任，这也是孩子社会人格养成的基础条件。

Q&A 解答育儿难题

Q 听说喂宝宝果汁很好，应该从什么时候开始？

A 从什么时候开始好，要看看宝宝的意愿。如果还是只吃母乳或奶粉的阶段，先不要考虑喝果汁。如果宝宝见爸爸妈妈喝汤，自己也想喝的话，就舀一点儿清汤让宝宝尝尝味道。如果宝宝喜欢喝，就再喂他几勺，宝宝能吃当然好，但也不必强求。总之，等宝宝自己要吃的时候再喂他。

Q 有时乳头红肿疼痛，怎么办？能继续喂奶吗？

A 必须挤奶，如果一挤奶水就喷出来，说明没有问题。如果只能挤出一点点，说明奶头堵住了。奶水出不来自然会肿胀疼痛，放任不管有可能导致乳腺炎。挤奶是最直接的办法，要一直挤到乳房变软变轻为止，这样堵塞的部分有可能被冲开，疼痛也就减轻了。如果特别严重的话，一定要及时就医。

○ 不要着急喂果汁，在宝宝想吃的时候再喂

Q 宝宝最近总爱吮手指，有时还想把拳头整个放进嘴里，是因为奶水不够吗？

A 不是因为奶水不够。孩子1个月大的时候都会吃手指、啃拳头的。很多妈妈以为是奶水不足，其实这是孩子的本能反应，不用担心。手指能够碰到嘴巴，说明孩子肢体活动能力增强了，这和两三岁大的孩子吃手指不是一回事儿。不是因为奶水不足，也不是因为感情缺失，所以不必担心。

Q 宝宝用奶粉喂养，计划是每3个小时喂1次奶，但是间隔没办法固定，怎么办呢？

A 增加和宝宝的玩耍时间，记录下奶粉的用量，稍微增加每次的用量，不要宝宝一哭就给他喂奶。宝宝哭不一定是饿了，有可能只是想找妈妈玩了。

两个月之后，可以抱宝宝出去散散步，和宝宝多玩一会儿，再把奶瓶交给他，这样宝宝的吃奶间隔自然就变长了。

Q 很难和宝宝视线相对，宝宝总是看别的地方，正常吗？

A 刚出生的宝宝眼睛还没发育好，看物体时双眼不能对焦，因此即使在宝宝眼前20~30厘米处晃动物体，宝宝也很有可能不会盯着看。

两个月大的时候，宝宝的视线可以随着稍近物体的移动而移动。3个月大的时候，宝宝的视野变得更为开阔，不仅头会跟着动，眼球也能自由地转动，视线会追随物体上下左右运动。

Q 妈妈奶水不够，宝宝又不肯喝奶粉，怎么办才好？

A 没吃过几次母乳的宝宝一般都喜欢喝奶粉，这和味觉有关。刚出生的宝宝对味觉反应敏感，喜欢香甜的味道，这与奶粉的香甜口味正好吻合。

不喝奶粉则是因为宝宝习惯了妈妈的气味，所以喂宝宝喝奶粉时，要采用母乳喂养的姿势，让宝宝嗅到妈妈的气味。

○ 新生儿眼睛还没发育完全，所以尚不会对焦

宝宝喂养

形成喂奶规律

POINT 1 **固定喂奶的间隔、次数和时间**

这个阶段宝宝的食量增大，吃奶的时间也逐渐固定。这时最好是以3小时为间隔、1天6次，或者以4小时为间隔，1天5

○ 积极回应宝宝的需求

次。3个月以内的宝宝容易晚上饿醒哭闹，要尽量延长喂奶间隔，促进宝宝形成规律。

POINT 2 **喂奶间隔要有灵活度**

想要形成固定的喂奶频率，每次喂奶时间的灵活度不能超过10~15分钟。如果想拖长喂奶间隔的话，可以和宝宝一起玩耍。如果想提前喂奶，只要宝宝一醒就可以喂奶。这样保持一周，宝宝自然便形成了规律，那么照顾宝宝就方便多了。

POINT 3 **根据宝宝的吃奶状态决定喂奶量**

妈妈奶水充足的情况下，喂奶时间一般为15分钟，最长不会超过20分钟。一般情况下，宝宝前5分钟就能吃半饱，剩下的时间边吃边玩儿。如果孩子吃奶要30分钟以上的话，就说明奶水不够，这时还要给孩子喂一些奶粉。

适合2个月宝宝的体智能开发游戏

体能开发游戏

让宝宝用手抓东西

将宝宝喜欢的东西，如奶瓶、气球、玩具等，放到宝宝能伸手触到的地方。如果宝宝不感兴趣，就将东西拿近一些，让宝宝看到。

○ 如果宝宝对眼前的东西感兴趣并伸手要抓，则要表扬宝宝

宝宝伸手要抓东西时，将东西稍稍往上拿，只要宝宝伸手想抓就要表扬宝宝。

宝宝躺着的时候，将五颜六色的彩纸挂在他眼前，让宝宝来抓。

社会性发展游戏

咿咿呀呀哄宝宝

喂奶、换尿布或抱宝宝的时候，多冲他笑一笑，多跟宝宝说说话。大人可以跟宝宝咿咿呀呀地说说话，模仿宝宝的语言是一种很好的沟通方式。

满 **3** 个月

女婴：身高约61.1cm，体重约6.3kg　　男婴：身高约62.5cm，体重约6.8kg

满3个月的宝宝能做到的事情

part
4
培养宝宝的生活技能

STEP 1

90% 的可能性
大部分宝宝能做到

1.把东西放在宝宝视线前方，左右移动，宝宝视线也会跟着物体移动。
2.让宝宝趴下，宝宝可以短时间内自由地抬头。

STEP 2

75% 的可能性
一般的宝宝能做到

1.让宝宝趴下，宝宝会用肘部支撑身体，抬起头部和胸部。
2.学会双手抱拳。
3.笑出声，心情好时还会咿呀几句。
4.心情好时会呵呵笑。

STEP 3

50% 的可能性
有的宝宝能做到

1.竖直抱起宝宝，宝宝能撑起身子。
2.宝宝自己会翻身。
3.会拿起一些小物件。

4.眼前的小东西都会引起宝宝注意。
5.逗他玩，他就会开心地笑。
6.会简单地发出"妈妈""呜呜"等语音。

STEP 4

25% 的可能性
较少宝宝能做到

1.直接将宝宝扶起，宝宝便会两腿伸直，保持站姿。
2.看到好奇的东西，就会伸出手，做出想要的样子。

3.能够识别出妈妈的声音。
4.不开心的时候，会表现出烦躁，而不是一味地哭闹。

育儿要点

满足宝宝的要求

POINT 1 哭的时候抱抱宝宝

有的父母担心宝宝一哭就抱他起来，会把宝宝惯坏，其实故意不去抱反而更不利于宝宝成长，因为这样会让他产生挫败感。由于要求得不到满足，不少宝宝养成了吮手指、咬东西等坏习惯，对宝宝身体和情感的发育都会造成负面影响。

POINT 2 满足宝宝的本能要求

宝宝的行动完全依照本能，与外界环境无关，因而家长一定要满足宝宝的本能要求。如果这种本能要求得不到满足，会影响宝宝的健康发育。

相反，如果宝宝的基本要求得到了满足，便能获得自信和自制力，肌肉和感官也能得到自由发展。在大脑发育到一定水平之前，要给予宝宝适当的刺激来促进宝宝成长。

POINT 3 让宝宝感受不变的关爱

新生儿期，对宝宝本能要求的满足程度决定了宝宝的性格。宝宝的要求大多数

解答育儿难题

Q 为什么宝宝吃奶的次数增多了?

A 宝宝在这个阶段发育得很快，3个月大的宝宝已经可以立起脖子了。随着发育速度的加快，饭量自然会增大，宝宝又只吃奶，当然吃的次数就会增多了。有不少妈妈担心自己奶水不够，开始辅助喂一些奶粉。其实这只是暂时状况，顺其自然多喂几次奶就行。

Q 宝宝睡觉总是侧向同一个方向，这样会不会造成头部变形?

A 随着宝宝的成长自然会变好的。宝宝自己会选择最舒服的姿势睡觉，这些习惯没有必要刻意更正。即使让宝宝侧向另一面，过不了多久宝宝又会自己转回去。随着宝宝的成长，宝宝的身体机能逐渐提高，睡眠时间逐渐减少，头形自然会恢复。

Q 宝宝晚上睡得正香，也要给他换尿布吗?

A 宝宝睡着的时候没有必要更换尿布，因为将宝宝弄醒会打乱他的睡眠节奏。如果宝宝醒后哭闹，就要给他换尿布了，因为尿布湿了宝宝才会醒，哭就是一种信号。

Q 宝宝还不会说话，我给他讲话他也听不懂，什么时候起才能听懂呢?

A 虽然宝宝还不能完全听懂大人的话，可是即使是刚出生的孩子也能判断出语言包含的感情。虽然算不上理解，但是可以称为感受。妈妈笑语盈盈，孩子能感受到开心、舒服；妈妈恶语相加，孩子也会感受到恐惧和不舒服。

◑ 宝宝能通过妈妈温柔的谈话态度感受到安全和快乐

是想要获得妈妈的关心，因此让宝宝感受到不变的关爱是很重要的。

满足宝宝的本能要求，能使宝宝产生理性的好奇心，找到精神上的安慰，对性格的发育很有利。

❶ 这个阶段喂奶要有规律，要让宝宝逐渐养成晚上不吃奶的习惯

❶ 如果宝宝的本能要求得不到满足，将不利于宝宝健康成长

宝宝喂养

培养吃奶的习惯

POINT 1 定期关注宝宝的成长状况

这个阶段，宝宝的食量明显增加，妈妈要仔细查看母乳是否充足，定期测量宝宝体重。如果体重不能正常增长，则要用奶粉辅助喂养。

POINT 2 喂奶间隔逐渐固定

喂奶时间间隔以3~4个小时为宜。有规律地喂奶能够保证宝宝消化器官的正常运行，有助于宝宝健康成长。

POINT 3 满足宝宝吸吮的本能需要

吸吮是孩子的本能，可以给他带来满足感。不仅如此，吸吮还能促进脑部血液循环，对于脸部肌肉和大脑的发育都有帮助。如果喂奶间隔过长，等待会让孩子变得敏感，爱发脾气。如果吸吮的欲望得不到满足，孩子见到什么都想吸，吃奶的时候也很容易吃撑。宝宝一次性吃太多，也会导致消化障碍。

POINT 4 用其他活动转移宝宝的注意力

如果已经充分满足了宝宝吸吮的要求，就可以引导宝宝多方面发展了，这时要用一些能引起宝宝兴趣的其他活动转移宝宝的注意力，比如咿呀对话、听说练习等。这些活动能促进宝宝全面发展，逐渐培养新的爱好，发掘嘴巴的其他功能，促进宝宝能力的全面发展。

培养宝宝的好习惯

戒除奶嘴

有些妈妈经常担心宝宝总是叼着奶嘴会养成爱叼东西的习惯，但实际上改掉叼奶嘴的习惯比改掉啃手指的习惯容易得多。一般3个月之后，爱叼东西的本能会减弱，这是改掉不良习惯的最佳时机。当宝宝无意间将奶嘴从口中掉出时，妈妈可以把奶嘴放到宝宝看不见的地方，这样宝宝便会慢慢地对叼奶嘴失去兴趣，自然就将坏习惯改掉了。

❶ 3个月大之后，随着关注点的转移，宝宝自然就能摆脱安抚奶嘴了

Q & A

Q 宝宝的龟头变红了，时而哭闹，怎么办？

A 有可能是尿布疹，又叫红屁股，是幼儿常见病。只要勤换尿布，并在患处涂抹软膏就可以治愈。如果严重红肿，并出现小便困难的症状，有可能造成了尿路感染，一定要及时看医生。妈妈洗尿布的时候一定要使用专用的洗涤剂，宝宝尿布疹严重时，要使用吸水力强的纸尿裤。

Q 为什么宝宝3个月还不能挺起脖子？

A 大部分宝宝3个月大的时候就能挺起脖子了。但是也有的宝宝需要两个月，也有的要4个月。这种情况因人而异，家长不用多虑。但是4个月之后还不行，可能是育儿方法的问题，也可能是某种疾病所致。不要只看脖子的发育状况，应当仔细观察宝宝的整体发育，如有异常要及时就医。

◉ 要帮助宝宝改掉爱咬玩具的习惯

适合3个月宝宝的体智能开发游戏

社会性发展游戏

教宝宝往嘴里放饼干

妈妈摇晃宝宝的手，或者做拍手的游戏，然后将宝宝的手放到他的脸上。

让宝宝拿住饼干或玩具，帮宝宝把东西放到嘴边。如果宝宝还拿不住饼干、玩具，妈妈可以握住宝宝的手，帮他拿住。

慢慢抬起宝宝的手，让宝宝能自己使劲往上抬胳膊。

◉ 握住宝宝的胳膊，带宝宝玩拍手的游戏，来回摇晃小手，让宝宝感觉到自己的小手在动

体能开发游戏

让宝宝感觉手的移动

把宝宝的手拿到他的面前，让宝宝看到轻轻摇晃的小手。

把宝宝的手拿到他的脸上，让他摸摸自己的脸。在宝宝胳膊上系上几个小铃铛，让宝宝认识到他一动铃铛就会响。

◉ 帮助宝宝练习把东西放入嘴中

满 **4** 个月

女婴：身高约63.8cm，体重约7.1kg   男婴：身高约65.1cm，体重约7.6kg

满4个月的宝宝能做到的事情

 STEP 1

90% 的可能性
大部分宝定能做到

1.宝宝趴下，立刻就能抬起头来。
2.拿东西在宝宝面前晃，宝宝视线能
　跟随着移动180度。
3.会两手抱拳。
4.笑出声，心情好时还会自言自语。

STEP 2

75% 的可能性
一般的宝宝能做到

1.趴下后，肘部能支撑起胸部。
2.身体能向任何一侧翻滚。
3.眼前有小东西，宝宝都会好奇地观看。
4.逗逗他，他就能高兴地笑出声。
5.看到喜欢的东西会伸手要。

STEP 3

50% 的可能性
有的宝宝能做到

1.宝宝可以坐起。
2.能分辨出妈妈的声音。
3.能发简单音。

STEP 4

25% 的可能性
较少宝宝能做到

1.抱住宝宝腋部，扶宝宝站起来，他能两腿
　伸直，自发用力。
2.用枕头或靠垫支撑宝宝，宝宝便可以短时
　间坐立。
3.身体转向发声的方向。
4.对自己的玩具产生领属感,不允许别人拿
　走。

育儿要点

不必担心宝宝吮手指

宝宝吮手指是在娘胎中就有的习惯，什么东西宝宝都想拿来放进嘴里。妈妈看到宝宝吮手指，一开始会觉得很可爱，但时间长了免不了要担心这种坏习惯改不掉怎么办，那么吮手指的习惯是好是坏呢？

POINT 1　吮手指只是一时习惯，不必担心

有不少父母担心宝宝吮手指是情绪不安的表现，但是在哺乳期的宝宝吮手指是正常现象，不需要担心。

孩子总爱吃手指，如果长出新牙还改不掉的话，容易影响牙齿发育，造成牙齿变形。但如果只是一时性的，就不用担心了。一般而言，长新牙之前，孩子会慢慢改掉吃手指的习惯，牙齿排列也会慢慢恢复正常。

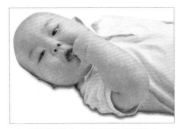

❶ 哺乳期的宝宝吮手指不用担心

POINT 2　留意一下母乳是否不够

母乳喂养的孩子，如果母乳不够，吸吮的欲望得不到满足，往往会养成吃手指的习惯。

POINT 3　没有必要强行改变宝宝哺乳期的习惯

幼儿专家认为吮手指是宝宝在成长进程中的自然行为，在4岁之前最好不要强行改变。

❶ 如果想防止宝宝吮手指，可以让宝宝拿玩具玩，多做动手的游戏

解答育儿难题

Q 我总觉得奶水不够，可是宝宝也不哭闹要奶吃，应该怎么办呢？

A 妈妈自己觉得奶水不够，可是宝宝却吃得很开心，也不闹着"加餐"，这就说明其实妈妈的奶水是充足的。出生4个月内只吃母乳的宝宝，以后也能继续只吃母乳。宝宝在快速成长阶段，饭量会迅速增大，这时可能会造成母乳的暂时性不足。

Q 从4个月开始，宝宝大白天一点觉都不睡，这会不会造成睡眠不足？

A 让宝宝多活动，白天多陪宝宝玩。3个月以内，宝宝的生活就是不断地重复，但是进入第4个月，宝宝不再只会吃了就睡了。白天宝宝会很活跃，因此要让宝宝尽情地活动玩耍，这样会有效地促进睡眠。

Q 孩子哭得厉害，脸憋得通红，满头大汗，这是怎么回事？

A 这说明孩子生气了，哭成这样，肯定是哭了很长时间都没人理他，所以就发火了，才哭得大汗淋漓。如果孩子一哭，就抱起来哄哄，肯定不会哭成这样的。

POINT 4 帮助宝宝寻找其他乐趣

如果宝宝对吮手指过于执着，可以帮助宝宝找到其他乐趣，如玩玩具、拍手游戏等，让宝宝想不起来再去吮手指。宝宝吮手指时抓住宝宝的胳膊，不让他的手动是不对的。

POINT 5 宝宝很大了还吮手指要考虑心理问题

等宝宝长出新牙，就应该帮助宝宝改掉吃手指的习惯了，为此家长可以借助一些专业的道具。还有一些宝宝因为心理问题过度依赖吃手指，要及时带宝宝去看心理医生。需要注意的是，妈妈不能表现过激，要帮助宝宝自然地改掉习惯，不要让宝宝产生逆反情绪，如果宝宝确实存在心理问题，妈妈也不要过度自责。吸吮手指是宝宝在成长过程中的自然表现，只要做到正确疏导就可以了。

● 给宝宝提供各种促进发育的玩具

为宝宝选择适合月龄的玩具

对宝宝而言，玩具不但是玩耍的道具，也是促进身体和心理发育的工具，因此要慎重地为宝宝选择玩具。外表花俏的玩具、暴力的游戏对宝宝影响不好，为了宝宝的健康发育，请仔细阅读下面的几点，为宝宝挑选最适合的玩具吧。

POINT 1 为宝宝选择适合月龄的玩具

没有必要一定按照玩具上标明的年龄购买玩具，只要是宝宝感兴趣的东西，都可以看成是适合宝宝的。

有些妈妈想尽早开发宝宝智力，总买一些大孩子玩的玩具，结果宝宝不感兴趣。这些不适合宝宝月龄的玩具会对宝宝造成

Q & A

解答育儿难题

Q 宝宝吃奶量要比标准量多，正常吗？

A 标准量是宝宝们的平均量，并不是所有的孩子都吃这些量，如果这个标准量不能满足宝宝，那就可以适量增加。

Q 听说哄宝宝时，如果晃来晃去，会造成大脑损伤，真是这样吗？

A 绝对不要过度摇晃宝宝。这时宝宝的脖子还不能完全支撑，晃来晃去有可能造成脑部血管损伤。可能爸爸、妈妈们会误以为宝宝喜欢晃来晃去，但这种行为是危险的，要杜绝。

● 和宝宝玩时，如果剧烈摇晃，会给宝宝大脑带来损伤，要格外注意

part 4 培养宝宝的生活技能

○玩具上标明的适用年龄仅作为参考，它有可能会略微提前，也有可能会推后

不良的影响，一旦宝宝长大了，到了该玩那些玩具的时候，自己早已厌倦了，兴趣也就丧失了。

POINT 2 选择孩子能玩的玩具

如果孩子可以发挥出玩具本来的功能，说明这个玩具很适合他。太简单了，往往没有意思；太难了，又不能调动孩子的积极性。选择玩具要以学习新技巧、巩固旧技巧为目的。

POINT 3 选择能够促进孩子全面发展的玩具

随着孩子身体协调能力、眼手配合能力、听觉能力、思维能力的提高，给孩子选择玩具的空间越来越大。在选择时，要以提高孩子语言能力、想象力、协作力、学习能力为目的，帮助孩子全面发展。

POINT 4 避免过于复杂的玩具

太难的玩具不适合孩子玩。如果父母总在一旁指挥，孩子不能自己玩，慢慢就会失去兴趣，甚至产生自卑感。

太过复杂的玩具与宝宝的身体、心理发育不相吻合，不能有效地刺激宝宝的健康发展，反而容易使宝宝厌烦，同时会使宝宝对与这些玩具相关的一切活动和游戏失去兴趣。

POINT 5 选择没有危险、不易拆碎的玩具

不要让宝宝接触危险的玩具，而且宝宝看到新玩具时受好奇心的驱使总会摆弄不停，这时如果一拆就碎了，会比较扫兴。

如果玩着玩着就碎了，宝宝可能会有负罪感，甚至对游戏会产生消极的认识。

宝宝喂养

让宝宝尝试牛奶、乳汁之外的味道

POINT 1 选择好添加辅食的时机

孩子刚出生就有吸吮和吞咽的本能。同样，如果把陌生的东西喂给他吃，他也会本能地吐出来。到了4~5个月大的时候，这种初期的条件反射逐渐消失，再喂他就会咽了。宝宝一旦学会吞咽，就可以开始添加辅食。6个月以后就可以逐步添加辅食了。

POINT 2 宝宝有消化能力之后可以吃固态食物

大部分妈妈认为宝宝只有吃不同种类的食物才能均衡地吸收营养，但是宝宝的消化器官尚不成熟，无法接受多种食物，因此4个月之前不能让宝宝吃乳汁或奶粉以外的东西。

关于什么时候开始喂孩子吃固态食物的问题，还没有统一的意见，一般根据孩子自身的发育状况而定。如果孩子的肠胃系统的发育还不够完善，吃固态食物有可能造成消化不良、食物过敏等不良反应。

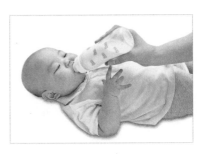

○ 即使宝宝开始吃辅食，在1周岁之前最好不要完全断奶

POINT3 奶类与辅食相互辅助

即使孩子可以吃一些辅食了，在周岁之前最好不要完全断奶。虽然辅食也可以给孩子带来维生素、矿物质和其他多种营养，但是伴随母乳喂养的情感交流是辅食无法给予的。

POINT4 根据宝宝状况确定食量

孩子刚出生的时候，吃饱了也不知道怎么表达，所以经常会吃撑。但到了4~5个月的时候，孩子不想吃，就会有很多表现。如果孩子继续吮吸表示还没吃饱，如果他摇头或者身子往后仰就说明已经吃饱了。妈妈要懂得孩子的语言，才能做到喂奶适量。

适合4个月宝宝的体智能开发游戏

体能开发游戏

让宝宝用手臂支撑头部和胸部

让宝宝趴在床上，然后在宝宝头顶上面摇铃铛，或用带声音的玩具诱导宝宝抬起头来。

让宝宝趴在床上，在宝宝前面放一面镜子，宝宝要看镜子，就会努力抬起头来。在宝宝练习抬头的过程中，头部、腹部、臂部的肌肉都得到了锻炼。

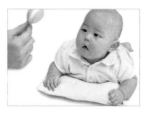

○ 在宝宝视线上方摇晃铃铛，诱导宝宝抬起头，撑起胸部

○ 在宝宝前方放一面镜子，使宝宝抬起头部和胸部，锻炼胸部、腹部、臂部的肌肉

认知发育游戏

让宝宝看着妈妈笑

妈妈左右摇头，冲着宝宝笑。妈妈伸手挠一挠宝宝的肚子，逗他笑。如果宝宝跟着妈妈笑，便停止挠他。此外，夸张的表情也能把孩子逗笑。

○ 和宝宝玩的时候做出各种夸张的表情，比如大惊失色或开怀大笑，来逗宝宝开心

满 **5** 个月

女婴：身高约65.7cm，体重约7.5kg　　男婴：身高约66.8cm，体重约7.9kg

满5个月的宝宝能做到的事情

part 4 培养宝宝的生活技能

STEP 1

**90%的可能性
大部分宝宝能做到**

1.趴下后，用肘部支撑
　能够抬起胸部。
2.会翻身。
3.伸手要东西。
4.眼前的小东西，如果
　喜欢，便想伸手去拿。

5.伸手抓小玩具，动作娴熟。
6.能笑出声，会咿呀自语。

STEP 2

**75%的可能性
一般的宝宝能做到**

1.托住宝宝腋部，撑宝宝起
　身，宝宝会自发地伸直双腿
　试图触地。
2.宝宝可以坐住。
3.能听出妈妈的声音。

4.会发些简单的音节，如
　"妈妈""呜呜"等。
5.不称心时会发脾气，但
　不再是一味地哭。

STEP 3

**50%的可能性
有的宝宝能做到**

1.拉住宝宝的手扶他立起,宝宝会双腿用力伸
　直蹬地。
2.扶住宝宝双肩，让宝宝坐下，宝宝就能独立
　保持坐姿了。
3.身体会转向有声音的方向。
4.对自己的东西产生领属感，不许别人拿走。

STEP 4

**25%的可能性
较少宝宝能做到**

1.学会爬行。
2.宝宝坐着时，拉住宝宝的手，宝宝就能站起。
3.在双手之间交换小东西。
4.学会自己拿着东西吃。
5.对掉落在地上的小东西感兴趣。
6.米饭、小饼干，宝宝都能自己拿起来吃。

育儿要点

思维能力发达的时期

孩子5个月之后，记忆能力、思维能力开始有所提高。随后，研究、模仿能力也开始发展起来。这时候要仔细观察孩子的行动，为了让孩子能够更好地发育，应给予孩子相应的帮助。

Point 1 宝宝开始寻找未知物品

到现在为止，孩子们认为眼前的一切就是整个世界，但是从现在开始他们想要了解更多未见过的东西。

Point 2 宝宝开始探索

孩子会爬了，会走了，接触的世界越来越大了。他开始探索，走到哪儿就摸到哪儿，抽屉、衣服、书本都成了他探索的对象，而这种探索又进一步促进了孩子大脑的发育。

Point 3 宝宝喜欢模仿

孩子的成长是从模仿开始的，无论是语言还是行为、情感等，都是从模仿开始的，然后经过反复的实践，最终学会。

这时期的孩子喜欢模仿大人，因此一些电话机模型、小型乐器、动物玩具等对孩子有着直接的影响。

Point 4 收起危险物品

孩子会走路了，他的活动区域越来越

解答育儿难题

Q 开着灯宝宝就无法入睡，光线太暗好吗？

A 虽然有的宝宝在明亮的屋里也能睡着，但是大部分宝宝不喜欢这样，因为光线能让宝宝感觉到周围人的活动。

在宝宝睡觉的时候，最好将光线调暗。妈妈躺在旁边和宝宝一起睡，太黑的话，宝宝也会害怕的。

Q 宝宝什么时候可以开始喝果汁，喝果汁要选100%纯果汁吗？

A 5~6个月大的宝宝开始吃辅食后便能喝果汁了。市场上销售的浓度为100%的果汁中含有大量的碳酸和糖，孩子不宜饮用。建议自己榨取果汁，或购买纯果汁，稀释后给孩子喝。

Q 孩子认生，去商店都能吓哭，怎么办？

A 孩子害怕陌生的环境，这很正常。对于孩子而言，家门外的一切都是新鲜的、未知的。不要孩子一哭就带他回家。换一个环境，让孩子慢慢放松，告诉他这里很安全，孩子逐渐就能适应了。

○ 宝宝感到不安后，暂时换一个地方，让宝宝放松下来

大，危险的因素也越来越多。所以这个时期，要把家里每个角落可能存在的危险物品都收拾起来。

把孩子可以吞食的物品放到孩子够不到的地方，然后在孩子周围放上一些安全的玩具，这些玩具最好是能够让孩子全身动起来的。

● 孩子会爬了以后就喜欢四处翻东西

培养宝宝说话的能力

孩子从 3 个月左右开始牙牙学语，到 4 个月的时候可以听懂妈妈的话，并且会有反应，到孩子 12 个月的时候可以说几个简单的词语，比如"妈妈""爸爸"等。

这个时候，妈妈要多跟孩子聊天，多对孩子笑，要重视孩子发出的声音，对于同一个单词，妈妈要不断反复地教孩子说，在反复中，孩子慢慢学会思考和沟通。

● 经常咿咿呀呀和妈妈对话的孩子说话比较早

POINT 1 **为宝宝提供说话的环境**

语言的学习需要环境，有好的语言学习环境，孩子说话自然就早，反之则较晚。如果父母对孩子过度保护，孩子往往不会产生说话的冲动，说话也就比较晚了。所以孩子开始学说话的时候一定要多给孩子创造说话的机会。

● 孩子的语言学习是从模仿开始的，所以父母一定要做出好的榜样

POINT 2 **多跟宝宝说话**

语言的学习是从模仿开始的，同一个词语，妈妈向孩子反复说多次，孩子自然会跟着学。不仅是语言，表情、语气也很重要，为了孩子，爸爸妈妈可要做个好榜样啊。

培养宝宝的好习惯

慎食蜂蜜

蜂蜜容易引起宝宝的健康问题，蜂蜜中含有的一些物质对成人没有影响，但宝宝食用后可能会中毒，症状包括便秘、食欲差、全身无力等。

● 饮食的均衡与宝宝的健康成长密切相关

这种食物中毒虽不常见，但有可能诱发肺炎或脱水等严重疾病。如果婴儿奶粉中含有少量的蜂蜜、糖浆，则没有关系。

Point 3 如果宝宝对声音没反应，要检查听力

如果听力有问题，孩子说话也会比较晚。

出生 4~5 个月的时候，如果孩子对分贝高的声音没有反应，或者到孩子周岁的时候，叫孩子的名字，孩子却没反应，就可能是听力有问题，应该去医院检查一下。

宝宝喂养

让宝宝接触新的食物

孩子慢慢长大，可以吃一些奶水之外的食物了。要在断奶的过程中，让孩子学会进食的方法，帮助孩子养成良好的饮食习惯。幼儿时期养成的习惯对孩子的成长有重要的影响。

解答育儿难题

Q 宝宝小便颜色有时太深，呈褐色，是不是哪儿出了问题？

A 可能是小便次数减少的原因，次数少颜色就会变深。小便的颜色应该是淡黄色，但是小便颜色会随次数减少而加深。偶尔小便会带有褐色，这是尿酸的原因，并非疾病，因此不用担心。

Q 宝宝总是抓耳朵，是不是耳朵发炎了？

A 孩子对自己的身体很感兴趣。手、脚、耳朵、鼻子都是他的关注对象。如果孩子没有一边抓耳朵一边哭，不发烧，也没什么其他生病的征兆，说明他只是对耳朵好奇罢了。孩子开始长牙的时候尤其喜欢抓耳朵，他是想拿耳朵磨磨牙呢。所以如果耳朵后面红了，一般是孩子自己抓的，不是炎症。

但如果孩子确实有生病的症状，一定要及时就医。

Q 宝宝10个月了，什么时候开始看电视才不会对宝宝有害呢？

A 1周岁以前，最好不要让孩子看电视。随着视力的发育，孩子4~5个月的时候就开始对电视感兴趣了，这是电视光线和画面变化的缘故。但是，看电视对孩子学习语言没有帮助，因为语言的学习需要互动，而电视只是单方面的播放。

❍ 看电视过多，会阻碍宝宝的语言发育

POINT 1 开始添加辅食

一般孩子从这时期开始添加辅食，即便是瘦小的孩子，只要他们的胃肠不敏感，不拉肚子，就可以给孩子添加辅食了。

POINT 2 要看看宝宝饿不饿

喂饭时，首先要看孩子饿不饿。如果孩子饿了，妈妈用勺子喂饭，孩子有可能会不耐烦、发脾气，对辅食产生抵触情绪。所以，孩子饿的时候，先让他吃奶吃到半饱，再用勺子喂饭。孩子不着急了，慢慢就能适应新的进食方法，也有助于养成好的饮食习惯。

◎ 孩子如果不想吃，就不要勉强孩子

◎ 辅食不仅可以为孩子补充营养，而且能够帮助孩子养成良好的饮食习惯。要注意的是，一定要用勺子喂孩子吃饭

POINT 3 让宝宝练习用勺子吃饭

有些妈妈喜欢把辅食放到奶瓶里喂孩子，这是不对的。吃辅食不仅是为了帮孩子断奶，更是为了培养孩子良好的饮食习惯。用勺子喂孩子吃饭，孩子会被这种新鲜的触觉、味觉感受和美妙的咀嚼体验所吸引。孩子熟练地掌握咀嚼、吞咽的动作技巧需要一定的过程，不要因为心急而勉强孩子。

POINT 4 慢慢增加宝宝辅食的进食量

刚开始喂辅食的时候，不要给孩子吃得太多，1天3次，1次少量就可以了。如果吃得好的话，可以慢慢地增加孩子的进食量，如果孩子不喜欢的话，可以1周后再加。

孩子用的勺子大小要合适。喂孩子吃辅食要掌握好节奏。不能太快，要等他完全咽下去了再喂。如果孩子表现出吃饱了、不想吃了，不要勉强他。

POINT 5 让宝宝吃得开心

刚开始添加辅食的时候，应该先喂宝宝喜欢吃的食物，让宝宝吃得开心，不要为了单纯追求营养价值而强迫孩子吃不喜欢的食物。孩子排斥陌生的食物很正常，所以如果试了几次，宝宝仍不愿吃，那1周后再试试吧。

POINT 6 注意喂食姿势

给宝宝喂食的时候，要像喂母乳或喂奶似的，让宝宝坐在妈妈的膝盖上，轻轻地抱住宝宝，让宝宝在妈妈的怀里感到舒适，不能抱得太紧或禁止宝宝动手。

使用学步车的注意事项

注意1：让宝宝先体验一次

使用学步车之前最好是先让宝宝体验一次。如果家中没有的话，可以到超市用样品体验，如果宝宝喜欢学步车，但也不痴迷，就说明购买使用学步车没有太大问题。

注意2：不要在学步车内待太久

宝宝坐学步车的时间一次最好20分钟左右，学步车能锻炼宝宝人为移动的力量，但是如果坐的时间过长会适得其反。另外，宝宝必须要有一定的时间在地板上玩耍，只有这样宝宝才能学会爬，学会支撑腰背的技巧，所以不要让宝宝在学步车里待太久。

❶ 使用学步车一天不超过20分钟

注意3：宝宝走的时候要在一旁照看

让孩子坐到学步车上，并不代表妈妈可以做自己的事情了。小孩子正是爱动的时候，如果借助一下墙的反弹力，没几下孩子就能滑得很远。妈妈一定不要走开，留在旁边随时照看着才行。

注意4：保证周围无障碍物

孩子坐学步车，最危险的地方是台阶。一不小心翻下来，后果不堪设想，所以一定不要让孩子在台阶附近玩学步车。另外，孩子手能碰到的地方不能有任何危险物品；不要带孩子去门槛处、斜坡处玩；地面上的报纸、书本等任何有可能绊倒孩子的东西都要清除掉。

适合5个月宝宝的体智能开发游戏

体能开发游戏

让宝宝拿出桶内的物品

妈妈可以给孩子示范一下怎样把桶里的东西拿出来，然后再把东西放进桶里，指着桶对宝宝说："来，宝贝试试！"然后把宝宝的手伸入桶中，让宝宝将东西取出来。

❶ 让宝宝练习从桶里拿东西

认知发育游戏

让宝宝照镜子

抱着宝宝站在镜子前面，和镜中的自己作比较。这时给宝宝戴上小红帽或围上红毛巾，让宝宝能轻易地找到自己。

❶ 让宝宝站在镜子前面，感受到自己的存在

满 **6** 个月

女婴：身高约67.5cm，体重约8.0kg   男婴：身高约69.0cm，体重约8.5kg

满6个月的宝宝能做到的事情

part
4
培养宝宝的生活技能

STEP 1 **90% 的可能性** **大部分宝宝能做到**	1.托住宝宝腋部，宝宝站起后，会两腿支撑蹬地。 2.放宝宝坐下后，宝宝能保持坐姿。 3.能识别出妈妈的声音。 4.可以模糊地说出"妈妈""爸爸"。 
STEP 2 **75% 的可能性** **一般的宝宝能做到**	 1.扶住宝宝双肩，宝宝就能坐直。 2.拉住宝宝的双手，宝宝能站立。 3.宝宝能一边爬，一边动手抓东西。 4.翻身（转身）向着有声音的方向。 5.对自己的东西有领属感，不许别人动。
STEP 3 **50% 的可能性** **有的宝宝能做到**	1.能手扶着人、墙、椅子、沙发等站起。 2.放宝宝坐下，宝宝短时间内能掌握重心。 3.宝宝坐着时，拉住宝宝双手，宝宝就能站起来。 4.自己拿饼干吃。 5.学会爬行。
STEP 4 **25% 的可能性** **较少宝宝能做到**	 1.学会由趴着到坐起。 2.能由坐着站起来。 3.只用食指和拇指就能把东西拿起。 4.清晰地说出"妈妈""爸爸"。

育儿要点

刺激宝宝五感，培养感知能力

孩子6个月大的时候，身体、情感、智力都在迅速发育，可以通过听觉、触觉、味觉、嗅觉、视觉等五感刺激孩子成长。既要全面发展，又要因材施教。

POINT 1 锻炼宝宝的身体及运动机能

锻炼肌肉的力量是孩子掌握爬行、走路、扔球等各项能力的前提。在照看孩子时，不要让他长时间不动，要注意经常变换一下姿势。比如孩子躺着时鼓励他翻身，孩子坐着时引导他站起来，这些都能起到锻炼肌肉的作用。下面介绍一些练习肌肉力量的动作。

❶ 让孩子坐在妈妈腿上，扶他站起来再坐下，反复练习。

❷ 妈妈和孩子面对面坐在地板上，让孩子双手抓住妈妈的手，用力提孩子站起来。

❸ 把靠垫或枕头放到孩子背后，帮助他学习端坐。

❹ 伴随"一、二、三、四"的口令，握住孩子的手脚，做伸展运动。

❺ 学习"青蛙坐姿"，让孩子的双腿撇向外侧蹲坐在地上。

解答育儿难题

Q 想让宝宝开始吃辅食，不知道一次该喂多少？

A 最初从1次1茶匙开始，儿童专用茶匙容量一般为3克左右，这样分成3份来吃。宝宝一般2~3茶匙就能吃饱了，如果宝宝把饭吐出就说明不想再吃了，这时也不要再喂了。

Q 宝宝每天睡觉特别浅，是不是过于敏感？

A 宝宝睡醒了不要再勉强他继续睡。醒

➡ 睡觉浅的宝宝白天要多活动和玩耍

了哭闹就抱起来哄一哄，和妈妈一起多做些运动，白天宝宝也能睡得很香。

Q 宝宝吃了胡萝卜、西红柿，几乎原封不动地排泄出来，这样孩子能吸收到营养吗？

A 营养吸收没有问题。孩子开始吃辅食，大便自然会发生变化。西红柿、胡萝卜被原封不动地排泄出来很正常，妈妈不要一看到大便是红色的就担心。可以喂孩子喝粥，这样就不用担心营养吸收不了了。

Q 宝宝喜欢拿手机、摇控器玩，家人怕他摔坏抢过来，他就会生气哭闹，怎么办？

A 孩子喜欢亮晶晶的东西，手机和遥控器的大小正适合孩子拿着玩，而且上面有很多按键，光泽度高，并且又是爸爸妈妈经常使用的东西，宝宝当然会爱不释手了。宝宝正拿着玩时不要硬抢，想办法把宝宝的注意力吸引到别的地方，再把手机、摇控器藏到宝宝看不见也摸不到的地方。

POINT 2 培养宝宝的认知能力及语言能力

这个时期的宝宝认知能力发展迅速，宝宝首先认识"妈妈""爸爸""姐姐""哥哥"等词语，之后是"牛奶""再见""不行"等基本词汇，然后才理解"喝牛奶""真漂亮"这样简单常用的句子。

宝宝是从听别人说话开始学话，而不是自己开始就能说话。刚开始虽然都很生疏，但父母应该积极帮助宝宝学习说话。

POINT 3 教宝宝认识事物的概念

苹果是红的，球是圆的，汽车是会动的，娃娃是软的，告诉孩子概念，也告诉他特点。刚开始的时候，孩子听不明白，但反复多次后自然就懂了。知识的掌握很重要，享受过程也同样重要。刚开始这对于宝宝来说可能毫无意义，但反复去做，宝宝最终会理解。

POINT 4 教宝宝事物的因果关系

为了促进宝宝的智力发育，应帮助其认识因果关系。例如，有一杯装满水的杯子，宝宝把它倒过来，就会导致水洒出来的结果。

用布遮住妈妈的脸或玩具，然后突然掀开。玩这样的游戏能让宝宝体会到存在的持续性和空间的层次感，也就是要让宝宝明白看不到不等于没有、表层和内部不一样的道理。

POINT 5 同时刺激宝宝的听觉和知觉

仔细倾听周围微小的声音，唤起宝宝的注意。当有狗叫声或有消防车鸣笛声时，妈妈就对宝宝说："小狗叫了。""听到消防车鸣笛了吗？"用这样的方式来刺激宝宝的听觉。

POINT 6 培养宝宝的创造力

宝宝并不是只按照玩具原本的方法来玩，他更喜欢把喇叭当鼓击打，拿书来撕而不是阅读。

宝宝若想用各种特别的方式来玩玩具，也不要责备他，给他实践探索的机会。宝宝通过父母的话及自身的实践，会学会很多东西，也可以培养宝宝的创造力。

培养宝宝的好习惯

应从何时开始给宝宝刷牙？

很多人认为乳牙很快就会脱落，不需要护理，这种观点是不科学的。乳牙是新牙的基础，乳牙腐坏脱落会造成牙龈变形，即使长出新牙也不健康。没有强健的牙齿，孩子咀嚼会很费力，容易挑食、厌食，最终会导致营养不良。

在乳牙长齐之前，可先用干净湿润的手帕为孩子清洁牙齿。如果使用小巧的婴儿牙刷则更有助于宝宝养成刷牙的好习惯，这两种办法适当配合就能保护宝宝牙齿的健康。

▶用湿手帕或婴儿硅制牙刷给宝宝刷牙，养成保护牙齿的好习惯

宝宝喂养

Point 1 **让宝宝品尝多种味道**

在添加辅食阶段，要多为孩子准备一些好吃的。虽然仍以母乳或牛奶为主食，但

从现在开始应摄取更多营养，加大辅食量，制订均衡营养食谱。

宝宝辅食要做得稠一些，舀到勺子里洒不出来才行。

Point 2 **让宝宝品尝美食原有的味道**

添加辅食时，应该让孩子体会不同食物的味道。将各种材料分开做比混着做要

培养宝宝的好习惯

如何用奶瓶喂母乳

宝宝喜欢的是妈妈温暖的胸口，而不是橡胶或硅制的奶嘴，如何才能将乳汁挤出用奶瓶顺利地喂宝宝呢？请看下面的几种方法：

方法1：饿的时候或喂奶时换用奶瓶

宝宝饿的时候不会挑剔，但是如果宝宝不愿意却硬要用奶瓶喂奶，宝宝则容易对奶瓶产生排斥感。

宝宝特别饿的时候，妈妈可以在喂奶的过程中换成奶瓶，权当换个口味，宝宝一般是不会有意见的。

方法2：妈妈不要过于紧张

拿奶瓶给孩子喂母乳时，不要总是担心他不喝怎么办，孩子也能读懂大人的表情。如果妈妈过于紧张，孩子只会对奶瓶更加不信任，自然不会喝。

方法3：喝奶之前先拿奶瓶玩一会儿

把奶嘴放入宝宝嘴巴之前，先让宝宝拿着奶瓶玩一会儿。

宝宝总是习惯把手边的东西塞到嘴

里，把奶瓶当成玩具塞入口中也很正常。

方法4：奶瓶中放入其他东西

乳汁会让孩子联想到妈妈温暖的怀抱，而奶瓶却没有这个功能。如果孩子抗拒奶瓶的话，可以先在奶瓶中冲一些牛奶果汁给孩子喝。让孩子感受到原来奶瓶里有另一番风味，是妈妈的乳汁没有的。

方法5：宝宝抗拒奶瓶时暂时放弃

宝宝对奶瓶明显表示出抗拒时，不要强制宝宝用奶瓶，暂时放弃，改天再试。孩子适应奶瓶需要至少几周的时间，妈妈可以尝试每天用奶瓶喂一次，时间长了，孩子就能习惯。

○ 宝宝熟悉奶瓶之后，挤奶就方便多了

好，这种原汁原味的体验对孩子的成长很重要。

POINT 3 和其他食物拌着吃

有的宝宝会挑食，这时要记住宝宝喜欢吃什么不喜欢吃什么，然后和其他东西拌在一起喂宝宝吃。比如说宝宝不怎么吃肉，爱吃青菜，这时就可以在青菜里放一点肉，拌给宝宝吃。如果他接受了，下一次再多放一些肉，就这样逐渐地增加肉的分量，减少青菜的用量。

POINT 4 摄取丰富的维生素C

这个时期宝宝的营养摄取逐渐从以碳水化合物和蛋白质为中心向

◯ 把宝宝不喜欢的食物拌入喜欢的食物里，喂给宝宝吃

维生素、矿物质过渡，特别是维生素C有提高免疫力、预防感冒的作用。要让宝宝多喝新鲜果汁，但果汁是不能替代白开水的。

POINT 5 吃易引发过敏的食物要慎重

给宝宝吃辅食的时候，食物选择要慎重，有不少食物容易引发过敏，比如鸡蛋、西红柿、橘子等。

吃这些东西时，第一次先喂一点点给宝宝，观察是否有皮肤过敏现象。如果出现红斑、浮肿等反应，说明孩子对食物过敏，可以隔一段时间再试试，或者在孩子10~12个月之前，先不要喂他这些食物。

蛋清最容易引发过敏，因此最初只能喂宝宝蛋黄。

培养宝宝的好习惯

宝宝6个月开始用杯子

在宝宝6个月，让孩子用杯子的目的是让他知道除了奶瓶和勺子以外，还有很多可以装美食的容器。孩子从出生到现在只知道牛奶装在奶瓶里，奶嘴一吸就喝到了，对陌生的杯子还不熟悉。所以，向孩子介绍杯子的时候，先在里面装一点水或果汁，孩子适应了再慢慢加量，最后再把牛奶装到杯子里，孩子就不会慌张了。

◯ 帮助宝宝逐渐习惯使用杯子

适合6个月宝宝的体智能开发游戏

体能开发游戏

坐下和宝宝传球

妈妈先坐下，然后让宝宝两手扶着妈妈的腿坐下，用枕头、被子在旁边托住宝宝。宝宝和妈妈面对面地坐下就可以玩传球的游戏了，这种游戏是有效的坐姿练习。

让宝宝玩各种手部游戏

要想让宝宝的手指更加灵活，妈妈传授一些技能是必需的。抓、拿、抚摸等各种动作可以锻炼宝宝的手部肌肉，比如抓拿柔软的布娃娃有助于锻炼宝宝的敏捷性。

这个阶段应该多让孩子做些手部运动，比如拍手游戏、找鼻子游戏等。妈妈先做示范，孩子领会了就能跟妈妈一起玩了。还可以用布条做些玩具给孩子玩，塑料模型也可以，这些都是锻炼孩子双手灵活性的小道具。

○ 通过触摸物品和抓东西等各种活动，促进宝宝手指的灵活性

认知发育游戏

让宝宝伸手抓东西

把宝宝喜欢的玩具放到他能注意到的地方，看宝宝会不会伸手去拿。宝宝伸手就将东西递给他，不伸手就握住宝宝的胳膊去抓。

妈妈一边将东西拿给宝宝，一边说："宝贝呀，快来抓奶瓶啊。"诱导宝宝，如果宝宝伸手去抓，就给宝宝一个鼓励的微笑。

○ 通过宝宝喜欢的玩具，让宝宝练习伸手抓东西

社会性发展游戏

训练宝宝的人际关系

这个阶段，孩子已经可以通过各种方式与人交流了，比如笑、招手等。6个月大的时候，让他接触不同年龄段的人，对促进孩子社交能力的提高很有帮助。每次见到人都要教宝宝简单地打招呼，另外"亲亲""碰碰头"这些小技巧也是要学的。

7~12 个月

爬、坐、蹒跚学步的时期

满 7 个月

女孩：身高约69.1cm，体重约8.3kg   男孩：身高约70.4cm，体重约8.7kg

part
4
培养宝宝的生活技能

满7个月的宝宝能做到的事情

STEP 1		1.抓着手让宝宝起身时，宝宝两腿能伸直并用上劲。

90% 的可能性
大部分宝宝能做到

1.抓着手让宝宝起身时，宝宝两腿能伸直并用上劲。
2.爬的时候手里抓着东西。
3.能表现出生气或愤怒的情绪了。
4.自己吃饼干。

STEP 2

75% 的可能性
一般的宝宝能做到

1.托住腋窝，支撑着宝宝，宝宝会蹦蹦跳跳。
2.爬起来又坐下。
3.把小东西从一只手换到另一只手。
4.发出"妈妈""爸爸"等声音。

STEP 3

50% 的可能性
有的宝宝能做到

1.能扶着人、墙、椅子、沙发等站起来。
2.趴着的状态下能很自然地撑着手坐起来。

3.当喜欢的玩具放在宝宝碰不到的地方时，会努力去抓玩具。
4.追宝宝玩时，宝宝会咯咯地笑。

STEP 4

25% 的可能性
较少宝宝能做到

1.倚着家具或墙走动。
2.能从坐着的状态下站立起来。
3.跟着大人说话。
4.虽然发音不是很清楚，但是也能发出与"妈妈"相似的音了。

育儿要点

聪明宝宝与众不同之处

POINT 1 聪明宝宝的发育很快

如果宝宝学会翻身、爬、走路比同龄人早,那么他很有可能是一个天分极高的宝宝。在前7个月,身体发育和智力发育的势头都很好的宝宝,之后的发育也很值得期待。

语言能力强的宝宝,智力一般也很高,所以语言能力好坏也成为判别宝宝是否聪明的标准之一。但是,这不是绝对的,有些聪明的宝宝很迟才能说话。

POINT 2 聪明宝宝具有突出的记忆力和观察力

天分好的宝宝对身边的人和事物观察入微,而且记忆力超群。比如,妈妈换了发型,爸爸换了眼镜,他都能立刻发现。不过由于对环境过分敏感,睡眠质量也容易受到影响。所以,家人一定要为孩子提供一个安静舒适的睡眠环境。

● 聪明的宝宝比其他的孩子更早地开始坐和走

POINT 3 聪明宝宝好奇心很强

宝宝都会有很强的好奇心,基于这种好奇心,只要是眼睛看得到的东西,宝宝都会用手去摸,用嘴去舔,还会敲敲打打,所有这些都是好奇心的驱使。聪明的宝宝好奇心更加旺盛,所以一旦好奇心被激起,宝宝有可能将之前玩过的东西全部抛之脑后,只关注一个地方。

● 大部分聪明宝宝都会有很强的好奇心,因此会更快地想要触摸、敲打看得见的物品

POINT 4 聪明宝宝显现出创造力

大部分未满周岁的宝宝缺乏解决问题的能力,但是聪明宝宝即使没有人教,他也能发挥令人意想不到的创造力去解决问题。举例来说,孩子会把抽屉拉出来,踩到上面去拿东西;夹在中间拿不来的东西,他会找工具把它弄出来;下楼梯的时候,他知道扶着扶手下;用语言没办法传达自己意思的时候,他会使用表情和肢体语言。聪明的孩子玩玩具也能别出心裁。生活中常见的物品,他也能拿着玩出花样,这些都是创造力的体现。

POINT 5 聪明宝宝具有突出的知觉力和洞察力

知觉力和洞察力很突出的宝宝，在很小的时候就能在爸爸穿衣服时知道爸爸要上班，妈妈不开心或生气时会哄妈妈。

❶ 如果孩子不怎么吃辅食，可以用乳制品补充

❶ 因为想象力丰富，所以聪明的宝宝有自己编故事的才能

❶ 聪明的宝宝具有突出的洞察力，比如能哄生气的妈妈开心

聪明的宝宝在发现事物之间联系以及学以致用方面，比一般宝宝表现突出。虽然宝宝才9~10个月，宝宝的很多出色表现却令人惊奇。比如，在书店看到爸爸在家看的书，他会给爸爸指出来。在商场乘坐扶梯时，他会像坐楼房电梯那样想去摁按钮。

POINT 6 聪明宝宝具有丰富的想象力

聪明的宝宝具有超群的想象力，他可以自己编故事，自己设定游戏规则。不满1周岁的孩子可以自己寻找出很多玩具，或者发掘玩具的新玩法。再大一点儿，他还会给自己想象出一个玩伴，自己设计游戏规则，玩得不亦乐乎。

POINT 7 聪明宝宝具有幽默感

孩子还不满1岁，但却已经有幽默感了。看到生活中的小意外，他也会咯咯地笑。比如，妈妈被玩具车绊倒了，爸爸的眼镜被刮下来了，杯子在地上滚了好远……这些在孩子看来都是可笑的。

Q & A 解答育儿难题

Q 宝宝的小便好像比以前味道重了，怎么回事？

A 在给孩子断奶的过程中，不仅大便的气味会变，小便也一样，特别是吃海鲜或鸡蛋等高蛋白食物以后。其实不用在意孩子大小便的变化，只要他吃得好，玩得开心就行。

❶ 如果宝宝吃得好，玩得好，就不需要太担心宝宝的小便

解答育儿难题

Q 妈妈吃感冒药时,是不是最好不要给孩子喂奶?

A 给孩子喂完奶后,妈妈可以马上吃药。不少人认为母乳喂养期间妈妈不应该吃药,如果必须吃药的话,最好在医生指导下,在喂完奶后马上吃药。吃药30分钟后,血液中的药物浓度上升,等到下一次再喂奶的时候,乳汁中残留的药物成分已经微乎其微了。

Q 宝宝睡着后30分钟左右就开始大量出汗,这样正常吗?

A 出汗很正常,这不是病。孩子活动时的体温是36℃,睡眠状态下的体温是35℃。排汗是为了将体内多余的热量排出,这样孩子才能睡得更香。所以,睡觉的时候出汗很正常,夏天更是如此。孩子睡觉时,可以在他身下垫一块毛巾。

Q 孩子不怎么哭,说明感情不够丰富吗?

A 是不是因为在孩子哭着要东西之前,妈妈就已经把所有东西都为他准备好了?比如在宝宝饿哭之前,妈妈就已经察觉,并把食品递到他的嘴边了,这样宝宝就没有哭的必要了。能及时发现并满足孩子的需要固然是件好事,但是让孩子学会提要求也很重要,这有助于锻炼孩子的独立性。

❶ 孩子提出需求时妈妈再给予满足,能培养宝宝的自立能力

Baby Clinic

从 7~8 个月开始,从母体获得的免疫力逐渐消失

孩子出生时,从妈妈体内携带了免疫力。6个月之前,孩子轻易不会感冒、发烧。但7~8个月以后,随着免疫力的丧失和接触人群的增多,孩子生病的几率越来越大。在这个阶段,妈妈要更加悉心地照料孩子,保证孩子身体的健康。

宝宝喂养

慢慢增加辅食

POINT 1 奶和辅食一起喂

7个月大的宝宝，由于已经较好地适应了辅食，所以不会只吃母乳。如果孩子不怎么能吃辅食，可以用母乳或奶粉补充。

无论宝宝怎么喜欢辅食，母乳和牛奶毕竟营养丰富，最好一直喂食。

POINT 2 减少喂奶次数，增加辅食的次数

要在减少喂奶次数的同时，慢慢增加哺食的次数，7个月大的时候，一天喂宝宝两次辅食。如果孩子好好吃，也没有任何异常的话，最好在第8个月时就增加到一天三次辅食。

POINT 3 食量和喂食时间根据宝宝身体状况来调整

有时孩子吃得不少，可才过3~4个小时又闹着要吃，喂他时，他却吃两口就不吃了。这时，妈妈就需要帮孩子调整一下饮食节奏了。如果孩子刚刚吃得很多，就不要再喂他牛奶；如果他不饿，就不要勉强孩子吃。生活中的一贯性很重要，这样过不了多久，孩子就能养成有规律的饮食习惯了。

POINT 4 辅食要切碎或捣碎

喂孩子吃豆腐、土豆、蔬菜、面条的时候，要捣碎或切一下，这样孩子才能嚼得动。富含蛋白质的鸡肉、牛肉、海鲜，要切碎后和蔬菜一起煮熟给孩子吃。

◉ 要给宝宝吃嚼得动、比较柔软的食物

培养宝宝的好习惯

过度的教育反而阻碍宝宝的成长

育儿专家指出，为了培养神童而过分要求孩子是不对的。虽然在接受正规教育之前可以教孩子各种各样的技能，但这种激进式学习比起有条理的传统学习模式，从长远来看是不合理的。孩子出生后要学习的东西很多，如翻身、坐、站、走等肢体协调能力，单词的理解和表述能力，与周围的人培养感情、积累信任的能力，这些都是幼儿发育过程中需要掌握的基本能力。如果过分强调英才教育，往往会忽视这些基本能力的学习，反而会阻碍孩子的成长，这一点需要格外注意。

◉让孩子做一些他不喜欢的事，反而会产生负面作用

part 4 培养宝宝的生活技能

适合7个月宝宝的体智能开发游戏

体能开发游戏

让宝宝学爬

7个月大时，宝宝就开始慢慢会爬了。爬这个动作和坐、站等其他姿势有明显区别，对宝宝运动机能的发育有重要作用。因此要让宝宝多做爬行练习。

让孩子趴在爬爬垫上，把宝宝喜欢的玩具或零食放在他够不着的地方。敲打爬爬垫吸引孩子注意，如果他伸手要的话，就递给他作为奖励。

如果宝宝做得好的话，慢慢地把东西放到远一点的地方，但是不可以一上来就放得很远。因为如果放太远，宝宝可能爬着爬着自己就放弃了。妈妈应该在旁边一起爬，并对孩子说："拿玩具去喽。"这样做可以让宝宝感觉到爬是具有某种目的的行为。

认知发育游戏

摇晃发声的玩具

教宝宝摇晃铃铛使其发声，妈妈先做一下示范。

宝宝摇晃或敲击玩具时，若有声音发出来就给予宝宝称赞。如果宝宝抓不太牢，发不出声音，妈妈应该抓住宝宝的手臂上下摇晃，使玩具发声。

○ 敲击或摇晃会发声的玩具，可以激发宝宝的好奇心

○ 把宝宝的两只脚一抓一放，宝宝就会反射性地向前爬

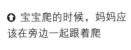

○ 宝宝爬的时候，妈妈应该在旁边一起跟着爬

满 8 个月

女孩：身高约 70.5cm，体重约 8.5kg　　男孩：身高约 71.9cm　体重约 9.0kg

part
4
培养宝宝的生活技能

满 8 个月的宝宝能做到的事情

 STEP 1

90% 的可能性
大部分宝定能做到

1.趴着的时候能坐起来。
2.把东西从一只手转移到另一只手。
3.用手抓着小东西，将其举起来。
4.抓着零食自己吃。

STEP 2

75% 的可能性
一般的宝宝能做到

1.扶着人、墙、椅子、沙发等各种物体站起来。
2.如果喜欢的玩具放在自己够不着的地方，会想方设法努力去抓。
3.逗宝宝玩，宝宝会高兴地"咯咯"笑。

 STEP 3

50% 的可能性
有的宝宝能做到

1.坐着的时候试图站起来。
2.利用手指夹起小物品。
3.发音虽然不很清楚，但是也能发出类似"妈妈"的声音。

 STEP 4

25% 的可能性
较少宝宝能做到

1.家人放手，宝宝能稍微站立一会儿。
2.会看别人的脸色，开始理解"不行"的含义。

育儿要点

测试宝宝的情绪稳定度

这个阶段，孩子生理上的稳定性是判断精神发育状况的重要标准。不满1周岁的孩子，可以通过观察他的饭量、呼吸、注意力、语言能力等，来判断其智力发育水平。

比如和妈妈分开一天，或者变更一下日常生活的节奏，或者生活中出现了陌生人，遇到这些情况都要观察一下孩子的睡眠和日常活动有没有受到影响。

下面介绍判断孩子安全感的几个小测试。测试环境要和平常的生活一样，不要让孩子感觉到异常。

POINT 1 情绪稳定度核对单

和往常一样，孩子午睡醒后该喝奶了。妈妈坐到孩子床边，在孩子看得到的位置，把一瓶奶放到热水中温一温，观察一下孩子的反应。

反应 A：看看妈妈，再看看奶瓶，高兴地等待着

表明孩子的精神发育状况非常好。一会儿就有牛奶喝了，孩子想象着牛奶的味道，高兴地向妈妈伸着胳膊，嘴里还嘟噜嘟噜的。表明孩子肚子饿的生理需求和精神上的满足是相互协调的。

分析：非常协调。

A类宝宝的精神发育水平很高。精神和生理上的满足给了孩子充分的安全感。

所以在热牛奶的过程中，孩子可以享受等待的过程。对于肚子饿和看到妈妈这两件事情，孩子可以分别做出反应，不是哭闹，而是一边向妈妈打着招呼，一边快乐地等待牛奶。

❶ 看着拿着奶瓶的妈妈，健康的宝宝情绪会变得安定

反应 B：看到妈妈和奶瓶就一直哭

经常挨饿，或者因为平时受过惊吓，孩子看到妈妈和奶瓶会不停地哭，而且也没有张开胳膊想要靠近妈妈或索要牛奶的动作。

分析：一般协调。

哭是因为不安，这种消极的情感表现主要是由于失望或恐惧。

反应 C：看一眼就没兴趣了

孩子看了看妈妈和奶瓶，然后就不感兴趣了，可能继续睡觉，可能看别的地方去了。这种病态的反应是由于长期的生理和精神诉求得不到满足所导致的。

分析：低度协调。

不做出索要的反应，这是孩子怕被拒绝而采取的自我保护。没有表达欲求的能力，说明孩子在心理和身体发育方面不够健康。孩子身体与精神的协调发展，需要妈妈源源不断的关怀与呵护。

宝宝喂养

宝宝可以使用大拇指和食指了

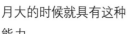
防止宝宝吃危险的东西

一般的宝宝到了9个月以后才会开始用拇指和食指去抓东西，但是有的宝宝8个月大的时候就具有这种能力。

◐ 宝宝一旦学会如何使用拇指和食指，就要注意不要让宝宝吃到危险的东西

手指的使用能促进大脑发育

做游戏能够促进孩子大脑发育，特别是手部游戏。近年来，通过锻炼手和手指的灵活度促进孩子大脑发育的研究备受关注。孩子刚刚会抓东西的时候，做游戏并不一定要借助道具。比如，妈妈可以一边唱歌，一边教孩子打节拍、做动作，还可以玩"抓起放下"的游戏。通过这些游戏，可以锻炼手部肌肉，提高孩子双手的灵活度，从而促进大脑发育。

Q & A
解答育儿难题

Q 宝宝拒绝辅食，是不是有什么不对劲的地方？

A 宝宝对新食物的适应需要时间，辛辛苦苦做出来的辅食被宝宝吐出来，妈妈可能会很生气。但要记住，对于孩子来说，所有事物都是新体验，第一次吃，可能因为不适应辅食味道而吐出来，也有可能是因为感觉食物有点硬，还有可能是因为肚子还不饿，可以考虑延长两顿饭之间的间隔时间。

Q 宝宝快满8个月了，还是不想爬，只是匍匐，是不是发育太晚了？

A 会不会爬不是评价孩子发育水平的唯一标准。有的孩子6个月就会爬了，可过了两三个月也没学会其他本领。也有的孩子一直不会爬，可是会站了之后很快就能学会走路。爬能有效地促进宝宝大脑的发育，所以要让宝宝多爬。

◐ 宝宝的爬行随着宝宝的成长发育会有个体差异

一旦开始使用拇指和食指，宝宝就会抓起花生、硬币这类小物件，甚至塞进嘴里吃，这类危险的事时常有可能发生。因此，从这个时候开始，要经常注意观察，防止宝宝吃危险的东西。

POINT 2 注意保持宝宝的卫生

当宝宝学会把食物放进嘴里以后，就会经常把很多东西往嘴里放。以前宝宝只会用整只手抓东西吃，这是因为宝宝还没有学会如何让手指一根一根动起来。学会使用手指之后，宝宝会把所有看得见的东西用手抓起放进嘴里，所以必须要保持宝宝手部的卫生，也要注意食物的卫生。

○宝宝处于抓食东西阶段，要把东西咬碎了再给宝宝吃

POINT 3 把食物弄成小块，可以让宝宝抓起来吃吗？

孩子刚会抓东西的时候，自己放到嘴里的食物只能算作"零食"，随着手指的日渐灵活，孩子吃的东西大部分都是自己抓的。这时，妈妈应该把食物切成小块，放到不会打碎的碗里，方便孩子拿取。

POINT 4 妈妈给宝宝看自己嚼东西的样子

宝宝吃东西的时候，妈妈最好也在一旁一起嚼着吃，让宝宝看自己吃东西的样子，引导宝宝进行咀嚼食物的练习。这样，宝宝会因为觉得有意思而喜欢上咀嚼食物。这个时期的辅食最好是用舌头和下巴的力量就可以粉碎的食物。

POINT 5 别让宝宝吃坚硬刺激的食物

孩子的消化能力不够好，牙齿也没长出来，所以不要让孩子吃刺激性的、过硬的食物，比如肉块、花生、豌豆、胡萝卜、青椒等嚼不烂又不好消化的东西。

○妈妈先让宝宝看自己嚼东西的样子，让宝宝也跟着做

Q & A
解答育儿难题

Q 宝宝每天凌晨1点就醒来哭，这个时候该怎么办？

A 孩子的睡眠周期为2~3个小时，各个睡眠周期之间属于浅睡眠。这时，即使轻微的刺激也会把孩子吵醒。出现上面的情况，说明孩子的睡眠周期间隔正好在凌晨。这个时候，妈妈应该握着宝宝的手，和宝宝一起入睡，这样宝宝会重新入睡的。

Q 宝宝不喜欢换尿布，怎么样才能轻松更换宝宝的尿布？

A 尝试一边逗孩子玩一边换尿布，看看孩子的反应。孩子哭闹，很有可能不是因为讨厌换尿布，而是因为不喜欢被强迫。妈妈给孩子换尿布的时候是不是太着急了？孩子一闹，妈妈便把他摁住，甚至还训上两句，这样孩子就更讨厌换尿布了。所以，妈妈要做的是消除孩子心中的阴影，一边玩一边换，再时不时温柔地抚摸一下孩子的小屁股，他就更高兴了。反复试几次，孩子就不闹了。

Q 把宝宝往上抛来逗宝宝开心，这种玩法安全吗？

A 很不安全。尤其是两岁以下的孩子，由于头部过重，而脖子尚未发育完全，孩子在抛起落下的过程中还不能控制头部的前仰后合，这样有可能伤到头盖骨，或者造成脑部损伤。

Q 我的宝宝虽然已满8个月，但一颗牙都没长出来，正常吗？

A 孩子一般在6~7个月开始长牙，不过也有2个月就长牙的，也有12个月才开始长牙的。孩子长牙的早晚是由遗传因素决定的，和发育水平没有关系。孩子一般在两岁半时长出槽牙，在这之前，孩子嚼东西都会用到牙龈，所以不会影响吃东西的。

 part 4 培养宝宝的生活技能

适合8个月宝宝的体智能开发游戏

认知发育游戏

让宝宝双手传递玩具

一边跟宝宝说："来，宝宝，把洋娃娃从这只手换到那只手上试试！"一边让宝宝自己把他喜欢的玩具或其他东西从一只手转移到另一只手。

接下来让宝宝右手拿着物品，然后家长把宝宝感兴趣的另一件物品摆到他的左手旁，引导宝宝把原先拿着的物品从右手转移到左手。

刚开始时，宝宝会把手里的物品放在地板上去抓新物品。但是一直反复练习，宝宝会慢慢学会在两手之间来回传递物品。

◐ 孩子右手拿着玩具，再给他一个，让他换一下手把玩具接过去

让宝宝照镜子

和宝宝一起站在镜子前，跟他说："我们宝宝在哪儿呢？"宝宝要是指着镜子，或伸出手敲镜子的话，就称赞："原来我们宝宝在这儿啊！"要是宝宝没发现镜子里的自己，妈妈就抓着宝宝的手，指着镜子告诉宝宝："宝宝在这儿呢！"

妈妈和爸爸也一起照镜子，然后问宝宝："妈妈在哪儿呢？""爸爸在哪儿啊？"让宝宝指出来，宝宝指出妈妈或爸爸的话，就给予称赞。

❍ 和宝宝一边照镜子，一边用手指指镜子里的宝宝

让宝宝爱上阅读

如果妈妈看电视的时间比看书的时间多，宝宝读书的效果就会降低，因此，培养孩子阅读的兴趣，言传身教很重要。比如带孩子的同时，妈妈可以随时抽空看一会儿书。晚上哄孩子睡觉的时候，可以打开画册给孩子讲一讲书上的故事。孩子不一定能听懂，但会逐渐喜欢上阅读。

选择适合宝宝的书

● 图片有吸引力，内容简单。

● 通过图片能了解人物的行为和情绪，图片下的文字不宜超过3句。

● 文字简短，出现的词汇是日常生活中孩子经常能接触到的。

● 内容不脱离孩子的生活。

妈妈生动地给宝宝读书

给孩子读书的时候，妈妈的语调和节奏很重要。富有感情的讲解、抑扬顿挫的语调，可以让故事变得生动，人物更加鲜活。关键时刻的停顿更能激发孩子的兴趣。

让宝宝养成读书的习惯

阅读是孩子的必修课，每天至少要给孩子安排两次阅读时间，比如洗澡后、午睡后、晚上睡觉前等时间段都可以。如果孩子对这种安排很配合，就可以持续进行阅读训练了。

制作宝宝专用书架

如果孩子喜欢自己看书，不愿意让爸爸妈妈陪，可以给宝宝做一个小小的书架，书架上的书可以让宝宝随时拿着看。为了防止宝宝产生厌倦感，最好经常更换书架的摆放位置。

❍ 给宝宝讲连环画故事时，妈妈要使用丰富的表情和夸张的声音

满 9 个月

女孩：身高约72.2cm，体重约8.9kg   男孩：身高约73.5cm，体重约9.5kg

满9个月的宝宝能做到的事情

STEP 1	
90% 的可能性 大部分宝宝能做到	1. 趴着时，能用手扶着坐起来。 2. 感兴趣的东西，会想方设法去抓。

STEP 2	
75% 的可能性 一般的宝宝能做到	1.可以从趴到坐，从坐到站。 2.扶着人、墙、椅子、沙发等站起来。 3.爬来爬去，看到东西就抓。 4.利用手指抓起小件物品。

STEP 3	
50% 的可能性 有的宝宝能做到	1.抓住宝宝的手，他会走出一两步。 2.放开宝宝的手，能站立片刻。

STEP 4	
 **25% 的可能性** 较少宝宝能做到	1.不紧抓宝宝，他也能短暂站立。 2.把球滚给宝宝，宝宝会再次把球滚回来。 3.用大拇指和食指轻松拿起小物品。 4.可以独自拿着杯子喝水。 5.听懂语意。 6.宝宝的发音很清楚，除此之外也能说一两个单词。

育儿要点

正确对待宝宝怕生的现象

孩子以前见到谁都让抱，可现在即使碰到邻居也会哭闹，开始怕生了，这是因为宝宝长大了。宝宝一般到了8~9个月大的时候，就能认出除了爸爸妈妈之外照顾自己的人，所以对照看自己的人会更加喜爱，对其他陌生人就会回避，这种认生现象是一种自然表现。随着孩子社会性的日益发展，认生现象会慢慢消失，因此，不用过于担心。

POINT1 不刻意消除宝宝的怕生反应

宝宝怕生最严重的时期是在9个月左右，孩子对爷爷奶奶也会突然产生抵触情绪。这时，不要强制孩子与人亲近，如果是很亲近的朋友、家人，也要先告诉孩子这是谁，不要害怕，千万不要突然去抱他，首先要让孩子慢慢产生亲近感，逐步消除怕生情绪。

○ 怕生是一种自然反应，所以不要强迫孩子与人亲近

POINT2 检查其他人照顾孩子的方法

有的孩子离开妈妈也会玩得很开心，也有的孩子一会儿看不见妈妈就会哭闹。如果因为工作的原因不得不把孩子交给他人照看，妈妈需要让孩子有一个可以逐渐与照顾者亲近的过程。如果孩子一直哭闹，或者拒绝吃东西，就要检查一下是不是照顾方法有问题。如果不是这个原因，妈妈最好再跟孩子待一段时间，直到他的反应不再那么激烈为止。

宝宝喂养

培养宝宝正确的饮食习惯

9个月大是宝宝饮食习惯逐渐形成的时期，这个时期宝宝对味道更加敏感，对喜欢的味道会产生强烈的好感。因此不要无条件地给宝宝吃他喜欢的食物，最重要的是培养宝宝正确的饮食习惯。

POINT1 培养宝宝饮食习惯要采取一贯的态度

过分限制宝宝吃自己喜欢的食物，只让宝宝吃有营养的食物，这是不对的。限制孩子吃不健康的东西，可他一闹就给他了，那么下一次再限制的时候，他会闹得更厉害。不能吃就是不能吃，要限制的话，一定要有一贯性。

POINT 2 不给宝宝喝果味牛奶

香蕉味、草莓味或者巧克力味的牛奶不要喂宝宝喝，因为这些牛奶含有大量糖分，会减少孩子对牛奶中钙的吸收。而且这些牛奶并不是以香蕉、草莓等为原料制作的，而是放进了具有这种味道的食物添加剂，因此对宝宝来说有可能引发过敏反应。

◐ 周岁前不要给宝宝吃带甜味的食物

◐ 用水果代替糖果和蛋糕，使宝宝熟悉水果的味道

POINT 3 别让宝宝爱上甜食

开始给宝宝吃甜食的时间越晚越好，必须混进甜食宝宝才会好好吃的想法是不对的。宝宝是可以接受食物的原味的，周岁前就开始给宝宝吃甜食的话，以后再限制这种食物就会很难，因此，还不如一开始就不给宝宝吃含糖的食物。

POINT 4 用水果和蔬菜代替甜食来调整口味

给宝宝吃点心和饼干时，最好不要每次都抹果酱。用酸酸甜甜的水果代替甜味饼干和蛋糕给宝宝吃，可以让宝宝养成喜欢吃水果的习惯。如果宝宝喜欢上水果口味的话，慢慢地也会喜欢上没有甜味的蔬菜。照顾宝宝的日常饮食，妈妈需要多费点心思。

Q & A
解答育儿难题

Q 用勺子喂宝宝吃饭时，宝宝会把勺子叼在嘴里不放，该怎么办？

A 如果孩子喜欢叼着勺子玩儿，妈妈不要去抢，越抢他越不松口。其实，孩子只是想感受一下勺子的形状，玩一会儿自然就吐出来了，等吐出勺子后再继续喂饭。

part 4 培养宝宝的生活技能

Q & A
解答育儿难题

⊕ 对于宝宝来说，汤匙是比较新奇的东西，因此可以让宝宝当玩具玩

Q 宝宝中午只睡30分钟午觉，早上6点就起来了，会不会睡眠不足呢？

A 孩子困了自然会睡觉，不存在睡眠不足的问题。孩子睡午觉的时候，妈妈们一般都在抓紧做家务。即使孩子只睡了30分钟就醒了，妈妈也应该放下手中的活陪孩子玩，看着他来回爬，陪他做游戏，喂他喝牛奶。孩子困了、累了，再哄他睡觉。哄宝宝睡觉的时候可以轻拍宝宝的背，或者哼歌，这都是很好的方法。

Q 宝宝最近一到晚上就哭得很厉害，除了妈妈之外，没法和其他人在一起，该怎么办？

A 晚上妈妈要快点做完家务，一起和宝宝玩。10个月大的时候，宝宝会非常认生。

宝宝心情好的时候也不介意让别人抱，但到了晚上，宝宝累了或肚子饿的话，就会只要妈妈，因为妈妈仍然是最让宝宝安心的人。

妈妈陪伴宝宝，有可能连晚饭都没法准备，但在宝宝和其他人玩得开心的时候，妈妈可以抓紧时间做完家务，在宝宝只找妈妈的时候和他一起玩，另外也可以背着宝宝做家务。

Q 孩子平时在家里，一天能拉三四次大便，可带他出去玩的时候，一次都不拉，这样正常吗？

A 不仅孩子如此，不少成年人也存在这样的问题。在家的时候大便很正常，可一出门就开始便秘。这是由于交感神经受到刺激引起的，一般回到家里就能恢复正常，所以不用担心。

Q 宝宝出生的时候就没有头发，到现在为止，头发也只有桃毛的长度，没关系吗？

A 孩子不长头发的确很让人担心。不过，就像有的孩子总不长牙一样，不长头发也并不奇怪。很可能不是没有头发，而是头发稀少。即使到了2岁，孩子的头发还是稀稀疏疏的也不用担心，等孩子再大一些自然就长起来了。

⊕ 孩子自己会玩了，妈妈也要时常和孩子一起玩一玩

Q & A
解答育儿难题

Q 宝宝独自一个人玩得很开心，作为妈妈来说这样很省事，但这样行吗？

A 不能就这样不管宝宝。即使一个人在玩，宝宝也会看看周围，确认妈妈是否在旁边。知道妈妈在的话，宝宝会很安心，又开始重新玩了。万一看不到妈妈，宝宝就会大声哭着找妈妈了。不要不管宝宝，偶尔也跟宝宝搭话说："妈妈想跟你一起玩。"

宝宝不喜欢的话，就说"那妈妈在这里看着你玩"就行了。因为宝宝玩得厌倦了就会靠近妈妈，所以这个时候要和宝宝一起玩。孩子能自己玩了，也不要把他一个人扔在家里。

适合9个月宝宝的体智能开发游戏

体能开发游戏

让宝宝用手指捏起点心

把小点心放在塑料盘里，把盘子放在宝宝面前，然后妈妈给宝宝看自己如何用手指捏起点心。

让宝宝也跟着捏

如果宝宝捏不住的话，妈妈就扶着宝宝的手帮助他，这时，不要握住宝宝的整只手，而是要牵着宝宝的手指去引导他。

○ 让宝宝指着妈妈的眼、鼻、嘴，告诉宝宝这些部位的名称

培养宝宝的节奏感

到了这个时期，宝宝渐渐学会用双手拿东西，宝宝开始享受听声音的乐趣。

准备好小鼓等敲击发声乐器，妈妈拉着宝宝的手一起敲打着玩。如果有钢琴，可以抱着宝宝坐在钢琴前和宝宝一起弹。

如果妈妈会弹钢琴，可以边弹儿童歌曲伴奏，边给宝宝唱歌。给宝宝小鼓，让宝宝敲起来，宝宝会感到很有意思。

认知发育游戏

让宝宝指出身体部位

跟孩子做听口令指身体部位的游戏，可以帮助孩子形成名实对应的概念。

指着宝宝的脸，让宝宝试着抚摸眼睛、鼻子、嘴巴。边指着眼、鼻、口，边告诉宝宝这个部位的名称，宝宝因为觉得有意思，就会很快记住这些身体部分的名称。

◐ 敲打小鼓这种发声乐
器，培养宝宝的节奏感

◐ 把宝宝喜欢的糖果或
玩具放在盘里，让宝宝
自己用手指捏起来玩

让宝宝玩捉迷藏游戏

这个游戏可以让孩子明白看不见的东西并不是不存在了。如果是以前，玩具不见了的话，宝宝会认为玩具不存在了。通过这个游戏，就可以让宝宝知道那个玩具并不是不存在了，而是在某个看不到的地方。

◐ 把宝宝喜欢的玩具
放进桶里，让宝宝自
己找出来玩

妈妈用手或报纸遮住自己的脸，然后问宝宝："妈妈在哪儿呢？"接下来，露出脸跟宝宝说："哈哈，妈妈在这儿呢！"

用洋娃娃代替妈妈，把洋娃娃的一部分用毛巾盖住，不让宝宝看到，然后跟宝宝玩捉迷藏。宝宝边玩边乐呵呵地笑，会非常喜欢这个游戏。

让宝宝感受大小

先跟宝宝说："我们宝宝吃了东西，长这么大了啊！"然后反复问宝宝："我们宝宝现在有多大了呢？"

帮宝宝尽可能张开双臂，跟宝宝说："这么大了！"让宝宝感受大小。

让宝宝寻找藏起来的玩具

在宝宝眼皮底下把玩具放进箱子，用报纸或丝巾遮起来。这时不要把玩具完全盖上，只盖一部分，可以让宝宝认识到玩具并不是消失了。

接下来问宝宝："我们宝宝喜欢的洋娃娃在哪儿呢？"

如果宝宝去翻腾箱子里的玩具的话，就称赞宝宝："哇，原来洋娃娃在这儿呢！"

满 **10** 个月

女孩：身高约73.5cm，体重约9.3kg　　男孩：身高约74.6cm，体重约9.7kg

满10个月的宝宝能做到的事情

▶▶ STEP 1 **90%的可能性** **大部分宝宝能做到**	 1.扶着人、墙、椅子、沙发等站起来。 2.来回爬时，看到物品就抓起来。 3.如果去抢宝宝喜欢的东西，他会试图搂住东西。 4.很乐意玩捉迷藏游戏。 5.发出类似"妈妈"的音。

▶▶ STEP 2

75%的可能性
部分宝宝能做到

1.扶着家具，叉开双腿。
2.可以从趴姿转为坐姿，从坐姿转为站姿。
3.手里的东西掉落时，宝宝视线会从上至下努力寻找。
4.用手指抓起小件物品。
5.会看眼色，理解"不行"等劝阻话。

▶▶ STEP 3

50%的可能性
有的宝宝能做到

1.即使不扶着他，宝宝也能暂时站立。
2."妈妈"的发音十分清晰。

▶▶ STEP 4

25%的可能性
较少宝宝能做到

1.不用扶着宝宝，宝宝也能自己站着，一步步走动起来。
2.轻松地用拇指和食指捏起小件物品。
3.虽然有点晃，但也能拿着杯子自己喝水。
4.会玩滚球游戏。
5.听懂语意。
6.除了哭之外，可以用其他动作表示自己的欲求。

part
4
培养宝宝的生活技能

育儿要点

培养宝宝的创造力

培养宝宝的好奇心，能够促进智力发育，激发创造力。随着宝宝的成长，他对周边世界的探索热情也越来越高，这时家长一定要尽可能地满足宝宝的好奇心，这对宝宝的智力发育尤为重要。

POINT 1 激发宝宝的好奇心

宝宝们对所有眼前的物品都会伸手去摸、去拿，还会去吮吸、去敲打。

责备和制止只会打击孩子的好奇心。给孩子充分的活动自由，并尝试激发和引导他的好奇心，这才是正确的方法。

请记住：充分地满足孩子的好奇心，才能培养他的创造力。

POINT 2 给宝宝制造接触各种环境的机会

一天到晚只待在家里的宝宝，看的、听的、经历的每天都是一模一样的，一成不变的环境只能延缓宝宝的发育。相反，多样的环境则有助于宝宝智力的发育。

和宝宝一起去串门，让他观赏路边的花草、路过的行人、"嘟嘟"行驶着的汽车，这都是很好的学习经历。

让宝宝接触运动场、公园、博物馆、玩具店、餐馆、购物中心等多种环境，是启发创造力的好方法。

POINT 3 让宝宝玩手指游戏

锻炼手指操作能力的游戏有利于培养宝宝的创造力。拧、转、推、拉、压等手部动作能促进右脑开发。比较具有代表性的游戏有堆积木、拼图、七巧板等。可以根据宝宝的月龄大小安排游戏的难度，保证孩子能够长时间地集中注意力玩儿。随着月龄的增长，想要让宝宝玩更复杂的游戏，父母最好先做做示范。

◆ 拧扭、旋转、拉拽等使用手指的游戏有利于培养宝宝的创造力

POINT 4 让宝宝的活动力增强

给宝宝腾宽活动空间也是很重要的，宝宝开始走路时，应该挪开有棱角的家具，让宝宝尽情活动，还要注意把危险物品放在宝宝够不着的地方。

对于活动性不强的孩子，要一点点引导他，让他动起来。如果把玩具或宝宝喜欢的物品放在他手够不着的地方，宝宝就会想方设法去拿到，就可以让他动起来。跟宝宝说："来抓妈妈啊！"让宝宝跑起来，这些都是很好的方法。

◆ 如果让宝宝在大纸张上尽情涂鸦，宝宝会感到很满足

进行排便训练

POINT 1 不要强迫宝宝，要边鼓励边教

训练孩子大小便，不要过于严格苛刻，孩子有压力反而会不好。多给他一些鼓励，不要强求。等孩子完全准备好了，两岁左右的时候再开始正式练习大小便也不晚。

POINT 2 让宝宝对大小便有一个正面的认识

成功训练大小便，重要的是让宝宝对大小便有一个正面的认识。不要让宝宝感觉大小便是很脏的、不愉快的东西。换尿布的时候，如果表现出不快的表情，会让孩子对大小便产生脏、臭、讨厌等负面印象。但如果妈妈带着愉快的表情对孩子说："拉便便了呀？肚肚舒不舒服啊？"或者"宝宝吃得香，便便拉得也正常，很快就长大啦！"这样能让孩子感觉到大小便是很正常的生理现象，是健康的，是有助于他成长的。

POINT 3 出现排便征兆时，告诉宝宝大小便的意义

如果孩子突然使劲，很有可能是要大便了。这时妈妈要告诉他："是要拉便便了。"这样孩子就知道想大便的时候要使劲了。

然后，让宝宝看看换下来的尿布，把排便和结果结合起来。把湿了的尿布换下来时，告诉宝宝湿的原因，这是很有帮助的。

Q & A
解答育儿难题

Q 宝宝小便的次数和量在上午较少，下午则变多，这是什么原因？

A 如果宝宝夜里没有吃奶，上午的小便就会少。要知道，小便的量是由宝宝摄入的水分决定的。一夜没吃东西，早晨起来小便肯定量少。相反，白天吃奶水，喝果汁，自然尿就多了。如果整天小便都这样量少次稀，就应该引起注意了。

Q 宝宝吃东西不咀嚼，直接吞食会对消化不利，怎么办呢？

A 这个阶段，宝宝咀嚼并不是为了消化，只是嚼着玩儿。如果想让宝宝练习嚼东西的话，可以把黄瓜、胡萝卜切成条让他拿着吃。如果宝宝喜欢鱿鱼的味道，可以让他嚼鱿鱼丝。

Q 宝宝午睡睡得较晚，因此没有与邻居家的孩子一起玩耍的时间，怎么办？

A 这个时期还没有必要考虑让宝宝和其他孩子一起玩，因此不用想方设法强迫宝宝和其他孩子一起玩。这个时期妈妈是宝宝的最佳玩伴，因此，只要妈妈经常和宝宝一起玩，就不用强迫宝宝和其他孩子一起玩了。妈妈可以陪孩子一起做游戏，一起爬，一起练习站起、坐下。让孩子获得充分的运动，消耗掉剩余的能量，孩子自然能吃得更香，睡得更甜。晚上可以早早休息，午睡的时间也能提前。

◑ 如果想让宝宝练习咀嚼的话，就给宝宝可以拿在手里吃的东西

◑ 不要强迫宝宝
进行排便训练

◑ 断奶要在妈妈和宝宝都
健康的时候进行

让宝宝看爸爸妈妈大小便的模样

爸爸、妈妈、哥哥、姐姐上厕所的时候，让宝宝也跟着进去，告诉他等他长大了也要这样上厕所，然后摁下冲水阀，让宝宝知道便便就是这样被冲走的。

准备宝宝专用坐便器

孩子满一周岁后，好奇心变得特别强，也不像以前那样爱哭闹了。如果孩子自己愿意坐到坐便器上，就给他买一个儿童专用的坐便器。挑选坐便器的时候，舒服是最重要的标准，要保证孩子坐很长时间也不会累才行。座便器的颜色要鲜艳，有图案就更好了。

宝宝喂养

开始断奶准备

喂辅食要在妈妈和宝宝最舒服的时候进行

当母乳喂养不再方便，已经逐渐成为

Q & A

解答育儿难题

Q 为什么宝宝一直眨眼，会不会成为习惯?

A 宝宝眨眼很有可能是因为单纯的好奇心。虽然宝宝知道睁着眼睛能看到什么样的世界，但对快速眨眼时世界是什么样会非常好奇，由于这种好奇心驱使，就有可能持续地眨眼。如果孩子认不出人和物，或者目光不能聚焦的话，要赶紧去看医生。另外，斜视也是一种常见情况，如果只是一时的表现，又没有其他症状的话，不用担心。

Q 宝宝喜欢牵着妈妈走,如果让他自己走的话，就哭个不停，该怎么办呢?

A 首先要满足孩子的要求。孩子不可能一个小时都抓着一件东西不放，等他抓烦了自然就放手了。如果孩子总喜欢抓着妈妈的手玩儿，很有可能是因为妈妈平时忙的时候不太管孩子，孩子才会这样抓住不放。所以，如果孩子想牵着妈妈的手，就让他牵吧。等孩子心中的不满和不安慢慢消失后，对妈妈的手就不会这样有兴趣了，这时再去忙别的事情不是更好吗?

◑ 如果宝宝不怎么认得出事物和人或者无法对准焦点，就要去医院

生活中的障碍时，妈妈喂奶难免会觉得很烦，而这种情绪会传染给孩子。这样的话，还是给孩子断奶吧。但如果这时碰巧赶上搬家、旅行、再就业等变故的话，最好将断奶计划推迟一段时间，要尽可能在妈妈和孩子的状态都很好的情况下进行。

Point 2 在适宜的时期断奶有利于宝宝精神和牙齿的健康

如果孩子过了1岁还不断奶的话，容易养成过度依赖的性格。而且，到了长牙的时候还吃奶的话，对牙齿也不好。白天孩子心情不错的时候，喂他吃一些辅食，慢慢地减少喂奶的次数，逐渐给孩子断奶。

Point 3 用辅食补充必需营养素

母乳中含有的抗体能够提高孩子的免疫力，因此孩子满1周岁之前最好能够母乳喂养。1周岁之后，由于母乳中含有的蛋白质、钙、铁、锌等营养成分无法再满足孩子的成长需要，就应该逐渐增加其他食物的摄入了。

纠正不良习惯

宝宝爱用头撞墙或床头怎么办？

孩子6个月大的时候开始爱摇头，9个月的时候开始爱撞头，这些习惯最晚3岁就要改掉。如果大人对孩子的这种行为表现出烦躁并严加斥责的话，只会让情况更加恶化。如果孩子不是气得撞头，而是高兴了撞着玩儿，就不用担心。但如果撞头的情况持续时间长，身体表现出其他异常的话，应该及时跟医生沟通，或者采取必要的措施。

措施A：经常抱抱他，哄哄他。特别是在他睡醒了和快要入睡的时候，让他感受到家人的爱与关心。

措施B：让孩子体验不同节奏的活动。比如，可以坐在摇椅上摇一摇，也可以拿勺子敲一敲锅碗瓢盆，或者坐坐手推车，玩积木，要么就听一听音乐。这些活动的效果都不错。

措施C：白天让孩子多做一些活动量大的游戏，晚上睡觉前给孩子唱摇篮曲听，或者给他讲童话故事听，缓解孩子的紧张情绪。

措施D：如果孩子在床上也喜欢撞头的话，那么孩子入睡前先不要放他躺下，还要将床框、床头做软包处理，尽可能让孩子躺在离家具和墙壁较远的地方。

❶ 利用发声玩具，带孩子一起做节奏感强的游戏，从而慢慢改掉孩子爱撞头的习惯

POINT 4 如果宝宝身体不舒服，可以推迟断奶

如果孩子身体不舒服，或者健康状况不佳的话，还是应该继续母乳喂养。如果贸然给孩子断奶，会造成孩子体重下降、活力不足、哭闹缠人等不良反应。所以先喂孩子一些辅食，把断奶的计划再推迟一段时间比较好。

适合 10 个月宝宝的体智能开发游戏

体能开发游戏

让宝宝用双手拿杯子喝水

为了让宝宝以后可以灵活运用双手，应该增强宝宝手指的力量。让宝宝多做用双手拿杯子喝水的练习。

把牛奶、水、较稠的粥或羹汤盛到杯子里，注意别盛太多，否则不仅宝宝拿不稳杯子，而且也可能弄洒，所以盛少一点就行了。

妈妈坐在孩子身后，扶着他的手，手把手教他如何拿起杯子放到嘴边，再把杯子放下。

孩子完成得好，妈妈要及时表扬，直到孩子学会自己喝水。

☺ 把少量牛奶或水盛放在杯子里，让宝宝用双手捧着喝

🔾 像"爸爸"、"妈妈"这些特定的称谓，教孩子的时候要多反复，常练习

语言能力开发游戏

教宝宝两个不一样的音节

反复教给孩子两个简单的音节，让他跟着念。教孩子发音的时候，妈妈一定要大声读，而且发音要标准。

如果宝宝能够很好地跟着发音的话，妈妈可以发其他各种音节，让宝宝跟着发，如果做得好，就称赞他。

像"爸爸""妈妈"这类叠音词汇，教孩子念的时候，应该先分开一个字一个字地学。先读一个字，让孩子跟着读，等孩子学会了，再合起来一起读。

满 **11** 个月

女孩：身高约75.6cm，体重约9.3kg　　男孩：身高约76.5cm，体重约9.8kg

满11个月的宝宝能做到的事情

>>> **STEP 1**

90% 的可能性
大部分宝宝能做到

1.可以从趴到坐，从坐到站。
2.可以用手指捏起小件物品。
3.理解"不行"等劝阻话。

>>> **STEP 2**

75% 的可能性
一般宝宝能做到

1.扶着东西开始走路。
2.手里的东西掉落时，为了找到它，视线
　向下转，会努力去抓。
3.理解"不可以""危险""脏"等语意。

>>> **STEP 3**

50% 的可能性
有的宝宝能做到

1.没有任何依靠物就能暂时站立。
2.手指变得越来越灵敏，只用手
　指就能捏起东西。

>>> **STEP 4**

25% 的可能性
较少宝宝能做到

1.不用依靠其他物体就能站
　立起来。
2.开始一步一步迈开脚步。
3.要是滚球给宝宝，他会滚回
　来，或者扔回来。
4.用杯子盛的水和果汁，可以
　自己拿着喝。

5.除了哭之外，会用表
　情、神态等表达自己的
　要求。
6.可以说很多发音不清
　楚的话。
7."妈妈、爸爸"这样的
　单词可以说得像模像
　样了。

育儿要点

开发智力

孩子周岁左右时，智力发育速度惊人。这时，应着力培养孩子的理解能力、语言能力、数字分析能力，从而促进孩子智力更好地发育。

POINT1 告诉宝宝事物的名称

家具摆设的名称、五官肢体的名称、大街上的车辆、店铺、花花草草、周围人的名字，有机会都要说给孩子听。要多呼唤宝宝的名字，让孩子明白生活中所有的东西都有自己的名字。还要让孩子懂得代名词，如"这个""那个"等。要多用这些名称、词语跟孩子说话，比如："这是汽车，那是花。""看，这花是红色的，和宝宝的衣服颜色一样啊。"

POINT2 教宝宝基本的语言概念

让孩子学习一些相对的概念，对于促进智力发育很有帮助。比如把大小两个球放在一起，通过比较告诉孩子什么是大，什么是小。

"高"和"低"：把孩子举起放下，或者把积木放在高架上，再拿下来放到地板上。

"里"和"外"：把积木放进箱子里再重新拿出来。

"烫"和"凉"：让

宝宝摸热的咖啡杯、冷牛奶、温水、凉水等。

"空"和"满"：用果汁盛满杯子，再把杯子倒空，用沙子填满箱子，再把沙子倒出来。

"站"和"坐"：站着然后坐下，坐着然后站起来，这样反复做给宝宝看。

"湿"和"干"：比较湿衣服和干衣服的触感。

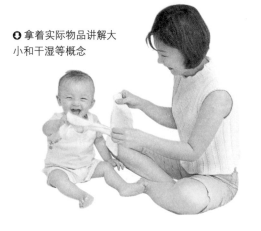

⊙ 拿着实际物品讲解大小和干湿等概念

POINT3 自然及时地纠正宝宝错误的发音

即使孩子错误的发音听起来很可爱，妈妈也千万不要模仿，应该及时帮孩子纠正。纠正发音的时候，应该注意方式方法，不要伤害孩子的自尊心。

POINT4 用简单的语言和宝宝交流

跟孩子说话的时候，先用成人的方式说一遍，再用孩子的方式说一遍。比如想带孩子出去玩，可以先说"和妈妈一起去外面玩儿吧。"然后再说："我们出去玩喽！"说话的时候，不要用太长太复杂的句子，语速要慢一些，断开句子一点一点地说。不要说："把熊宝宝给妈妈拿过来。"而是要说："把熊宝宝给妈妈。"同时再辅助一些肢体语言帮助孩子理解，促进孩子语言能力和理解能力的提高。

Point 5 听宝宝说话的同时，鼓励宝宝表达自己的意愿

即使宝宝结结巴巴地说一些听不懂的话，妈妈也要注意听，并且用"真有趣""好的"这种话语给予回应。即使孩子的发音和实际发音差别很大，但开口说话本身就已经意义重大了。听孩子说话的时候，妈妈要有耐心，鼓励他用语言表达自己的意愿。如果孩子实在不知道怎么说，可以提示他所指事物的名称。

⬆ 即使听不懂宝宝的话，也要耐心听他说完

➡ 如果宝宝厌烦看书的话，就应拿出新的玩具，以唤起宝宝的注意力

Q & A

解答育儿难题

Q 宝宝睡前一定要吃奶，会不会生蛀牙？

A 只要少吃甜食，注意口腔卫生，就不用担心。给孩子断奶的过程中，少让他吃甜食，并且每次吃完东西都用棉纱布清洁一下牙齿，睡前喝完奶后要喝水漱口，这样就可以保证牙齿的健康了。

Q 宝宝晚间每隔3~4个小时就缠着要吃奶，一喂奶就不闹了，要一直这么喂下去吗？

A 到这个月份时，有的宝宝还会在晚上吃两次奶，可能妈妈会认为这个时候的宝宝不吃奶也没关系，但对于孩子来说，夜间吃奶是很重要的。因此，如果他想吃，就应该喂给他，而且晚上醒来哭也可能是因为做噩梦了，这个时候，妈妈通过喂奶让宝宝安心是个很好的办法。

Q 宝宝白天睡觉的时候，可以穿着衣服、袜子睡吗？

A 孩子睡觉的时候，需要通过散热降低体温。如果穿着袜子睡觉，会有碍身体散热，孩子热醒了就会哭闹，所以如果孩子穿着袜子睡着了，最好帮他脱下来。

Q 抱着宝宝转，宝宝会咯咯地叫，好像很高兴，但是不知道对孩子来说是不是有点过了？

A 应该杜绝这种行为。孩子咯咯地叫并不是因为高兴，而是惊讶，甚至是恐惧，孩子不知道该如何表达才会这样叫，这样的行为只会在孩子的成长中留下阴影。

➡ 抱着孩子转的时候，宝宝看起来很高兴，实际上会感到害怕，应该杜绝这种行为

POINT 6 让宝宝对读书感兴趣

这个阶段，孩子看书还无法持续三四分钟。如果孩子注意力分散，开始东张西望的话，妈妈应该想办法唤回孩子的注意力。可以一边指着书上孩子熟悉又喜欢的东西，一边继续说话，也可以用孩子从未见过的新玩具来吸引他的注意力。

POINT 7 培养宝宝的数学思维

锻炼孩子的数学分析能力，能够促进孩子的智力发育。在日常生活中，要注重对孩子数字概念的培养。比如走路、上下台阶的时候迈着步子数"一、二、三"；给孩子饼干的时候告诉他："宝宝两块，妈妈一块。"去公园玩的时候跟他说："宝宝看这儿，叶子多，花儿少。"

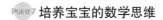

Q&A

解答育儿难题

Q 宝宝的腿像弓一样呈O形，正常吗？

A 几乎所有的宝宝到两岁时，两腿都会呈弓状，站立时膝盖无法并拢，长大以后膝盖就能并拢了。

小孩子腿弯曲，膝盖不能并拢是很正常的，不用担心。等到了十几岁，孩子的腿自然就直了。但如果孩子的双腿明显外翻，会走路后表现为明显的O形腿或X形腿的话，需要及时带孩子去医院接受检查。

Q 宝宝11个月还不会站立起身，该怎么办？

A 如果感觉孩子学会站立比同龄的孩子晚，需要仔细检查一下周边的环境是否阻碍孩子学习站立。然后给孩子换上一双防滑的鞋袜，把他喜欢的玩具放到站起来才能拿到的地方，爸爸妈妈在一旁鼓励引导，很快就能收到效果。

part 4 培养宝宝的生活技能

培养宝宝的好习惯

宝宝不按常理玩玩具

本来是摇着玩的玩具，孩子却打着玩，很多孩子都像这样不按常理玩玩具。很多家长都希望孩子能照着说明书上的操作步骤玩，似乎那样才有意思，才能达到锻炼孩子、启发智力的效果。其实不然，不按常理的玩法更能体现孩子的创造性。孩子根据自己的喜好开发出了玩具的新玩法，不正表明他很聪明吗？所以，我们大可不必担心。

● 孩子自己开发出了玩具的新玩法，说明孩子很有创造性

宝宝喂养

逐渐断掉母乳

当孩子能用勺子吃饭、用杯子喝水的时候，便可以开始断奶了。断奶的前提是孩子的健康状况很好，并且不可以操之过急，要给孩子一个过渡阶段，逐渐减少吃奶的量和次数。

POINT 断奶要有一个过渡阶段

如果没有过渡，一下子断奶的话，不仅很难成功，而且会影响孩子健康，还会对妈妈的身体，尤其是乳房会产生不良影响。所以断奶一定要有一个过渡阶段，要循序渐进，不能操之过急。

●定时定量地减少喂母乳

最常规的办法是在孩子能够适应的前提下，定时定量地减少喂奶。一般在孩子一天当中对吃奶最不感兴趣、吃奶最少的时间减少喂奶的量，同时喂孩子吃一些辅食。需要注意的是，直到孩子能够完全断奶之前，每天的清晨和深夜还应给孩子喂奶。

○ 断奶的时候，可以在每天固定的时间减少孩子吃母乳的量

●每次喂母乳都适当减量

如果妈妈整天都能陪在孩子身边，每次喂母乳的时候都适当减量，这样比每天

培养宝宝的好习惯

断奶要点

生病了，或者环境发生变化了，长牙不舒服了，都有可能让孩子重新想吃母乳。但这只是一时表现，等生活重归正常后，又可以重新回到断奶的日程上了。

断奶绝不是隔断妈妈的爱

母乳喂养的确是沟通母子感情的纽带，但这不代表断奶就会阻隔母爱。虽然喂奶的时间少了，但是妈妈和孩子互动的时间和交流的机会并没有减少，而且随着交流方式越来越多，孩子对母爱的理解会日益加深。

吮手指是件自然的事

很多孩子因为断奶出现了吸吮手指的情况，这是很正常的。这时，妈妈要给孩子足够的关心和安全感，并且帮助孩子培养其他的兴趣，让他逐渐忘记吃奶，那么吸吮手指的习惯自然也就改掉了。

○ 宝宝断奶的同时，吮吸手指是一种十分自然的现象，不要训斥宝宝只在固定的时间减量效果更好。每次喂母乳前，先给孩子冲30毫升的奶粉，盛在杯子里或奶瓶里喂孩子喝，然后再喂母乳，那么孩子吃母乳的量自然就减少了。通过几周的时间，逐渐增加用杯子和奶瓶喂奶粉的量，逐渐减少母乳喂养的量，这样就能逐渐断奶了。

POINT 2 **慢慢让宝宝练习用杯子喝奶**

要让一直喝母乳的宝宝熟悉用奶瓶和杯子喝奶，是需要一定时间的。因此，至少在断奶6个月之前，就尝试用杯子或奶瓶喂孩子喝少量的果汁、牛奶或水。这样，在逐渐断奶的过程中，孩子才不会因为消化不良而腹泻。

POINT 3 **爸爸也来帮忙，效果更好**

宝宝似乎更喜欢爸爸喂。如果爸爸拿着杯子或勺子喂宝宝吃饭，宝宝会觉得很有意思，更乐意吃。所以，为了顺利断奶，爸爸们也不能袖手旁观啊。

适合11个月宝宝的体智能开发游戏

认知发育游戏

让宝宝把东西放进筐里再取出来

宝宝很喜欢往箱子或桶里装东西。当游戏结束了，孩子很乐意把玩具放回原来的储物筐内。这时，不要让孩子直接放进去就算了，告诉他每个玩具的名字，教给他分类，然后再让他按照一定顺序放进去，这对于孩子认知能力的发展很有帮助。

多为孩子准备一些他喜欢的、不同种类的玩具，引导孩子把玩具一一拿出来再放回去，孩子做得好，妈妈一定要及时表扬。

○ 在宝宝把玩具一个个放进筐里的同时，告诉宝宝玩具的名字

语言能力开发游戏

让宝宝拿着发声的玩具玩

培养孩子的听觉有助于提高他的语言能力，因此，可以让宝宝多玩一些发声玩具或游戏。玩的时候，妈妈先做示范让玩具发声，孩子自然会接过去模仿。也可以把豆子、沙子、大枣等不同的东西分别装入不同的饮料瓶内，盖上盖子，拿在手里摇一摇，瓶子会发出不同的声音。把瓶子交给孩子，看看他的反应，如果孩子也高兴地摇起来，妈妈应该表扬和鼓励他，这样孩子就玩得更加兴致勃勃了。

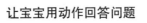

让宝宝用动作回答问题

问宝宝："我们宝宝的鼻子在哪儿呢？"让宝宝摸自己的鼻子。问宝宝："洋娃娃在哪儿呢？"让宝宝用手指洋娃娃。这样，让宝宝跟着妈妈玩抚摸、注视、指示、模仿等游戏。如果反复玩这种游戏，宝宝自己一个人也能玩得很好。

满 **12** 个月

女孩：身高约76.9cm，体重约10.0kg　男孩：身高约77.8cm，体重约10.5kg

满 12 个月的宝宝能做到的事情

part 4 培养宝宝的生活技能

>> STEP 1

90% 的可能性
大部分宝宝能做到

1.开始扶着人或家具挪步。
2.手里的东西掉了的话，会往下看，努力去找到它。
3.用手去指自己想要的东西。
4.理解"脏""不行""危险"等词的意思。

>> STEP 2

75% 的可能性
一般宝宝能做到

1.给宝宝盛了水或果汁的杯子，他会自己拿着喝。
2.不扶任何东西就可以自己站立一会儿。
3.手指变得灵巧，可以用手指捏起东西。

>> STEP 3

50% 的可能性
有的宝宝能做到

1.不借助任何东西也能站立。
2.开始迈步走。
3.玩滚球游戏甚至扔球。
4.除了哭之外，会用表情或动作等来表达自己的愿望。
5.可以说很多词语，虽然发音还不清楚。

>> STEP 4

25% 的可能性
较少宝宝能做到

1.可以摇晃着开始走路。
2.说"爸爸"、"亲亲"等话。
3.听懂语意，并且有相应反应。

育儿要点

培养高 EQ（情商）的宝宝

情感丰富的孩子往往都心地善良，品行端正，这些丰富的情感包括喜怒哀乐等各种体验。但对于小家伙来说，控制这些情感是很困难的。想要培养一个情感丰富的孩子，家长一定要帮孩子做好情绪疏导，引导他的情感向积极正面的方向发展。

孩子有时候会大喊大叫，甚至打人、摔东西，这些都是发泄情绪的表现。要想提高孩子的情商，最重要的是让孩子认识到自己的情绪状态，并为他营造一个可以表达和宣泄的成长环境。

POINT **让宝宝学会表达自己的感情**

孩子和成人一样也有喜怒哀乐。当孩子陷入不良情绪当中时，妈妈要及时帮助孩子摆脱不良情绪。

不要跟宝宝说不可以有哪些情绪，而要告诉他："妈妈理解你的感受！"给孩子提供表达情绪的机会。

无论孩子说什么，做什么，妈妈都不要生气，更不要打骂孩子。要真诚地倾听，最好能表现出对孩子情绪的理解或共鸣，给孩子表达情绪的权力。孩子的情绪得到宣泄后，很快就能重归平静，而调控感情的能力也会有所提高。

解答育儿难题

Q 给宝宝做了多种辅食，但是宝宝只吃固定的几样，怎么办？

A 做了好吃的，可孩子却不吃，妈妈难免会失望，有时还会训斥孩子几句。孩子接受各类食物需要一个过程，慢慢地才会爱吃。如果妈妈吃得津津有味，宝宝也会很想吃，所以与其强迫宝宝去吃，还不如给他创造一个可以愉快进食的氛围。

Q 无论怎么训宝宝都不哭，看着宝宝这么犟，真让人生气，怎么办呢？

A 无论怎么骂都不哭，也许是因为感到害怕而忍着不哭，宝宝认为哭的话只会遭到妈妈更多的训斥，如果一直这样被妈妈骂的话，宝宝会在不知不觉间对别人使用恶言恶行。要知道，宝宝害怕的时候正处在即使想哭也哭不出来的状态。

Q 如果不合意，宝宝就会哭着抓起东西扔，该怎么办？

A 孩子不满的时候，通过扔东西来发泄情绪很正常。可以让孩子扔皮球，扔出以后，妈妈可以捡起来再将其朝另一个方向扔，这样孩子也会朝那边爬过去，让孩子动起来就能有效地缓解情绪了。

◐ 孩子扔玩具，妈妈就捡起玩具和孩子一起玩

POINT 2 培养宝宝的自尊心

孩子满 1 周岁后，对自身和周围环境都有了新的认识。随着对走路、说话等各种技能的掌握，孩子的自信心越来越强。

在这个阶段，妈妈要给孩子充分的自由，不要过多地限制，也不要过度保护。如果让孩子产生挫败感，很有可能让他成为一个攻击性强、脾气暴躁的孩子。

➊ 给宝宝创造可以尽情发泄自己情绪的氛围

POINT 3 与其说"不行"，不如鼓励好奇心

会走路了以后，孩子对周围世界的探索欲望就更强了，他会翻遍家里的各个角落。在宝宝探求心和好奇心旺盛的时期，爸爸妈妈如果压抑宝宝的好奇心的话，不仅会打击宝宝学习的欲望，也会伤害宝宝萌发的自信心。

➊ 即使宝宝把抽纸全抽出来，也最好只是在旁边静静地观察

如果父母过度使用"不能、不行、不要"等话语，宝宝就会认为身边所有的事物都是危险的，是不可以去触摸的。

POINT 4 认识到父母是孩子的镜子

这个时期的宝宝大部分是通过父母的眼睛去了解世界。举例来说，如果父母认为世界是敌对、危险的，宝宝也很容易对世界产生和父母一样的见解。

相反的，如果父母带着友好和信赖感看待他人，宝宝也会对他人有正面乐观的看法。孩子对世界的认识会受到父母的影响，这一点家长一定要注意。

POINT 5 给宝宝读绘本故事

色彩鲜艳、形象生动的绘本对孩子的情商发育很有帮助。给孩子讲绘本中的故事时，妈妈要带着感情去讲。妈妈讲得活灵活现，孩子才能听得津津有味。让孩子一边听故事，一边写写画画，即使画得不好看，色彩、线条的描绘也能培养孩子的美感，促进情商的提高。

POINT 6 放音乐给宝宝听

视觉和听觉的刺激也能促进孩子情商的提高。音乐可以舒缓情绪，经常给孩子听一些音乐，和孩子一起唱唱歌，对孩子的成长很有帮助。

➊ 父母的行为、价值观念都是孩子模仿的对象，因此在孩子面前父母一定要做好榜样

宝宝喂养

培养宝宝良好的饮食习惯

小时候形成的饮食习惯可能会伴随孩子一生，所以从开始断奶时，就应该帮助孩子养成良好的饮食习惯。

POINT1 全家人都要有好的饮食习惯

宝宝的饮食习惯是随着家人的饮食习惯形成的。吃饭时间不规则，经常隔顿吃饭，或者偏食等不好的饮食习惯对宝宝的影响很大。成人的饮食习惯不好，却强迫宝宝去节制，这不仅是错误的，而且没有什么效果。因此要想宝宝养成正确的饮食习惯，首先父母要做好榜样。

❍ 小时候的饮食习惯会一直延续下去，因此需要父母正确调整宝宝的口味

POINT2 让宝宝均衡地摄取营养

宝宝过了周岁后，身体的发育越来越快，开始慢慢学会走路，运动量随之增大，体能的消耗也随之增加。由于孩子摄入食物的量和种类并不多，特别需要注意营养

含量。要做到即使食物摄入量很少，也能保证营养的供给。

POINT3 用天然食品代替加工食品

比起成年人，宝宝的免疫力更弱，体格更小，食用含有化学添加剂的食品更容易造成过敏或消化不良，甚至影响健康，因此要尽量给孩子吃纯天然的食物。对孩子而言，在商店购买的深加工食品不如家里现做现吃的新鲜食材，五谷杂粮、新鲜的瓜果蔬菜最健康，海鲜、肉类、鸡蛋、牛奶是孩子营养的有力补充。宝宝的食物最好能现做现吃，剩下的最好倒掉。还应注意不要让食物在空气中暴露太久，以免变质。

❍ 要给孩子吃高营养、低热量的食物

Q & A
解答育儿难题

Q 宝宝特别喜欢奶瓶，一刻都不离手，怎么帮他改掉这个习惯？

A 布娃娃、毯子、奶瓶能够带给孩子安全感。但如果满1周岁后还这样离不开奶瓶的话，对孩子的成长是不利的。这样不仅有害牙齿健康，而且只喝奶粉、果汁还会造成营养不良。妈妈要对孩子使用奶瓶的时间、场所、次数进行限制，每天只让他用两三次奶瓶，平时喝水喝果汁的时候尽量用杯子。

Q 宝宝上床以后，要过1个小时以上才睡着，怎么办？

A 告诉孩子，妈妈会陪在他身边，然后轻轻拍拍他，给他讲个故事，或者唱首摇篮曲，孩子有了安全感，很快就能睡着了。妈妈也可以躺在孩子身边，握住他的小手直到他睡着。如果松开手孩子也不吱声，说明他已经睡着了。

❍ 在强制孩子戒掉奶瓶之前，先限制使用奶瓶的时间和次数

POINT4 **选择高营养、低热量食物**

如果宝宝体重未达到标准，可以选择热量高、营养丰富的食物。但是如果热量摄取大大超过运动量的话，宝宝会很容易长胖的。

如果孩子的体重上升过快，节食并不是减肥的好办法。改善饮食习惯才是最重要的。即使是小孩子，平时也应该多吃一些营养价值高而热量低的食物，水果、蔬菜、杂粮就是很好的选择。

要知道，同样含有100卡路里的热量，香蕉、巧克力和谷类所含的营养价值大不相同，一定要为孩子选择那些营养价值高而热量低的食物。

培养宝宝的好习惯

宝宝何时开始学走路

走路的早晚不是判断孩子发育水平的标准。即使比别的孩子晚几个星期或三两个月也很正常。根据相关的研究统计，孩子迈出第一步的时间一般是在13~15个月。

父母没有必要强迫孩子学习走路，但是一定要为孩子创造一个便于学习走路的环境，比如：衣服不要穿得太厚重，活动区域内不要有障碍物，等等。

适合12个月宝宝的体智能开发游戏

认知发育游戏

教宝宝使用物品

周围的玩具、物品，通过示范告诉孩子怎么玩、怎么用。

看到图片上的水果，做出吃水果的样子；拿着玩具电话，做出接电话的样子；走到花的前面，做出闻花香的样子。这些动作都能让孩子对周围世界产生兴趣。

让宝宝说出物品的名称

身边常见的物品，比如牛奶、鞋子、苹果、布娃娃等，妈妈把这些东西的名称反复地说给宝宝听，然后再拿起一个问孩子这是什么。只要他能说出来，即使发音不准

确，妈妈也要表扬他。

让宝宝寻找玩具

把东西放在宝宝看不见的地方让宝宝去找，找出来之后，让宝宝说出这些物品的名字，这样做对语言能力的发育很有帮助。把宝宝的玩具藏在沙发后面，然后跟宝宝说："我们宝宝的熊娃娃在哪儿呢？去找找看吧！"

如果宝宝走到沙发后面找出洋娃娃，家长就跟宝宝说："找到宝宝的熊娃娃了，那么，这叫什么呢？"再问一次宝宝，引导宝宝说出"熊"字。

13~24个月

行走、跑动、牙牙学语的时期

13~15个月

女孩：身高约79.2cm，体重约10.5kg　　男孩：身高约80.1cm，体重约11.0kg

满15个月的宝宝能做到的事情

	13个月	14个月	15个月
STEP 1 90%的可能性 **大部分宝宝能做到**	1.自己起身站立。 2.从站立到坐立。 3.开始迈步。 4.兴奋时拍手。 5.除哭之外，用表情和神态来表达自己的愿望。	1.完全站立。 2.手的技能变多。 3.边说"拜拜"边挥手。 4.适时地说出"妈妈"等词，并且发音清楚。 5.理解"不行""到这来""一起玩吧"等话的意思。	1.走路更熟练。 2.弯下身捡掉在地板上的东西。 3.用"妈妈""嗯、啊"等幼儿语与人交流。
STEP 2 75%的可能性 **一般的宝宝能做到**	1.直立。 2.手的技能变多了。 3.边说"拜拜"，边挥手打招呼。 4.发"妈妈"、"爸爸"的音很准。	1.走路更熟练。 2.弯身捡掉在地上的东西。 3.用"妈妈""嗯、啊"等幼儿语和人交流。	1.自己拿勺子吃东西。 2.用杯子给宝宝倒水或果汁时，宝宝可以不晃不摇地端着喝。 3.拿蜡笔画线。
STEP 3 50%的可能性 **有的宝宝能做到**	1.走路更熟练。 2.用杯子给宝宝倒水或果汁，宝宝可以不晃不摇地端着喝。 3.开始涂鸦。 4.用"妈妈""嗯"、"啊"等词语与人交流。	1.自己拿东西吃。 2.拿蜡笔画线。	1.可以指出眼、鼻、嘴。 2.自己用勺子吃东西。 3.手指变得灵巧，会堆积木。
STEP 4 25%的可能性 **较少宝宝能做到**	1.自己拿东西。 2.能脱没扣子的外套。 3.用蜡笔画线。	1.手指变得更灵巧，会堆更多的积木。 2.可以指出眼、鼻、嘴。	1.自己用勺子和叉子吃东西。 2.喂洋娃娃吃东西。 3.趴在楼梯上往上爬。

育儿要点

培养宝宝良好的生活习惯

POINT1 调整好宝宝的睡眠习惯

孩子的睡眠习惯在这个阶段会逐渐表现出来，比如有晚上不睡觉、踢被子、蒙头等坏习惯。发现这些问题后，父母一定要及时帮孩子改正。

● 睡眠有所减少

在这个阶段，孩子白天和晚上的睡眠时间都会有所减少，白天睡1~1.5个小时就足够了，要帮助孩子及时适应这样的变化。如果还像以前那样白天睡很长时间，晚上自然就不困了。最好能将午饭的时间略微提前，这样孩子午睡也就提前了。午睡做到早睡早起，到了晚上自然也能早点睡觉，第二天就能早点起床了。

● 睡不好

孩子睡不好主要是由身体能量过剩或过度紧张造成的，这种现象一般在3岁左右就会消失，所以不用担心。但如果情况比较严重的话，需要帮助孩子缓解一下对新环境、新变化的紧张情绪。

● 醒得太早

有的宝宝在家里人都还在睡的时候就早早醒来，让家里人很头疼。如果出现这样的情况，需要适当推迟孩子睡觉的时间，而且睡前不要让他喝太多的牛奶、果汁、水，防止他因为小便而睡不好。另外，选择一款遮光的窗帘，不要让阳光过早地照射进来，也是一个有效的办法。

POINT2 教宝宝正确的生活态度

孩子学会走路后，活动范围扩大了，好奇心空前强烈。孩子的有些行为在家长看来是捣乱、破坏，甚至还有危险。这时如果家长表现出不耐烦，直接命令孩子不要这样做，孩子很可能对父母产生排斥心理。在必须制止的情况下，有以下几点需要注意。

● 说明不可以这样做的原因

看到孩子在墙上乱画，不要马上就呵斥他，而应该向他解释不能在墙上乱画的原因。孩子想要摸烫的熨斗，妈妈告诉他熨斗很烫，会伤到手，可以试探着让他微微触碰一下已变温热的熨斗的边缘，孩子感受烫之后就再也不会碰熨斗了。

○ 阻止孩子的时候，一定要说明理由

● 妈妈不要随心情来回变

妈妈的态度要有一贯性，同一件事，以前都没管，现在却不允许孩子做了，这会让孩子感到很混乱，对于孩子生活习惯的培养很不利。

● 以尊重孩子为前提

如果没到危险紧急的地步，最好不要一下子打断孩子，而是应该用比较缓和的方式告诉他这样做不好，让孩子感受到自己是被尊重的。

POINT 3 排除家中的危险因素

孩子的活动能力增强了，发生的小事故也就多了。要保证孩子安全，最重要的是做好事前预防。一定要仔细检查并清除孩子活动区域内的危险因素。

●电、煤气

用保护盖将插座孔堵住或用胶带粘上，以防孩子将手指、小别针或筷子之类的东西插进去。用完煤气后一定关掉阀门，以防孩子旋转煤气开关，造成煤气泄露。

●玩具

选购儿童玩具时，要注意玩具材料是否安全环保，尽量不要买带直角或尖角的玩具。玩具坏了，一定要及时修复，并检查玩具修复后的安全性。

●窗户

孩子靠近窗户是很危险的，把头伸到窗外向下看很容易发生坠落。因此，让宝宝一个人玩时，一定要关上窗，在窗户上设置金属栏杆才比较安全。

●游乐园

检查周围有没有铁丝、钉子、绊脚的石块，发现后清理干净。

●其他场所

要注意有没有晃动不稳或容易坠落的东西，把水果刀、剪刀、螺丝刀等刀具放到孩子碰不到的地方。

◐ 宝宝通过游戏来成长。过家家游戏或医院游戏等角色游戏对孩子的成长很有帮助

POINT 4 让宝宝通过游戏学习

游戏有助于开发智力，同时又能给孩子带来满足感。比起任何针对性的教育，通过游戏促进孩子成长最为有效。

●过家家有助于增强社会适应力

玩过家家是模拟社会秩序，可以帮助孩子间接积累社会经验，比如分享、等待、理解、分担、管理，等等。

●表演游戏有助于认识社会角色

通过在游戏中扮演警察、士兵、医生、教师等人物，可以帮助孩子更好地理解社会角色。

●医院游戏有助于消除对医院的恐惧

孩子去医院时的紧张、恐惧、害怕等各种负面情绪都可以通过游戏得到缓解。以前特别害怕去医院的孩子，通过玩医院游戏，在给洋娃娃的治疗过程中，对医院也会慢慢产生亲切感，以前的恐惧也就随之消失了。

POINT 5 介绍亲戚给孩子认识

随着大家庭的逐渐解体，孩子每天接触到的人只剩下爸爸妈妈。即使分开住，也要让孩子认识亲戚，形成家族观念。每个月至少要带孩子去看一两次爷爷奶奶，或者请爷爷奶奶到家里来，其他的亲戚也要经常走动。打电话的时候，可以让孩子听听爷爷奶奶的声音或者说上几句话。给孩子看看亲戚的照片，或者把家庭聚会时的录像放给他看，这些都是很不错的办法。

◐ 给孩子看看爷爷奶奶和其他亲戚的照片，让孩子认识家人

避免让家里乱糟糟的玩法

孩子会四处翻东西,把家里弄得乱七八糟。从孩子成长的角度看,并不能禁止这些活动。在这里向大家介绍几个方法,可以让房间不会那么乱,同时又能促进孩子活动能力的提高。

1.妥善地保管危险的物品。抽屉和箱子要锁起来,或者放在孩子手够不着的地方。

2.能玩的尽情玩。孩子很享受把东西翻出来的过程。准备几个抽屉,装上花花绿绿的衣服、五颜六色的丝线、积木拼图或不易摔碎的塑料餐具,让孩子翻着玩就行了。

3.做整理游戏。孩子把东西翻出来了,再以游戏的方式让他放回去。引导孩子按照一定的顺序,分门别类地把东西重新装回抽屉,然后再给予鼓励和表扬。

4.告诉孩子不能乱扔东西的理由。比如"你看,妈妈都没有地方坐了。""把东西踩坏了怎么办?""这里是不是太乱了?"孩子认同了这些理由,自然就不会把房间搞得特别乱了。

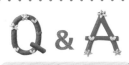

解答育儿难题

Q 孩子几乎不吃饭,只想吃奶,这样会不会造成营养不良?

A 这个阶段只吃奶是会造成营养不良的。只吃奶的孩子很容易饿,饿了一哭,妈妈又马上给孩子喂奶,如此造成恶性循环。所以,孩子哭的时候不要马上就喂奶。先带孩子玩一会儿,然后再喂他吃点别的东西,或者带孩子去公园,把做好的儿童餐也带上。要想改掉只吃奶的习惯,增强活动,形成健康的生活节奏很重要。

Q 孩子几天都不大便,经常要做灌肠,会不会成为习惯?

A 即使三四天没有大便,如果孩子仍然玩得很好,也没有什么不舒服的表现,就不需要做灌肠。如果孩子出现便秘的情况,要看看他是不是偏食,或者不爱动。生活习惯得到改善后便秘自然就会消失了。

Q 宝宝不让妈妈背就睡不着,养成习惯怎么办?

A 出现这种情况可能是被子太厚了。其实,背着孩子哄睡觉的办法很好,这样和妈妈有身体接触,还能闻到妈妈的味道,孩子会更有安全感,而且也不妨碍妈妈做家务。想让孩子躺着睡觉,妈妈也要躺在孩子身边。如果孩子马上就踢被子了,可能是被子太厚了。给孩子换一床薄一点的被子,握住他的手,小家伙安定下来很快就能睡着了。

○ 妈妈背着宝宝时,宝宝因为感到安心,所以很舒服地就睡着了

让宝宝养成自己动手吃饭的习惯

孩子用勺子还不熟练，吃到嘴里的饭还不如撒在外面的多。刚开始的时候，可能会把衣服弄得很脏，多练习一段时间就好了。可以拿黏性好、不容易掉的食物做练习，比如土豆泥。

适合 13~15 个月宝宝的体智能开发游戏

体能开发游戏

妈妈抓着宝宝脚腕慢慢拉

让宝宝平躺，手朝上放，然后抓住他的两个脚腕慢慢地拉，让宝宝熟悉身体移动的感觉。这时，一定不要脱了宝宝的衣服拉，就让宝宝穿着衣服，轻柔地拉动宝宝的身体。

把宝宝放在膝盖上晃动

妈妈坐在地板上，让宝宝站在膝盖上，托着他的手或腰，利用膝盖轻轻地摇晃。

让宝宝从坐着到站起来

宝宝坐着时，妈妈拿着饼干站在旁边。宝宝要是站起来伸手要饼干，家长要称赞他并给他饼干。刚开始家长可帮助宝宝站起来，然后慢慢地减少帮助，让宝宝可以自己站起来。

让孩子扶着椅子站起来。开始练习的时候，先用高一点的椅子，然后慢慢换成低一点的椅子，最后换成小板凳，一点点降低孩子对椅子的依赖。最终孩子就能不靠椅子，自己站起来了。

○ 帮助宝宝迈上台阶，如果宝宝做得好，就引导他自己做

让宝宝练习迈步

让孩子倚着墙站住，妈妈蹲在孩子一旦摔倒能马上扶住的地方，然后对孩子说："宝宝，到妈妈这边来。"

放两把小椅子，间隔1~2米，让宝宝站在两把椅子中间，然后爸爸和妈妈各坐在椅子上叫宝宝，让他可以在两把椅子之间来回走。随着椅子间距的增大，宝宝每走一次就称赞他。

○ 让宝宝站在妈妈的膝盖上轻轻地晃，他可以熟悉身体平衡的感觉

让宝宝爬上台阶

让宝宝趴在台阶下面，帮助宝宝爬上台阶。做得好就称赞他，然后慢慢减少帮助，让宝宝可以自己爬上去。

语言能力开发游戏

让宝宝指出身体部位

问宝宝："我们宝宝的鼻子在哪儿啊？"之后告诉他"在这儿"，同时拉起宝宝的手指着他自己的鼻子，接着再问："我们宝宝的鼻子在哪儿呢？"让宝宝可以自己按家长指示指出身体部位。

宝宝完全知道了以后，再增加口和眼等其他部位。

如果在给宝宝洗澡的时候告诉他身体部位的名字，非常有助于他记住指出的身体部位的名称。

让宝宝说出物品名称

拿着宝宝知道名字的物品，问宝宝："这是什么？"

宝宝回答不出来就告诉他，然后让他跟着说，一直做到宝宝可以自己说出答案为止。

纠正不良习惯

改掉宝宝爱吐食物的习惯

有的宝宝吃饭时爱吐出食物，他知道即使爸爸妈妈大声阻止，最后还是会不了了之。所以，如果自己的行为能够引起爸爸妈妈的明显反应，他会更喜欢做。想改掉孩子爱吐东西的习惯，可以试试下面几个办法。

1.换掉食物。像草莓、果汁、酸奶这类食物，孩子吐出来很轻松，还会觉得挺有意思。家长可以把食物换成面包、切碎的奶酪、煮熟的胡萝卜、饼干等这些不容易吐出来的东西，同时告诉孩子为什么换

掉食物，为什么不让他吃爱吃的东西。

2.表现得漠不关心。孩子吃东西的时候不要管他，看见他往外吐东西也装作不知道。刚开始，他可能会故意吐得更大声，可如果家长一直不去理他，一会儿他就不往外吐了。

3.把食物端走。孩子一直往外吐，那就简单明了地告诉他："不许吐了，再吐就罚你。"如果他不听话，就把食物端走。可能刚开始他还反应不过来，不过很快就会明白：再吐食物，就没有吃的了。

在宝宝面前经常叫出家人的称呼

在宝宝面前经常叫家人的名字，让他熟悉这些名字，等宝宝可以分辨家人名字的时候，拿一个球，对宝宝说"把球给哥哥"，或者"给奶奶拿一个勺子"。

家人都坐下后，如果宝宝可以准确叫出家人的称呼，让被叫的那个人把球给宝宝。

考一考孩子家人的姓名，最好在家人都聚在一起吃饭的时候问。

认知发育游戏

让宝宝从筐里拿出玩具

把各不相同的三四个玩具放进筐子，然后跟宝宝说："给妈妈拿一下熊娃娃，好吗？"或者让宝宝一个一个往外拿玩具，宝宝做不好的话，拉着宝宝的手帮助他，然后慢慢减少帮助，只给他口头上的提示。

熟练了之后，让宝宝帮助妈妈从洗衣桶里拿衣服，或者从筷笼里拿出勺子。

让宝宝涂鸦

妈妈先给宝宝看自己在画纸上画画的模样，再让宝宝拿着彩色蜡笔，妈妈握着宝宝的手画画。如果宝宝的手会用力了，就放开手，让宝宝随心所欲地画。把画纸或报纸贴在墙上，让宝宝可以随心所欲地在墙上涂鸦。

培养良好的饮食习惯

让宝宝学用勺子

妈妈经常用勺子喂孩子吃东西。如果孩子接受得很快，妈妈就可以让孩子自己拿勺子练习。

让宝宝学用吸管

在酸奶瓶上插上吸管，让孩子含住吸管。孩子不知道吸的话，先将酸奶瓶侧一侧，这样酸奶就会流出吸管，然后再把吸管放到孩子嘴里。孩子尝到吸管里的酸奶自然就知道吸了。

○ 让孩子把妈妈要的东西从筐里拿出来，这样的训练可以促进孩子认知能力的发展

○ 刚开始不要在杯子里装太多水，先让孩子练习怎样拿杯子

让宝宝拿杯子喝水

◆ 教宝宝用双手抓着有手柄的杯子喝水，然后帮助他从嘴边拿开。

◆ 慢慢地放开手，让宝宝自己去握杯子的手柄。

◆ 在杯子里倒少量水，让宝宝喝。

◆ 妈妈做示范，教宝宝如何轻轻地放下杯子，不让水洒出来。

让宝宝学洗脸

◆ 将水倒入脸盆里，让宝宝把手放进去。

◆ 妈妈把手沾上水，然后揉揉脸，让宝宝也跟着做。

◆ 让宝宝在脸盆里用手打水，他会感到更有意思。

解答育儿难题

Q 宝宝一乘车就能睡着，但是在摇篮里，要很长时间之后才能睡着，为什么会这样呢？

A 孩子很喜欢摇晃的感觉，对他而言，汽车就像一个大摇篮。孩子半夜醒了睡不着，开车带他去兜风，一会儿就睡着了。有时在车上睡得好好的，一回家就醒了。孩子在车上睡觉并不一定是真困，很可能是喜欢微微摇晃的感觉。遇到这样的情况，妈妈最好能检查一下孩子的生活节奏是不是存在问题，或者不够规律。

Q 宝宝睡午觉会从12点一直睡到3点，有时候比这还长，是不是睡的时间太长了？

A 只要孩子晚上也能睡得很香就没有问题。睡眠时间延长一般与生活中的变化有关，比如：家里来客人了，突然接触到很多人，等等。生活中的刺激会让孩子感到累，睡眠只是为了缓解疲劳。另外，身体开始不舒服的时候或者病后康复期，都会出现睡眠时间延长的现象。

Q 宝宝很喜欢在外面玩，让他一天玩几个小时比较合适？

A 上午让他在公园好好玩吧，虽然很多妈妈认为在上午洗衣、打扫是一天的开始，但是从宝宝的生物钟来看，在外面玩的时间最好是上午时间。洗衣机可以早一点打开让它转着，清扫呢，可以从公园回来之后再做。出去的时候，最好不要带点心，只拿着盛有温水的水杯就行了。上午玩很久的宝宝，饭也能好好吃，觉也能好好睡。

◑ 宝宝外出玩的时间最好是上午，而且出门前要准备好水

16~18 个月

女孩：身高约 81.8cm，体重约 11.2kg　　男孩：身高约 82.6cm，体重约 11.7kg

part
4 培养宝宝的生活技能

满 18 个月的宝宝能做到的事情

	16 个月	17 个月	18 个月
STEP 1 90% 的可能性 大部分宝宝能做到	1.什么都能很好地跟着做。 2.拿着蜡笔画线。 3.自己拿勺子吃东西。	1.会说 3~4 个词语。 2.宝宝喝水或果汁时，可以不摇不晃地拿着杯子喝。	1.趴在台阶上往上爬。 2.可以堆积木。 3.会说多个词语。 4.指出眼、鼻、嘴。
STEP 2 75% 的可能性 一般的宝宝能做到	1.可以把眼、鼻、嘴连贯地指出来。 2.会说简单的词语。	1.趴在台阶上往上爬。 2.手更加灵巧，可以堆两块积木。 3.会说多个词语。	1.在后面追的话，能快步跑起来。 2.自己使用勺子和叉子吃饭。 3.除眼、鼻、嘴外，手、脚、膝盖等许多身体部位都可以指出来。
STEP 3 50% 的可能性 有的宝宝能做到	1.连蹦带跳地跑动。 2.趴在台阶上往上爬。 3.自己使用勺子或叉子吃饭。 4.会说多个词语。	1.为了脱下衣服而自己拉拽。 2.熟练之后可以堆起积木不倒。 3.可以给洋娃娃喂奶。	1.整齐地堆积木而不会倾倒。 2.如果说起物品名称，可以在照片或画册中指出来。
STEP 4 25% 的可能性 较少宝宝能做到	1.把球往前滚。 2.可以脱下不扣扣子的外套。 3.给洋娃娃喂牛奶。	1.拿起球扔。 2.如果说起物品名字，可以在照片或画册中指出来。 3.一定程度上听懂语意。 4.堆起四块积木。	1.如果宝宝刷牙，他会说"牙"，然后张开嘴。 2.可以把实物和图画联系起来。 3.使用词语表达意思。

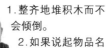

育儿要点

培养宝宝良好的礼节和饮食习惯

到了这个时期，宝宝在一定程度上能听懂大人的话了，称赞和责备的作用也能发挥出来了，所以说这个时期是好习惯养成的重要时期。如果在这个时期无法形成正确的习惯，以后再改就很难了。培养正确的价值观、礼仪、饮食习惯能帮助宝宝健康地成长。

POINT 1 让宝宝明白等待的意义

两周岁之前的宝宝，如果不能及时满足他的要求的话，一点都不能忍，只会哭闹，这种倾向很明显。

对孩子而言，只有"现在"一个概念。他不知道"等待"是什么。所以，孩子饿的时候，即使妈妈说马上就有好吃的了，他也会不停地哭闹。应该先给孩子一点充饥的食物，再告诉他一会儿还有更好吃的。这样，孩子慢慢就知道等待的含义了。

孩子2岁后，才能稍微明白"等一会儿"是什么意思，到了3岁才能学会忍耐，这是孩子成长必须经历的过程，家长要有耐心。

POINT 2 要求宝宝坐在饭桌旁用餐

小时候的习惯很有可能会伴随孩子一生，所以，从现在开始就应该注意培养孩子良好的饮食习惯。

从现在开始让孩子自己练习吃饭。即使他还拿不稳勺子，撒得到处都是，也不要喂他，孩子一般都会很乐意接受这种新的吃饭方式。即使偶尔心急又挨饿，对孩子来说也是一份宝贵的经历。

如果孩子不好好吃饭，一边吃一边玩，一定要及时纠正。如果总是端着饭碗追着喂，到孩子上了小学也改不掉。如果孩子吃一点又去玩了，应该直接把饭收起来，等他饿了再给他吃，要让孩子知道过了饭点就没饭了。

○ 刚开始要用勺子和叉子吃饭，从现在开始培养宝宝正确的饮食习惯

POINT 3 培养宝宝的礼节和公共道德

道德礼貌是孩子的必修课。养成讲文明、懂礼貌的好习惯一定要从生活中的小事做起，爸爸妈妈也要起到模范作用。在和孩子对话时，"谢谢""对不起"等礼貌用语不可省略。"你好！""再见！"等问候语也是孩子必须学习的内容。

POINT 4 让宝宝对书充满兴趣

为了培养一个喜欢读书的宝宝，必须从小开始培养这种习惯，因此有必要选择好书，坚持不懈地读给宝宝听。对宝宝来说，图片多，色彩丰富的书较好。

培养孩子的阅读兴趣要做到以下几点：首先，要坚持每天在固定时间阅读。其次，给孩子读书的时候，妈妈要带着感情读。此外，坚持反复读一本书要比换来换去好。

最重要的是父母做好榜样，父母喜欢读书的话，宝宝也会自然而然地喜欢上读书。

电视、录像等视听媒体已经成为日常生活中不可替代的组成部分，它们对孩子的影响不容忽视，使用恰当的话，会成为良好的教育手段。孩子18个月以后，每天可以看30分钟电视节目，节目的内容由父母决定。

首先打开选好的节目给宝宝看，当节目结束时，培养孩子及时关电视的习惯。边吃饭边看电视的习惯不好，因此吃饭时一定要关上电视。

家长让孩子看电视，然后就去忙自己的事，这样做是不对的。妈妈应该陪着孩子一起看，并且和孩子一起讨论电视上出现的卡通人物、小动物和故事情节，这样才能起到教育的作用。

POINT 6 **称赞和责备要有一贯性**

立规矩能够帮助孩子形成判断是非对错的标准。在日常生活中，家长需要做到以下几点：

❶密切地关注与公正地裁判。

❷做了好事一定要表扬。

❸做错事一定要给予适当的惩罚。

❹惩罚要马上实施。

❺对待孩子的行为，家长态度要有一贯性。

❻要告诉孩子惩罚他的理由。

❼在公正并且具有一贯性的惩罚之后，不可再旧事重提。

POINT 7 **帮助宝宝塑造正确的价值观**

孩子的表现会受到父母和周围环境的影响。帮助孩子塑造正确的价值观念，父母首先要注意自己的一言一行，没有比父母的言传身教更有效的教育方式了。

其中，最重要的是教导孩子诚实守信。履行对孩子的承诺，并向孩子说明自己一言一行的原因，让孩子认识到诚实生活比撒谎过日子轻松幸福得多。

培养孩子的探索意识

强烈的求知欲是孩子与生俱来的品质。通过对好奇心的引导，孩子有可能成为一个极富创造力的人。求知欲、好奇心是孩子早期学习的原动力。如何激发孩子的求知欲呢？家长需要做出如下努力：

POINT 1 **培养宝宝的好奇心和冒险心**

喜欢探索的孩子很容易把家搞乱。他们看见什么都想要摸一摸，他们喜欢把东西翻来倒去、拆拆卸卸，甚至会把家里绿色植物的叶子拔光，把爸爸的报纸撕碎。家长不能因为不想让孩子把家弄乱，就阻止、限制孩子。在安全允许的范围内，鼓励孩子尽情发挥自己的探索精神，才是正确的育儿之道。

POINT 2 诚恳地回答宝宝的问题

孩子会说话以后，便开始爱问问题了。看见什么都会指着问："这是什么？"对待孩子的问题，家长不能不耐烦，胡乱对付甚至发火都是不可以的。每一个问题都要给孩子明确的答案，最好能引导孩子继续提问。在这个过程中，如果家长强制孩子学习、记忆，回答错了便表现得很失望，甚至还责备孩子，孩子会变得害怕学习，求知欲会慢慢消失。

POINT 3 鼓励宝宝玩各种游戏

孩子在游戏中能够学到很多东西。比如：在荡秋千、坐滑梯的同时，孩子能够自己领悟到运动的技巧、要领；在玩沙子、玩橡皮泥的同时，孩子的双手变得越来越灵活。和妈妈一起出门，也能开阔眼界，比如看商店里琳琅满目的商品、马路上来来往往的行人、公园里活蹦乱跳的小动物，等等。总之，这些体验能够让孩子的想象力更加丰富。

解答育儿难题

Q 一直按照奶粉说明喂孩子，可孩子好像长得太胖了，是不是喂的量太大了呢？

A 奶粉说明上给出的标准量是平均量。每个孩子自身情况不同，使用量也会有所差异。由于家长还不能准确判断孩子究竟适合吃多少，因此有可能会喂多。

其实，孩子长胖并不一定是因为奶粉吃得过多。应该检查一下孩子的生活习惯，看看是不是存在活动量不足的问题。妈妈应该扩大孩子的活动范围，不要总让他闷在家里。活动量增加了，体重自然就会下降。

Q 宝宝对玩具很快就产生厌烦情绪，是不是性格上的问题？

A 家里的玩具，孩子一不爱玩了就马上买新的，很多家长存在这样的问题。这种做法只会让孩子不知道珍惜，更容易厌倦。即使现在不爱玩的玩具，过上几天很

有可能又喜欢上了。而且，如果孩子不喜欢家里的玩具，可以带他到外面去玩，外面有很多东西都可以当玩具。

➡ 经常对玩具产生腻烦心理的宝宝可以把他的注意力转到户外游戏上

Q 宝宝一直没法断奶，很担心会长蛀牙，怎么办才好？

A 长蛀牙和吃母乳没有直接关系。长蛀牙主要有三方面原因：一是牙齿的质量，二是摄入的糖分，三是压力。孩子过了1岁之后，不仅吃奶，还会吃饼干、喝果汁，这些食物中含有的糖分有可能会造成蛀牙，所以最好能用白开水代替果汁。另外，如果孩子经常受责骂，负面情绪过多，会影响血液循环，对牙齿的生长不利。所以，防止蛀牙应该从少吃糖分、减少压力这两个方面入手，与孩子吃母乳没有直接关系。

Q 想教出一个聪明的宝宝,要怎么做才好呢?

A 每天的游戏就能促进孩子大脑的发育。如果想让孩子的心理健康成长,还是放弃早期教育的念头吧。虽然3岁以前是孩子大脑发育的重要时期,但这并不是依靠早教能够实现的。3岁前孩子的活动是单方面的,家长只需要观察和配合孩子的活动就够了。妈妈每天和孩子健康快乐地玩游戏就是促进孩子大脑发育的最好办法。

Q 孩子午觉睡不好,总是翻来覆去的,孩子是不是太敏感了?

A 这是幼儿睡眠的一个特点。有时候,晚上睡觉的时候头冲东,睡醒了头就冲西了。孩子的睡眠有三种状态:一种是闭着眼睛一动不动地睡,这属于深度睡眠;一种是闭着眼睛,但是手脚总是在动,这属于浅睡眠;还有一种是孩子的眼睛半开半闭的,这也是浅睡眠。孩子睡觉的时候,这几种睡眠状态会轮番上演、反复多次。孩子翻身乱动,并不一定是醒了,这时妈妈在旁边轻轻拍拍他,很快就又能睡着了。

Q 我家宝宝只想黏在妈妈身边,完全不合群,这该怎么办?

A 让孩子一下子适应和很多孩子玩,不如每周适应一两个。妈妈带着孩子和小朋友一起做游戏,玩一会儿再走开,如果孩子要跟着回来,妈妈就带他回来。等一会儿再带他去,多反复几次。等孩子可以自己和小朋友呆上10~15分钟了,说明他已经初步适应和小朋友一起玩了。

培养宝宝的好习惯

有客人来时怎么办?

孩子还不懂得照顾他人,所以客人来了,小家伙并不会因此安静下来。妈妈陪客人说会儿话,孩子就会开始哭闹。那么怎样才能既照顾好客人,又不惹小家伙不高兴呢?可以尝试这样做:

◆不要期待孩子会老实呆着,让他一个人玩很长时间是不现实的。所以,跟客人聊一会儿再陪孩子玩一会儿,不要让他感觉到妈妈不管他了。

◆不要因为客人而中断和孩子的游戏。如果客人来的时候,家长正在跟孩子做游戏,可以先让客人加入进来,一起和孩子玩游戏。

◆和孩子一起接待客人,和孩子一起把他喜欢的书和玩具介绍给客人。

◆客人在的时候,如果孩子一直乖乖的,不哭不闹,客人走了一定要表扬孩子,并奖励他。

◆尽可能将客人来访的时间安排在孩子睡觉休息的时候。

宝宝容易出现的问题

宝宝总爱吮手指怎么办

POINT 1 在 4 岁之前不用担心宝宝吮手指

靠嘴巴获得满足是一种本能，所以孩子经常会把手指、玩具、毯子等能看见的东西塞进嘴里。这种习惯一般会在 1 周岁左右自然消失，也有不少孩子到了很晚还改不掉吃手指的习惯。即使这样也不用担心，到了 4 岁就能恢复正常了。

POINT 2 转移注意力，引导宝宝玩动手的游戏

如果强制孩子改掉吃手指的习惯，很有可能让情况恶化。可以试着通过游戏来转移孩子的注意力，比如拼图、积木、画画、弹奏乐器等需要双手操作的游戏。另外，应当保证孩子的睡眠质量，充分的休息能够缓解孩子心理上的紧张，吃手指的习惯也就慢慢改掉了。

培养宝宝的好习惯

宝宝只喜欢从小一直用的枕头

这个阶段，很多孩子会表现出对特定物品过分的执着。孩子知道爸爸妈妈不会到哪儿都陪着她，这些特定的物品能够让他安心。所以，不要强迫孩子放弃这些东西，可以试一试下面的办法：

① 去郊游的时候带手帕，去朋友家时带手提包，告诉孩子要携带符合场合的东西出门。

👄 大部分的宝宝到了这个时期，因为恐惧感的增强，会明显对一特定物品特别依赖

② 告诉孩子："可以带到车上，但不能拿到商场里。""可以在家里玩，但不能拿到公园玩。"通过这些条件限制，便可以减少孩子接触这些物品的时间。

③ 经常清洗物品，去除上面的味道。孩子熟悉的味道消失了，对东西就不再那么执着了。

④ 用孩子喜欢的玩具吸引他的注意，让他暂时忘记。

⑤ 如果孩子变得过于执着，需要检查一下孩子是不是压力太大，身体是否有什么异常。

适合16~18个月宝宝的体智能开发游戏

体能开发游戏

陪宝宝玩滚球游戏

◆妈妈和宝宝在爬爬垫上面对面坐着，双方距离保持在1米左右。

◆妈妈先把球滚给宝宝，让宝宝用手扶住球，然后帮助宝宝再把球传回来。

◆做得好的话就称赞他，同时一点点加大距离。

让宝宝堆积木

让宝宝把3~4块积木堆积成塔状，刚开始时，妈妈抓着宝宝的手帮助他，等宝宝熟练了，就引导他自己堆，让他自己慢慢堆高积木。

教宝宝玩套环

◆把木制的或塑料制的柱子固定好，不让它倒下。准备好各种颜色的圆形套环，妈妈先给宝宝做把环套进柱子的示范。

◆抓着宝宝的手让他拿起环，帮助他把环套进柱子。

◆做得好的话就称赞宝宝，等他领悟到方法时，家长可慢慢减少帮助。

认知发育游戏

让宝宝玩物品分类的游戏

准备两个布娃娃、两个球。妈妈先拿起一个球，让孩子去拿另一个球；然后再拿起一个布娃娃，让孩子去拿另一个布娃娃。

准备一些画有水果或家居用品的画册，让孩子看着画册一一找出实物。

让宝宝玩拼图

准备画有宝宝喜欢的动物或食物的拼图，让宝宝拼拼图，这时要尽可能选择简单、图片大的拼图。

刚开始时，在妈妈的帮助下一起玩，然后慢慢地让宝宝自己玩。宝宝完成拼图的话，不要忘了表扬他。

语言能力开发游戏

让宝宝说"有"和"没有"

吃完饭或喝完奶后，给宝宝看空空的碗和奶瓶，然后说："没有了！"让宝宝也跟着说"没有"，宝宝跟着说的话，就跟他说："因为饭全吃完了！"同时表扬宝宝。

拿着玩具和宝宝一起玩时，暂时把玩具藏起来，让宝宝看妈妈手里什么也没有，然后跟他说"没有了"。

让宝宝说出玩具的名字

◆让宝宝把手伸进玩具筐，让他把自己喜欢的玩具拿出来。

◆宝宝拿出一个玩具时，妈妈首先说出玩具的名称，然后让宝宝跟着说。

◆接下来妈妈把玩具拿出来，问宝宝玩具的名称，引导宝宝自己说出玩具的名称。

◆和妈妈面对面坐着玩滚球游戏，可以很好地刺激宝宝的小肌肉和大肌肉的发育。

⊙ 和妈妈面对面坐着玩滚球游戏，能有效促进宝宝大小肌肉发育

培养生活习惯

让宝宝学戴帽子

在宝宝看得到的地方，妈妈戴帽子给他看，然后摘下帽子给宝宝戴一下。

给宝宝帽子并帮助他戴上，最好是在镜子前戴，这样宝宝就可以看到自己的动作了。

宝宝做到了就表扬他，然后让宝宝给妈妈戴帽子，再给洋娃娃戴帽子。

⊙ 做日常生活训练时，妈妈先做示范，然后让宝宝自然地跟着做

让宝宝学脱袜子

◆把宝宝的袜子脱到一半，然后让宝宝用手拉着袜子末端，告诉他全脱下来。

◆做得好就表扬宝宝，然后让他试着脱一下妈妈的袜子。

◆刚开始时，要准备容易脱下的稍大一点的袜子。

练习宝宝大小便

◆家长每次给孩子换尿布时都发出"嘘嘘"的声音，让孩子熟悉小便的信号。

◆让孩子看看大人是怎样在坐便器上方便的，孩子想学就让他试试。如果坐便器太大，可以为孩子准备一个儿童坐便器。

◆培养孩子使用坐便器的习惯。每次他坐在坐便器上都要表扬他。孩子方便的时候，陪在他的身边给他讲有趣的故事。

◆孩子想大便的时候，让他坐到坐便器上，陪在身边等他，但不要让孩子坐在上面超过 5 分钟。

⊙ 为了让宝宝感觉到坐在坐便器上是种享受，妈妈可以在旁边给宝宝讲有趣的故事，以培养他坐便盆的习惯

解答育儿难题

Q 我的小女儿很爱哭，是不是因为是个女孩才这样啊？

A 这跟性别没有关系，哭闹肯定是有原因的，可以问一下宝宝："怎么了，有什么话要跟妈妈说啊？"孩子不说话，妈妈很容易发火，可这样只会让孩子更不肯开口。可以对孩子说："那待会儿一定要告诉妈妈呀。妈妈现在要去干活儿了，可以吗？"然后给她一个大大的拥抱。孩子知道妈妈是在哄她、关心她，就不会再这样经常哭闹了。

Q 宝宝拉大便时很辛苦，要怎么样帮助他好呢？

A 妈妈一只手放在宝宝的肛门部位，另一只手放在肚子上，顺时针方向慢慢地一圈一圈做按摩，通过腹部和肛门两端的刺激，能让孩子大便轻松很多。此外，用手指刺激肛门周围也有利于排便。如果孩子每次大便都疼得哭，最好带孩子去医院检查一下是否有其他疾病。可以通过多吃瓜果蔬菜、增加活动量的办法，来改善孩子便秘的问题。

培养宝宝的好习惯

宝宝只喜欢妈妈一个人，怎么办？

宝宝们都会觉得妈妈是最能满足他们愿望的人，只喜欢妈妈是一种正常的发育现象，因此不用担心，但是要注意以下几点：

不要让孩子疏远爸爸

妈妈不要让孩子疏远爸爸。有的妈妈感觉孩子偏爱自己很自豪，经常有意无意地和孩子一起疏远爸爸。

偶尔让爸爸带孩子出门

和爸爸的单独相处能够培养孩子对爸爸的信任，增进父子感情。

妈妈不要只做好人

妈妈想想自己是不是把宝宝不喜欢的事都推给爸爸去做，而自己只扮演好人的角色。

承认差别并信任爸爸

即使爸爸的育儿方法和自己不一样，也不要强迫爸爸。妈妈应该肯定爸爸的养育态度，宝宝才会对爸爸信任。

鼓励并表扬爸爸

让宝宝听到妈妈对爸爸的称赞和感谢。

19~21 个月

女孩：身高约 84.4cm，体重约 12.3kg　　男孩：身高约 85.1cm，体重约 12.3kg

满 21 个月的宝宝能做到的事情

	19 个月	20 个月	21 个月
STEP 1 90% 的可能性 大部分宝宝能做到	1.快速爬上台阶。 2.知道周围很多事物的名字。 3.除眼、鼻、嘴以外，手、脚、膝盖等身体部位都可以指出来。	1.快步地迈步，跑来跑去。 2.自己拿着勺子、叉子吃东西。 3.听懂两个以上单词构成的话。	1.堆积木。 2.用话语代替动作表达意思。 3.知道大部分身体部位的名字。
STEP 2 75% 的可能性 一般的宝宝能做到	1.给洋娃娃喂奶。 2.用差不多6个单词说话。 3.听懂"到房间里去把球拿过来"等两个以上单词的话。	1.往上扔球。 2.往前踢球。 3.知道大部分身体部位的名字。 4.会用的词语越来越多。	1.可以脱下没有扣扣子的外套。
STEP 3 50% 的可能性 有的宝宝能做到	1.把球往上扔。 2.可以堆起 4 块积木。 3.知道把实际物品和画里的事物联系起来。 4.知道大部分身体部位的名称，并且能指出来。	1.把画里的妈妈、宝宝和现实中的事物联系起来。 2.利用手和脚玩球。 3.堆起 6 块积木。	1.堆起很多积木。 2.听懂意思，能听话。
STEP 4 25% 的可能性 较少宝宝能做到	1.知道身体部位的名称。 2.不需要妈妈的帮助就能自己洗手。	1.跑步 2.玩积木。	1.穿脱袜子。

育儿要点

培养宝宝的社会性

孩子开始关心周围的世界了，他们对同龄孩子或稍大一点的孩子都很感兴趣。出去玩的时候，他会盯着其他的小孩看，并且喜欢靠近他们。如果马上让他和别的孩子一起玩，他还是不太适应。即使聚到一块，也是各玩各的。不过经常扎堆聚一聚，突然有一天孩子们就能玩到一块儿了。孩子的社会性就是在和小伙伴的游戏中一点点培养起来的。

POINT 1 观察宝宝的心思

关注孩子的成长，体察他的心理需要，把孩子培养成一个心理健康、性格开朗的人。

孩子不开心的时候，要留心他是不是受了什么委屈，为什么难过，并及时地安慰他。

宝宝摔倒了或轻微受伤的时候，最好先问他伤得重不重、疼不疼，然后再处理伤口。

宝宝做错了，导致事故的发生，家长要首先注意观察孩子有没有受伤，使宝宝安定下来，然后再告诉宝宝他做错的地方，让他不要再犯同样的错误。

当孩子在精神上受到伤害时，家长需要先让孩子的情绪平静下来。让孩子向父母倾诉，发泄自己的委屈、愤怒、不满，孩子的内心才会慢慢恢复平静。

POINT 2 帮助宝宝交朋友

在这个阶段，孩子还不会理解别人，不懂得什么叫"配合"，即使在一块儿玩，也是只管自己。因此，更应该让孩子在集体游戏中培养社会能力。

在找到同龄玩伴之前，爸爸妈妈要先做孩子的朋友。在正式交朋友之前，父母最好能帮助孩子克服害羞、悲观等负面的性格特征。

○ 和妈妈一起玩角色扮演的游戏，不仅能够增加社会体验，还能及时纠正错误的行为和态度

孩子刚开始交朋友的时候，先不要一下子交太多，可以试着先交一个朋友。家长需要注意，如果三个小孩一起玩，其中一个很有可能会受到孤立。

POINT 3 让宝宝有颗爱动物的心

大部分宝宝都喜欢动物，如果看到狗或鸽子，就会追上去要摸它们。让宝宝爱动物和与人建立关系一样重要。

宝宝接触动物的时候，有几点是要铭记在心的，绝对不要让宝宝去欺负或招惹动物，这种行为不仅不好，而且相当危险。动物也和人一样是有感觉的，因此要让宝宝知道坚决不能去伤害动物。可以让宝宝在公园、动物园、宠物店等各种地方接触动物。另外，养动物有助于宝宝社会性的发

展，如果宝宝还小，可以选择鱼、龟、蝈蝈，而不是皮毛乱飞的动物。

❶ 养小动物对宝宝的社会性发展很有帮助，但一定要注意卫生

POINT 4 让宝宝学会分享

孩子从小学会分享，长大了会是一个懂得包容、富有爱心的人。在充满爱的家庭中成长的孩子感情是丰富的。

父母首先要给宝宝做榜样，让宝宝知道帮助可怜的人，是一件快乐的、让人身心满足的事。

POINT 5 让宝宝理解男女的性别角色

到了两岁左右，男孩女孩的行为表现开始有所不同，比如女孩喜欢布娃娃，男孩喜欢小汽车。但也有些孩子的表现和性别不符，男孩的性格像女孩，或者女孩的性格像男孩，男孩子喜欢玩女孩子的游戏，钟爱女孩子的布娃娃、化妆盒，女孩子却喜欢玩男孩子的玩具，对手枪、棍棒爱不释手，但这并不能说明他们的性格有问题。

如果家长担心宝宝这种行为的话，那么就试着通过角色游戏来改变宝宝的行为和态度吧。另外，也可以给宝宝各式各样的玩具，让其体验各种游戏的乐趣。

POINT 6 及时纠正宝宝的不良行为

尚未建立道德观念的宝宝，没有分辨对错的能力，因此，家长要及时纠正宝宝的不良行为。

做错的时候就告诉孩子那是错误的，更重要的是要提示他，为什么那是错误的行为。同样，对于正确的行为也要向他说明理由，并且一定要表扬他。但是当宝宝做错的时候，一定要只对事不对人，不可以伤害他的内心。

看书或电视时，比较出场人物的行为和宝宝自己的行为，问他谁对谁错，这也是建立道德观念的好方法之一。

解答育儿难题

Q 我家宝宝比同龄的孩子说话晚，什么时候才能顺利说出话来呢？

A 很多妈妈会担心孩子说话晚，即使知道晚几个月说话的情况很正常，也会忍不住担心。妈妈当然都希望孩子早点会说话，不过这件事急不得，如果再拿孩子和周围其他同龄人比就更不对了，这样只会让孩子的压力更大，等待孩子的第一句话要有足够的耐心。妈妈平时也要注意自己和孩子在一起的时候是不是只顾自己说，和孩子的互动太少了呢？要知道，光靠听，孩子是学不会说话的。

❶ 孩子的口舌发育还不完全，发音不准很正常。即使听不清楚，也要和孩子互动几句。树立孩子说话的信心很重要

解答育儿难题

Q 虽然宝宝每天说个没完，但是完全不知道他在说什么，这样会持续到什么时候啊？

A 孩子3岁以前，口舌发育还不完全，发音不清楚是很正常的。孩子说话了，即使没听明白也要跟他互动几句。让孩子知道有人在听他说话，这种信任很重要。

如果有时无法知道宝宝在说什么，也可以跟他说："对不起，听不懂啊，你想要什么呢？"然后让他用行动表达，这也是一个好方法。在理解了他的意思之后，妈妈可以再用话语确认一下。

Q 无论跟宝宝说什么他都大叫"不"，是否进入逆反期？

A 快的话，孩子1周岁左右就会说"不"了。虽然以前都听妈妈的，可是从现在开始有自己的主意了。孩子说不的时候，他会一边观察妈妈的反应，一边给自己打

气。这时，最好换个话题，转移一下孩子的注意力，或者干脆换个地方，孩子的情绪还是很容易调整过来的。像这样干什么都说"不"的阶段大概会持续6个月，之后就恢复正常了。

Q 宝宝很喜欢画画，但是总在墙上、地上到处乱画，即使如此，也不能没收蜡笔啊，有没有什么好方法？

A 有一点要明白，虽然家长觉得孩子把墙上画得很乱，可孩子觉得自己画得很漂亮。如果只考虑自己的感受，把蜡笔藏起来，就有可能毁掉孩子的艺术潜能。对待孩子画画的问题，家长应该鼓励，而不是打击。当然，要告诉孩子不可以在整个家里乱画。但孩子自己的房间是可以画的。而且孩子画好了，家长一定要给他鼓励和表扬。

○ 当宝宝只在规定的区域内画画时，要表扬他

适合 19~21 个月宝宝的体智能开发游戏

体能开发游戏

让宝宝练习上台阶

刚开始抓着宝宝的手，让他练习跨门槛。然后做上台阶的练习，妈妈要轻轻地拉

着宝宝的手，帮助他迈开步子走上台阶。妈妈倒退着上台阶，每上一个台阶就表扬宝宝。

让宝宝画线

◆ 准备一张较大的纸，固定纸张，别让

它卷起来。

◆妈妈用蜡笔在纸上画横线、直线，然后让宝宝抓着笔跟着妈妈画。刚开始时，无论宝宝画出什么都要表扬他。

◆宝宝用笔画出一条线之后，让宝宝沿着这条线再画一条。

❂ 先让孩子在家里练习迈门槛，熟练以后再带他到外边练习上下台阶

❂ 适合宝宝个头的可以推着走的玩具，有利于宝宝练习行走，而且通过这种练习，宝宝的腿部肌肉也能得到锻炼

让宝宝找出与画册中相对应的物品

◆准备一本实物画册，让孩子找出家中与画册上相符的物品。

◆拿一件孩子熟悉的物品，让他在画册上找出来相对应的图。

◆多练习几次，让孩子记住物品的名称。

❂让宝宝在照片或图画中寻找实际人物或事物

认知发育游戏

让宝宝说出自己的名字

让宝宝照镜子，问他："这是谁啊？"然后跟他说宝宝的名字，让他也跟着说。

拿开镜子，再问宝宝："你的名字是什么啊？"然后指着宝宝让他回答。这样反复地说，有时说得短一点，有时只说名字的第一个字，直到让宝宝完全说出自己的名字。

让宝宝说出食物的名称

把食物放在宝宝面前，在吃之前问他："这是什么啊？"让他说出食物的名称。

告诉宝宝食物的名称："这是我们宝宝喜欢的蛋糕啊。"然后再问："这是什么啊？"宝宝答对就说："对了，宝宝吃蛋糕吧！"

每次给宝宝吃点心的时候，让他猜食物的名称，或者一开始只给一点点，引导宝宝说出点心的名称。

脱背心

妈妈把背心的前领解开之后，做出张开胳膊的模样，让宝宝跟着做，帮助宝宝拉着衣服的袖子脱衣服。

脱鞋子

◆让宝宝练习脱洋娃娃的鞋子。

◆让宝宝用同样的方法脱自己鞋子。这时，要给宝宝穿稍大的鞋子，这样脱起来才方便。

穿袜子

给宝宝套上袜子之后，拉着袜子的上端给他穿好。然后，给另外一只脚穿袜子。妈妈先给孩子穿一半，让孩子自己提上另一半。最好准备一双比较宽松的袜子，这样才好穿。

宝宝爱抢小朋友的玩具怎么办？

　　孩子这时还不知道什么是"你的""我的"，所以抢别人的东西很正常。妈妈要及时归还小朋友的玩具，还要给被抢的孩子道歉。在孩子懂得"别人的东西是别人的，不是自己的"这个道理之前，抢东西的事情总是屡禁不止，其实这是小孩子的特征，是成长的必经阶段，不用担心。

宝宝脾气犟，爱使性子怎么办？

　　大冷天闹着不穿外套，把自己好端端的书撕碎，撕完了又哭……在妈妈眼中，这些行为简直不可理喻。其实，这是孩子想要自己做主的表现，尤其是在饿了、困了、心情不好的时候表现更加突出。面对这种情况，妈妈不要一味责备孩子，可以尝试以下几种方法：

🔴 宝宝做了不该做的事，不要不分青红皂白地训斥他，弄清楚事情的前因后果，做出适当的反应

考虑基本的性格差异

　　有的孩子天生性格就不好相处，所以如果孩子发脾气、使性子，要判断他是一时如此，还是性格所致。

填饱肚子，让他休息

　　孩子饿了或困了，都比较难哄。训斥孩子之前，先把他喂饱，让他安静下来。让他听听喜欢的音乐，或者换一个话题。转移开孩子的注意力，他就不闹了。

　　孩子做错事时要给予适当的惩罚。先要让孩子认识到自己的错误，然后再罚他。如果孩子伤心了，责备两句就可以了。

解答育儿难题

Q 宝宝只有妈妈在身边才玩,一个人就不知道怎么玩了,怎么办呢?

A 孩子能够自己玩了,说明他的小宇宙已经初步形成了。以前都是妈妈主导,孩子跟着玩。等到智力发育到一定水平,孩子就能自己安排节目,自己做游戏了。这并不表明妈妈可以不管孩子。对孩子而言,妈妈是他的保护神。有妈妈在,孩子就会很安心。孩子玩的时候,妈妈可以离开一段距离看着他。孩子找妈妈了,妈妈就应该过去陪她玩一会儿。等他又能自己玩了,妈妈再适当走开。这样反复几次,孩子慢慢就学会自己玩了。

Q 宝宝对食物爱憎分明,该怎么办?

A 孩子说不喜欢,未必是真不喜欢。平时爱吃的东西,突然不吃了也很正常。可以试着换一种烹调方法,或者稍微改变一下味道,很有可能他就爱吃了。孩子拒食的话,试试勾一勾他的小馋虫。比如:把食物做得色泽漂亮一些,或者妈妈先吃一口,告诉他真好吃。千万不要一边吃饭一边跟孩子说:"这个一定要吃,要注意营养搭配啊。"如果吃饭的目的性这样强,孩子和妈妈都会有压力的。辛辛苦苦做的营养餐,孩子却不吃,妈妈会觉得很可惜。只要孩子不是太瘦或者营养不良,就不用勉强他吃。孩子拒绝吃饭的话,妈妈可以先把饭菜放一边,过一会儿再喂。

Q 宝宝玩得热火朝天的时候跟他说话,他完全没有反应,是不是耳朵听不见啊?

A 宝宝专心玩的时候,注意力只集中在玩上,所以无论旁人怎么叫,也可能不回头。跟宝宝搭话的时候,要看着他的眼睛说话,因为宝宝如果在认真地看电视,无论厨房里的妈妈怎么叫,他都不可能回头的。这个时候,走到宝宝身边,看着宝宝的眼睛,跟他说:"妈妈一直在叫你,你没听见吗?"想确认是不是耳朵有问题的话,就在宝宝身后突然大声叫一下试试,孩子回头看的话就是听到了,不回头的话就是有问题了。

如果听力有障碍,孩子就无法学会说话。如果妈妈不放心,还是带孩子去医院检查一下。

❶ 宝宝们在玩自己喜欢的游戏时,因为注意力完全集中在玩上,所以有可能对妈妈的喊叫没有反应

22~24 个月

女孩：身高约87.0cm，体重约12.0kg   男孩：身高约87.1cm，体重约12.9kg

满24个月的宝宝能做到的事情

		22 个月	23 个月	24 个月
STEP 1	90% 的可能性 **大部分宝宝能做到**	1.快走，跑来跑去。 2.打开音乐，会有模有样地跳舞。 3.能使用6个左右的单词。	1.把球往前踢。 2.给宝宝刷牙，宝宝会说"牙"，然后张开嘴。 3.听懂语意，可以使唤宝宝拿物品。	1.堆起4块积木。 2.能把实际物品和画中的事物联系起来。 3.能"管教"洋娃娃。 4.可以脱不扣扣子的外套
STEP 2	75% 的可能性 **一般的宝宝能做到**	1.会用脚踢球。 2.堆积起4块积木。 3.能听从两个指示。	1.知道大部分的身体部位名称。	1.堆起6块积木。 2.把画里的妈妈、宝宝和现实生活中的妈妈、宝宝联系起来。 3.把球往前扔。
STEP 3	50% 的可能性 **有的宝宝能做到**	1.能跑而不会摔倒。 2.不需要妈妈帮助，做出洗手洗脸的样子。 3.堆起6块积木。	1.可以指明这里、那里等方向。 2.把一些词连起来说。	1.会原地跳。 2.把手伸进袖口穿背心。
STEP 4	25% 的可能性 **较少宝宝能做到**	1.可以蹦蹦跳跳地从原地跑上去。 2."嗯啊，妈妈。"会这样把词连起来说话。	1.可以跑很远。 2.可以自己穿背心。	1.用笔画线。 2.利用两三个单词与人会话。 3.几乎可以说出周围所有物品的名称。 4.堆起6块积木。

part
4
培养宝宝的生活技能

育儿要点

培养宝宝的自信心

POINT 1 培养宝宝积极的自我意识

幼儿期宝宝的特征是固执，只顾"自己"，这是自我意识强烈的表现。积极地自我塑造关键在于孩子自身的努力，但也离不开父母的关怀与鼓励。

POINT 2 培养宝宝守秩序的习惯

孩子总是把自己的需求放在第一位，但因此就把孩子判定为"自私"或"以自我为中心"是不对的。孩子只是还没学会尊重和理解他人，所以应该多让孩子跟社会接触。比如：带他去儿童房和其他的孩子玩，或者邀请其他小朋友到家里玩。随着与他

● 通过和妈妈玩游戏，慢慢地培养孩子尊重他人的习惯

人的接触越来越多，这些看似"自私"的表现就慢慢消失了。妈妈可以这样做：首先，妈妈可以给孩子安排做事的顺序，让他学

习等待。比如吃午饭的秩序，读书的时候和孩子轮流翻页，等等。在安排顺序的时候，不要总让孩子第一个来，顺序要有交替。要在孩子精力充沛的时候训练他遵守次序，要避开孩子累、饿、困的时候。

也可以利用闹钟来做守秩序的练习，可以和孩子说："闹钟一响就轮到别的小朋友了。"在集体游戏中，把闹钟当成公正的裁判，来培养宝宝守秩序的习惯也是很有效的。

POINT 3 让宝宝认识到每个人都是不一样的

如果在一起玩的全是同月龄小宝宝的话，这些宝宝们完全认识不到谁胖谁瘦，谁皮肤黑，谁皮肤白，但是更大一点的宝宝却可以很快区分出这种差异来。

随着辨识差异的能力逐渐增强，宝宝们会对这种差异反应特别敏感，要让宝宝认识到每个宝宝都是不一样的，要学会包容他人。

宝宝在成长之初，所谓的个性便开始显现；到两岁的时候，就开始明显表现出自己的个性了；大概到 5 岁时，个性就开始固化了；到9岁时，孩子的个性一生都不会变，会非常牢固地陪伴着孩子。把孩子培养成一个不偏激、不急躁、稳重的人，两岁就是最好的时机。

帮孩子树立自尊意识。懂得自尊，才会懂得尊重别人。对自己都不认可，对周围人也很难有肯定的态度。所以，先让孩子懂得认可自己，尊重自己。

认识自己与别人的共同点。物以类聚，人以群分，孩子也懂得这个道理。为了让他更好地亲近他人，需要让孩子认识到在家庭、种族、信仰、血缘等方面自己与他人的相同、相似之处。

了解孩子的情感诉求。缺乏爱或安全感不足的孩子容易对他人怀有敌意。所以，不仅要让孩子感受到被爱，而且还要让他明白自己具有获得爱的能力。

认可孩子。个人差异性受到认可的孩子也更容易认可别人，接受别人。

促进孩子的情感发育。能够理解他人感受的孩子，一般不会做出伤害别人的事情。

☻ 缺乏爱和关怀的宝宝会对他人产生敌对意识

让孩子认识到个性差异。让孩子从小接触不同的人，让他明白由于家庭背景、生活环境、个人素质等因素的影响，每个人都有区别于他人的个性。孩子能够客观看待个性差异，也就能够包容他人，更好地与人相处了。

POINT 4 让宝宝学习分享

虽然这个时期的宝宝在某种程度上对自己的所有权开始有认识，但是还不能理解别人也和自己一样享有所有权。因此，这个时期的宝宝最喜欢说的词就是"我的"。

孩子在这个阶段所表现出的强烈占有欲，并不能表明他是个自私的人，这只是孩子强调自我价值、自我独立性的表现。不过父母也不应该放任不管，应该教导孩子学习分享。

POINT 5 多让宝宝做运动

很多妈妈在孩子会爬、会走之前，就带孩子到幼儿活动室练习游泳了。家长们的训练热情值得赞扬，但现在孩子们的身体素质却比以前的孩子差多了，这是为什么呢？

以前，孩子们是在与同龄人的游戏中自然而然得到锻炼的。现在的锻炼多是在规定的时间、规定的地点，以锻炼为目的的锻炼，其中的乐趣之差自不必言。

而且，孩子们以前的游戏多以户外活动为主，蹦蹦跳跳，你追我逃，这样能够充分地活动筋骨、锻炼身体。而现在孩子们一般都自己在家安静地游戏，要么就是看电视、看录像，几乎没有什么活动量。

家长的责任就是为孩子提供一个可以随时充分锻炼身体的游戏空间，让孩子可以在欢快的游戏中强身健体。

POINT 6 旅游的时候要从宝宝的角度考虑

如果孩子不开心，带孩子去旅行、外出一点意义都没有，所以不管去哪儿，出发前都要从孩子的角度考虑一下他愿不愿意去。对妈妈而言，好不容易能去旅行，却还要以孩子为中心，多少有点失落。不过仔细想想，这又是妈妈最英明的决定。

◐ 和同龄孩子一起嬉戏，可以让孩子变得更加开朗自信

◑ 在语言能力迅速提高的阶段，妈妈是孩子最好的榜样

POINT 7 培养宝宝的语言能力

期待孩子刚学会说话就能说得很清楚，这似乎有些过分。谁都不是刚开始就能把话说好的，说错了很正常。孩子刚刚对组词造句有了兴趣，这时如果教他一些过于复杂的句子，小家伙的积极性会受到打击。孩子精神上感受到压力，语言组织能力就会下降，或者干脆不肯说话了。家长要给孩子充分的时间，让他自己领悟，还要做好孩子的语言模范，不说错句、病句。

POINT 8 培养宝宝良好的饮食习惯

培养宝宝正确的饮食习惯是一件很重要的事。

想办法勾起孩子的小馋虫。妈妈要动脑筋帮助孩子补充营养，减少垃圾食品的摄入，可以从食物的口味、色泽上下功夫，孩子总是爱吃漂亮有趣的食物，试试用鲜艳可爱的胡萝卜片换下宝宝手中的薯条吧。

孩子常常参照家人的饮食习惯，家人的模范作用很重要。在注重饮食健康的家庭中长大的孩子，也会自然懂得饮食之道。

在特别的节日，可以适当满足一下孩子的口味。这样偶尔地释放，也能保证孩子对糖果、零食不至于过分偏爱。

Q & A

Q 孩子一有不如意的事，就发火拿头撞墙，怎么办才好呢？

A 这个阶段，孩子经常一会儿想这样，一会儿想那样。如果要求得不到满足，就会发脾气。孩子发脾气的时候，其实也在等待妈妈的反应。孩子拿头撞墙，很有可能是因为妈妈没有及时理会他。找到孩子发火的原因，才能真正地避免类似问题的发生。家长可尝试改变一下氛围，比如抱孩子去别的地方，或者带他去玩最喜欢的游戏。

🔘 宝宝发火表现出过激行为时，要帮助宝宝摆脱当时的状况，让他玩别的游戏

Q 宝宝即使挨骂，也笑嘻嘻的，跟他说话要重复好几遍，怎么办呢？

A 这么大的孩子，还不能一下子听明白妈妈的话。受批评的时候，可能当时明白，可马上就忘了。妈妈可能会觉得孩子是故意的，其实妈妈重复的每一句话对他而言都像第一次听到一样。所以，妈妈攒的满腹牢骚对孩子是不起作用的。

孩子犯错误的时候，一定要马上批评。批评应当只针对当前的错误，说以前的事没有用。如果孩子嘻嘻哈哈的，没有悔过的意思，并不是在故意气妈妈，孩子的注意力和理解力没有我们想象的那样强。

培养宝宝的好习惯

宝宝只穿自己选的衣服

有些宝宝很有主见，不喜欢别人强求他，穿衣服只穿自己选的衣服。在照顾这些孩子的时候，家长需要注意以下几点：

❶ 给孩子穿衣服前，先抱抱他。温暖的怀抱会给孩子带来平静和安全感。孩子穿衣服遇到困难，妈妈要过来帮帮他。

❷ 穿衣服的时候，跟孩子聊聊天，让他不要把全部的注意力都放到衣服上，比如可以聊一聊外面的天气、下午的游戏、邻居家的小朋友等等。

❸ 先让孩子自己选。妈妈可以事先定好选择范围，保证孩子的选择不会出格。

❹ 帮助宝宝顺利穿上衣服，对宝宝的选择要毫不吝啬地给予表扬。宝宝选衣服的时候，即使那件衣服不符合妈妈的心意，也要表扬宝宝。

🔘 对自我主张很强的宝宝，要给他选择权

解答育儿难题

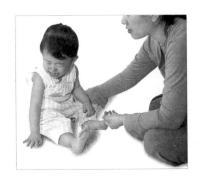

Q 经常给宝宝一样的回答，但宝宝还是反复问同一个问题，该怎么办？

A 妈妈觉得自己每次的回答都一样，但对孩子而言，开心地回答、慢吞吞地回答、不耐烦地回答，每次都是不一样的。所以，面对孩子反复的问题，妈妈应该每次都用柔和的语调耐心地回答，这样才能减少孩子问的次数。

Q 宝宝做不了还不让人帮忙，该怎么办？

A 孩子发犟有时是为了引起妈妈的注意，想看看妈妈对自己的忍耐有多少。执拗着要做某件事，可能是为了发泄不满，缓解压力。孩子未必想让妈妈帮他，只是想让妈妈理解他。妈妈实在插不上手，可以采取放手的态度。

Q 宝宝经常眨眼眨得很厉害，即使不让他眨也改不过来，怎么办呢？

A 如果孩子过分地紧张不安，很容易出现连续眨眼的症状。可能是由于妈妈压力过大，对孩子的态度不够温和，使孩子陷入紧张不安的情绪当中，脸部肌肉不受控制，导致不断地眨眼。遇到这样的情况，妈妈应该及时带孩子去医院。

part
4
培养宝宝的生活技能

适合 22~24 个月宝宝的体智能开发游戏

体能开发游戏

妈妈宝宝一起坐椅子

把大椅子和小椅子放好，妈妈坐上大椅子后，指着小椅子让宝宝也跟着坐上去。刚开始妈妈保持宝宝的平衡，帮助他坐好，以后慢慢地鼓励宝宝，让他自己坐上去。

让宝宝弯腰捡东西

给站立的宝宝滚球，让他弯腰把球捡起来。妈妈让宝宝看自己弯腰捡球的样子，让宝宝也跟着做，宝宝做得好，家长慢慢可以换成小物品，让宝宝可以把腰弯得更低去捡。

学画圆

◆将一张大纸展开，妈妈先用蜡笔画一个圆给宝宝看，然后抓着宝宝的手教他用蜡笔画圆。

◆刚开始，让宝宝顺着妈妈画的圆画，然后慢慢地让他自己画。

◆夸他画得好，然后在宝宝画的圆里面再画笑脸，这样宝宝会感到更大的乐趣。

185

认知发育游戏

在全家福照片中指出家人

打开全家福照片，问宝宝："姐姐在哪儿呢？"让宝宝用手指指出来，让宝宝依次指出爷爷、奶奶等家里所有的人。

找家人

❶ 打开全家福或图画，让宝宝认出家人

从图画书中指出物品

给宝宝看了图画书之后，跟宝宝说："球在哪儿呢？宝宝找一下看看！"宝宝找错的话，妈妈边说物品名称，边握住宝宝的手指出该物品，然后再问宝宝："球在哪儿呢？"让宝宝自己找出来。

当宝宝对图画书里的图片都很熟悉以后，妈妈就合上书，再让宝宝找图片。

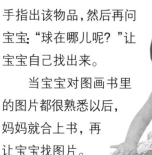

语言能力开发游戏

模仿动物的叫声

给宝宝看动物图片或录像时，妈妈可以自己模仿动物的叫声，或者给宝宝听录像中动物的叫声，让宝宝跟着学动物的叫声。最后，让宝宝说出该动物的名称。

联系图片和事物

让宝宝看认物图画书时，指着物品图片让宝宝说出它的名字。刚开始只选择简单的图画书，然后逐渐选择多种物品图片的图画书。妈妈也可以从旧杂志中剪下宝宝认识的物品图片，做成剪报本使用。

小猫

培养生活能力

拉拉链

准备一件有拉链的外套，在拉链的拉环上穿上绳子，让宝宝抓着绳子一上一下拉拉链。孩子掌握以后，逐渐缩短绳子的长度。最后，孩子只用拉环就能开合拉链了。

纠正小毛病

宝宝没有主见怎么办？

没有主见的宝宝遇事常常沉不住气，不知道怎么办才好。有这种表现的孩子，一般都有个爱唠叨爱批评的妈妈。特别是有兄弟姐妹的孩子，如果妈妈总是批评哥哥，弟弟很可能会无所适从，没什么主意，因为他怕自己会挨骂。所以，家长在发脾气前应当考虑一下到底值不值得发火。如果孩子变得没有主见，妈妈需要先反省一下自己。

25~36个月

逆反的3岁，
自我意识萌发的时期

25~27 个月

女孩：身高约 88.9cm，体重约 12.7kg　男孩：身高约 89.6cm，体重约 13.5kg

满 25~27 个月的宝宝能做到的事情

part
4
培养宝宝的生活技能

STEP 1		
90% 的可能性 **大部分宝宝能做到**		1. 用两个单词说话。 2. 可以帮助做一些简单的家务。 3. 想自己写字。 4. 堆起 4 块积木。

STEP 2		
75% 的可能性 **一般的宝宝能做到**		1. 看到图片中的物品能说出它的名称。 2. 听从两个指令。 3. 可以往前抛球。 4. 自己把玩具从瓶子里倒出来。 

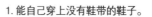

STEP 3		
50% 的可能性 **有的宝宝能做到**	1. 能自己穿上没有鞋带的鞋子。　6. 骑三轮自行车。 2. 洗完手擦干。　　　　　　　　7. 堆起 8 块积木。 3. 玩捉迷藏。 4. 用一只脚可站立 1 秒左右。 5. 原地跳。	

STEP 4		
25% 的可能性 **较少宝宝能做到**		1. 说出自己的名字。 2. 跳远。 3. 画圆。

育儿要点

如何面对弟弟的出生

POINT 1 提前告诉宝宝要当哥哥了

如果妈妈要生第二个宝宝，而且是个弟弟，在弟弟出生之前，妈妈要让宝宝知道自己要做哥哥了。在等待弟弟诞生的同时，要让宝宝怀着愉快的心情去做准备。

POINT 2 避免让哥哥受到打击

弟弟出生后，家人的精力主要都会放在照顾新生儿上。这时，一定要避免哥哥的心灵受到伤害。

在弟弟出生前还是以自己为中心，突然有一天家庭的中心转移到弟弟那里去了，这对哥哥来说是很大的打击。

POINT 3 哥哥会模仿弟弟的行为

哥哥刚开始还不懂得疼爱弟弟，可能会对弟弟拉拉扯扯，似乎不太友好。有的孩子为了得到同等的照顾，会故意模仿小孩子的行为，比如尿裤子、吃奶瓶等。

○在弟弟出生之前告诉宝宝要当哥哥了，不要让他受到打击

POINT 4 哥哥会为了引起妈妈的注意而做坏事

为了把妈妈的注意力引到自己这边，哥哥会做出以前从未有过的奇怪举动。虽然这种行为在 2 岁时很少出现，但是，过了 4 岁，这种行为会特别明显。

○如果宝宝为了引起家人的注意，做一些坏事的话，不要去训斥他，而要努力去理解他的情绪

POINT 5 考虑一下哥哥的情绪

如果宝宝出现一些奇怪行为，那么在骂宝宝之前，父母首先有必要进行一下自我反省。

想象一下，一个还不懂得如何表达情绪的小孩子，整天一门心思就是想要对付家里的"入侵者"，他要多委屈，才会这样做？能够从孩子的立场考虑，理解他、包容他、安慰他，做到这些才算合格的家长。

⊙让宝宝认识到弟弟不是敌人而是伙伴

妈妈课堂

练习宝宝独处

培养宝宝一个人玩的习惯

宝宝每天从早到晚都得到妈妈的照顾，如果妈妈时时刻刻地陪伴宝宝，宝宝会很容易养成过分依赖妈妈的习惯。

从两岁开始，要让宝宝尽可能养成和妈妈分开的习惯，不要妈妈去哪儿就跟到哪儿，比如妈妈在厨房洗碗的时候，可以让宝宝自己一个人在客厅玩。

当然，听话的宝宝比较容易做到这一点，也有不想和妈妈分开而耍性子的宝宝。

可能是因为从小就经常一个人在家里玩，在独门独院的家庭中长大的孩子一般都比较喜欢自己玩。

这种孩子问题会少一点，但是在大部分家庭中，到现在还一直和妈妈形影不离的宝宝仍是占多数。所以，要从两岁开始培养宝宝一个人玩的习惯。

解答育儿难题

Q 让两岁的宝宝整理自己的房间，是不是还有点早？

A 让两岁的宝宝自己去整理房间有些不合实际。妈妈可以和宝宝比赛看谁做得又快又好，让宝宝以一种娱乐的心情去做事。这样做的话，在不干涉宝宝的情况下，就能达到整理的目的。

Q 宝宝现在不大会说话，如果把他送进幼儿园，会不会受到小朋友的排斥呢？

A 孩子们会用语言之外的方式沟通。对孩子而言，行动比语言沟通更自然、更有效。

即使会说话，这个年龄的孩子言语和行为也不一致。在"借给我玩玩吧"这句话说出之前，孩子已经下手抢了。虽然嘴里说着"你玩吧"，身子却在往后退，或者干脆把东西藏到身后。至少要到5岁，孩子的言语和行为才能达到基本一致。

Q 为什么宝宝在睡觉时经常哭或者说梦话？

A 对于什么时候开始做梦，每个宝宝都是有差异的。但是大概在一周岁前后，一般就开始做梦了。这个年龄的孩子，白天有不如意的事情，晚上就会反复出现在梦里，那么，睡梦中哭泣、说梦话就很好理解了。梦境多是非逻辑的，不合情理的。即便如此，梦也体现了孩子潜意识的诉求，表明孩子的精神活动非常活跃。

○ 让宝宝一个人玩的时间逐渐延长，同时时不时地查看宝宝的情况

POINT 2 **观察宝宝独自玩的样子**

两岁以后也是宝宝自我意识萌发，独立性开始形成的时候，好好训练的话，可以很容易让宝宝养成独自玩的习惯。

一开始宝宝还不能完全做到一个人独自玩。在宝宝独自玩的时候，每隔一小会儿就要看看宝宝。宝宝自己一个人可能会做出无法预想的危险事情，因为在妈妈没注意的地方可能存在对孩子十分危险的东西。

POINT 3 **不要让宝宝独处太久**

如果让宝宝一个人待太久，下次他就不愿意再自己待着了。所以，在宝宝还没待烦的时候，妈妈陪他说说话，跟他玩一会儿，更有利于培养宝宝的独立性。如果孩子特别黏妈妈，妈妈就留在孩子的视线范围内看他玩好了。

POINT 4 **让宝宝一个人玩了之后，给他吃点心**

刚开始最好把孩子自己玩的时间安排在吃零食之前，每次孩子自己玩完游戏之后，都给他零食吃，让孩子感觉到每次自己玩都有好吃的，这样他才不会讨厌一个人玩游戏。

通过这样的方式，让孩子学会自己玩耍之后，妈妈就要逐渐改变策略了，比如不再给零食，而是建议孩子出去玩，或者找其他小朋友玩。慢慢地，即使没有零食，孩子也能自己玩得很好了。

part 4 培养宝宝的生活技能

培养宝宝的好习惯

宝宝很容易玩腻玩具怎么办？

有的家长疼爱孩子，受不了孩子哭闹，所以孩子要什么就给什么。孩子本来就没有长性，提出的要求肯定没完没了。如果孩子厌倦现在的玩具了，可以试着这样做：

妈妈和孩子一起做新玩具。告诉孩子自己做出来的玩具比商场展柜里的玩具还要好玩。比如和孩子一起做一个玩具箱，在箱子外面贴上漂亮的彩纸，做几个大小不一样的也行。或者玩剪纸游戏，可以用彩纸剪出各种形状的图形，比如小动物、杯子、水果等。

生活中随处可见的饮料瓶、酸奶瓶、包装箱、广告纸都是取之不尽的好材料。在做新玩具的过程中，孩子还能学到很多本领呢！

孩子哭闹时，先稳定孩子的情绪。让孩子尽情地玩，不要给他压力，妈妈保持放松和愉悦的心情，孩子自然不会使性子、耍脾气。

⊙ 游戏的场所适合选在阳光充足的房间，如果有院子的话，最好在院子里玩

POINT 5 **宝宝一撒娇就去哄他的话，会很容易形成依赖性**

玩的时候，孩子因有什么需要而找妈妈很正常，可有的孩子会一直跟在妈妈身后，一刻都离不开。如果这样的话，妈妈一定要下决心帮孩子改掉这个毛病。妈妈要让孩子适应一个人独处，如果总是陪他玩，孩子对妈妈的依赖只会越来越大。

依赖性强的孩子上了小学之后，凡事都爱去找老师。如果老师给自己的答案和给其他人的一样，就会很失落。换句话说，孩子到哪都想得到特殊照顾。

孩子若习惯了一对一的关系，一旦开始集体生活，会感到不适应。如果老师和其他小朋友不主

⊙ 如果妈妈一味地娇惯孩子，孩子很有可能变得性格孤僻，缺乏独立性

动跟孩子说话，孩子便会把他们排除在自己的生活之外，甚至把自己封闭起来。

培养自理能力

POINT 1 **让宝宝自己擦手和擦脸**

两岁以后，应该帮助孩子养成生活自理的好习惯。先教给孩子怎么擦手，孩子学会了就表扬他。也可以让孩子给塑料娃娃洗洗脸再擦干净。

孩子还是用小毛巾更方便些。给孩子准备一条专用的小毛巾，挂到孩子喜欢的卡通毛巾架上，最好再贴上孩子的名字。毛巾要挂在孩子够得到的地方，这样孩子才会自己拿毛巾、挂毛巾。孩子把手擦干净以后，妈妈要赞扬和奖励孩子。

POINT 2 **让宝宝用吸管喝饮料**

把塑料吸管插进饮料瓶里，让孩子用吸管喝饮料。孩子吸的时候，把饮料瓶轻微地侧一侧。孩子不太会吸的话，妈妈可以先

⊙ 利用各种块状拼图，教宝宝把同样的图形连接起来

⊙ 准备一块宝宝用起来方便的毛巾，培养宝宝自己擦手和脸的习惯

喂孩子一点带咸味的点心。孩子渴了，妈妈可以把他喜欢的饮料倒进杯子里，插上吸管让孩子喝。孩子学会了，妈妈就表扬他。教孩子用吸管的时候，要先用短的吸管练习，等学会了再慢慢加长吸管，孩子最后就可以经常用吸管喝水了。另外，孩子喝软装饮料的时候，妈妈可以轻轻挤压一下包装，这样可以让孩子喝起来更轻松，他就知道

下次再喝的时候可以一边挤一边吸了。

妈妈把吸管插进较软的瓶子里，挤压一下瓶子，饮料就可以很容易流进吸管，然后让宝宝也学着挤压软瓶子。

❍ 让宝宝练习用吸管时，利用宝宝喜欢的饮料更有效果

宝宝说话很晚怎么办？

孩子语言能力的发育需要妈妈的帮助。过了两岁，孩子就可以说一两个单词构成的简单句子了。如果孩子过了两岁还不能说单个词的句子，这是很不正常的。孩子说话晚有很多原因。

首先要排除自闭症。如果妈妈叫宝宝，宝宝有反应，并且也能够听懂很多话，那就不是自闭症。

其次要考虑是不是陪孩子玩的时间太少。大部分孩子1岁后喜欢和别人一起玩玩具，自己做什么事也希望能得到别人的回应。在这个过程中，他不仅锻炼了身体，

建立起对父母的信任，有了安全感，还会试图用语言来表达自己的要求。但如果家长喜欢安静，不爱陪孩子玩，孩子便丧失了这样的成长机会。

❍ 总是自己玩的孩子说话会比较晚，所以家长应尽可能让孩子多接触人，为他提供一个有利于学习语言的环境

适合 25~27 个月宝宝的体智能开发游戏

语言能力开发的游戏

让宝宝造包含两个词的句子

宝宝说出"球"字时，妈妈把"球"和其他词连起来，再跟宝宝说一遍，如"大球"

"我的球""椅子上面的球"等，让宝宝跟着说。

孩子说出由一两个单词组成的句子时，实际想表达的意思要比这一两个单词多得多。如果孩子指着杯子说"牛奶杯子"，妈

妈要仔细判断孩子的意思，再把他的话补充完整，比如说："宝宝想喝杯子里的牛奶啦！"或者说："对啊，杯子里面有牛奶。"

跟孩子说话的时候，要使用简单的句子，尽可能选择孩子能听懂的单词。

让宝宝造包含名词和动词的句子

宝宝吃饭的时候，妈妈跟他说："宝宝在吃饭呢！"或者说："宝宝在吃晚饭呢！"然后问宝宝："你在干什么啊？"需要的话可以再重复一次。

像梳头、洗手、关门、踢球这类动宾短语，可以通过游戏的方式向孩子提问。比如问宝宝："看，妈妈在干什么？""宝宝在干什么呢？"

○ 和宝宝说话的时候，要用他能理解的词汇

可以用图片做道具来问孩子："这个孩子在干什么？""发生什么事了？"

对于当天发生的事情，妈妈要引导孩子组成动宾短语说出来，然后妈妈再重复一遍说给他听。

教宝宝想去卫生间时说的话

确定好固定用语，孩子每次大小便的

培养宝宝的好习惯

训练宝宝说话的要领

不要总是教单词，要教孩子一些礼貌用语

对孩子而言，在这个阶段学习一些礼貌用语比单纯的单词积累更重要。所以，妈妈平时要多跟孩子说一些问候或打招呼的话，多给孩子读一些难度适中的画册。另外，经常带孩子到外面走走，让孩子接触到更多的词汇。

○ 教宝宝说话的时候，尽量通过游戏自然地教授

孩子想说什么，就让他说什么

两岁左右，最重要的是满足孩子说话的欲望。以前有不少人主张让孩子从一开始就学说大人话，避免"吃饭饭""睡觉觉""去外外"这类婴儿用语。所以如果孩子这样说了，家长可能会故意装作没听见，其实这是不对的。在培养孩子语言能力的过程中，最重要的是不压制他的表达欲望。

当然，要逐渐减少孩子叠词或儿语的比例。大人说话的时候，小孩子插上一两句，也不要嫌烦，回应他几句，他会很高兴的。两岁之前是孩子语言发育的黄金阶段，如果孩子的语言能力在这个时期没能得到正常的发育，日后出现语言障碍的几率就很高。

时候都说给他听。如果孩子还带着尿布，那么每次换尿布的时候也说同样的话给他听。

孩子想上厕所了，一副忍耐的表情，还不断地拽裤子。这时妈妈可以问他："是不是想尿尿了？"孩子如果点头，那就教孩子自己说"想尿尿"。

谁在做什么？

妈妈可以一边干活一边告诉孩子自己在做什么，比如擦桌子、洗衣服、吃饭、梳头发、看书等。

可以这样向孩子提问："看看我在干什么呢？""你在干什么呢？"如果孩子回答不了，妈妈就跟孩子解释一下，告诉他答案。

看到书上的插图，妈妈要告诉孩子画中的人在做什么。

认知发育游戏

拼三块拼版组成的拼图

先从最简单的拼圆开始玩。把拼接板一片片递给孩子，如果孩子找不到正确的位置，妈妈就指给他，帮他拼好。如果孩子不用妈妈的帮助就能完成，可以增加难度，试一试拼四边形、三角形。

妈妈可以告诉孩子需要接上的那条边，让孩子去找相吻合的另一条边。

标出颜色，让宝宝把红色的圆片放在红的地方，蓝色的三角片放在蓝的地方，黄色的方块放在黄的地方，这样对好了放进去。这个时期，如果宝宝做得好，家长就可以把提示颜色抹去。

看图说名字

首先把家里常见的物品一个个地指给

宝宝看，让他一个一个说出物品的名称。然后把画册或杂志里的饼干、桌子、椅子、电视、床等图片剪下来，把这些图片放在实物旁边，让宝宝说出图片里物品的名称。接下来，只拿图片给宝宝看，让他说出名字，说对就要表扬。

给宝宝看简单的图画书，让他说出图画书中物品的名称。

和宝宝一起看画册，宝宝如果不知道某个图片里的物品的名称，就告诉他。

画竖线

◆在墙上贴上纸。妈妈先从上往下画一条直线，再让孩子跟着画。妈妈可以先拿着孩子的手画，练习几次孩子自己就会画了。

◆用硬纸给孩子做把尺子，让他比着画。

◆粉笔、蜡笔、铅笔、荧光笔，一起上阵。

◆把这些画满五颜六色竖条的纸连成一排，让孩子欣赏一下自己的大作。

⬤ 在墙上贴上大纸，用宝宝喜欢的彩色笔画直线

社会性发展游戏

给宝宝安排小差事

吃饭时间，可以让宝宝去叫爸爸和爷爷奶奶来吃饭。

可以将一些简单的差事交给宝宝去做，宝宝完成了任务之后，要向宝宝表示感谢。

刚开始时，和宝宝一起做事，到后来慢

慢地让他自己做，宝宝帮助妈妈的话，就要表扬他做得好。

以前交给孩子的只限于简单的事情，现在那些需要跑腿、有点难度的活儿也可以派给孩子了。

◑ 和宝宝说话的时候，要使用宝宝能理解的简单的语句

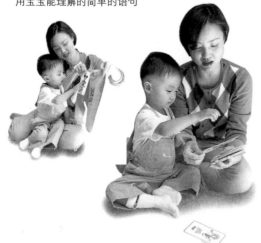

玩具转转看

利用挂有把手或方向盘的玩具，抓着宝宝的手，将把手或方向盘转动起来，和宝宝说："转转看。"让宝宝感到其中的趣味。

玩具找出来

在宝宝眼皮子底下，把他喜欢的玩具或饼干放进橱子里，关上门，让宝宝去把它们找出来。

在原地用双脚跳跃

握住宝宝的两只手，让宝宝站起来，妈妈弯膝盖的时候让宝宝跟着弯，双脚跳跃的时候，把手往上伸，然后跟宝宝说："跳跳看！"激起他的兴趣。

让孩子学习弹跳动作。双手举过头顶，像灌篮一样，靠臂力的挥动，就可以轻松地跳起来。

培养宝宝的好习惯

宝宝爱吃手指怎么办？

创造无法吃手指的环境

多让孩子玩有趣的游戏，宝宝就会自顾自地热衷于游戏，至少在游戏期间就不会吸吮手指了。

不要让孩子感到不安

常在别人面前抱怨："我们宝宝吸吮手指，真令人担心！"这是绝对不行的。宝宝会感到更加不安，而吸吮手指的时间也不会因此减少。

◑ 宝宝如果感到不安，就会更经常地吸吮手指

看见孩子把手指伸到嘴里，妈妈可以轻轻地摇摇头，或者用只有自己和孩子才明白的肢体动作告诉他这样做不可以。

好好劝说

过了两周岁时，因为大部分的宝宝对父母的话有了一定程度的理解，所以要先好好劝宝宝，好好解释，让他能听懂。当宝宝表现出不吸吮手指的样子时要称赞他。比如说："现在已经长大了，不会再吸吮手指了啊。"以这种方式表示妈妈的期待，这也是一个好办法。

28～30 个月

女孩：身高约90.9cm，体重约13.4kg　男孩：身高约92.2cm，体重约14.1kg

满30个月的宝宝能做到的事情

STEP 1

90% 的可能性
大部分宝宝能做到

1.看图说出物品的名称。
2.能执行两个命令。
3.可以把球向前抛。

STEP 2

75% 的可能性
一般的宝宝能做到

1.堆起8块积木。
2.可以自己把玩具从瓶子里倒出来。

STEP 3

50% 的可能性
有的宝宝能做到

1.可以自己穿没有鞋带的鞋子。
2.洗完手擦手。
3.玩捉迷藏。
4.能一只脚站立，虽然很短暂。

5.在原地跳跃。
6.骑三轮自行车。

STEP 4

25% 的可能性
较少宝宝能做到

1.说出自己的名字。
2.可以自己穿衣服。
3.和妈妈分开较容易了。
4.跳远。
5.画圆。

197

育儿要点

挑选适合的玩具和书

POINT 1 挑选牢固的玩具

宝宝每天都会拿着玩具玩，所以要选择牢固的玩具。买汽车玩具时，要翻过来看看，选择轮轴较牢固的。

在有些家庭里，买给大儿子的玩具再转给小儿子玩，之后，再送给邻居家的孩子，这种情况也有很多。

POINT 2 积木是一种很好的玩具

积木外形简单，质感好，价格低廉，很适合这个阶段的孩子玩。可以准备3~4种不同大小的积木给孩子玩。

这个时期如果要给宝宝买洋娃娃，最好挑选那种和真人一样柔软、有弹性的，而且即使放进水里也无碍的洋娃娃。因为这种洋娃娃即使掉在地上也不会摔坏，而且重量较轻，让宝宝拿着玩既方便又安全。

POINT 3 给宝宝看好的图画书

这个阶段，有些孩子已经开始对图画书感兴趣了，可是由于孩子手指活动还不够灵活，很容易把书撕破。所以，要选择纸张厚实、装订严实的画册给孩子看。画册里的图片无需太多，内容要贴近生活，如动植物、日用品、交通工具等。

现在通过电视也能看到很多图片，不过对孩子而言，纸质的图片效果更好。

有的孩子拿着画册并不看，只是撕着玩。这样的孩子，还是报纸、杂志更适合他。

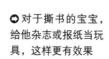

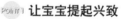

◆ 挑选图画书的时候，要选生活中常见的图片

◆ 对于撕书的宝宝，给他杂志或报纸当玩具，这样更有效果

◆ 玩具车要挑选轮轴较坚固的，而不是只看它的外形

妈妈课堂

让宝宝记住物品的名称

POINT 1 让宝宝提起兴致

2~3岁的孩子对物品的名称很感兴趣。

名称的记忆是培养思考能力的重要条件。让孩子记名称一定要注重趣味性，不能像中学生记英语单词那样。和

🔘 三个杯子里各放入不同的东西，然后引导宝宝问："那是什么？"

宝宝对话的时候，尽可能不要用"这个""那个"这种代名词，而是要让他准确地说出物品的名称。

POINT 2 **愉快地回答宝宝的提问**

两三岁宝宝的语言发育从对物品名称的认知开始。这个时期的宝宝会经常问："这个是什么？""那个是什么？"

对待孩子的问题，妈妈一定要耐心地回答，包括事物的名称、特征、功能等基本信息都要告诉宝宝。如果总是不耐烦，孩子

Q & A

解答育儿难题

🔘 孩子口吃是因为嘴巴还跟不上大脑的节奏

Q 宝宝摸小鸡鸡玩，该怎样阻止他？

A 幼儿好奇心很强，对许多事物都感兴趣是必然的。宝宝有时会用手抚摩自己的身体，对身体进行探索，如果严厉训斥的话，反而会让他对性器官产生特别的意识，也有可能对性有错误的认识，但要告诉孩子摸小鸡鸡是不卫生的。需要注意的是，孩子摸小鸡鸡玩很有可能是因为无聊或者需要未被满足。因此，这个时候要让宝宝玩一些他感兴趣的游戏，对于防止这种行为是有帮助的。

Q 宝宝说话结巴，真令人担心，如果长大了还结巴的话怎么办？

A 孩子在2~5岁时，语言能力迅速提高。但是因为逻辑能力不够强，脑子和嘴巴总配合不好，出现结巴口吃的情况很正常。听到孩子口吃，家长不要表现过激。如果总是强调让他再说一遍，慢点说，孩子

会更加紧张，甚至对说话丧失信心。孩子怎么说，家长就怎么听，孩子说完了，家长再重复一遍给他听就可以了。要给孩子自信，等孩子再大一点自然就不结巴了。

Q 宝宝打比自己小的孩子，还把他推倒，怎么样才能把这种行为纠正过来呢？

A 孩子是在炫耀自己的力量。打架也是一种学习，家长要抱有这种态度，静观其变就可以了。

如果妈妈表现很强硬，孩子很可能会把气都撒在其他孩子身上，打架就更不可避免了，所以最好不要体罚孩子。等他可以用语言表达自己时，就不会这样动手动脚了。

不要因为怕打架，就把孩子整天关在家里自己玩。这个阶段，最重要的是培养孩子对他人的关注，提高孩子的社交能力。

以后就不爱问问题了。要知道发问正是求知欲的体现，问题越多的孩子智力发育越快。

让宝宝学会自己的事情自己做

POINT 1 让宝宝自己说想去卫生间

孩子尿急的时候，妈妈不要直接带他去卫生间，而是问他："想不想上厕所？"让孩子学会表达意愿比上厕所本身更重要。孩

◑ 家人上厕所的时候也要说："想上厕所了。"孩子记住这句话，上厕所的时候就会说了

子玩的时候，妈妈也要经常问他想不想上厕所。如果孩子说想去，就要表扬他。如果孩子尿了裤子，不要马上给他换，要让孩子学着自己换。家人上厕所的时候，也要先说："想上厕所了！"这样孩子也会跟着大人学。

POINT 2 让宝宝自己穿鞋

先让孩子学着穿比自己脚大的鞋。告诉孩子先把脚伸进去，然后再提鞋，等孩子学会了再慢慢换小一点的鞋，最后孩子就会自己穿鞋了。孩子穿好了，妈妈要表扬他。

如果孩子不会穿鞋，妈妈可以先帮孩子把鞋套在脚上，只留下提鞋的步骤让孩

◑ 练习穿鞋的时候，先用大几号的鞋子练习。熟练以后，再穿自己的鞋

培养宝宝的好习惯

左撇子宝宝

左撇子的孩子一般出生1年后会表现出来，但后来又纠正过来的情况很多。左撇子的习惯固定下来是在孩子7~8岁要上小学的时候。

强制孩子改，很难取得好效果

强制孩子改掉左撇子的习惯，可能会导致孩子口吃、厌食、发聋，甚至忧郁症。要自然地诱导孩子双手都要使用，慢慢地，右手的灵活度就提高了。

双手均衡发育，智力才能均衡发育

在日常生活中，左撇子最大的不便莫过于吃饭和写字。最好的办法是吃饭和写字尽量让孩子使用右手，别的还是让孩子自己选择吧。没有必要一定把左撇子变成右撇子。孩子双手均衡发育了，智力才能得到均衡的发展。

◑ 强迫纠正左撇子习惯的话，有可能出现反作用

子自己做。等孩子学会提鞋了，再把鞋套在他的脚尖上，让孩子自己往里顶，再自己提鞋，慢慢地孩子就都学会了。如果有鞋带，妈妈要教给孩子解鞋带、系鞋带的办法。另外，练习穿鞋最好先用比较有形的皮鞋，熟练了以后再穿比较柔软的布鞋。

POINT 3 教宝宝刷牙的方法

将孩子的牙膏牙刷单独放置，做好标记，告诉孩子这是他专用的。让孩子和妈妈一起刷牙，刷完牙要表扬孩子。

刚开始的时候，孩子还不会刷，妈妈可以握着他的手帮他刷。孩子学会了，就可以让他自己刷了。照着镜子刷牙也是一个不错的办法。

握住孩子的手，教给孩子上下刷牙的动作。在孩子掌握要领之前，妈妈一定要多重复几次。

● 宝宝刷牙刷得不好，就让他照着镜子刷

POINT 4 让宝宝好好吃饭

孩子厌食，妈妈难免会担心。不过厌食的原因有很多，一定要有针对性地区别对待。

身体不舒服会引起厌食

感冒、发热、腹泻等急性病会引起食欲不振，大部分慢性病也会导致厌食。如果孩子不爱吃东西，没有活力，心情不好，还有点发热，最好要带孩子去儿科看一看。

零食不要吃得太多，菜单要丰富

由于单纯的饮食问题造成厌食的情况也很多。若平时零食吃得太多了，到了吃饭的时候，孩子一点也不饿，自然就不怎么吃了。也有可能是妈妈的烹调方法太单一了，每天都吃同样的东西，孩子吃腻了。所以，平时尽可能不要给孩子零食吃，尤其是饭前。另外妈妈也要多开发一些新菜单，在食材搭配、食物颜色上多下功夫。偶尔带孩子到外面去吃饭，或者跟其他的小朋友一起吃饭。总之，生活不要千篇一律就好。

适合28~30个月宝宝的体智能开发游戏

语言能力开发游戏

让宝宝回答"在哪里"的问题

准备箱子、杯子、盘子等容器和小玩具。妈妈在宝宝看得见的地方，把小玩具扔进不同的容器，然后问宝宝："玩具在哪里？"

把几个玩具放在宝宝周围，问他："玩具在哪里？"宝宝若能回答出来，让他把玩具拿过来。

让宝宝用手指表示年龄

妈妈伸出3只手指，告诉孩子："你今年3岁了。"然后让孩子跟着做。也可以帮孩子伸出3只手指，告诉他"1、2、3，你3岁了。"练习几次，孩子自己会伸手指了，妈妈就表扬他。如果让孩子一只手伸出两只手指，另一只手伸出 1 只手指会更简单。

刚开始练习伸手指的时候，孩子还不会把剩下的指头折到手心里，可以用另一只手把它们握住。

强化宝宝的性别意识

准备一些强化性别认知的玩具和衣服。

告诉孩子："你和爸爸一样，都是男孩。"或者说："你和妈妈一样，都是女孩。"然后再问问他："你是男孩还是女孩呀？"

和孩子说："你是一个很能跑的壮小伙。"或者说："你是一个穿花裙子的漂亮姑娘。"让孩子认识到自己的性别。

吃饭的时候，家人可以向孩子介绍一下自己的性别，让孩子慢慢感觉性别的特征。

孩子回答问题的时候有可能只是学话，没有真的理解。所以，问问题要注意改变一下顺序。先问他："你是男孩还是女孩？"再问他："你是女孩还是男孩？"

◯ 把宝宝喜欢的玩具放到宝宝能看到的地方，问他："玩具在哪里？"

MOM & BABY

提高父母EQ的七种方法

父母的情商会影响孩子的情商。要想提高孩子的情商，首先要提高父母的情商。

1. 正确处理情绪。父母的情绪不要发泄到孩子身上。夫妻吵架了，不要拿孩子出气，否则对孩子的情商发育很不利。

2. 客观对待孩子的情商。家长要客观认识孩子的情绪，找到孩子情绪波动的原因，才能迅速地解决问题。

3. 遇事再想想。有些父母遇到什么情况，就爱着急，这样很不好。要想提高孩子的情商，家长首先要提高自己的情商。遇到问题不要那么爱冲动，稳定一下情绪，再想想，处理问题的效果会更好。

4. 自然的情绪表达。再小的事情，该道谢就要道谢，该高兴就要高兴。这种自然的情绪流露会原原本本地复制给孩子。

5. 摆脱固有观念。固定的思维模式是情商发育的障碍。只有摆脱固有观念，才能对事物产生新的认识，才能获得新的感悟，生活也会大不相同，品性、人生观也会变。

6. 在孩子面前多表扬别人。在孩子面前多表扬别人，能够促进孩子形成积极的思考方式。在孩子面前笑话、批评别人，则容易让孩子产生消极的思考方法和不必要的竞争心理。

7. 对自己的行为负责。"都是你的错""都怪你"，这种推卸责任的做法只会把孩子培养成一个不负责任的人。所以，父母要以身作则，孩子才能成为一个高情商的人。

画横线

妈妈从纸的左端到右端迅速画一条横线，然后给孩子一支蜡笔，让他学着画。

妈妈先握住孩子的手画，等熟练了就不用握得那么紧了，轻轻地扶住就好。

刚开始的时候，让孩子沿着妈妈画的线画。等熟练了，让他自己另画一条。

把报纸展开，铺到地板或桌子上，让孩子画长线。等他画熟了，就把报纸一点点折起来，让孩子练习画短线。

在纸的两端各画一个图形，让孩子画一条横线，把它们连起来。

◐ 练习画横线的时候，宝宝画得不好的话，妈妈可以握着他的手一起画

画圆

给宝宝看妈妈画一个大圆的样子。

妈妈握着宝宝的手，和宝宝一起用蜡笔画圆，然后夸奖他。

在用蜡笔之前，也可以让宝宝用手指在纸上、地板上、沙地上画圈。

让宝宝在妈妈画的圆上再添几笔，然后让他自己再另外画一个圆，最后在宝宝画的圆内再画一个笑脸。

刚开始用大一些的报纸，然后可以慢慢地缩小纸张。

找同一种布料

在两个筐子中放进同样的布，让宝宝在一边的筐子里找出一块布料，然后再让他在另外一边的筐子里找出和那块一样的。刚开始，一个筐子里只放两三种布料，宝宝能找出来的话，可以再多放几种布料，并且让宝宝说出布料的手感如何。

多听音乐和故事

给宝宝讲简单有趣的小故事，为了了解宝宝是不是能听懂故事，问他几个与故事相关的简单问题。

在讲有趣的故事之前，告诉宝宝妈妈会问哪些问题。

每天固定时间给宝宝讲故事，让看书时间成为宝宝和妈妈最愉快的亲子共读时光。

给宝宝听可以做简单动作的音乐，和宝宝一起跳舞，之后观察宝宝可不可以随着音乐拍子自己跳舞。

说"请""谢谢"

孩子说"请""谢谢"的时候妈妈要表扬他。

让孩子干活的时候，也要跟他这样说，比如："请关一下门，谢谢。"

其他家人也要这样说。

刚开始的时候，做每件事都要教他说一遍，孩子记住以后，只要提示一下就知道怎么说了。

倒退着走

选择较宽敞的地方，先给宝宝示范如何退着走，再让宝宝跟着做。

抓着宝宝的手帮助他退着走。

和宝宝面对面站着，握着宝宝的双手，妈妈朝着宝宝的方向一步一步向前走，同时，让宝宝往后退。一边退一边说："退。"让宝宝记住口令。

❶ 握着宝宝的双手，妈妈一步步往前走，让宝宝往后退

扔球

刚开始和宝宝面对面坐着，先滚球，然后站起来滚球，到后来可以扔球。

坐在离宝宝30厘米左右的地方，把球滚给他。

妈妈坐在宝宝后面，手把手教宝宝抛球的方法，宝宝做得好就夸奖他，再慢慢帮助他，让他可以自己抛球接球。

站在离宝宝1米远的地方，让宝宝把球扔过来，宝宝能做到就表扬他。

利用空箱子投球，也可以让家里其他人和宝宝一起玩。

Baby Clinic

宝宝四季健康管理

春天

春天气候变化大，宝宝的衣服要随时增减，要注意保持体温。春季花粉随风飘扬，要留意宝宝是否会产生过敏现象。阳光明媚时，可让宝宝到外面和别的孩子一起玩，要注意安全。

夏天

夏天是锻炼身体的季节，妈妈应常带宝宝去户外活动。因为天气热，身体容易流失水分，所以要经常让宝宝喝水。

秋天

秋天是个好季节，但随着暑气的消退，早晚温差很大，因此很容易感冒。为了帮助孩子提高抵御严寒的能力，要尽可能多带孩子到外面玩。

冬天

因为严寒，缺乏抵抗力的孩子很容易得病。冬天是咽喉炎、扁桃体炎、肺炎的高发期。由于室内供暖，空气会比较干燥，可以通过在屋里晾衣服、烧开水散发蒸汽、设置加湿器等办法提高室内湿度。如果室内温度是20℃，那么理想的湿度是65%。由于冬天室内空气质量不好，一定要经常通风换气。

31~33 个月

满33个月的宝宝能做到的事情

STEP 1	
90% 的可能性 大部分宝宝能做到	1.能执行3个指令。 

STEP 2	
**75% 的可能性** 一般的宝宝能做到	1.自己穿没有鞋带的鞋子。　5.骑三轮自行车。 2.洗手，擦手。　6.堆积8块积木。 3.可以一只脚站立1秒钟。　7.可以从瓶子里倒出玩具。 4.在原地跳。

STEP 3	
50% 的可能性 有的宝宝能做到	1.说出自己的名字。 2.自己会穿衣服。 3.玩捉迷藏。 4.跳远。 5.画画。 

STEP 4	
**25% 的可能性** 较少宝宝能做到	1.理解肚子饿、累、冷的意思。 2.识别3种颜色。 3.会扣扣子。 4.可以和妈妈分开。 5.可以用一只脚站立5秒左右。 

part 4 培养宝宝的生活技能

205

育儿要点

如何让宝宝看电视

POINT1 过度看电视对宝宝不好

现在的孩子从小就开始接触电视，电视中的卡通人物都成了孩子们的好朋友。如果父母爱看电视，孩子一般也会爱看电视。电视的确有一定的教育作用，但是由于看电视只是单方面的视听，没有互动和交流，过多地看电视会阻碍孩子语言能力的发展。

POINT2 不同的孩子喜好不同

不同的孩子对待电视的态度也不相同。有的孩子1岁前后就能特别投入地看电视了，也有的孩子根本不看电视，只爱玩游戏。到了2岁前后，孩子喜欢的节目类型就基本确定了。有些电视节目并不适合孩子看，有些话也不适合孩子学。可是小孩子不懂这些，他可能是觉得好玩便跟着模仿，一旦学会了改掉就很难。

POINT3 暴力镜头对宝宝不利

暴力场面是电视节目最大的问题，打架斗殴、凶杀报复等血腥场面会给孩子带来极坏的影响。虽然前几年，也有专家认为通过观看暴力情节，可以帮助孩子发泄情绪，缓解压力，但是近年来专家已经达成普遍共识：反对孩子接触电视暴力。

● 要减少宝宝自己看电视的时间，妈妈要多陪宝宝一起玩

解答育儿难题

Q 宝宝不够独立，特别依赖人怎么办？

A 每隔10~15分钟，让孩子自己玩一会儿。刚开始的时候，妈妈可以在旁边陪着他，跟他说说话，然后慢慢增加孩子自己玩的时间。另外，孩子每次自己做完游戏，最好都有好吃的零食作为奖励。不要总在

● 想培养宝宝的自理能力的话，就给他创造一个可以提起他兴趣的环境，或给宝宝提供喜欢的玩具

家里玩，要常带孩子到公园、游乐园等小朋友比较多的地方玩。刚开始的时候，孩子自己玩一会儿就会找妈妈，慢慢适应以后就能自己玩很长时间了。

Q 宝宝无法安静待着，非常好动怎么办？

A 有些特别活泼的孩子会表现得过于好动，玩具换来换去，做什么都没有持续的兴趣，偶尔还有些古怪行为。但只要妈妈喊他，他会有一个明确的反应，交流没有障碍的话，就不用担心了。对待这样的孩子，妈妈不要一次给他太多玩具，一次只给一个，情况就会好些。

Point 4 父母首先要有自制力

2~3岁的孩子应该多看轻松、温情的电视节目，尽可能不要让他们看到电视上的暴力场面。所以，父母平时最好不要看有暴力场面的电视频道，或者等孩子睡着了再看。

看电视过多对孩子成长不利。如果孩子过分依赖电视的话，父母一定要限制，或者干脆不开电视。

妈妈课堂

放手让宝宝自己的事自己做

两三岁的宝宝最显著的特征之一是自我意识变强，讨厌他人干涉自己。走路或上台阶时，如果妈妈伸手扶他，会甩开妈妈的手自己走；妈妈要翻书页时，也会推开妈妈的手，颤颤巍巍地自己去翻开。戴帽子、穿鞋子、喝水、剥糖果等所有细小的事，都会要坚持自己做。这种反抗行为和固执表明孩子的自我意识正在萌发，也说明了孩子在为独立迈出第一步。因此，要用肯定的眼光去看待宝宝的这种行为。

Point 1 宝宝想做的事就让他做

如果孩子想自己剥糖吃，就痛快地教他怎么做。有了剥糖纸的经验，孩子就知道吃糖要先剥糖纸，剥糖纸的时候要先从两端拧在一块儿的地方剥起。

穿鞋的时候，也让孩子自己试着穿。这样他就知道穿鞋的时候要先把脚伸进鞋里，要让脚尖能够碰到鞋尖，这时再从脚后跟的地方一提，鞋子就穿上了。

培养宝宝的好习惯

宝宝经常打架怎么办？

两三岁的宝宝，由于占有欲很强，打架是必然的事，父母需要知道，在这种情况下应该怎么处理。

打架时父母不要干涉

孩子通过打架能够明白不少事情。如果孩子打架不至于负伤，妈妈就不用干涉。孩子们玩玩具时，可以过一会儿就让他们换着玩一玩，这样就不会打架了。

和弟弟打架，是出于嫉妒

被小伙伴抢了玩具或被弟弟妹妹抢了玩具，感觉完全不一样。孩子还小，正是需要疼爱的年龄，可爸爸妈妈却经常说："你是姐姐，要让着他。""你是大孩子了，他多小啊。"这是孩子嫉妒心理产生的主要原因。

这个时候，首先要考虑姐姐的心情，然后让弟弟摆脱当时的环境，并让姐姐的注意力转移到其他事情上。姐姐若从妈妈那里得到肯定，就会知道要爱护弟弟，要让着弟弟。

● 和朋友打架而受伤的话，让他通过疼痛知道打架是不对的事情

如果妈妈什么都帮孩子做，孩子就会觉得把事情都交给妈妈比自己做更舒服，那么他永远都不能学会自理。

◐ 如果宝宝要自己喝水的话，即使洒得到处都是水，也不要去管他

POINT2 逐渐让宝宝帮妈妈做事

两三岁的孩子看到妈妈在厨房忙碌，有时也会主动跑过来帮忙，这时可以给孩子安排一些简单又安全的任务。整理玩具的时候，也让孩子参与进来，教给他整理的顺序和方法，这都是教育孩子的重要内容。让孩子做一些力所能及的事情，不仅能够培养孩子的独立性和责任感，还能促进孩子智力的发育。

POINT3 让宝宝和朋友一起玩

多为孩子提供一些与同龄小伙伴相处的机会，孩子们是很容易交朋友的。如果孩子不合群的话，应该从以下几个方面找找原因：

家长是否过度保护

在妈妈的过度保护下长大的孩子和同龄人玩的时候，妈妈都会担心，有意无意地

◑ 在过度的爱护中长大的宝宝很容易和同龄朋友不和睦

拉远孩子与同龄孩子的距离。如果存在这样的问题，妈妈应该多邀请小朋友到自己家玩，或者带孩子去找其他小朋友玩。

家人是否溺爱

家人溺爱的孩子很容易以自我为中心，跟小朋友们玩不到一块儿，常常被孤立。

在溺爱中长大的孩子想要什么，爸爸妈妈、爷爷奶奶都能满足自己。这种唯我独尊的架势会带到和小伙伴的相处中，自然不会讨人喜欢，被孤立就很正常了。

◐ 宝宝自己的事情自己做，慢慢地就能培养出自立和独立的能力

训练宝宝独立做事情

POINT1 训练宝宝用杯子接水

在这个阶段，孩子刷牙的时候，可以让他练习自己接水。先给孩子准备一个小板凳，让孩子站在上面能够拧到水龙头，再准备一个塑料杯或纸杯。妈妈一边示范一边向孩子解释：把杯子放到出水口的下面，拧开水龙头，杯子的水满了，再把水龙头关上，然后再让孩子自己做。实际刷牙的时候，最好让孩子不要踩着小板凳，以免滑倒或踩空。

POINT2 让宝宝练习自己洗脸

妈妈洗脸的时候也让宝宝跟着学。首先，妈妈向宝宝说明洗脸的方法，再让宝宝照镜子，看自己脸上沾的脏东西，让他自己试着去洗。宝宝自己洗脸的时候，妈妈一定要表扬他。

孩子自己会洗脸了，妈妈可以教他怎么在洗漱盆里接水，再怎么把水倒掉。可以把洗脸的顺序画成图片，贴到卫生间的墙上。这样即使妈妈不在身边，孩子也能自己洗脸了。

在洗漱台前贴一个表格，孩子每次自己洗脸，都要在表

❍ 如果想让宝宝自己刷牙、洗脸的话，可以先在洋娃娃身上做练习

格里奖励孩子一朵小红花。

POINT 3 **避免睡觉的时候尿床的措施**

要想让宝宝睡觉的时候不尿床，就要让他养成在睡觉之前使用坐便器的习惯。而且无论如何，睡之前不要给他喝饮料或水。另外，宝宝不尿床的时候，家长要夸他，即使尿了，也不要惩罚他或骂他。宝宝非常想上厕所时，可以让宝宝寻求妈妈的帮助。

宝宝睡醒了，没有尿床的话，一定要马上让宝宝尿尿。有不少宝宝一醒马上就会尿床，所以宝宝醒了就要马上带他去卫生间。

Q & A

解答育儿难题

Q 宝宝特别固执，怎么教育呢？

A 孩子2岁以后，开始认识到父母和自己是完全独立的个体，经常对父母的照顾表现出抗拒。到了3岁以后，这种抗拒不再明显，甚至几乎消失。这是孩子成长的正常现象，不用担心。相反，如果孩子到了2岁半仍然乖乖的，没有表现出任何反抗和不满，就需要特别注意了。

如果想干什么，却有东西妨碍他了，孩子就会不高兴、发脾气。这时妈妈可以帮助孩子清理掉障碍，然后说："这个垃圾桶，挡着宝宝的路了吧，拿走。"这样孩子就高兴了。通过这样的小事，孩子会慢慢感觉到："要有妈妈的帮助才行啊。""这样做妈妈会表扬我。""这样做，没有人会喜欢我的。"而这些感悟就是孩子成长的宝贵经验。

Q 只要吸尘器一发出声音，宝宝就哭，非常害怕，怎么办？

A 孩子害怕的时候，要先让孩子安心。妈妈可以抱起孩子对他说："不要怕。没事了。什么吓到你了？"然后抱着孩子一起去找吓到他的那个东西，这样孩子的恐惧和不安就能慢慢消失了。但如果不安慰，反而吓他，孩子就更害怕了。有的妈妈就会这样吓孩子："别哭！再哭，让妖怪把你抓走。"这只会让孩子越来越胆小，越来越没自信。

Q 宝宝无法专注地玩一种游戏，怎么办？

A 两岁以后，宝宝们由于看到的、听到的都是新鲜的东西，当然会转来转去看这看那。这个阶段的孩子，能看能听的东西越来越多，精力自然是比较分散的。把孩子喜欢的玩具放到他身边，他自然会把注意力集中在上面。所以，家长要做的首先是找到孩子喜欢的东西，然后再慢慢培养孩子的注意力。

❍ 重要的是尽快给宝宝找出可以让他玩得开心的游戏

经常活动有利于宝宝大脑的发育

刚刚出生的孩子，大脑活动还不够成熟，这是因为孩子的脑细胞还没有形成有序的连结。孩子大脑最旺盛的活动期有三个阶段。第一阶段是从出生到3岁，第二个阶段是4~7岁，第三个阶段是8~10岁。

10岁前后，孩子的大脑发育基本完成。10~18岁这段很长的时间，孩子的大脑发育会相对缓慢。

● 不要错过大脑发育的旺盛时期，要刺激宝宝大脑的发育

适合31~33个月宝宝的体智能开发游戏

语言能力开发游戏

学习过去时

让孩子接触一些过去时的语言，比如："吃了""走了""哭了"等。

让孩子看到某个人走了，然后问孩子："他去哪儿了？"引导孩子说出去哪儿了。

其他的动词也可以用这种场景方式练习。

家人围坐在一起，其中一人提出问题："谁去商店了？"然后轮流回答，让孩子最后一个回答，这样他就知道模仿别人的话了。

问："这是什么？"

让孩子看看大人是怎样你问我答的。

背过身去，听声音猜名称。也可以把东西塞进口袋里，揉一揉、晃一晃，让孩子听声音猜出物品名称。

指着某个物品或孩子身体的某个部位问他："这是什么？"

把玩具放在桌子上，用杯子或纸盖住，然后问宝宝："这个会是什么呢？"最后拿掉盖着的东西，让宝宝说出玩具的名字。

● 利用玩具告诉宝宝"大"与"小"的概念

使用各种代名词

经常问宝宝："这是谁的玩具？""衣服呢？""谁想吃点心？"这类问题。

妈妈可以指着手机、钥匙等东西告诉孩子："这是我的。"同时经常跟孩子说："这个皮鞋是我的。""这个包是我的。""这个手机是我的。"

想让宝宝给妈妈递东西的时候，对他说："把那个东西递给我。"

如果孩子会说"我""我的"，就要表扬他。

和宝宝说话的时候，强调话里的代名词，让宝宝对这些代名词感兴趣。

认知发育游戏

教宝宝理解大小的概念

把各种大小不一的玩具聚到一起。

在孩子面前放一支长铅笔，一支短铅笔。准备一张纸，让孩子用长铅笔写字。

让孩子找出家里的大东西和小东西。

在一周之内，妈妈反复指着家里的一些物品告诉他："这个是大的。""这个是小的。"一周之后，就可以指着东西让孩子自己说。

通过游戏，考察孩子的分辨能力。比如让孩子找大脚印、小脚印，坐在大椅子、小椅子上，躺到大床上、小床上，等等。

画十字

准备好蜡笔、彩笔、铅笔、荧光笔或粉笔等文具。

妈妈先画一条横线，再画一条竖线，画成一个十字给孩子看。

让孩子沿着妈妈画好的十字再画一遍。画好了，就让他自己再另画一个。

妈妈告诉孩子绘画的要领："先画一条横线，现在从上往下画一条竖线，穿过横线的正中间。"

说出发声物体的名称

电话铃响起来时，妈妈对宝宝说："电话铃响了！"或者问宝宝："什么地方发出的声音啊？"

妈妈模仿动物的叫声，让宝宝分别说出动物的名字。

也可以把周围经常听到的声音录下来给宝宝听，让宝宝说出这些是什么声音。

社会性发展游戏

帮妈妈做事

让宝宝收拾玩具，收拾得好就夸奖他。

让宝宝吃完饭把自己的碗放到洗碗槽里，做得好就夸奖他。

妈妈叠被子的时候，把衣服放进洗衣机的时候，都向宝宝寻求帮助。

分角色玩游戏

准备一些旧衣帽，告诉孩子："你来演妈妈，妈妈演商店老板。"分配好角色后，根据角色换好衣服。

寻求宝宝的意见："今天想当什么人？"然后根据宝宝想演的角色准备适合的帽子、衣服及其他饰品。

❶ 如果宝宝握铅笔还不太熟练，妈妈可以握着宝宝的手一起画

❶ 让宝宝猜口袋里装了什么东西，让宝宝知道物品的名称

❶ 让宝宝扮演医生、护士、消防员等角色

堆起5~6个积木

准备5~6个积木,跟宝宝玩盖房子的游戏。将6个积木叠加,堆成一个房子。

堆得好以后再让宝宝把"房子"推倒。

◐ 和宝宝一起看他喜欢的图画书,让他自己翻书页

准备海绵、饮料、水瓶、书等各种材料,让宝宝做堆积的练习。堆起来后,再让宝宝推倒。

翻页

准备一本宝宝可以翻着看的书,妈妈给宝宝讲故事,让宝宝翻到下一页,对宝宝的帮助说声"谢谢"。尽可能用书页较厚的图画书,帮助宝宝顺利翻页。给宝宝看他自己的照片,在下一页再放一张宝宝自己的照片,让宝宝翻到下一页去找自己的照片。

培养宝宝的好习惯

把宝宝托付给别人照看

妈妈要去上班,就不得不把孩子托给别人照顾。孩子越小,妈妈选择托付对象的时候需要考虑的问题就越多。

最好是个风趣幽默的人。没那么多唠叨、抱怨,有幽默感,能让孩子玩得很开心的人是比较适合托付的。尽量找专职保姆,最好不要经常给孩子更换保姆。还没适应妈妈的离开,又要经常接触陌生的面孔,这对孩子的情感发育很不利。

不要让奶奶姥姥过分溺爱孩子。不少妈妈上班后,便把孩子交给奶奶或姥姥照顾。奶奶和姥姥对孩子的呵护一点都不比妈妈差,又有照顾孩子的经验,妈妈尽可以放心。但很多奶奶、姥姥对孩子过分溺爱,让孩子养成了很多坏习惯。对这一点,妈妈不能不管,要经常和老人沟通、讨论,又要注意方式方法,不要因为孩子的问题把和老人的关系搞僵。

入托前要考虑周全。如果托儿所可以将孩子照顾得很好,就可以让孩子入托。现在双职工的家庭很多,妈妈要去上班,孩子只能托给别人照顾。选择托儿所时,一定要考虑周全。即使再好的托儿所,如果在妈妈下班前就已经放学了,也会有很多的不便。需要特别考虑的还有孩子生病后由谁来照顾,托儿所有没有应急处理的能力等。

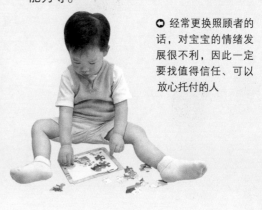

◐ 经常更换照顾者的话,对宝宝的情绪发展很不利,因此一定要找值得信任、可以放心托付的人

34~36 个月

女孩：身高约97.6cm，体重约14.8kg 男孩：身高约98.9cm，体重约15.3kg

满36个月的宝宝能做到的事情

part 4 培养宝宝的生活技能

STEP 1

90% 的可能性
大部分宝宝能做到

1.穿没有鞋带的鞋子。
2.在原地跳。
3.骑三轮自行车。
4.自己倒出瓶子里的玩具。

STEP 2

75% 的可能性
一般的宝宝能做到

1.洗手、擦手。
2.可以一只脚站立1秒左右。
3.画圆。
4.堆起8块积木。

STEP 3

50% 的可能性
有的宝宝能做到

1.可以说出自己的名字。
2.知道肚子饿了、累了、冷了的意思。
3.扣扣子。
4.和妈妈一起玩捉迷藏游戏。
5.自己穿衣服。

STEP 4

25% 的可能性
较少宝宝能做到

1.可以很容易和妈妈分开。
2.一只脚站立5秒左右。
3.可以画十字。

宝宝爱发脾气怎么办

POINT 1 了解宝宝发火的原因

两三岁的宝宝无论如何都要按自己的想法去做，但是周围的人不理解他的这种想法，所以宝宝就发火了。但是宝宝还不会说，自己的手和脚也没发育到可以随心所欲活动的程度，所以会使性子。

◑ 宝宝使性子的时候，会有各种表现，要根据不同的原因找出合适的应对方法

两三岁的宝宝还无法区分人和物品，所以即使想移动工具或物品，也不能按自己的心意移动，这时宝宝就会发脾气。

POINT 2 根据不同原因采取不同措施

宝宝发脾气的话，可以用其他玩具来转移他的注意力，如果因为无法随心所欲地移动大玩具而发火的话，妈妈可以当着孩子的面过来帮帮忙；因为疲劳而发火的话，妈妈可以抱抱宝宝，这样宝宝很快就会安静下来。

◑ 如果宝宝因为玩累了而发脾气，抱他一会儿是很有效的

让宝宝对音乐、画画感兴趣

POINT 1 多给宝宝听他喜欢的歌

两三岁的孩子已经有了自己喜欢的歌曲，听见了就会跟着哼上几句。给孩子听歌，最好能选择一些较短的、轻松的、好学的儿歌，但也没有必要只听儿歌，也可以偶尔给孩子听一些流行歌曲。流行歌曲的节奏感和表现力比儿歌强很多，孩子听起来会更开心。

POINT 2 用多种方法培养宝宝的节奏感

孩子两三岁的时候，不能只是单纯听音乐，还要培养孩子的节奏感，让孩子跟着音乐的节奏拍手、迈步、跳舞都可以。这个时期已经可以让孩子开始接触乐器了。

POINT 3 时刻准备画笔和纸张

到2~3岁的时候，宝宝开始对画画有兴趣。如果家里有铅笔或蜡笔，宝宝就会想画点什么。这个时候，不要因为麻烦而拒绝宝宝，而是要时常在宝宝身边准备好纸张和蜡笔，宝宝要就马上给他。无论宝宝画得好不好，都一定要称赞他，让他高兴。

◑ 宝宝到了对画画感兴趣的年龄时，要给孩子准备各种美术工具

Q & A

Q 和别的孩子比起来，宝宝睡得不多，没关系吧？

A 宝宝需要多少睡眠时间，这对每个人来说是不一样的。比起时间，家长更应注意宝宝的健康状态。如果宝宝整天都玩得开开心心的，体重也正常上升，睡眠时间少一点也没必要担心。

宝宝晚上不想睡觉的原因大多是因为白天睡得太多，导致晚上睡得晚，这样不利于宝宝的健康。只有早睡早起，宝宝才会习惯于正确的睡眠节奏，父母也可以拥有更多自己的时间。

Q 白天玩得很好，到了晚上就说腿疼，要妈妈给他揉揉，没关系吧？

A 晚上腿疼是孩子长高的表现，也可能是因为白天活动量太大，到了晚上放松下来就会感到肌肉酸痛。腿疼的时候，可以用湿毛巾给孩子热敷一下，也可以给孩子揉一揉腿，放松一下肌肉，症状就会大大减轻。这是孩子成长过程中的正常现象，不用过于担心。但如果孩子疼痛难忍，一定要带孩子及时去看医生。

💮 白天的游戏可能会造成宝宝肌肉痛，所以晚上要给宝宝按摩一下，或者泡泡脚

鼓励宝宝自己动手

POINT 1 告诉宝宝哪些物品有危险

告诉宝宝台阶或有尖棱角的家具很危险，并标出危险的字样。

💮 把危险物品直接给宝宝看，告诉他这个很危险

POINT 2 让宝宝学习系纽扣

可以利用不穿的外套或者洋娃娃穿的衣服，让宝宝学习系纽扣。

学会了系扣子的方法，就让宝宝换衣

培养宝宝的好习惯

培养宝宝对文字或数字的兴趣

父母应该在对话中让孩子自然地认识数字和字母。刻意地让孩子学习，不停地提问，只会让孩子厌烦。为了不挨批评，他会选择消极逃避妈妈的问题。要知道孩子学习最大的动力在于兴趣，培养孩子的学习兴趣才是最重要的。

💮 如果宝宝没有表现出对数字的兴趣的话，试着利用宝宝喜欢的东西来提起他的兴趣

服的时候自己系扣子。

POINT 3 洗澡时，让宝宝自己洗胳膊和腿

为了愉快地度过洗澡时间，平时可以给宝宝几个玩具，教会他把玩具上沾的脏东西擦下来。这样，当宝宝进浴缸的时候，给宝宝时间让他自己去洗胳膊和腿。洗完以后，对宝宝表示称赞。通过这一过程，可以让他知道要自己洗澡。

宝宝容易出现的坏毛病

part
4
培养宝宝的生活技能

宝宝说谎怎么办

POINT 1 说谎有可能因为无法区分现实和想象

孩子说谎，有可能是因为想要引起大家的注意，也有可能是出于怕被批评的自我保护。小孩子还不能完全区分事实与想象，想到什么便说什么，与事实不符的就成了谎话。如果孩子的要求总是得不到满足，想玩不能玩，想吃不能吃，他就可能会把自己关进想象的世界里，靠说谎来满足自己。

○ 宝宝说谎，家长不要一味发火，而应该慢慢地劝说，正确地引导

POINT 2 不要训斥宝宝，应该温和地引导

这个时期的宝宝大部分并不是有意说谎，因此，不要严厉批评宝宝，而应该温和地劝解宝宝。

但是6岁以后说谎，大多数是有意的，所以从一开始就要帮宝宝改正过来。

POINT 3 一旦约好了就一定要守约

很多孩子说谎是跟父母学的。有时候，家长为了哄孩子就会说谎骗他，时间长了，孩子自己也学会说谎了。而且，由于对家长失去了信任，孩子很容易做一些出格的事情，越来越不好管。家长说好要给宝宝买玩具或零食，或者说好要去玩，却不守约，这些事经常发生的话，宝宝就会自然而然地学会说谎。

Q & A
解答育儿难题

Q 宝宝特别怕黑，正常吗?

A 两三岁的宝宝无法完全区分想象和现实，会认为世界上所有的东西都是有生命的，所以宝宝会怕黑。家长注意不要给宝宝讲恐怖故事，不要让宝宝看电视里的恐怖镜头。

适合 34~36 个月宝宝的体智能开发游戏

语言能力开发游戏

让宝宝给物品分类，说出类别

将多种类别的物品或图片混放在一起，让宝宝挑出所有的动物或食物，然后拿给妈妈。如果宝宝有漏掉的图片，就让宝宝找出那个被漏掉的。

妈妈拿着物品或图片问宝宝："这是动物还是食物？"让宝宝回答。

❶ 通过让宝宝区分物品种类，可以让他熟悉分类

认知发育游戏

让宝宝指出图画中的动作

妈妈给宝宝讲故事时，可以指着书里的图画，问宝宝图画里的人或动物在做什么动作。

平时可以指着家里其他人，问宝宝他们各自在做什么。

❶ 让宝宝模仿书里的动物或人的动作

看杂志或书的时候，可以问宝宝图画里出现的是什么动作。

社会性发展游戏

让宝宝用语言表达自己的心情

妈妈先告诉宝宝自己的心情，然后让宝宝说出自己的感受。

家里人表现某种情绪的时候，可以问宝宝："爸爸在生气吗？"让宝宝猜猜家人的情绪。

让宝宝看杂志上出现的人物，然后让宝宝说出那个人的心情。

❶ 手里拿很多东西，然后让宝宝挑选自己想要的东西

体能开发游戏

让宝宝打开包装纸

把饼干、糕点、玩具、书等各种东西都用纸包起来，引起宝宝的兴趣。

把东西包起很多层，然后让家里人按顺序一层层打开，最后打开的那个人可以拿走那个东西。在这个游戏中，至少要安排一两次让宝宝拿走那个东西。

教宝宝用黏土做球

❋ 弄一点面粉团或黏土放在手上，用双手揉成小球，或者在桌上揉成小球。

❋ 再给宝宝揉一个鸟巢模样的形状，让宝宝把揉好的小球像鸟蛋一样放进鸟巢里。

○ 把面粉或黏土揉成球

培养宝宝的好习惯

调教嫉妒心强的宝宝

让宝宝相信爸爸妈妈无论何时都爱他

两三岁的宝宝嫉妒心变强，总是希望从妈妈和周围人那里得到认可。如果这种心情无法得到满足的话，嫉妒心和反抗意识会表现得很强烈。

因此家长要让宝宝知道父母任何时候都爱自己，都在肯定自己。另外，妈妈让宝宝帮忙做家务，让他觉得自己对妈妈有帮助，这也是很重要的事。

知道妈妈肯定自己的话，宝宝就不会出现无谓的嫉妒了。

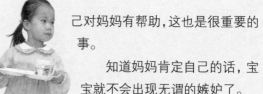

○ 让宝宝把自己的碗筷放到水槽里，做得好就表扬他

爱提问的宝宝

真诚耐心地给予回答

对2岁半至6岁之间的宝宝来说，周围所有的事物都会成为他们提问的内容。1岁半的宝宝会经常问："这是什么？" 3岁开始会问："为什么？"但是宝宝不是为了要听正确答案才问的，所以家长即使想不出正确答案，也不要觉得麻烦，而要真心诚意地给予回答。

童话般的回答方式比较好

两三岁的宝宝无法区别生物与非生物，认为所有事物都有生命。因此，这个时期的宝宝如果问："今天为什么没有太阳？"家长最好这样回答："可能今天太阳公公生病了，起不来了吧。"这样更有意义。

和宝宝一起在童话中游玩

图画书是这个时期宝宝的优秀向导，两岁前后的宝宝显现出对生活情景类型图画书的兴趣，快到3岁的时候，他们就会喜欢有故事情节的童话书。

这时妈妈可以和宝宝一起扮演童话中的主人公，这样宝宝的想象力和情绪就会丰富起来，他的提问也会融入故事中。

37~48个月

不听劝的4岁，
上幼儿园的时期

37~39 个月

满 39 个月的宝宝能做到的事情

> **STEP 1**

90% 的可能性
大部分宝宝能做到

1.自己洗手、擦手。
2.可以单脚站立 1 秒左右。
3.画圆。
4.可以堆起 8 块积木。

> **STEP 2**

75% 的可能性
一般的宝宝能做到

1.说出自己的名字。
2.在妈妈的注视下穿衣服。
3.玩捉迷藏。

> **STEP 3**

50% 的可能性
有的宝宝能做到

1.理解肚子饿了、累了、冷了的意义。
2.识别 3 种颜色。
3.会扣扣子。
4.很容易和妈妈分开。
5.单腿站立 5 秒左右。

> **STEP 4**

25% 的可能性
较少宝宝能做到

1.单腿站立 10 秒左右。
2.单腿跳。
3.画十字。

育儿要点

注意性教育

Point **培养宝宝对性的正确态度**

男孩子从 1 岁开始，有时会把性器官当成玩具玩。

如果是小孩子无意识地摸下身，可以给他穿条紧身的内裤，只要手伸不进去就行了。如果是大一点的孩子有意识地把手伸进裤子里，家长就应该把孩子的手拽出来，或者给他其他的玩具，转移一下注意力。

孩子4岁前后会形成基本的性观念。这个时期，孩子可能会向父母提一些与性有关的问题，父母对待问题的态度对孩子的性观念的形成有直接影响。

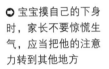
⊙ 宝宝摸自己的下身时，家长不要惊慌生气，应当把他的注意力转到其他地方

Q & A
解答育儿难题

Q 宝宝在幼儿园时特别乖，但是为什么一回家就要撒娇呢？

A 妈妈不应该过于严格地要求宝宝，在幼儿园很乖，妈妈就应该好好夸奖宝宝了。

回到家如果孩子耍性子或者做一些幼稚行为，妈妈不要骂他或打他，而应该帮助宝宝缓解在幼儿园时的紧张情绪，温和地对待宝宝。

⊙ 宝宝在外面玩的时候，大人一定要全程陪同，以免发生意外

Q 宝宝经常想去外面玩怎么办？

A 孩子3岁以后，就喜欢到外面和小朋友们一起玩了。

宝宝要出去玩是独立性和社会性的自发表现，因此不能一味地限制宝宝外出或训斥他。相反，要把外出玩耍当成培养宝宝社会性和独立性的契机。

POINT 2 对宝宝进行正确的性别教育

性别教育不仅是关于性器官和性行为的教育，还包括教育孩子正确理解性别的差别，使孩子的言行举止与性别相符。跟孩子讲道理，他未必能听懂，父母在生活中的行为表现会影响到孩子对性别的理解。不少孩子可能还不清楚自己的性别，从这个阶段开始，父母应该对孩子开始初步的性别教育，将男女的性别特征告诉孩子，这样孩子在上学后接受正式的性教育时，才不会有理解误区。

POINT 3 家长面对关于性的问题不要慌

3岁宝宝常问的问题有："宝宝从哪里出来的？我从哪里来的？"其实这种问题完全不带任何性的含义，所以家长不要对宝宝的这种问题过于慌张，不必非常详细地对此进行说明，而应该问宝宝对这种问题有什么想法，这样宝宝就会随心所欲地去寻找答案。当然也不要因为他不着边际的回答而取笑宝宝，而应该亲切地听他讲，这样妈妈就会知道宝宝怎么考虑的，以及如何适当地回答他的提问。

妈妈课堂

part 4 培养宝宝的生活技能

培养宝宝的好习惯

只喜欢玩积木的宝宝

如果孩子只爱玩积木，说明他的注意力很集中。表面上看孩子每天都在重复同样的游戏，实际上游戏的内容却在日日翻新。最初只是平面堆砌，现在却能完成复杂的立体模型。以前只是玩大小排列，现在都会装小汽车了。同样是玩积木，意义是大不相同的。

❷ 宝宝集中注意力玩游戏时，不要去打扰他

让宝宝多和朋友玩

POINT 1 宝宝开始对朋友感兴趣

3岁宝宝的逆反心理有所减弱，慢慢变得温和，开始想要和同龄朋友一起玩。虽然孩子们聚在一块儿也是各玩各的，但也特别高兴。虽然可能和小伙伴打架了，回到家又会闹着要一起玩。总之，他们之间是绝对地相互吸引。

POINT 2 为宝宝创造和朋友见面的机会

如果发现孩子想交朋友的苗头，妈妈一定要极力促成。如果觉得这个孩子不行，那个孩子不好，把交朋友变得像选拔赛一样，这样只会让孩子失去与人交往的兴趣。孩子的朋友可以是亲戚家的小孩，可以是邻居，也可以是幼儿园里的小朋友。

帮助宝宝自己做

训练宝宝自己擤鼻涕

在宝宝触手可及的地方放好纸巾，告诉宝宝什么时候用纸巾，让宝宝自己擦完鼻子后把纸巾扔进垃圾桶。妈妈先给宝宝示范擤鼻涕的方法，让宝宝也跟着做，如果做得好就夸他。让宝宝把手帕或纸巾放在口袋里出门，特别是感冒的时候，一定要让他带上纸巾，使宝宝自然地养成一种习惯。

● 告诉宝宝穿衣服的方法，再让他实践一下，如果他觉得难，就让宝宝在洋娃娃身上练习
● 感冒的时候，把手帕或纸巾放进宝宝的口袋，让宝宝习惯用纸巾擦鼻涕

解答育儿难题

Q 自己的要求没被满足，宝宝就一直哭或耍性子怎么办？

A 想要的东西妈妈不给买，宝宝就躺地上打滚，大哭大闹地要买，要么就抓住东西不松手，怎么劝也不听。遇到这样的情况，家长一定要有原则，不能买的东西一定要明确地告诉孩子。如果孩子一直闹，可以让一起去的朋友或者周围的其他人劝一劝孩子。

孩子哭闹着让大人给他买东西，和小时候哭闹着让大人抱抱其实是一样的，都是很正常的现象，而且随着孩子越来越大，这种表现就会逐渐消失。所以，孩子闹着买东西的时候，家长不要过度地责骂孩子，也不要对孩子限制太多，防止伤害到孩子的感情。

Q 宝宝不怎么与人打招呼，可是我们想把宝宝教育成懂礼貌的孩子，怎么办？

A 孩子不会跟人打招呼与家人的生活习惯直接有关。可能是家人都太忙了，没有时间彼此问候，也可能是上下班时间不一致，一天也见不到几次面，没有机会打招呼。所以，想让孩子学会问候别人，家人一定要先做好榜样。

● 如果经常拒绝宝宝的要求，宝宝有可能会产生不满情绪，因此家长对孩子过分的节制是不对的

宝宝容易出现的问题

宝宝很固执，注意力不集中的对策

POINT1 宝宝爱耍性子，一直闹到答应他为止

2~4岁的孩子喜欢耍性子，有一股不达目的，誓不罢休的劲头，这是正常现象。随着身体越来越灵活，孩子对周围世界的占有欲越来越强，他们本能地希望一切都能随心所欲。因此，不要给孩子贴上"耍性子"、"固执"等否定性的标签，而要把他看成充满活力、身体强健、坚持自我的孩子。

❶ 孩子哭闹耍性子的时候，家长不要总是发火，要积极对待，这说明孩子的活动能力强，而且很有主见

POINT2 家长和宝宝一起玩模仿游戏

2~4岁的孩子已经可以换位思考了，他们开始在生活中模仿不同的角色，还很乐意去影响别人。为了帮助孩子更好地成长，家长可以跟孩子一起玩角色扮演的游戏。

比如：让孩子扮演妈妈，妈妈扮演孩子，然后上演一场孩子哭闹耍性子的戏。通过这样的游戏，让孩子能够从别人的立场考虑问题，对自己的行为进行反思。这种思考方式的形成对孩子的成长很有帮助。

宝宝好动散漫，注意力下降的对策

游戏玩一会儿就烦了，又没有特别爱做的事情，好动却显得很散漫，集中注意力的时间比其他孩子短，都是这类孩子的特征。

所谓注意力是孩子对待所见的任何事情，都能进行理解、判断，并做出适当反应的能力。注意力不集中往往是由于孩子的理解判断能力不足造成的。

POINT1 无原则的奖励政策造成注意力下降

父母无原则的奖励政策是造成孩子注意力下降的重要原因。只要孩子做完某件事，要什么妈妈就给什么，用这种方式来诱惑孩子是不对的。比如让孩子和妈妈一起看书，看完书就给买冰激凌，存在这种问题的家长很多。但如果总是这样的话，孩子就会认为没有奖励的事情就不值得去做。没有奖励的话，孩子不会去努力，也不会去思考，这就造成了理解能力、思考能力、判断能力的下降，注意力自然也就下降了。

POINT2 心理上的不安导致注意力下降

心理上或精神上的不安会造成孩子注意力下降。精神不安的孩子对外界条件依赖很大，微小的刺激就会造成注意力无法集中。此外，注意力也与孩子的耐力、身体发育状况、先天条件有关。

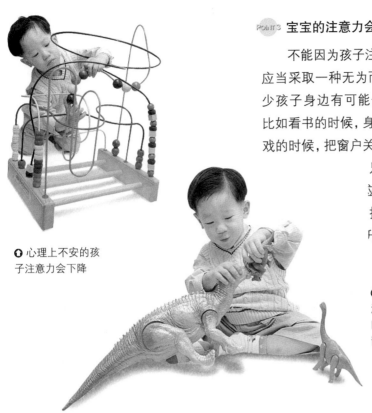

POINT 3 宝宝的注意力会在父母的称赞中增强

不能因为孩子注意力不集中就训斥他，应当采取一种无为而治的态度，尽可能减少孩子身边有可能分散他注意力的东西。比如看书的时候，身边不放其他的书；做游戏的时候，把窗户关上，别让外面的声音转

只要孩子能集中一会儿立该给予表扬。在父母的扬下，孩子的注意力会廾的。

○ 心理上不安的孩子注意力会下降

○ 注意力会因为父母的称赞和激励而增强，所以宝宝玩游戏时，一定要给宝宝创造一个安静的环境

培养宝宝的好习惯

宝宝说脏话怎么办？

家长不要反应过激

听见孩子说脏话，家长都会想方设法地帮孩子改掉这个毛病。可是如果反应过激的话，会适得其反。孩子看到家人有这么大反应，会觉得很好玩，只会变本加厉。所以，家长最好装成漠不关心的样子，孩子看到没有人理他，自然很快就厌倦了，也就不说了。

家长不要怕孩子说脏话

孩子在外面学了脏话，父母就埋怨孩子的朋友，这样的习惯很不好。如果家庭环境中的每个人都言语得当的话，孩子肯定能养成好的语言习惯。从朋友那里学来的"流行语"只是一时的，过一段时间就忘了。父母不能因噎废食，限制孩子和小伙伴接触，不让孩子交朋友是不可取的。要知道朋友比新鲜词、流行语重要多了。

适合 37~39 个月宝宝的体智能开发游戏

语言能力开发游戏

让宝宝集中精神听故事

✿ 给宝宝讲简单有趣的童话故事，再让他看着图片自己讲。简单地问几个关于这个故事的问题，看宝宝有没有听懂。

✿ 在讲故事之前，要提前告诉宝宝讲完故事后会问哪些问题。

✿ 宝宝不想听故事的话，可以定上闹钟，每隔 1~2 分钟响 1 次。如果宝宝到闹钟响起来为止一直在好好听，就要表扬他，然后慢慢地延长闹钟间隔时间。

➊ 给宝宝讲他喜欢的故事以后，可以问宝宝一些和故事相关的问题

教宝宝执行两个指令

✿ "把你的书给妈妈拿过来，再把门关上。""拿着球，去把门关上。"这样，用孩子熟悉的物品和事情给孩子下达指令。

✿ 刚开始先给孩子下达一个指令，慢慢地开始下达两个指令。

✿ 孩子如果能够认真地听指令，并按照指令行动，妈妈一定要表扬孩子。

✿ 下达指令后，可以让孩子先重复一下指令。

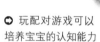

➊ 玩配对游戏可以培养宝宝的认知能力

宝宝摸小鸡鸡怎么办？

大部分家长看到孩子触摸自己的性器官会很惊慌，可能会一下子拽住孩子的手说："你这是干什么呢？不能这样。"甚至吓唬孩子。父母的做法会让孩子感觉到这样做是很脏的，但是爸爸妈妈的反应让孩子觉得很有意思，他又会觉得这样做很好玩，所以情况只会越来越严重。

家长看到孩子触摸性器官的时候不要惊慌，可以很自然地把孩子的手拿开，用其他的玩具吸引孩子的注意力，或者干脆带孩子到外面玩一会儿，这样就不用担心孩子会养成玩小鸡鸡的坏习惯了。

part
4
培养宝宝的生活技能

认知发育游戏

让宝宝一个一个配对

❋ 在桌子上面放3个杯子，给宝宝3颗珠子，让他在杯子里各放1颗珠子。

❋ 纸的左边竖直画3个碗，右边竖直画3个勺子，然后让宝宝把勺子和碗画线连起来。

❋ 让宝宝帮妈妈收拾桌子，妈妈放好饭碗，让宝宝在每个碗旁边配上一个勺子。

❋ 让宝宝给每个人分一块饼干。

让宝宝根据指示指出身体部位

❋ 从脸部开始，边说"这是眼睛"，边指着自己的眼睛，让宝宝也跟着妈妈指自己的眼睛。宝宝做得好的话，再指其他部位。

❋ 站在可以照出全身的镜子前面，让宝宝根据妈妈说的身体部位的名字，一个一个指出来。

❋ 让宝宝指着洋娃娃的身体部位，说出它们的名字，在宝宝正确指出来的部位贴上标签。

教宝宝区分男女

❋ 给宝宝读书的时候，指明图中出现的人物是男是女，然后妈妈指着一幅图，让宝宝说出人物是男是女。

❋ 玩洋娃娃时，针对男娃娃和女娃娃，让宝宝给他们穿上合适的衣服。

社会性发展游戏

让宝宝学会打招呼

❋ 假设爸爸要回来了，让宝宝扮演爸爸，然后再让宝宝演孩子，来玩这种角色游戏。

❋ 把洋娃娃放在门口，让宝宝玩迎接客人、给客人打招呼的游戏。

❋ 迎接客人的时候，也让宝宝和客人问安。

❋ 如果要来的客人孩子也认识，一定要提前告诉孩子。客人来的时候，和孩子一起去迎接，为孩子提供一个与客人打招呼的机会。

◑ 告诉宝宝问候的方法之后，让他也在家里问候家人

体能开发游戏

教宝宝拼简单的拼图

❋ 从圆形开始，一次给宝宝一个形状，让宝宝在合适的地方拼上。如果宝宝找到正确的地方却放不进去的话，妈妈可以扶着宝宝的手帮他放进去。如果宝宝可以自己把圆形拼上去的话，接下来，就给他方形的，再给他三角形的。

❋ 让宝宝触摸拼图的边沿，把他认为合适的图形找出来。

❋ 在可以放进拼图的地方放上合适的图形，让宝宝拼上去。

❋ 刚开始只拿出圆形，以后再给宝宝方形和三角形。如果宝宝做不好，妈妈可以帮帮他。可以多做几遍，直到宝宝能够独立完成。

多让孩子摸一摸图形的边和角，有助于孩子找到模样相同的图形。

让宝宝学用剪刀

让孩子握住剪刀柄，妈妈再扶住孩子的手，然后一边控制剪刀柄一张一合，一边跟孩子讲解用剪刀的动作要领。

刚开始可以剪纸片来练习。

如果孩子动作不熟练，可以让他用剪刀剪破旧的布或海绵来练习。

宝宝刚开始用剪刀的时候，妈妈可以帮他拿着纸，之后就可以慢慢地让他自己拿着纸剪。

训练宝宝跳 20 厘米左右的高度

在地板上画上线，让宝宝在线与线之间来回跳。

在地板上放上各种颜色的圈，让宝宝从一个圈跳到另一个圈。

让孩子从毯子边上起跳，跳到地板上，跳得好就给孩子鼓掌。

让孩子从8厘米高的平台上往下跳，孩子跳得好要表扬他，然后慢慢地增加高度。

鼓励孩子从最后一个台阶跳下来，家长要蹲在孩子的前方，防止孩子摔倒。

↪ 如果宝宝剪刀用得熟练，家长可以让他剪报纸或纸张进行练习

↪ 把各种形状的东西套进合适的框里

↪ 宝宝练习跳的时候，让宝宝从较低的地方跳到稍高的地方，然后一点一点增加高度

Q & A

解答育儿难题

Q 怎么防止别的孩子欺负宝宝？

A 宝宝欺负别人，或者受别人欺负，这是幼儿园里经常发生的事。遇到这种情况，最好的方式是双方父母先商量一下，因为孩子还小，做什么事情都没有恶意，父母之间还是比较好沟通的。但是一定要注意说话的方式，多进行换位思考。因为，

今天孩子欺负了别人，明天就有可能被别人欺负。作为父母，一定要有一视同仁的原则，才能避免主观和偏见。

Q 好像宝宝的运动神经比较迟钝，怎么办？

A 孩子3岁前的运动量决定了他是否善于运动。如果孩子胆子很大，做什么运动都很开心，那么目前这个阶段就是孩子学习运动技巧的最佳时机。通过系统性地学习，孩子的运动能力能够得到很大的提高。

40~42 个月

满 42 个月的宝宝能做到的事情

STEP 1 90% 的可能性 **大部分宝宝能做到**	 在妈妈的注视下自己穿衣服。
STEP 2 75% 的可能性 **一般的宝宝能做到**	1.说出自己的名字。 2.玩捉迷藏游戏。 3.单脚站立 5 秒左右。 4.辨别 3 种颜色。 
STEP 3 50% 的可能性 **有的宝宝能做到**	 1.知道肚子饿、累了、冷了。 2.可以系扣子。 3.很容易和妈妈分开。 4.单脚可以站立 5 秒。 5.单脚跳。 6.画十字。 
STEP 4 25% 的可能性 **较少宝宝能做到**	 1.单脚能站立 10 秒左右。 2.画人的头、身子和腿。 3.明白反义词和近义词。

part
4
培养宝宝的生活技能

育儿要点

认真思考宝宝的提问

POINT 1 把宝宝问问题当作学习的机会

问问题说明孩子具备了语言能力和思考能力。如果宝宝指着一件东西问“这是什么”，就表明孩子又要学习新单词了。

宝宝们在提问的过程中，说话能力变强了，表现能力也发达了

宝宝再大一些就会问“为什么”、“怎么样”，家长要利用这个时期，把问题当成宝宝学习的机会。因为宝宝虽然可能只是单纯地对问问题、听答案感兴趣，但是在这样提问求答的过程中，宝宝的语言能力增强了，可以有条理地思考了，表达能力也增强了。

POINT 2 帮宝宝养成用问题思考的习惯

3岁左右的宝宝经常问“为什么这样”，“这是什么”的问题。父母对此可能会觉得不耐烦，但是宝宝就是通过这个过程养成思考的习惯的。如果觉得宝宝问得很烦而骂他，宝宝可能就不再观察事物了，即使观察了，也不会对事物有好奇心了。

不要对孩子的问题不耐烦，要真诚地回答他。对孩子的问题，妈妈也可以这样回答：“为什么呢？妈妈也想知道啊。”孩子感觉到妈妈也不会，就会自己动脑筋想，慢慢就能养成独立思考的习惯了。

POINT 3 反问孩子

孩子过了1岁半，便开始会问问题了，问题的形式主要以模仿为主。比如和妈妈看画册的时候，妈妈总会说：“小狗在哪儿呢？”“小女孩去哪儿了？”孩子也会这样问：“狗狗呢？”自己找到答案了，便会很开心。所以对于孩子的问题，妈妈不用给出具体的答案，可以再反过来问他，这对于提高孩子思考能力很有帮助。

问宝宝和“哪里”有关的问题，让宝宝去思考

POINT 4 让宝宝回答“这是什么”的问题

孩子和妈妈一起逛商场的时候，喜欢指着橱窗里的东西问：“这是什么？”比如妈妈告诉他：“这是暖炉。”孩子就会“嗯”一声，表示明白了。这时没有必要再做解释，只要告诉孩子：“是冬天取暖用的。”因为对孩子而言，只要知道名称就算认识了。

没有必要复杂地回答宝宝“这是什么”的问题，只告诉他那个物品的名称就够了

POINT 5 让宝宝自己去寻找"为什么"的答案

宝宝稍大一点，到3岁左右的时候，就开始会不断地问为什么。这个时期的宝宝因为不懂因果关系，即使跟他说明原因，他也难以理解河流怎么流向大海，但是宝宝是在问为什么的过程中思考和长大的。对于为什么的问题，家长要回答得尽可能简短。如果这样宝宝还是不满足的话，家长可以接着说："你怎么想的呢？""我们去看看百科全书吧！"要用这种方式，一起为解决问题努力。

POINT 6 根据宝宝的理解力做出合适的回答

如果宝宝问："为什么地铁里站了那么多人，车还能跑那么快呢？"对这种问题，

家长没有必要回答得很复杂。有的家长想把孩子培养成一个具有科学气质、思想深邃的人，所以会把问题回答得很复杂，很抽象，比如向孩子解释电力的巨大能量和光在水中的折射，等等，但是孩子根本听不懂这些。所以回答问题要尽可能符合孩子的智力水平。对刚才的问题可以这样回答："电车的力气很大，所以坐上这么多人，跑得还那么快。就像是摔

🔾 对于宝宝的提问，可以根据他的理解水平进行回答，这样更有效果

解答育儿难题

Q 孩子总和小朋友打架，需要教孩子如何与朋友相处吗？

A 孩子在家里的时候可以呼风唤雨，为所欲为，可到了外面和其他小朋友一起玩的时候就要学会分享和忍耐。孩子还不能完全做到这些，打架便会经常发生。妈妈经常对孩子说："要好好玩，不能打架。""怎么能抢朋友的东西呢？"可只靠这些话并不能起到很好的教育作用。

对孩子而言，经验比劝慰更加重要。孩子们玩的时候，家长不要因为怕他们打架就夹在里面一起玩。孩子们发生了争执，家长也不要干预，应当让他们自己解决。

Q 宝宝和小朋友不合拍怎么办？

A 要先找到孩子与其他小朋友玩不到一块儿的原因，可能是因为孩子不自信，担心别人笑话自己，不敢和其他小朋友做游戏。这时，家人应多跟孩子玩，让孩子自信起来，再带他去外面找其他小朋友玩。

也有可能是因为孩子和其他小朋友接触的机会比较少，很认生。这时，家长应该多带孩子到外面去玩，让他多和小朋友接触。等孩子交到了朋友，就邀请朋友到家里玩，或者带孩子到朋友家做客。

孩子刚开始和别的小朋友接触的时候，可能玩一小会儿就要闹着回家，这时家长不要灰心，要不断地鼓励孩子。

🔾 比较内向或害羞的宝宝，可以让他受邀去朋友家玩

跤运动员，他们力气多大呀！像你这样的小朋友，他可以提起四五个呢！电车和摔跤运动员一样，是大力士呀！"这样的回答对于孩子想象力和思考力的提高都很有帮助。

妈妈课堂

教宝宝自己的事情自己做

POINT 1 **让宝宝从整理玩具开始**

孩子玩的时候，会搬出很多的玩具。从现在开始，就要培养孩子归纳整理的习惯了。孩子小的时候不会整理，妈妈总是替他做，但是要让孩子知道游戏结束后是需要整理玩具的。两三岁的孩子会认为一切东西

都是有生命的，所以妈妈可以这样说："我们让小汽车回家吧。"孩子就会把保管玩具的箱子当成家，游戏结束后自然会送玩具回家的。

POINT 2 **让宝宝养成把东西放回原处的习惯**

定好家里放东西的场所，让宝宝养成把用完的东西放回原处的习惯，这样宝宝

◐ 让宝宝养成把东西放回原处的习惯

解答育儿难题

Q 应该如何回答宝宝关于性的问题呢？

A 3岁的孩子每天都会问很多问题，比如："太阳为什么会落下去呢？""汽车为什么有轮子呢？""苹果为什么是红色的呢？"有时也会问到一些与性有关的问题。但是孩子对性的理解程度还是很低的，所问的问题也只是关于男女发型、服装等外在差异方面的问题。

对待孩子无心的提问，妈妈不要惊慌，不要脸红失态，也不要责备孩子。因为孩子看到妈妈的反应会感觉自己做错了事，可能对性的问题就更加好奇了。

但也没必要给孩子解释得太详细、太复杂，根据孩子的理解水平给出适当的解释就足够了。因为随着孩子的成长，同类的问题也会不断重复，逐步给孩子解释清楚比和盘托出要强得多。

◐ 性教育要根据宝宝的发育时间和发育水平来进行

就会很自然地整理东西了。因为这个习惯在3岁的时候是完全可以培养的，所以如果认为宝宝还小，错过良机的话，可能会使宝宝养成不好的习惯。

POINT 3 避免宝宝尿床的措施

睡前要问问孩子上没上厕所，没去的话，带孩子去或者让他自己去，同时减少孩子晚饭后的饮水量。晚上睡觉的时候，不要给孩子裹尿布，可以直接把尿布铺到褥子上。如果孩子没有尿床，一定要表扬他，可以在卫生间门上给孩子贴一个小红星。相反，如果孩子尿床了，也不要责备他，可以让他帮忙烘干尿湿的褥子。孩子总是尿床的话，妈妈可以每隔两个小时查看一下，找出孩子尿床的时间，然后设上闹铃，在孩子尿床前把他唤醒，带孩子去卫生间，坚持一段时间孩子就不尿床了。

POINT 4 教男孩子站在马桶前解小便

教孩子站在马桶前，拿着小鸡鸡，对着马桶撒尿。不要期待孩子一开始就能学会。刚开始的时候，爸爸可以陪孩子一起撒尿，帮助孩子掌握好节奏。在卫生间挂一个表扬栏，孩子能站着小便了，就奖励一颗小红星。

宝宝容易出现的问题

如何对待敏感型宝宝

POINT 1 敏感型宝宝对所有事情反应都很敏感

有的孩子很敏感，一不称心就会哭闹，看到电视上的伤心场面要哭，和小朋友闹

培养宝宝的好习惯

培养宝宝爱帮助别人的好习惯

3岁的宝宝对自己的物品有很强的占有欲，就像自己的事要自己做一样，宝宝也很想帮助别人，所以，平时没有危险的事要让宝宝自己去做。

比如妈妈戴帽子的时候，孩子跑过来要帮妈妈戴，妈妈不要嫌麻烦，应该把帽子交给他，对他说："谢谢宝宝，给妈妈戴得漂亮点。"对于孩子给戴的帽子，妈妈一定不能表现出不满，也不要当着孩子的面矫正帽子，这样孩子会很生气，很失望。

这个阶段，孩子会慢慢改变自我为中心的思维模式，开始乐意帮助别人。对于

孩子的这些行为，妈妈要给予肯定积极的评价。要表扬孩子，让孩子懂得助人为乐的道理。

◐ 宝宝做了帮助他人的事，就算有错，也不要对他发火

了别扭也要哭，不仅如此，对气味、声音也异常敏感。不喜欢葱、蒜、洋葱等刺激的食物，对油漆、汽油的气味反应很大。坐车久了会吐，看见别人吐，自己也会吐。在幼儿园里根本就睡不着午觉，一点声音都能把他吵醒。这些都是敏感型孩子的特征。

POINT2 理解宝宝的心情

如果父母本身也很敏感，就能够比较容易理解孩子。但如果父母不这样，就很可能会觉得自己的孩子有问题，把爱哭鬼、胆小鬼这类标签贴到孩子身上，这样做是不对的。任何一种性格都有优点，敏感型的孩子感情细腻丰富。作为家长，要尊重孩子的个性特征，呵护孩子的心灵，帮助孩子健康快乐地成长。

POINT3 锻炼宝宝的适应能力

容易晕车的孩子可以一点点延长乘车时间，在幼儿园睡不好午觉的话，可以让宝宝睡在离老师最近的地方，让他可以放心睡觉。通过这些方法，不断地让宝宝去适应社会，适应生活。

POINT4 开发敏感宝宝的潜能

敏感的孩子和理解自己的人一起生活，也会过得非常幸福。敏感的孩子往往具备很多特殊的才能，家长要善于发现孩子的长处。体形胖一点儿，或者性格敏感一点儿都不是缺点，要善于发现孩子的优点，这样孩子才能更加快乐和自信。

Mom & Baby

让孩子明规矩、懂礼貌

●需要设定规则

不管什么样的家庭都需要设立合情合理的规则秩序。规则要简单、公正、容易理解，例如晚饭之前不能吃零食、睡觉之前要刷牙等。如果孩子违反规则，就要对其进行相应的惩罚，而且不管孩子怎么撒娇耍赖，也不能改变规则。

●要给予鼓励和补偿

要不断对孩子的正确行为予以精神和物质的补偿，其中效果最好的就是父母温柔、慈祥的称赞、鼓励和关心。

●家长不要生气

父母如果因为孩子而生气，那么这样做不仅抓不住事情的本质，而且很容易影响情绪。即使孩子没有按照父母的要求行事，请家长不要生气，心平气和地重复一遍自己的要求即可。

●避免对抗

孩子不听话，父母往往就会认为更加严厉的管教会是一个很好的解决办法，但是这样做反而会导致严重的亲子对抗。

如果家长和孩子处在严重对立的状态，那么家长首先要镇定，把规则再说一遍，同时数三个数，给孩子一个补过的机会。

适合40~42个月宝宝的体智能开发游戏

语言能力开发游戏

让宝宝回答"怎么样"、"怎么办"等问题

✽ 平时经常问宝宝："我们怎么去商店啊？""我们怎么开这个门啊？"这样的问题。

✽ 根据宝宝回答问题的程度，逐渐增加问题难度。

✽ 看画册、讲故事的时候，可以在中间停顿下来，问孩子："怎么办呢？""会怎么样呢？"

认知发育游戏

数数

✽ 洗碗的时候可以让宝宝数碗，叠衣服的时候让宝宝数衣服。和宝宝说"1、2、3"，让宝宝也跟着数。

认识长和短

✽ 把生活用品中长的、短的东西集合在一起，如吸管、铅笔、尺子、面条、袜子等。

✽ 在宝宝面前摆上长吸管和短吸管，让宝宝挑出长吸管。

✽ 让宝宝分辨日常物品的长和短。

✽ 利用长短不一的牙签做游戏。

○ 利用物品或数字卡片，一个个数给宝宝看，然后再让宝宝也跟着数

○ 用玩具电话教宝宝接电话的方法后，让宝宝用真电话接熟人的电话

纠正小毛病

宝宝晚上尿床怎么办？

孩子晚上尿床与白天的状态有直接关系，太累、太兴奋、有压力的时候比较容易尿床。比起尿床本身，找到问题的原因更为重要。妈妈的教育方式、精神状态对孩子的影响很大，所以如果发现孩子尿床了，妈妈首先要稳定自己的情绪，不要让孩子太紧张。

○ 有夜尿症的宝宝可以在晚上叫醒他一两次，让他去厕所

Q & A

Q 宝宝咬人怎么办？

A 跟孩子说话，他不回答，反而过来咬你一口。出现这种情况主要有两个原因：一是想吸引人的注意，二是在和同龄人的游戏中学到的攻击和防卫方式。如果是第一种原因，家长应该先把家里的危险物品收起来，给孩子腾出一个可以尽情游戏的空间，并且经常带孩子出去玩，在生活中给予孩子充分的关心与照顾，弥补孩子的感情缺失。

Q 怎么才能把宝宝培养成交际型的孩子呢？

A 要经常跟孩子对话交流，要注意在生活中是否存在以下问题：家长和孩子缺乏交流；孩子大部分时间都在看电视，很少说话；家人都很沉默寡言。这些问题会阻碍孩子语言能力、交际能力的发展。

如果孩子喜欢看画册，家长应该一边陪孩子看画册，一边给孩子讲上面的故事，让孩子感受到相处的快乐。另外，不要让孩子总待在家里，要经常带他去外面玩，多带孩子参加一些体育活动，这样孩子的性格会变得更加开朗、活泼。

社会性发展游戏

让宝宝玩接听电话的游戏

✽ 用玩具电话玩接电话的游戏，妈妈或其他熟人打来的电话可以让宝宝自己去接。

使用"请"、"谢谢"等礼貌用语

✽ 妈妈和宝宝说话的时候要恰当地使用"请"和"谢谢"。

✽ 如果宝宝没反应，妈妈就反问宝宝："应该说什么啊？"一定要让宝宝说出"请"，才给他要的东西。

✽ 吃饭的时候，也要在宝宝面前用"请"和"谢谢"这类礼貌用语。

体能开发游戏

用脚踢滚过来的球

✽ 给宝宝看踢球的示范，然后让宝宝跟着做。

✽ 和宝宝来回踢球和滚球。

○ 做踮起脚尖走路的练习

用脚尖走路

✽ 用硬纸剪出脚印的形状，贴到地板上，然后让宝宝踩着脚印，跟在妈妈后面，一步一步往前走，如果一边喊着口号一边走就更有意思了。

✽ 妈妈给宝宝看自己踮起脚尖走路的样子，让宝宝也跟着走。

✽ 刚开始让宝宝穿着袜子走之后，再让宝宝穿着皮鞋或拖鞋，踮起脚尖走路。

✽ 这样练习之后，用脚尖站着或者走路的时候就能保持平衡了。宝宝做得好要夸奖他。

培养宝宝的好习惯

训练宝宝的右脑

经常练习使用左手和左脚，孩子右脑会得到发育，也能培养创造力。能使右脑发达的游戏还有猜谜语、成语接龙等。通过这些游戏，还可以培养宝宝的语言能力和推理能力。

43~45 个月

满 45 个月的宝宝能做到的事情

> **STEP 1**

90% 的可能性
大部分宝宝能做到

1. 说出自己的名字。
2. 玩捉迷藏。
3. 辨别 3 种颜色。

> **STEP 2**

75% 的可能性
一般的宝宝能做到

1. 理解肚子饿、累了、冷了等意思。
2. 很容易和妈妈分开。
3. 单脚站立 5 秒左右。

> **STEP 3**

50% 的可能性
有的宝宝能做到

1. 自己系扣子。
2. 自己会穿衣服。
3. 单脚跳。
4. 走一字步。
5. 画十字。
6. 临摹简单的图形。
7. 单脚站立 10 秒左右。

> **STEP 4**

25% 的可能性
较少宝宝能做到

1. 抓弹起来的球。
2. 画人的头、身子和腿。

育儿要点

宝宝反抗期的对策

三四岁的孩子很顽皮，不好管教。这主要是因为随着孩子活动能力的增强，自我意识也越来越强，自我意愿的表达、不满情绪的发泄成了孩子对抗大人的主要原因。从家长的角度看，孩子很难管教，让人头疼。但这是孩子成长的必经阶段，家长一定要有足够的重视。

POINT 1 要求宝宝做事有始有终

处于反抗期的宝宝无论做什么，都要自己去做，所以，要尽可能地鼓励他有始有终地完成一件事。因为做完一件事对这个时期的宝宝来说是很重要的。即使是小事，也要称赞他。无论是穿衣服还是穿鞋子，都要让他自己去完成。

POINT 2 多让宝宝帮助他人

孩子在3岁的时候，喜欢自己的事情自己做，也很乐意帮助别人。只要没有危险，家长应该允许孩子多多助人为乐。

需要注意的是，对于孩子帮助别人的行为，家长不能表现出不满。如果孩子给妈

解答育儿难题

Q 宝宝非常调皮，有时还故意捉弄人，怎么办？

A 过了3岁，孩子经常会故意开一些玩笑来引起别人注意。从家长的角度看，可能会担心孩子养成坏习惯，但实际上，这说明孩子很健康，很快乐。

比如，爸爸妈妈问他："你为什么不说话？大人叫你，没听见吗？"父母很生气，或者很无奈，在孩子眼里看来都是很好玩的。那么下次家长叫他的时候，他很可能会继续装听不到。对待这样的孩子，最好的办法就是家长也做出一副满不在乎的样子。不理他，不追究他，孩子觉得没意思，以后就不会再这样做了。

孩子越喜欢开玩笑捉弄人，说明他

的创造力和想象力越强。在教育孩子的时候，父母可以利用孩子的这种心理，将孩子的恶作剧变成促进他成长的重要推动力。

Q 宝宝为何总是重复画同一幅画？

A 宝宝画画和大人画画不一样。孩子不是在为了画什么具体的东西而画画，只是想到哪就画到哪儿，3岁的孩子只是随意地涂鸦。如果家长因为孩子不会画就在旁边指导，或者给孩子修改，就会扼杀孩子的想象力，让孩子陷入一种固定的绘画模式中。所以，那些从小在家人的指导下做命题绘画的孩子是缺乏绘画热情和想象空间的。

○ 宝宝画画的时候，如果大人在旁边干涉，他的创意就没有了

妈戴上了帽子，妈妈嫌帽子歪，又自己戴了一遍，孩子便会很生气。

POINT 3 让宝宝经历更丰富

对待反抗期的孩子，重要的是给他机会，要尽可能满足孩子尝试的愿望，让他自己去做。比如，在家长看来，布娃娃决不可能放进整理箱，可孩子却硬要放进去。家长不应该一开始就告诉孩子"不可以""办不到"，而应该给孩子机会，让他自己认识到不可以这样。在反复经历类似的事情之后，孩子会反思自己，找到自己和大人的差距，也就得到了成长。

◐ 即使家长看来不可能的事情，孩子如果坚持要做，在没有危险的情况下，就让他去做

POINT 4 教宝宝学会表达感情

孩子总有生气伤心的时候，家长应该教给孩子转换心情的方法。可以跟孩子聊一聊他的心情，然后再问问他打算怎样调整，让小家伙自己思考一下。比如："你很生气啊，现在想干什么呢？"让孩子正视自己的情绪，自己寻找转换心情的办法。还可以教给孩子几招，比如生气的时候可以深呼吸，也可以在外面猛跑一通，发泄一下不满。

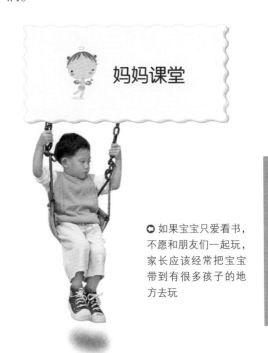

妈妈课堂

◐ 如果宝宝只爱看书，不愿和朋友们一起玩，家长应该经常把宝宝带到有很多孩子的地方去玩

让宝宝爱上读书

POINT 1 让宝宝因为喜欢而读书

到了 4 岁，孩子喜不喜欢书就很明显了。不管什么书都爱翻开看看，路过书店也要进去看看这本，翻翻那本，这样的孩子是很爱看书的。家长应该满足孩子阅读的欲望，给他提供尽可能多的阅读机会。另外，家长平时自己也要多读书。

POINT 2 创造专心读书的环境

宝宝看书的时候，室内光线要充足，姿势要正确，注意不要让他的眼睛离书太近，这是为了预防宝宝发生近视。

○ 想培养孩子的阅读兴趣，家长一有时间就应该陪孩子读书

POINT 3 尊重宝宝的喜好

有些孩子对童话不感兴趣，却很喜欢汽车、昆虫、动物等内容的书，那么就根据孩子的喜好选择读物吧。孩子对书感兴趣自然就爱读，很快就会开口求家长教他识字了。

培养良好的性格

POINT 1 满足宝宝对爱的渴望

对孩子而言，最重要的是拥有爸爸妈妈和周围其他人的爱。如果孩子在家里还有其他的兄弟姐妹，家长一定要做到不偏不倚才行。对孩子有爱心还不够，还要靠语言、行动来表达自己的爱。在成长中，孩子如果不存在爱的缺失，便不会成为一个顽劣叛逆的孩子。

POINT 2 努力营造美满的家庭环境

6岁之前是形成性格的关键时期，所以家庭环境十分重要。美满的家庭生活对宝宝性格的形成会起到积极的作用，所以要想宝宝性格好，就应当努力让家庭环境美满幸福，性格形成之后再想改变是很难的。

○ 对宝宝做的事给予称赞和鼓励，宝宝就会有自信了

POINT 3 让宝宝充满自信

宝宝希望爸爸妈妈多肯定自己，但是如果积累了自卑感和挫折感，会成为一个问题儿童，所以要经常鼓励孩子，让他有信心。但是不要因此让孩子有太强的竞争意识，把输赢看得太重，要告诉孩子过程比结果更重要。

解答育儿难题

Q 宝宝经常一个人玩，这样好吗？

A 孩子总是一个人玩，会失去很多学习的机会，体能、智能和其他能力会逐渐落后于同龄人。即使和其他小朋友一起玩也会感到很吃力，跟不上节拍，这样孩子会越来越内向。

有的孩子是因为能力突出，和其他孩子玩感觉节奏太慢、没意思；也有的孩子性格本来就内向，这是性格使然。无论属于哪一种情况，家长都要经常带孩子到外面去玩，或者邀请小朋友到家里玩，多给孩子创造与同龄人相处的机会。

POINT 4 **让宝宝对交往感兴趣**

孩子在幼儿园里能交到很多朋友，这对于提高孩子的社交能力很有帮助。在幼儿园中，孩子会受到朋友的影响，这其中有好的方面，也有不好的方面，如骂人、撒谎、粗俗的行动等。有机会家长应该邀请孩子的朋友到家里玩，对孩子的朋友也要多多了解。

教宝宝自己做事

POINT 1 **避开危险的物品或场所**

告诉孩子家里哪些东西是危险品，为什么危险。把危险品和日常用品的图片混在一起，让孩子选出其中的危险品。

POINT 2 **教宝宝自己擤鼻涕**

教孩子擤鼻子的时候，妈妈要一边讲解，一边做示范，然后再手把手教给孩子。孩子流鼻涕了，妈妈要让他先擤一擤，再擦干净，孩子做得很好，妈妈就表扬表扬他："真干净，真棒。"最好在孩子的衣兜里经常放一些纸巾，这样孩子自己就知道擦鼻涕了。

○ 妈妈先给宝宝演示擤鼻涕的方法之后，让宝宝也跟着做

POINT 3 **让宝宝把衣服挂在衣架上**

平摊开衣服，从衣领处放入衣架，撑起两侧的衣袖，再把衣服挂到墙上。一边跟孩子讲解，一边向孩子示范全部的步骤，然后再让孩子自己做。

准备一些儿童衣架，在墙上钉几个适合孩子高度的衣钩，孩子就可以自己挂衣服了。

○ 告诉宝宝撑起衣服的方法，让宝宝养成自己挂衣服的习惯

 宝宝容易出现的问题

哥哥欺负弟弟或妹妹怎么办

孩子嫉妒刚出生的弟弟妹妹很正常。因为原本以为有了弟弟妹妹就有人跟自己玩了，可是刚出生的小家伙根本就不能跟自己玩，而且爸爸妈妈对自己的爱也都被小家伙抢去了。所

○ 孩子嫉妒弟弟妹妹，有时会突然使劲地抱小家伙，故意折磨他

以，有时孩子对小家伙会表现得很粗暴，极不友好，甚至有的孩子还会出现吃手指、尿裤子等退化的表现。如果孩子出现上面的情况，家长可以采取以下几种方法应对：

POINT 1 提前告诉宝宝弟弟要出生的事实

不要太早地告诉孩子，等快出生的时候再告诉他要有弟弟妹妹了。跟孩子说的时候要客观，不要给孩子太多的期望。因为等孩子出生后，失望只会增加孩子对弟弟妹妹的敌意。给未出生的宝宝买婴儿用品的时候可以带着孩子一起去，让他给弟弟妹妹挑选。提前帮助孩子做好迎接小家伙的准备，有利于孩子更好地适应新的家庭成员。

POINT 2 让宝宝照顾洋娃娃

指导孩子，让他像妈妈照顾自己一样给洋娃娃穿衣服、洗澡、喂饭吃。每当这时候，家长要称赞孩子："真乖，宝宝长大了！"这样孩子会明白小宝宝是要得到保护的。

POINT 3 带宝宝去幼儿园

让孩子自己在家里玩，不如送他去幼儿园玩。通过与其他小朋友的相处，孩子能够学会分享和克制。一起快乐游戏的新朋友也能填补被弟弟妹妹分享掉的父爱、母爱，这样孩子对小家伙的嫉妒和敌意也能消解很多。

培养宝宝的好习惯

培养宝宝的艺术才能

评估宝宝的艺术天赋

家长对孩子的艺术天赋很难给予客观的评价，应该带孩子去咨询专家的意见。如果孩子没有天分，刻意地培养只会增加孩子的负担和痛苦。

家庭要有艺术氛围

家庭中没有艺术氛围，却花大价钱送孩子去上辅导班，很难取得理想的学习效果。让孩子在生活中多接触音乐、美术等艺术形式，培养孩子的艺术修养才是最重要的。

宝宝身体健康是前提

学艺术是很苦的。如果孩子没有强健的体格就很难坚持下来。生病或心理压力不仅会影响才艺的学习，对于孩子的成长也是不利的。

● 要把宝宝培养成有艺术才能的孩子，要考虑素质和其他各种因素

适合 43~45 个月宝宝的体智能开发游戏

语言能力开发游戏

让宝宝说出正在做的事情

❀ 宝宝专心做某件事的时候，家长可以问他在做什么。

❀ 让宝宝看看家里人在做什么事，做完之后问宝宝家里人刚才在做什么。

❀ 宝宝刚看完电视，可以让宝宝说说在那个节目里看到的内容。

➊利用宝宝熟悉的物品教宝宝数数

认知发育游戏

跟着妈妈从 1 数到 10

❀ 在桌上放 10 个一样的东西，然后一个一个数给宝宝看。妈妈先数，让宝宝跟着妈妈数，然后两个人一起数。

❀ 利用玩具、糖块等各种物品让宝宝数数。

❀ 上下台阶的时候可以数数，也可以唱一些含有数字的儿歌来练习数数。

画对角线

❀ 通过画线的方式将两个对角连接起来。

❀ 让孩子拿起一支铅笔，然后握住孩子的手，将纸的左上角和右下角连接起来。

❀ 在左上角和右下角各贴一个小红星，让孩子画一条线将两颗红星连起来。

❀ 将纸斜着对折，让孩子沿着对折线画。

拼接木块

❀ 准备各种形状的木块，让孩子跟着妈妈做简单的造型拼接。

❀ 妈妈坐到孩子身边，保证孩子和妈妈看造型时的角度相同。

❀ 完成造型的拼接后，家长可以用小点心作为奖励。

社会性发展游戏

让宝宝学会遵守秩序

❀ 跟弟弟妹妹一起玩游戏。

❀ 跟 3 个孩子一起玩滚球、抓球的游戏。

排队玩球吧！

✿ 吃饭的时候按年龄顺序盛饭，让孩子学会按顺序等待。

✿ 跟孩子玩跳绳游戏，让孩子学会遵守次序，时不时让孩子第一个开始。

在游戏中遵守规则

✿ 家人们一起引导孩子，开始时父母也参加，让孩子按照妈妈所说的去做。

✿ 从传手绢、捉迷藏等简单的游戏开始，如果孩子按规则去做，就称赞他。

✿ 如果邻居家没有同龄的孩子，就带孩子去有小孩子的亲戚家或游乐场，给孩子创造一些与其他孩子一起玩的机会。

体能开发游戏

坐滑梯

✿ 开始时让孩子坐在妈妈的膝盖上向下滑。

✿ 再让孩子从距离滑梯底

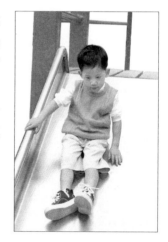

◐ 让孩子一个人坐滑梯，妈妈在滑梯底端接住他

培养宝宝的好习惯

宝宝不同年龄的绘画表现

孩子们的绘画表现是由年龄和成长状态决定的，父母的干涉只会破坏孩子的创造力。绘画的功能不在于美丑好坏，而在于真实地表现孩子的内心。

① 1.5~2岁：拿着蜡笔任意挥舞。

② 2~3岁：虽然还是任意涂鸦，但是线条比1岁时更浓，而且也更复杂，圆形也增多了。

③ 3~4岁：大部分的绘画没有具体形态，一般也没有名称。偶尔孩子也会想画某件具体的东西，可画着画着就走了样，像什么就算什么了。

④ 4~5岁：大部分孩子会给自己的画起个名字，但是不解释的话很难看明白。到了5岁，孩子还是画一些具体的东西，比如三角形、四边形或者人物。孩子也不

会照着样子画，而是随着自己的想象画，有时还会画物品的内部结构。

⑤ 5~6岁：除去特别情况，孩子的绘画要比以前简练很多。提笔之前已有腹稿，完成之后，他人一看就能明白。但是图形结构还不成比例，往往想强调的部分就会画得很大。

◐ 宝宝开始画画的时候，要激励宝宝尽情发挥自己的创意

端60厘米的地方滑下来并称赞他。然后让孩子坐在更高一点的地方，扶着他的腰让他滑下来。

孩子上滑梯台阶的时候，家长在旁边保护，孩子滑的时候用手臂环住孩子的腰。

在滑梯底端等待，孩子滑下来时接住他。

做体操

妈妈在孩子面前示范体操动作，教孩子做每个动作。

孩子做出体操动作时，让他的手脚用力，做得好就称赞宝宝。

利用椅垫、枕头或被子，做各种体操动作。

❶ 用垫子或枕头等辅助工具做各种体操动作，一定要注意安全，避免受伤

上楼梯

牵住孩子的手，帮孩子一级一级地上台阶，等孩子熟练后，让孩子抓住栏杆保持平衡。

培养宝宝的好习惯

宝宝结巴的对策

❶ 孩子说话时，即使是很琐碎的事情，家长也要坚持听完。

❷ 妈妈对孩子说话要温柔，用孩子易理解的简单词语。

❸ 好好照顾孩子，不让孩子在日常生活中因为压力或紧张而发火。

❹ 对孩子说："慢慢说，从头开始重新说一遍，说之前深呼吸一下，好好想想再说。"不要对孩子的结巴指指点点。

❺ 不要当着孩子的面讨论结巴的问题。

❻ 不要因为结巴而惩罚孩子。

❼ 在孩子说话的时候不要插嘴。

46~48个月

女孩：身高约98.7cm，体重约15.4kg   男孩：身高约99.8cm，体重约16.0kg

满48个月的宝宝能做到的事情

STEP 1

90% 的可能性
大部分宝宝能做到

1.可以理解饿了、累了、冷了
   等的含义。

STEP 2

75% 的可能性
一般的宝宝能做到

1.自己系扣子。
2.可以与妈妈分开。
3.可以用单脚站立10秒钟。
4.可以画出十字形状。
5.反义词或同义词，3个中可以理
   解2个。

STEP 3

50% 的可能性
有的宝宝能做到

1.自己穿衣服。
2.单脚跳。
3.抓弹起的球。
4.用脚尖、脚后跟走路。
5.可以一部分一部分地画
   出人的身体。

STEP 4

25% 的可能性
较少宝宝能做到

1.知道物体的成分。
2.用脚尖、脚后跟倒
   着走。
3.临摹四边形。

育儿要点

选择图画书和玩具的要领

POINT 1 定好玩游戏的时间

女孩子开始喜欢玩过家家，即使不给她买新玩具，家里不用的茶杯、茶几等也会成为她们的玩具。

准备一些彩纸和一把不锋利的文具剪刀，在家里和孩子玩剪纸游戏。孩子年纪小，可能还剪不漂亮，不过大部分孩子都很喜欢这样玩。一定要控制好玩的时间，因为剪纸游戏很容易上瘾，一旦上瘾孩子就不爱出去玩了。

POINT 2 选择耐玩的玩具

尽可能选一些耐玩的玩具，另外一次不要买太多玩具。虽然大人认为每天玩同样的东西会很无聊，但其实不是。如果孩子认为这个玩具很适合自己，就会每天玩，只要稍微注意一下就会发现孩子最喜欢什么，家长从这方面多下些功夫就可以了。

孩子们喜欢玩过家家游戏。做游戏的时候，妈妈不要一件一件地给孩子递道具，这样孩子玩着玩着就没兴致了。把有可能用到的道具一次性给他，让孩子自己去设计角色，安排情节。这样不仅能够锻炼孩子的想象力，也有助于孩子养成做事情有始有终的好习惯。

POINT 3 选择立体的图画书

孩子们喜欢纸张厚实、色彩鲜艳的插画书，如果图画书是立体的就更好了。比起静止的汽车，孩子们当然更喜欢会跑的汽车。另外，女孩子更喜欢有洋娃娃、过家家等情节的图画书，图画的讲解文字要简短易懂。

part
4
培养宝宝的生活技能

○ 在家里玩美工游戏，最好定下时间，别占用太多出去玩的时间

妈妈课堂

培养孩子的社会性

POINT 1 所有的孩子都具备潜在的社会性

人们在生活中影响别人，也会被别人影响。社会性是一种与人相处的能力，是尊重社会规律，在社会中得到成长与获得幸福的能力。

为了培养孩子的社会性，父母首先要明白什么是社会性。社会性也不是什么太特别的东西，从孩子出生开始，他们就已经具备了发展社会性的潜在能力。

举个例子来说，刚出生一天的孩子，如果听到别的孩子哭，他也会跟着哭。又如对平平淡淡的话，孩子有可能没有反应，可如果话语中带有很强的感情色彩，孩子就会做出反应。这些都说明孩子具有社会性。

POINT 2 妈妈和孩子的关系很重要

孩子社会性的发展基础是与妈妈的亲密关系。在母子关系稳定后，孩子才会进一步发展与他人的关系。所以，如果母子关系不完善，孩子的社会性便不会健全。

○ 孩子的社会性在与妈妈形成依赖关系之后才可以发展

解答育儿难题

Q 孩子不喜欢整理玩具怎么办？

A 因为三四岁的孩子会玩很多玩具，所以最好让他们养成整理玩具的好习惯。一开始孩子不可能自己独立完成，所以父母要先做示范。虽然妈妈可以帮忙，但最重要的是一开始就让孩子知道玩过之后就要自己整理好。

举个例子来说，妈妈亲自做示范，或者利用孩子认为所有东西都有生命的心理，对孩子说："汽车说累了想回家休息。"孩子听了会觉得很有意思，然后跟着做。另外，家长可以在孩子能触及的地方做个整理架，让孩子整理起来更容易。

Q 宝宝不喜欢儿歌怎么办？

A 孩子喜欢什么样的歌曲是由他的日常生活决定的。如果他总喜欢看电视，那么电视主题曲、流行歌曲对孩子的影响就会很大。家长没有必要禁止孩子唱这些歌，因为新歌层出不穷，孩子很快就会厌倦。如果在这时多给孩子听一些名曲或儿歌，孩子也会慢慢地有分辨能力，逐渐发现这些歌的优点。

孩子的社会性会随着时间的推移而逐渐发展。出生后8~12个月孩子便会认生,还会喜欢和同龄或比自己偏大一点的小孩子玩,有了对自我认知的基础,见到与自己相仿的小孩子便会有亲近感。

POINT 3 孩子在与生人见面时会感到不安

孩子对世界充满好奇,但又难免不安。刚学会走路的孩子喜欢黏人,又比较认生,就是这个原因。但是孩子的人际关系中充满了各种可能性,只要孩子愿意亲近人,就说明他已经做好接受他人的准备了。

POINT 4 让孩子体会到与他人交往的乐趣

如果把孩子与他人建立关系的可能性称作社交渠道的话,那么孩子拥有着多种社交渠道,并不是只和妈妈存在联系。

❶ 为培养孩子对刷牙的兴趣,可以用洋娃娃来做角色扮演游戏

每个孩子的个性都有所不同。有的孩子跟妈妈最亲,不太喜欢和他人打交道;有的孩子就很喜欢跟人打招呼,喜欢和小朋友一起玩。

随着孩子的成长,与外界交流的渠道会逐渐增多,最好在孩子很小的时候就让他体会与别人交往的乐趣,这对培养孩子的社会性有很大的帮助。

训练宝宝独立做事情

刷牙

❋ 用适合孩子手掌大小的牙刷,开始时不用牙膏,然后一点一点地给孩子用牙膏练习。

❋ 妈妈刷牙时让孩子一起刷,让孩子学着妈妈的动作来做。在适合孩子身高的地方准备镜子,让孩子能看到自己刷牙的样子。

❋ 让孩子跟妈妈一起每天在固定的时间刷两三次牙。

❋ 把牙刷和牙膏放在固定的地方,方便孩子拿来刷牙。

戴连指手套

❋ 从拇指开始套,教孩子戴手套的方法。

❋ 准备适合孩子手部大小的手套,不能太大也不能太小。

❋ 选择有动物图案的手套,引起孩子的兴趣。

❋ 开始时可以帮孩子戴,后来可以慢慢让孩子自己做。

❋ 开始时让孩子练习用光着的手给另外一只手戴手套,做得好的话就可以教孩子用戴着手套的手给另一只手戴手套。

❶ 戴手套是孩子日常训练中不错的选择,可以帮助锻炼孩子手部的灵活性

适合 46~48 个月宝宝的体智能开发游戏

语言能力开发游戏

给宝宝解释日常用品的用途

✽ 给孩子看一个东西，然后问他："这个是用来做什么的？"孩子不知道的话妈妈先说一遍，然后再问一遍。

✽ 用图片代替实物，将同样的问题再问一遍。

✽ 孩子回答不出来的话，妈妈先说一遍，然后再问一遍。

让宝宝表述即将发生的事情

✽ 做事情之前告诉孩子："我们去洗澡。""我们要去商店。"让孩子学着说。

✽ 如果孩子说想做什么事，可以对他说："原来你想……"在帮孩子做他想做的事情，或给他想要的东西之前先告诉孩子："我想……"

认知发育游戏

让宝宝完成人像

✽ 画画时，妈妈故意少画一两个部分，让孩子指出来。先让孩子说出画里缺少了哪一部分，然后让孩子补上这几个部分。

✽ 孩子和妈妈轮流说出身体的部分，然后在图中找出来。

✽ 画几幅漏掉不同部分的画，让孩子找出来然后补上去。

◐ 看着卡片来引导孩子回答问题，以此来发展孩子的语言能力

补全人像

◑ 画一幅缺少胳膊或鼻子的画，让孩子画上漏掉的部分

◐ 让孩子看着镜子中的自己，说出自己身体的各个部分

画方形

❶ 画一些未完成的四边形，或只给出四个点，让孩子来完成

❀ 开始时只画脸，不画鼻子，问孩子漏掉了什么？如果孩子说不出，就提示孩子："这个人有眼睛吗？""有嘴巴吗？"必要的话可以扶住孩子的手，帮他在正确的位置画上鼻子。

❀ 画几幅漏掉不同部分的画，如果孩子找出来并补上就给予表扬。把孩子的画贴在容易看到的地方，让家人都能看到并给予夸奖。

❀ 用碎布片拼成人的样子，每拼好一部分就让孩子学着做，跟孩子一起谈论身体的各个部位。

❀ 让孩子看着镜子中的自己，妈妈指着身体部位让孩子说出名称。

学着画四边形

❀ 先画一个四边形，让孩子先用手指在上面重复画，然后让他用蜡笔重复画，必要时可以扶住孩子的手帮助他。

❀ 画一些类似"冂""匚"等没完成的四边形，让孩子来完成剩下的部分，然后一点一点地减少画出的部分，最后只画出四个点让孩子来完成。

❀ 比起四边都画完之后再让孩子学着画，不如妈妈画一边就让孩子学一边。第一次一边，第二次两边，第三次三边，最后四边全画出来，孩子做得好要给予表扬。

❀ 在面粉或沙子表面用手指画四边形。

❀ 孩子画四边形时，家长可以对他说："从这里开始，画到这里，然后再往旁边画。"

解答育儿难题

Q 为什么宝宝经常做运动，饭也吃得很好，但个子还是不高？

A 个子矮小，除了有先天遗传性的原因之外，营养缺乏、慢性疾病、情绪障碍、内分泌疾病也是可能的原因。最常见的情况是体质性成长延迟，也就是我们常说的"长得晚"，这不是病。这类孩子的家人也可能有类似情况，即使小时候个子矮，长大后也会长成正常的个子。

3~4岁时，应让孩子多吃富含蛋白质和钙质的牛奶和乳制品，最好能避免高脂肪食物和重口味食物，因为高脂肪食物所含的脂肪酸会抑制生长激素的分泌，过咸的食物会妨碍钙的吸收，从而影响孩子成长。

让宝宝学会辨别颜色

✽ 开始时只拿一样东西，问孩子"这是什么颜色？"如果孩子不知道，就告诉他是什么颜色，然后重新问一遍："这是什么颜色？"如果答对了就给予称赞："对了，这是红色。"

✽ 用相同颜色的物品来反复练习，如果孩子可以准确地说出一种颜色，那么可以用同样的方法让他记住第二种颜色，然后记住第三种。

✽ 拿出三种颜色的物品让孩子说出名字，让孩子从家里找出属于这三种颜色的其他物品，做得好便给予称赞。

✽ 为了更好地让孩子记住颜色名称，可以经常说"绿色小草""黄色小鸡"等话。

◑ 妈妈不让做的事，绝对不能做，要听大人的话

✽ 可以把台阶刷上不同的颜色，让孩子上台阶时说出每级台阶的颜色。

✽ 让孩子说出颜色名称时，可以问他："这是红色还是蓝色？"让他从两项中进行选择。

◑ 利用身边事物来玩找颜色游戏

社会性发展游戏

要求宝宝听大人的指令

✽ 孩子做错事的时候，家长要及时阻止，命令他把东西放下，这样可以避免孩子的不当行为。家长的要求要自始至终保持统一，如果今天不能做，明天又可以做了，孩子就不知道怎么办了，也起不到令行禁止的作用。

✽ 不要给孩子太多的指令，只告诉他最重要的就可以了。

✽ 妈妈要中止孩子的游戏时，要给孩子留出一定的时间来结束游戏。

让宝宝说出颜色的名称

利用红色储蓄罐、绿色的小草、黄色的小鸡等，让孩子指出它们的具体颜色　　　用彩色台阶，让孩子说出各级台阶的颜色

让宝宝在规定的区域玩

✻ 跟妈妈一起出去的时候，如果孩子在妈妈规定的区域好好玩，下一次就让他多玩一会儿。孩子能在规定的区域玩就给予称赞。

✻ 孩子一个人在家门口玩的时候，家长可以透过窗户看他，如果孩子跑远了就立刻把他叫回来，这样反复做几次，让孩子记住他可以玩耍的范围。

● 这个时期有必要让孩子适应各种户外游戏

✻ 定好闹钟放在孩子玩的地方，闹钟响了就让孩子回家。如果孩子在规定的时间内回来的话就称赞他，给他喜欢吃的饼干作为奖励。

让宝宝跟小朋友一起设计游戏

✻ 让孩子有机会可以和小区的孩子们一起玩，如果孩子喜欢木块游戏，家长就要准备充足的木块，让所有的孩子都可以玩。

✻ 在家里也要给孩子制造游戏的场景，帮孩子设计游戏，让孩子们互相讨论，最终设计出合适的游戏。

体能开发游戏

快步走

✻ 在适当的场所快步走，妈妈事先做好示范。

✻ 可以伴随哨子或口令声，或者放进行曲。

让宝宝沿直线剪纸

● 在纸上画出粗细不同的线，让孩子剪下后做成链环、项链

为培养孩子的节奏感，也可以试着用乐器伴奏。

放节奏感很强的进行曲来配合孩子的步伐，并称赞他做得好。

用双手抓球

让孩子伸出双手，眼睛目不转睛地看着球，然后对他说："伸出胳膊，球要滚过去了。"如果孩子可以连续抓到球的话，可以试着扩大两人间的距离。

一开始可以用又大又轻的沙滩球。

沿直线剪纸

在纸上画几条粗线，妈妈拿着纸，让孩子顺着线剪纸。

把剪开的纸条卷成圈，穿起来做成项链，给孩子作为奖励。

让孩子剪对角线，开始时让孩子剪 10 厘米左右的线，做得好可以逐渐增加线的长度。

培养宝宝的好习惯

宝宝在外面爱害羞怎么办？

有不少孩子在人前不善言谈、羞于表现，在家里却说个不停，这种现象很常见。出现这种现象的原因主要是由于父母溺爱，很少让孩子到外面去玩。因为缺乏与其他同龄人相处的经验，孩子会变得缺乏自信，甚至自卑。这些孩子大多数会比较敏感、害羞、胆小、容易受到伤害。

家长要经常带孩子出去和别的孩子玩，以此来帮孩子适应外界环境，让孩子有机会交更多的朋友。

孩子做错事了，如果父母过于严厉地责备孩子，也会让孩子的自信心受到打击。父母要多理解孩子，考虑一下孩子的心理承受能力。孩子说话的时候要做出很感兴趣的样子，仔细听，并时不时地提问，让孩子继续说下去。

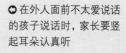

❶ 在外人面前不太爱说话的孩子说话时，家长要竖起耳朵认真听

49~60个月

懂事的年龄，
上幼儿园的时期

49~51 个月

满51个月的宝宝能做到的事情

part
4 培养宝宝的生活技能

>>> **STEP 1**

90% 的可能性
大部分宝宝能做到

1.可以自己系扣子。
2.单脚站立5秒钟。

>>> **STEP 2**

75% 的可能性
一般的宝宝能做到

1.可以和妈妈分开。
2.用脚尖、脚后跟走路。
3.单脚跳。
4.自己穿衣服。

>>> **STEP 3**

50% 的可能性
有的宝宝能做到

1.抓弹起的球。
2.临摹四边形。
3.将人体分成三部分来画（头、身子、四肢）。

>>> **STEP 4**

25% 的可能性
较少宝宝能做到

1.单脚站立10秒钟。
2.用脚尖、脚后跟倒退着走。
3.画四边形。

育儿要点

早期教育要适当

任何一个孩子都拥有潜在的才能，发现潜能，并将潜能培养成优秀的才能，是早期教育的重要目的。早期教育并不是越早越好，要根据年龄和孩子的兴趣坚持不懈地进行。

POINT1 避免单一教育

想培养一个多才多艺的孩子当然没错，但很有可能孩子学得太多，结果一样都没有学会。不要忘了这些学习时间是从孩子的游戏时间中挤出来的。那么只专注于一种才艺的学习是不是就对了呢？其实不然，因为这样很有可能会忽视掉孩子其他潜在才能。所以，学习才艺一定要根据孩子自身的情况而定。

POINT2 才艺培养要尽早开始

孩子在音乐、体育、绘画、舞蹈等方面的天赋会很早就显现出来。早期教育的很大一部分内容就是艺能教育。没有运动细胞的人不可能成为运动员，没有音乐感知的人也不会成为音乐家。这些关键的艺术感知能力和运动潜能要从小开始培养，这样会比成年后再学习的效果好很多。

❍ 如果能早早发现孩子的艺术天赋并给予适当引导，将有益于孩子的成长

解答育儿难题

Q 为什么宝宝总想跟大孩子玩？

A 游戏中的上下级关系对于培养孩子的社会性很有帮助。游戏中孩子们在队长的带领下配合、协作，其实就是成人世界的微缩版。孩子们在游戏中学到的一些社会规则，可以让他们更早地适应社会。孩子们做游戏的时候，家长不要干预，可以在旁边看，必要的时候可以提供一些帮助。家长不要用自己的判断来限制孩子们的游戏。

❍ 孩子群体中的上下级关系游戏能有效培养孩子的社会性

能够充分发挥自己才能的人是幸福的。很多人对于"才能"的界定过于狭小，认为"才能"就是"才艺"，总觉得自己的孩子什么才能都没有。其实，真正的才能不仅包括个人才艺，还包括其他综合性的能力，尤其是与人协作的能力。

家长要好好珍惜孩子细微的进步和值得自豪的优点，努力去认可孩子、激励孩子，并加以培养。

○ 即使是细微的进步，如果妈妈给予肯定和鼓励，也会激励孩子发挥自身的才能

孩子在幼儿时期各种经历的积累就是日后展现才能的基础，后天具备的任何才能都是不断努力的结果。

让孩子学会分享

POINT 1 **孩子对自己的东西占有欲很强**

从两三岁开始，孩子会产生"这是我的"这样的想法，不愿让别人拿自己的东西。只要是自己的东西，不管有没有用，孩子总是先声明这是自己所有，然后再决定要不要给别人。

POINT 2 **温柔地让孩子学会理解"分享"**

两岁以后，孩子慢慢学会把自己和别人区别开，所以不要责备孩子不懂事或太贪心。可以问孩子："如果把客人给的东西都说成是自己的，那么其他人怎么办？"然后告诉孩子："客人带来的东西要分享给其他人。"

培养宝宝的好习惯

宝宝注意力不集中怎么办？

如果住家位于商业区或靠近街道，最好关好门窗，减少外部噪音对孩子的影响。每天都应拿出时间给孩子读他最喜欢的书，或者陪孩子玩他最爱玩的游戏。孩子做得好坏不重要，关键是训练孩子集中注意力。对孩子不要有太多的干涉和要求，要多表扬孩子，帮他树立自信心。要经常带孩子出去玩，让他和小朋友们多接触。

大部分孩子在家人的帮助下，注意力不集中的问题会慢慢得到解决，但如果情况无法改善，应该及时带孩子去咨询医生。

○ 给孩子营造可以集中注意力的环境

part
4
培养宝宝的生活技能

孩子一开始可能不理解，可以让他明白自己也分享过别人的东西，这样他就会慢慢理解了。

可以和孩子说："阿姨送的点心不是让你自己吃的，而是要你和家人分享，如果你一个人独占了，那再也不让阿姨送你东西了。"

孩子喜欢得到信任，这时即使他自己不喜欢，也会拿来跟别人分享。用这种方法来教导孩子分享，效果会好很多。

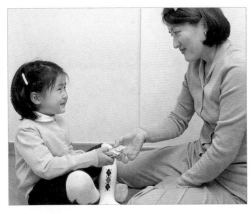

● 教导孩子分享

解答育儿难题

Q 宝宝只要看到玩具就会缠着要买，怎么办？

A 3~4岁的孩子好奇心最强，所以看到商店里的玩具就必然想得到它。

如果好奇心长期受到抑制，会影响孩子的智力发育，但是并不能靠不断地买玩具来满足孩子的好奇心。因为好奇心越强，就越容易厌倦。即使买了新玩具，没过两天就又不喜欢了。

买玩具要选择特别的日子，比如圣诞节、春节、儿童节或孩子的生日。规则一旦确定，就要坚持下去，要让孩子遵守。并且每次只买一个玩具，让孩子对得到玩具充满期待并心存感激，这样孩子才会更加珍惜每一个玩具。

Q 孩子没什么耐性，对事情容易厌倦，怎么办？

A 3~4岁的孩子还不具备长时间集中注意力做一件事情的能力，所以让孩子长时间投入地做一件事情是不可能的。

最好的应对方法是在孩子把注意力转移到下一个玩具之前就帮他收起玩具，对他说："就玩到这儿吧。"

如果认为这种做法破坏了游戏程序或扼杀了孩子的兴趣，可以跟孩子说："今天游戏到此为止，把玩具整理一下，然后洗洗手。"也就是说，要让孩子学会结束。虽然这只是很细小的事情，但如果长期坚持，也会有益于培养孩子的性格。

● 在给孩子买礼物时要形成一定的规则，让孩子有一颗感恩的心

妈妈课堂

培养宝宝良好的生活习惯

POINT1 让孩子保持清洁

要让孩子养成爱干净的好习惯。有的家长认为男孩子邋遢一点也没关系，其实这种想法是不对的。讲卫生、重仪表的习惯一定要从小培养，这与孩子的性别无关。

这不是让孩子从小就"爱臭美"，而是在培养孩子的独立性。要让孩子知道物品用完要放回原处，知道进门要换鞋、饭前要洗手，知道换下来的衣物不能乱扔，知道干净整洁的外表会为自己加分。

POINT2 让孩子养成刷牙的习惯

孩子满四岁就可以穿脱一些简单的衣服，这是件很有意思的事情，所以尽量经常让孩子穿一些穿脱方便的衣服，让孩子多做一些他们力所能及的事情。

刷牙也很简单，所以一定要让孩子每天都坚持。与早晨比起来，睡前或晚饭后刷牙更重要。刚开始，孩子会认为刷牙很有意思，但慢慢就厌倦了，不过这个年龄的孩子已开始慢慢听大人的话了，所以要让孩子养成好习惯，一定要经常跟孩子说："一定要刷牙。"

○ 让孩子养成晚饭后或睡前刷牙的习惯

训练孩子独立做事情

POINT1 训练孩子用抹布擦干净

❋ 把抹布放在固定的地方。

❋ 当孩子不小心洒了东西，不要训他。

❋ 如果孩子自己把洒落的东西擦干净了，就表扬他。

POINT2 避开危险药品

❋ 在危险药品上贴上醒目的标签，让孩子不要触摸，放在孩子够不到的地方。

❋ 将贴有药物标签的瓶子与一般的瓶子放在一起，教孩子辨别药瓶。再把标签转到背面，让孩子只通过瓶子的形状去辨别出哪些是不能乱碰的药瓶。

POINT3 训练孩子自己解开扣子脱衣服

❋ 穿前面有扣子的衣服时，让孩子自己解开。先给孩子穿有大扣子的衣服，让他试着解开，然后逐渐缩小扣子的大小，必要的话，家长可以帮助他。

❋ 刚开始，家长先把其他扣子全解开，只留一个给孩子，渐渐增加扣子的数量。

❋ 到后来，先把所有的扣子解开一半，然后让孩子解开，逐渐让孩子自己解开所有的扣子。

宝宝容易出现的问题

宝宝过分神经质怎么办

POINT1 有些宝宝容易激动，内心容易受伤

神经质的孩子表现为容易生气，过度敏感，容易兴奋，睡眠不深，对声音很敏感。

形成这种性格当然有一定体质上的原因，但主要来自于神经质父母的影响。

看到孩子把玩具放到嘴里，就大声训斥，命令他吐出来。看到孩子用蜡笔在地板上画了一笔就责骂他没有规矩。这样的父母总喜欢用强制的方式管理孩子。长此以往，孩子也会变得喜怒无常，越来越不好管教。

神经质的孩子比较敏感，即使是一句无心的话，也可能内心受伤。家长说话要小心，不能因小事责备他，尽可能温柔地哄他。

另外，如果对同一件事，妈妈有时批评有时表扬，孩子就难以区分什么是对的，什么是错的，这样就容易成为神经质儿童。为了避免这些问题的发生，妈妈在教育孩子的时候就要持正确统一的态度。

培养宝宝的好习惯

给宝宝穿衣服的要领

给孩子穿衣服时不要太松垮，虽然说孩子长得很快可以买大一点，但是穿合适的衣服看起来也漂亮，孩子活动起来也方便。在颜色上也尽可能选择明亮的颜色。

part 4 培养宝宝的生活技能

适合 49~51 个月宝宝的体智能开发游戏

语言能力开发游戏

让孩子按照三个指令去行动

❋ 如果孩子还听不明白含有三个动作的指令，可以从两个动作的指令开始练习。

❋ 在孩子按照指令行动之前，给他充分的考虑时间。

❋ "拿鞋过来，坐下穿上。"使用动宾结构的指令，反复练习，让孩子熟悉常用的指令。

让孩子理解被动的含义

❋ 利用洋娃娃或动物玩具，让孩子理解主动和被动的含义。可以给孩子说句子，例如"狗在追牛，牛在被狗追"等。

让孩子理解"一双""一对"的概念

❋ 一样的东西两两地出现时，让孩子认识"双"的概念，比如一双皮鞋、一副手套、两个杯子等。

✽ 把成对的东西混在一起，让孩子一对一对地找出来。

✽ 让孩子将图画中相关的物品连起来。

✽ 让孩子记住一些成双成对的东西，比如鞋子、袜子、手套等。把画有这些物品的图片放在一起，让孩子找出哪些图片上是一只，哪些图片上是一双。

认知发育游戏

让孩子说出触感

✽ 让孩子说出家中物品的触感，如果孩子不知道，就让他摸一摸。

✽ 找几块布，蒙住孩子的眼睛，让他分辨坚硬和柔软、粗糙和光滑。

✽ 一开始只教两种感觉，这两种感觉最好是差别比较大的，比如柔软和坚硬，等孩子理解之后再教其他的，让孩子区分比较相近的触感。

✽ 用海绵或木块做一个骰子，分别在六

➲ 因为"双""对"的概念在生活中经常碰到，孩子理解起来很容易

个面上贴上不同手感的布，然后让孩子"掷骰子"，并说出朝上那面的触感。

画三角

✽ 握着孩子的手画三角，手逐渐松开，让孩子自己画。

✽ 画好一个三角形，可以在三角形的里面再画一个小三角形，在三角形的外面再画一个大三角形。

培养宝宝的好习惯

爱帮忙的宝宝

孩子为什么愿意助人为乐呢？一种情况是：自己先做完了，再去帮助别人，会有一种优越感。另一种情况是：看到别人遇到了困难，于是善意地伸出了援手。

如果妈妈平时需要孩子帮忙的时候才求他，不需要的时候就嫌他碍事，孩子助人为乐的意愿就会受到打击。长此以往，即使再求孩子帮忙，他也不肯再帮了。

如果真的很忙，孩子也确实碍手碍脚，家长也不应该责备孩子，可以给他找点简单的活。实在没有活安排给孩子，一定要跟他好好说："这个妈妈来做，一会需要你帮忙了，妈妈再叫你。"

➲ 如果孩子吵着要帮忙，不要拒绝他，即使很简单的事情也让他来帮忙做

※ 画好三角形的两条边,让孩子补齐第三条边。

※ 画出三角形的三个角,让孩子补齐整个三角形。

● 通过连点游戏让孩子认识三角形,并且可以画出三角形

社会性发展游戏

教宝宝在困难的时候请求帮助

※ 首先妈妈向孩子请求帮助,例如:"这个妈妈自己不能做,你能不能来帮帮我?"

※ 如果孩子因为自己没法独立完成某件事情而发脾气,应当向孩子解释应该用什么方式来请求帮助。

※ 告诉孩子"请"和"谢谢"应该在什么情况下说。

※ 要教育孩子事情做不好的时候不应该发火,而是应该向他人求助。教给孩子一些求助的话,比如:"帮我找找自行车吧。"也可以考考孩子:"需要帮助的时候,应该怎么办呢?"

让宝宝跟大人对话

※ 让孩子有跟大人对话的机会。

※ 在大家聚在一起吃饭时,让家人轮流说说自己一天里发生的事情。

※ 即使孩子说了什么搞笑的话,家长也不应该嘲笑他,或者拿他开玩笑。另外,家人经常聊的话题也要让孩子参与进来。

※ 晚饭时,孩子想说的话可以事先跟妈妈演练一遍。慢慢形成说话的技巧,提高语言的逻辑性,也能让孩子对语言的表达更加重视。

解答育儿难题

Q 儿子掀女孩子的裙子怎么办?

A 对于小孩子来说,掀裙子是一种很有意思的游戏,跟大人所想的完全不一样,完全没有性方面的因素。如果要改掉孩子的这个坏习惯,妈妈可以采取"以其人之道还治其人之身"的办法。告诉孩子:"你掀玲玲的裙子,玲玲都不爱跟你玩了。为了公平,妈妈答应玲玲要把你的裤子脱下来作为惩罚。"脱掉调皮鬼的裤子是个不错的办法,这样孩子就知道被掀裙子时小伙伴的感受了。"己所不欲,勿施于人"的道理,孩子们还是懂的。

● 孩子爱掀裙子,只是觉得好玩

体能开发游戏

让宝宝奔跑时改变方向

✳ 玩警察抓小偷或老鹰抓小鸡的游戏。

✳ 给孩子下达改变运动方向的指令："往左边跑！""往右边跑！"

✳ 游戏的时候最好有欢快的背景音乐伴奏。

让宝宝走"平衡木"

✳ 在地上放一块长木板，妈妈站到上面，保持住身体的平衡，一步步往前走。

✳ 让孩子试一试，可以扶住妈妈的手，然后视线锁住正前方的一件物品。孩子掉下来的次数减少了，妈妈就表扬他。

✳ 为了保持平衡，可以让孩子双手握住一些东西，或者教他展开双臂保持平衡。

✳ 以30厘米为间隔，在地面上贴几条1.2米长的平行彩色胶带。让孩子在胶带的间隔区间练习走直线。熟练后再逐渐缩小间隔的距离。等孩子掌握了平衡感，再让孩子用木板练习。

让宝宝双脚向前跳

✳ 妈妈大声喊"一、二、三"，然后往前纵身一跳，让孩子跟着妈妈学，孩子动作完成得好就表扬他。

✳ 要找一个方便统计次数的地方练习，比如公园里的格子石板、游戏室里的方形地垫等。

✳ 教孩子跳的时候要大声数数，练习结束后要告诉他今天跳了多少次，一共跳了多远。

培养宝宝的好习惯

宝宝爱骂人怎么办？

4~5岁的孩子骂人的现象很普遍。一是由于伴随成长而滋生的反抗情绪，二是因为接触了很多同龄孩子，从他们那里学来的脏话。孩子日常对话已经很熟练了，家庭成员间的交谈对他而言已经失去了新鲜感。

邻居家小哥哥的话、幼儿园好朋友的话，在孩子看来都是很有魅力的，自然很快就学会了。像小哥哥那样说几句粗话，仿佛自己也变得很了不起。爸爸妈妈如果再冲他发一通脾气，甚至骂上几句，孩子的脏话说得就更顺嘴了。

不如这样跟孩子说："你说的这些话，妈妈听不懂，以后不要再这样跟妈妈说话了。"孩子第一次说脏话的时候，可以用这样的方式提醒他。如果再说脏话，父母最好的应对办法就是装作没听见。孩子得不到期待的回应，慢慢地就没兴趣说了。所以，短则两个月，长则半年，孩子就能改掉说脏话的坏习惯了。

❍ 在孩子说脏话时，最好的方法是提醒孩子注意，或者不去搭理

52~54 个月

女孩：身高约 105.4cm，体重约 17.3kg　　男孩：身高约 106.6cm，体重约 18.0kg

满54个月的宝宝能做到的事情

STEP 1	
90% 的可能性 大部分宝宝能做到	1.自己穿衣、系扣子。

STEP 2	
75% 的可能性 一般的宝宝能做到	1.很容易和妈妈分开。 2.一个人穿衣服。 3.单脚跳。 4.用脚尖、脚后跟走路。

STEP 3	
50% 的可能性 有的宝宝能做到	1.单脚站立 10 秒钟。 2.抓住跳起的球。 3.临摹四边形。 4.将人体分成 3 部分来画（头、身子、腿）。

STEP 4	
25% 的可能性 较少宝宝能做到	1.知道东西的成分。 2.用脚尖、脚后跟倒着走。 3.看到四边形可以照样画出来。

育儿要点

宝宝说谎和淘气的对策

POINT1 不能用体罚的方式对待淘气的宝宝

如果因为孩子淘气而体罚孩子，这是很不可取的。

惩罚孩子的时候，家长一般会打孩子的屁股，或者罚跪，甚至会关禁闭。关完禁闭后，孩子听话了，不是因为他意识到自己的错误了，而是吓怕了。等他不再害怕关禁闭的时候，很可能会做出更出格的事情。

在体罚中长大的孩子，如果到了一个没有惩罚的地方便会肆无忌惮，如果只是简单的责备没什么关系，但是不可以体罚孩子。

POINT2 平和对待孩子

从现在开始，请家长停止体罚，对孩子态度平和一些吧。孩子在做错事情之后满

以为会受到责罚，但如果我们没有责罚他，而是在他能理解的时候好好向他解释原因，他便会下决心做个好孩子。

解答育儿难题

Q 孩子在幼儿园不学习，只知道玩，怎么办？

A 对孩子而言，做游戏就是学习。幼儿园设定的游戏和孩子在家里玩的游戏不一样，它是有学习目的的。随着孩子的成长，游戏的方法和侧重点也会做出调整。不要把孩子正式入学后的学习与幼儿园的学习等同起来。

幼儿园的游戏对培养孩子的社会性和协作性来说非常重要。跟朋友们一起做一件事情，可以让孩子体会到成功时的喜悦，学习到合作的重要性，明白对待他人要宽容。

不能只凭表面现象定义幼儿教育。家长可以到幼儿园去看一看，听一听老师们如何解释游戏的作用。每个幼儿园的教育理念会有细微的差别，但是都离不开"玩"的艺术。选择幼儿园的时候，幼儿园的硬件设施、环境状况也是重要的考虑因素。

◎ 对孩子来说，游戏与其说是一种娱乐，不如说是一个重要的学习过程

同样的情况下，以前都是要受责罚的，这次家长却没有惩罚他，孩子会感觉到家长的爱与温暖，但调皮捣蛋的事情还是不能完全避免。即使这样，家长也应该坚持不再体罚孩子。可以变化一下策略，对孩子委以重任，经常让他帮家人做些事情，孩子会感觉自己长大了，自然也就不再调皮捣乱了。

即使孩子做错了，也别发脾气

POINT **让孩子说说在外面发生的事情**

孩子满四岁之后，不会一直待在父母的视线范围内活动，所以孩子有很多事情父母都不清楚。孩子从幼儿园或邻居家回来之后，可以让他说说在那里发生的事情。即使孩子做了错事，家长也不要发火，要鼓励孩子大胆地说出事情的经过。

4岁的孩子已经可以认识到自己的错误了，所以向家长"汇报"的时候，经常会故意漏说一两件事。这时，家长即使觉察出来也不要责备孩子，应当耐心地听他把话说完。

也有些孩子明明犯了错，却根本不认为自己错了，所以家长要让孩子养成回家汇报的习惯，这样才能知道孩子在外面都做了些什么。

❶ 鼓励孩子不要害怕，勇敢承认错误

培养宝宝的好习惯

宝宝对幼儿园不感兴趣怎么办？

幼儿园老师讲童话故事的时候，有的孩子会觉得："还讲这些干什么？都知道了。"如果总是怀着这种态度的话，孩子容易养成自以为是的毛病，对日后的人际交往很不利。如果孩子总觉得自己什么都懂，过不了多久就会落后于同龄人。

即使是同样的游戏，在家里玩和在幼儿园玩也是不一样的。在幼儿园，孩子们能够学会团结协作，也能培养竞争意识。要告诉孩子："你会做，并不代表做得好。要向老师和同学们学习。"不要总认为自己的孩子什么都会，幼儿园的教育水平太低了，这种想法会阻碍孩子的成长。

❶ 妈妈也可以参与到游戏中，让孩子感受到在幼儿园与朋友在一起的快乐

训练孩子独立做事情

POINT 1 自己洗脸

❈ 告诉孩子应该什么时候洗脸，孩子洗完脸就亲亲他。

❈ 在孩子够得着的地方准备好香皂、毛巾。

❈ 可以准备好小踩板，以便让孩子可以照到镜子，够到水龙头。

❈ 给孩子示范洗脸的方法，需要的时候可以握住孩子的手加以引导，渐渐地让孩子自己去做。

❈ 如果孩子自己关上水龙头，把用完的毛巾挂回原处，就要好好表扬孩子。

POINT 2 自己擤鼻涕

❈ 在洗手间或房间里孩子够得到的地方准备好卫生纸。

❈ 孩子感冒的时候，要让他随身携带纸巾。

❈ 把小手帕放到孩子的衣兜里，或者专门给孩子做一个小布兜放纸巾。

❈ 如果孩子在妈妈说擦鼻涕之前就自觉去做的话，要给予表扬。

POINT 3 睡觉时自己起来小便

❈ 在睡觉之前少喝水。

❈ 如果孩子要求的话，可以一直开着卫生间的灯。

❈ 如果孩子晚上没有尿床，就奖励他一颗小红星。

❈ 如果孩子的房间离卫生间较远，可以在孩子房间放一个小尿盆。

◉ 治孩子尿床最好的办法是不尿床的时候就表扬他

Q 孩子爱打小报告怎么办?

A 孩子希望得到肯定，所以经常会打小报告。他希望幼儿园老师和妈妈能多关注一下自己，这是孩子打小报告的主要原因。

孩子打小报告的时候，如果妈妈说："小明是个坏孩子，我一会儿去教训他！"这种做法不合适。妈妈如果不做任何回应也是不对的，如果孩子得不到肯定和认可，家长和老师的任何做法都是徒劳的。

孩子打小报告是因为渴望被认可，却没有实现。一般越希望获得认可的孩子越容易受到小伙伴们的冷落，被冷落的孩子便去找老师和家长打小报告。所以，如果孩子爱打小报告，家长应该首先考虑他在外面是不是不合群，解决好这个问题，孩子就不会爱打小报告了。

part 4 培养宝宝的生活技能

宝宝容易出现的问题

宝宝经常说谎怎么办

POINT 1 父母和孩子一起接受想象和现实

4岁孩子最大的特征之一是惊人的想象力，这个时期的谎话是丰富的想象力和现实相混杂的结果，所以不必把说谎想得太严重。

也就是说，这个时期的谎言不是有意的，所以不必去深究。如果父母责备得太严厉，孩子的自信心会受到打击。

POINT 2 父母清楚地指出孩子的谎话

如果妈妈对孩子的谎言无动于衷，孩子便会把说谎当成一件有意思的事情，甚至编出一些建立在空想上的荒谬的话来，所以父母有必要明明白白地指出孩子说的话与事实存在着差别。妈妈可以在听完孩子的谎话之后说："挺有意思，如果真那样该有多好。"这样孩子自然会明白自己说的话并不靠谱，大人什么都知道。

孩子偷偷拿别人的东西怎么办

POINT 1 多出现在不满情绪较多的孩子身上

偷拿别人的东西跟说谎话一样，可能是孩子情绪不安或不满的表现。

情商发育迟缓的孩子看到自己喜欢的东西，会不假思索地拿来据为己有，因为他认识不到自己想要的东西对别人来说也是重要的东西。

POINT 2 严格纠正孩子拿别人东西的习惯

一定要纠正孩子拿别人东西的习惯。

⊙ 如果孩子有随便动别人东西的习惯，告诉他这个习惯不好的理由，并给予适当的惩罚

⊙ 这个时期的孩子相信电视和书里的一切都是现实，所以才会说谎

要义正词严地劝说，让他认识到这种行为为什么不好，最重要的是让孩子对自己的行为负责。如果孩子从商店里偷了东西，妈妈应该带孩子一起去商店赔偿并且道歉。

孩子过分害怕怎么办

POINT 1 不要嘲笑孩子胆小

孩子比同龄人胆小，这不是天生的，主要是后天的生活习惯造成的。不要总是叫他"胆小鬼"，这样只会让孩子变得更加怯懦和自卑。

POINT 2 孩子胆小是受父母影响

大多数胆小的孩子都是家里的老大或独生子，在父母的过度保护下长大。也有些孩子是因为性格过于内向、消极，一旦受到外界的刺激，很容易变得胆小。特别是有些孩子在上幼儿园之前几乎从不出门，每天只和妈妈在一起玩，就很容易形成这样的性格。

另外，父母的不安情绪也会影响到孩子。如果和孩子一起看电视，妈妈紧张不安，孩子也会感到恐惧。

家中的老大一般会在老二出生后变得胆小。因为伴随弟弟妹妹的出生，家人的爱几乎都放到了小家伙身上，自己被忽略了，变得胆小是孩子潜意识里为了引起家人注意而采取的一种办法。

POINT 3 让孩子熟悉陌生的东西

如果孩子胆小是因为和别人接触太少，就应该为孩子多创造一些接触他人的机会。比如让孩子和邻居家的小朋友玩，慢慢扩大孩子的社交范围。

最重要的是妈妈要放开手让孩子自己去玩，不要总是跟在孩子后面。如果孩子刚刚找到玩的感觉，妈妈就过来保护他，孩子刚建立的自信就又消失了。

培养宝宝的好习惯

宝宝发音不准确怎么办？

孩子长到5岁的时候，发音会慢慢变得准确。当然根据孩子个体情况的不同，到进入小学也会有发音不准确的情况存在。男孩比女孩的语言能力发育迟缓。即使孩子有一两个音发不清楚也不用担心，过一段时间自然就好了。

如果孩子整体的发音都存在问题，最好去医院看医生，同时也要检查一下听力。有不少孩子的发音问题是由听力障碍造成的。孩子说话的时候，不要总嫌他说不清楚，应该多鼓励、多表扬，让孩子多说、多练。

有些孩子说话时，总让人感觉舌头短。出现这种情况，应该带孩子找专家看看。在正式入学前，通过特殊的语言治疗，这种情况是可以得到矫正的。

适合52~54个月宝宝的体智能开发游戏

语言能力开发游戏

让孩子两个句子连起来说

❋ 和孩子一起说话的时候，如果孩子的句子里出现"所以""并且"之类的连词，妈妈也要把这类连词放到接下来的对话里，说给孩子听。

❋ 跟孩子说话的时候，多用复句。

❋ 让孩子跟妈妈讲述在游乐园发生的有意思的两件事情。

认知发育游戏

教孩子理解上与下、正与反的概念

❋ 选择上和下有明显区分的物品，告诉孩子瓶子、桌子、椅子等物品的上和下，然后让孩子做一遍。

✿ 让孩子把东西放在桌子上面或下面。

✿ 让孩子在纸的正面和反面贴上东西或画上画，或用不同颜色的蜡笔来引起孩子的兴趣。

让孩子在图中找错误

✿ 让孩子说说图中什么地方是错误的。

✿ 妈妈指出错误的地方，可以问孩子："鸡下的蛋是蓝色的吗？""狗会飞吗？""房子有腿吗？"等等。

◐ 让孩子玩拼图游戏来区分上和下

让孩子记住图中的东西

✿ 让孩子先看30秒图片，然后把图盖上，让孩子说出房子、汽车、猫、人、树等东西在图中是有还是没有。

✿ 一开始只用简单的图，然后可以逐渐增加难度。

教孩子建立时间观念

✿ 问孩子早晨起床后做什么，晚上睡觉前做什么。天黑之后带孩子出去看星星和月亮，另外可以问孩子白天和晚上要做的事情。

✿ 问孩子吃早饭、睡觉、回家、看电视、画画这些事情是在什么时候做。

✿ 把每天的活动画成图画，让孩子说说每种活动都是在什么时间发生的。

让孩子说出被藏起来的玩具是什么

✿ 在孩子面前放三个玩具，让孩子说出它们的名称。然后让孩子闭上眼睛，妈妈在三个玩具中藏起一个，再让孩子睁开眼说出少了哪一个，答对了就表扬他。

✿ 再换成其他东西，猜一猜。

✿ 换成颜色相同、形态类似的东西让孩子猜，逐渐提高游戏的难度。

让孩子说出8种颜色

✿ 让孩子说出他所知道的所有颜色。

✿ 给孩子看贴纸，如果孩子说对了颜色，就用贴纸作为奖励。

教孩子认识8种颜色

◑ 用蓝T恤、绿杯子、黄铅笔等生活物品让孩子认识颜色

🌸 在房间里收集各种颜色的纸，让孩子找出来，然后说出它们的颜色。

🌸 刚开始游戏的时候，从孩子已经知道的颜色开始，一点点地增加颜色种类。

🌸 为了帮助孩子记住颜色的名称，可以编一些儿歌，比如"红灯停，绿灯行"等。

🌸 一开始可以给他一些提示："这是红色还是蓝色？"以后就可以让孩子自己判断。

🌸 可以对孩子下达这样的指令："穿那件蓝色的T恤。""把黄色的铅笔拿过来。""用那个绿色的杯子喝水。"通过这些可以很自然地考察孩子是不是认识了颜色。

❶ 用彩色的橡皮泥搓成球，做成各种各样的东西

❶ 让孩子做一些有意思的家务

社会性发展游戏

让宝宝独立做家务

🌸 让孩子挑选自己可以做的事情，如果做这件事情时有什么注意事项，就要提前向孩子说明，做完之后要表扬他。

🌸 孩子做家务的时候，妈妈可以在旁边观察，并给孩子鼓励，多鼓励孩子，他才会越干越有劲。

🌸 给孩子安排一些不太容易厌倦的，可以多玩一会儿的任务，比如刷浴缸、洗抹布等。孩子干活的时候，妈妈可以在他旁边干其他的活，这样孩子就不容易厌倦了。

鼓励宝宝在别人面前表现自我

🌸 经常给孩子念童谣。妈妈给孩子唱童谣时，先唱一句让孩子跟着学，慢慢地，孩子一句一句都能学会了。

🌸 让孩子和洋娃娃对话，然后让孩子教洋娃娃做事。

🌸 让孩子对妈妈或其他熟悉的人讲自己的经历，孩子与其他人对话的时候要鼓励孩子。

🌸 让孩子和其他小朋友一起展示特长、比拼才艺。

体能开发游戏

跳绳

🌸 开始时把绳子或线放在地板上，让孩子跳过去。

🌸 把绳子提起，离地2.5厘米，让孩子试着跳，然后逐渐增加高度，还要不时地称赞他。

🌸 妈妈和孩子相对站着，将绳子放在两人中间，妈妈扶住孩子的手帮他跳过绳子。

🌸 放两张椅子，在椅子上拴上绳子，离地5厘米左右。妈妈先做示范，然后数着孩子跳过去的次数，要不时地表扬他。

用橡皮泥捏东西

✿ 妈妈和孩子一起把橡皮泥搓成小球，每人拿5个，妈妈给孩子示范用这些球捏出雪人、兔子、猫的样子，然后让孩子跟着妈妈学。

✿ 妈妈跟孩子一起用橡皮泥做4个棒棒和长方形，妈妈教孩子用橡皮泥棒做动物的尾巴、桌椅的腿，做出来的东西晒干后拿回家当玩具。

剪曲线

✿ 妈妈帮助孩子把正方形纸的四面剪圆。

✿ 让孩子剪事先在纸上画好的曲线。

✿ 一开始画好线让孩子顺着剪，孩子剪的时候，妈妈拿着纸张转动，然后逐渐只用语言提示，最后让孩子自己做。

剪曲线

❶ 在纸上用粗线画出螺旋或曲线让孩子剪

宝宝过分消极怎么办?

有些孩子在家里很活跃，到了外面就变蔫了。遇到这种情况，首先要培养孩子的独立性。即使孩子动作还不熟练，也不要干涉孩子，放心教给他去做。同时，多让孩子和同龄人接触。

有些孩子在家里的时候，不吭声把什么事情都自己做了，可到了外面就变得动作僵硬，态度也很消极。这时家长要做的是帮助孩子培养主见，自己有了主意和打算，到哪儿都有信心把事情做好。

❷ 多给消极孩子制造与同龄人一起玩的机会

55~57 个月

满 57 个月的宝宝能做到的事情

STEP 1	
90% 的可能性 大部分宝宝能做到	1.很容易跟妈妈分离。 2.可以单脚跳。

STEP 2	
75% 的可能性 一般的宝宝能做到	1.理解简单的同义词、反义词。 2.可以自己穿衣服。 3.用脚尖、脚跟走路。 4.看着四边形可以模仿着画出来。 5.把人的身体分成三部分（头、躯干、腿）画出来。

STEP 3	
50% 的可能性 有的宝宝能做到	1.可以单脚站 10 秒钟。 2.抓住弹远的球。 3.用脚尖、脚后跟倒着走。 4.看到四边形能直接画出来。 5.把人的身体分成四部分（头、躯干、胳膊、腿）画出来。

STEP 4	
25% 的可能性 较少宝宝能做到	1.明白一种东西的组成成分。

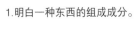

part 4 培养宝宝的生活技能

育儿要点

选择适合的玩具

POINT1 **选择能灵活摆弄的玩具**

对女孩而言，过家家的工具和布娃娃可以称得上是很好的玩具了。如果给孩子买了一件很贵的玩具，又舍不得让他玩，不能这样不能那样，这种做法是不明智的。

但如果买的玩具太过简陋，动不动就坏了，也不合适。布娃娃可以陪伴孩子很多年，所以最好买一个质量好又方便清洗的，大小也要合适，能方便孩子抱着。

也可以给孩子买一些运动器械，像秋千、自行车、轮滑等。气球或弹力不太大的皮球也可以给孩子玩。孩子从3岁到入学的这段时间很喜欢玩水，所以可以给孩子买喷水枪之类的玩具。

⊙ 气球虽然是很好的玩具，但要注意别把它吹破

选择适合的画册

POINT1 **过于抽象的书不适合孩子**

到目前为止，孩子看的书主要以图片为主。看到图片上的汽车，孩子想到的可能只是自己熟悉的某辆车；看到书上的玩具，孩子想到的也只是自己家里的玩具。也就是说，孩子还没有区别细节的能力。

但从这个阶段开始，孩子开始发现细节、懂得比较了。他们会把画册翻来翻去，有时还会一个人研究起来。碰到喜欢的又不太难的字，还会求妈妈多读几遍。

这时给孩子选书虽然不一定要选完全写实的画册，但也不能选太抽象的图片。图

⊙ 这个时期孩子慢慢开始学习文字，所以应该适当地买一些有文字的画册给他们

Q & A

解答育儿难题

Q 孩子喜欢玩火怎么办?

A 一定要严格禁止孩子玩火，家长一定要把家里的火柴、打火机收起来，放在孩子拿不到的地方。

有必要让孩子了解火灾有多可怕，要让他明白火柴是非常危险的物品。

不能靠吓唬孩子来禁止他玩火，孩子还不懂得如何调节压力，体罚和责骂只会增加他的反抗情绪。

带孩子去参观火灾现场，或者带孩子到消防部门学习消防知识都是不错的办法。重要的是要让孩子自己认识到火灾的危险。

片颜色不必太鲜艳。另外，孩子这个阶段识字很快，所以画册上的文字内容也是重要的选择标准。

生人往往就不会打招呼。所以，如果家里来了客人，妈妈要带孩子一起去门口迎接，让孩子跟客人打招呼，慢慢地，孩子就不会再认生地躲到妈妈身后了。

要让孩子感觉到自己是家庭的一员，如果在门口看见有客人要来了，不能装作看不见，至少应该跟爸爸妈妈通报一下。

妈妈课堂

教孩子问候的礼节

POINT 让孩子养成问候的习惯

4~5岁的孩子已经会说很多问候语了，比如"早上好""晚安""慢走""常来玩儿"等。如果还不熟练，家长要经常跟孩子一起练习。

孩子跟家人对话没有问题，但遇到陌

训练孩子独立做事情

POINT 自己解腰带、系腰带

✳ 刚开始用腰带的时候，家长可以帮孩子解和系，慢慢地让孩子自己练习来做。

✳ 可以先让孩子拿着腰带练习，掌握要领后再穿到裤子上试一试。

✳ 刚开始可以让孩子用稍微长一点的腰带练习，熟练了再换成适合孩子长短的腰带。

培养宝宝的好习惯

宝宝为何总是重复一个动作？

孩子到了5岁，还总是反复做同一个动作是很不正常的，重复现象一般在孩子1~2岁时比较常见，所以最好及时带孩子去医院看看。

患有幼儿神经性强迫症的孩子，不善于表达，适应新环境的能力差，不太容易交朋友，很容易感到不安。如果不安的同时，又受到外界的不良刺激，不安的情绪会更加严重。

这样的孩子，面对家长的询问，一般都不愿开口。家长越问，孩子越紧张。所以，最好的办法就是给孩子一个平和轻松的家庭氛围。

此外，这类孩子普遍和妈妈的关系非常亲近，可是与爸爸的关系却相当疏远。遇到这种情况，家长有必要重新审视一下家庭关系是否存在问题，并由专家根据孩子的自身情况制订具体的治疗方案。

●5岁的孩子如果总是重复一种动作就需要咨询专家

POINT 2 自己穿衣服

✿ 把衣服按照穿着顺序展开放好，让孩子挑选适合天气冷暖的衣服。

✿ 让孩子自己穿衣服，穿完之后给予表扬。把穿衣服列为孩子的日常功课，要给他留出充足的时间。

POINT 3 跟妈妈一起摆饭桌

✿ 把筷子和勺子放在抽屉中。

✿ 按照人数取出适当数目的勺子和筷子。

✿ 把碗碟放在比较低的地方，方便孩子取。

✿ 一开始妈妈和孩子一起准备，逐渐放手让孩子自己做。

✿ 饭和汤妈妈来盛，摆碗筷这些简单的事情让孩子做。

✿ 从简单的摆勺子和筷子开始，逐渐让孩子摆食物。

✿ 把饭菜都摆好，只差勺子，看看孩子能

○ 可以从简单的摆勺子和筷子开始

不能发现后自己去拿。每次都故意漏下一样试一试。

✿ 等孩子对这些事情熟悉后，可以增加一点难度，比如说这个是妈妈的勺子，那个是爸爸的勺子。每个人的餐具都不一样，让孩子把餐具分配清楚。

part
4
培养宝宝的生活技能

培养宝宝的好习惯

宝宝对文字不感兴趣怎么办？

孩子先会读，后会写。如果孩子对文字不感兴趣，即使手把手地教孩子写字，也只是徒劳。学习写字是有一定难度的。应该先让孩子从读开始，慢慢地熟悉字形。把字放到句子里，学习的效果会更好。画面具有提示作用，所以有些词孩子可能不明白，但是通过画面或图片就能了解个大概。让孩子熟悉语言最好的方法是在睡前给孩子读童话故事，或常常提一些问题来激发他的想象力，以此来给孩子创造一个良好的语言环境。

另外，还要有意识地给孩子布置一些有文字的环境，通过玩游戏来激发孩子对文字的兴趣也是一个好方法，特别是卡片游戏。

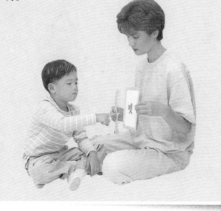

宝宝容易出现的问题

part
4
培养宝宝的生活技能

宝宝说话不熟练怎么办

POINT1 父母成为孩子的倾听者

如果孩子感到周围的人都很关心他，都愿意跟他说话，那么孩子就能较早地学会说话。可以说，孩子的语言表达能力是由周围其他人决定的。

大部分母亲在给孩子喂奶或换尿片时都会跟孩子说话，这些行为对孩子学说话也很重要。

在孩子满一岁之后也要用同样的态度对待他，这是把孩子培养成人见人爱的小精灵的前提。

POINT2 宝宝爱学喜欢的人说话

孩子学话的第一个榜样是妈妈。

为了让孩子学说话，妈妈最好能成为孩子崇拜的对象，做一个孩子最喜欢的、有魅力的人。如果能让孩子觉得妈妈是一个

○ 为了让孩子熟练地说话，首先要成为孩子的倾听者

能理解他、愿意跟他玩、愿意帮助他、不嫌烦、不发火、能让他信任的人，他自然会学妈妈说话。所以在这个时期，如果妈妈能经常给孩子讲故事，听孩子说话，那你将会成为孩子眼中最有魅力的妈妈。

不管读得顺不顺，带不带方言，都要给孩子讲各种各样内容丰富的故事。如果能用有趣的语调或歌唱来与孩子对话，孩子会很乐意学。

解答育儿难题

Q 孩子喜欢欺负小朋友怎么办?

A 欺负小朋友的事情在 4~5 岁的孩子身上很常见，欺负和被欺负都是对社会生活的体验。

如果孩子欺负其他小朋友，或者搞恶作剧，本身的动机是恶意的，家长就应该留意了。孩子如果有了很多稀奇古怪的念头，很可能是因为精神压力太大。

在严格的家教下长大的孩子从小一直受到家长和老师的表扬，可这些孩子往往转过身去就会欺负其他同学。

如果自己的孩子出现了这样的问题，作为老师和家长都需要反思一下自己的教育方式是否存在问题。

在超市里遇到的趣闻趣事，做家务时碰到的大事小事都可以跟孩子讲，妈妈小时候听的故事也不错。总之只要有趣，孩子都爱听。

宝宝注意力不集中怎么办

POINT1 宝宝注意力不集中可能因为体质差

孩子好动、注意力不集中不一定全是坏事，正确加以引导的话，会成为培养孩子运动才能和奋发意识的有利条件。如果孩子总是自己坐着不动，多半是体质不好，这才更让人担心。

如果孩子注意力不集中，妈妈可以做孩子的朋友，跟他一起玩练习动手能力的游戏，比如拼图、折纸、绘画等。这样孩子过剩的能量就从腿部转移到了双手，不再四处乱跑，孩子就变得稳重多了。

POINT2 多和孩子一起玩

和孩子聊天，和孩子一起读书、听音乐，将孩子从释放能量的主体转换成接受能量的一方。孩子自己还不认字，读书一定要家人陪着才行，但是看电视就不一样了，孩子自己也能看得很开心。

适合55~57个月宝宝的体智能开发游戏

语言能力开发游戏

让宝宝说反义词

✳ 试着跟孩子说下面的句子：

"哥哥是男的，姐姐是女的。"

"夏天热，冬天冷。"

"我们醒着的时候是白天，睡着的时候是晚上。"

"大狗很大，小狗很小。"

✳ 如果孩子说不上来，可以用图片来帮助。

✳ 可以更换顺序，比如："姐姐是女的，哥哥是男的"。

✳ 如果孩子答不上来，可以给他两个答案进行选择。比如让孩子说"夏天热冬天冷"和"夏天冷冬天热"哪句话是正确的。

让宝宝看图片讲故事

✳ 给孩子讲图片故事的时候，让孩子先向妈妈说明图片的内容。

✳ 一开始反复给孩子讲简短的小故事，然后让孩子给妈妈、姐姐或哥哥重新讲一遍这个故事，然后逐渐讲一些复杂的故事，再让孩子给家人讲。

认知发育游戏

教孩子认字和标识

✳ 在桌子上放5张卡片，妈妈手里拿5张相同的卡片，妈妈抽出1张卡片，然后让孩子找出 1 张相同的卡片。

❀ 可以用文字或数字拼图，让孩子把文字或数字放到正确的位置。

❀ 教孩子识字，可以从偏旁部首开始学习。

❀ 还要教孩子认识一些生活中常见的标识，比如信号灯、禁烟标志、斑马线等。

○ 如果想让文字学习更有趣的话，可以借助写有文字的卡片

画 人

○ 让孩子描下自己的手，然后让孩子上色

身体的各个部位，以此来激发孩子对人体各部位的兴趣。

❀ 画出人体的一部分，然后让孩子完成剩下的。

玩商店买卖游戏

❀ 用真实的硬币玩游戏，教孩子认识硬币的面值。

社会性发展游戏

要求孩子为自己的错误道歉

❀ 如果孩子做错了事情还不道歉，妈妈不要说话，只要安静地等待，这样可以集中孩子的注意力。

画人物

❀ 用圆和线来画人的脑袋，妈妈画的时候让孩子学着画，这个时候可以给些提示。

❀ 下一步还应该画什么？

❀ 在纸上描下孩子的手或脚。然后让孩子上色，在孩子涂色的时候跟孩子讨论人

part
4
培养宝宝的生活技能

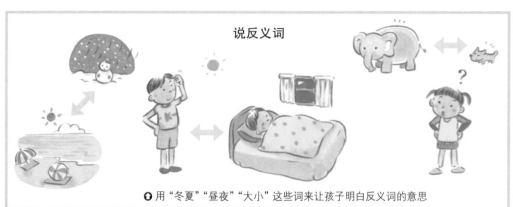

说反义词

○ 用"冬夏""昼夜""大小"这些词来让孩子明白反义词的意思

※ 如果孩子没有反应，可以提醒他："犯错误之后应该说什么？"如果孩子自觉地道歉就表扬他。

要求孩子遵守秩序

玩"接话"游戏，让孩子一个一个来接话，可以让孩子围成一个圈，每个孩子说出一种物品，然后大家轮流说出属于这个种类的物品。例如，一个孩子说"水果"，大家可以轮流说出西瓜、苹果、梨、柿子等水果的名称。

体能开发游戏

上楼梯

给孩子一只脚穿红袜子，另一只脚穿蓝袜子，让孩子一只手抓着栏杆，另一只手牵着妈妈的手，在楼梯上交替贴上红色和蓝色胶带，让孩子按照颜色一级一级地上楼梯。

拧盖子

※ 准备瓶子、盖子等道具。

※ 妈妈先握着瓶身，孩子拿着盖子，旋转着盖上，妈妈可以抓住孩子的手来帮助他。

※ 如果孩子做得不好，可以把瓶子放在孩子两腿膝盖之间，不让瓶子移动。让孩子左手抓住瓶子上部，右手拧盖子，在瓶中放入玩具或点心，让孩子有拧的欲望。

※ 先对上缝，然后让孩子拧紧。

◐ 如果要锻炼孩子手部的力量，可以试着让孩子拧盖子

培养宝宝的好习惯

宝宝总爱丢三落四怎么办？

有些孩子喜欢听半截话，做半截事，这样的孩子不够稳重，沉不住气，还总是忘东忘西，丢三落四。

在批评这些孩子之前，先要让他们养成听完别人的话再行动的习惯。

孩子回家以后，妈妈要让他把书包和衣兜里的东西都拿出来，然后放到收纳箱或抽屉里，等到第二天早晨再让他把东西重新装回书包和衣兜里，这样孩子丢三落四的毛病就慢慢改掉了，学校里的通知也能及时地告诉家人。

58~60 个月

女孩：身高约 108.6cm，体重约 18.5kg　　男孩：身高约 109.6cm，体重约 19kg

满 60 个月的宝宝能做到的事情

STEP 1	
90% 的可能性 **大部分宝宝能做到**	1.理解简单的反义词、同义词。 2.自己穿衣服。 3.用脚尖、脚跟走路。 4.把人物分三部分来画（头、躯干、腿）。

STEP 2	
75% 的可能性 **一般的宝宝能做到**	1.单脚站 10 秒钟。 2.抓弹起的球。 3.模仿画四边形。

STEP 3	
50% 的可能性 **有的宝宝能做到**	1.用脚尖、脚后跟倒着走。 2.看着四边形画出来。 3.画出人物的四个部分（头、躯干、胳膊、腿）。

STEP 4	
25% 的可能性 **较少宝宝能做到**	1.熟练地使用锤子、剪刀。 2.会系鞋带。 3.有长度、数量的概念。 4.知道大脑、骨头、心脏、血管等身体构造。

part
4
培养宝宝的生活技能

282

育儿要点

让孩子学习做客的礼节

POINT 1 **做客之前预先告诉孩子做客的礼节**

在外出之前，让孩子记住到了别人家里要保持安静，当然也要告诉孩子不要做那些不该做的事情。

但有些家长认为孩子还小，做什么都没关系，如果孩子在别人家惹了祸，那家的主人批评两句，孩子的家长很有可能与人家翻脸，这种做法是不可取的。

有必要给孩子提供一个安全的空间，把孩子不能碰的东西都收起来，父母也要为孩子所犯的错误而道歉，同时也应该试着用谦虚和客观的眼光来看待自己的孩子。

POINT 2 **做客时好好管教孩子**

孩子去别人家里玩，一会儿要吃要喝，一会儿乱翻乱碰，有很多行为都是不礼貌的。遇到这种情况，一定要好好管教。

最好事先就立下规矩，这些规矩对自己的孩子和客人的孩子同样适用，比如告诉他们不能进某个房间。另外，孩子在去别人家做客前应该告诉他："想摸什么东西的时候，要先问问阿姨能不能摸。"并且一有机会就要提醒孩子。

另外，告诉孩子在别人家如果想打电话，一定要事先征得主人的同意。

有时候家长会刻意锻炼孩子接电话，但是因为孩子还小，不知道接电话的礼节，有可能好半天都没有让父母来接电话，这样会给对方留下不好的印象。所以，如果想锻炼孩子接电话，一定要注意选择合适的对象。

◉ 在别人家打电话和在自己家接电话的礼节，都需要教给孩子

解答育儿难题

Q 应该什么时候教孩子认字？

A 给孩子看一些少儿电视节目和有意思的儿童读物，在这个过程中，孩子自然而然就会数数了，还能认一些简单的字。

不让孩子看电视，也不让他看书，没有生活体验，只靠和孩子面对面地学数字、记生词，这种学习方法并不好。

如果孩子喜欢看电视，喜欢看书，就让他通过电视和书本感受到学习数字和文字的必要性。

另外，家长不要认为孩子会读了，就应该会写，让这么大的孩子用文字表达想法还为时尚早。如果家长强迫孩子学习，反而会让孩子产生厌烦心理，对以后的学习很不利。对这个年龄的孩子而言，能够充分表达自己的想法才是最重要的。

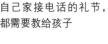

◉ 通过画册和报纸教孩子识字的效果很好

POINT 3 做客时多约束任性的孩子

❀ 在别人家里到处跑的孩子。

❀ 在别人家沙发上由着性子跳来跳去的孩子。

❀ 给他零食还抱怨的孩子。

❀ 随便开冰箱，妈妈也不说什么的孩子。

❀ 在别人家里到处翻的孩子。

❀ 玩完玩具之后不整理，说了也不听的孩子。

妈妈课堂

培养孩子助人为乐的品德

POINT 1 让孩子乐于助人

4岁左右的孩子会喜欢帮助别人。妈妈也可以在他更小点的时候让他跑腿。

孩子在3岁之前，对于自己做不了又想去做的事情，如果让别人做了，就会发脾气。过了3岁，孩子认识到自己的能力界限，便知道在自己的能力范围内帮助别人了。

不过对孩子而言，跑腿干活还不是真正的劳动，更多的意义在于游戏。家长一般也只会在孩子想干活的时候让他帮忙。不过，在孩子想做别的事情的时候让他帮忙也是一种训练，可以让孩子学会忍耐。

孩子6岁以后就很善于帮家人做事了。在此之前，可以固定某一两件事情让孩子每天都做，培养他的责任感。

POINT 2 让孩子养成帮助别人的习惯

让孩子帮忙做事，肯定用的时间会比较长，加上动作还不熟练，如果家长性子急，很可能就干脆自己做了。有些家长认为即使孩子在这个阶段养成了乐于助人的习

◑ 让孩子练习系鞋带

解答育儿难题

Q 孩子无法好好表达自己的意见怎么办？

A 妈妈越唠叨，孩子就越不爱说话。因为在生活中，如果孩子一张口，妈妈就明白了他的意思，那么孩子就失去了学习语言的动力。试想一下，如果孩子只说了一个字"水"，妈妈就说："宝宝要喝水了呀，等一下，妈妈马上给你拿过来。"孩子只说了一个字"尿"，妈妈就说："宝宝想上厕所啊？快去吧，不要忘了洗手啊。"妈妈这样一口气说完，孩子根本就没有说话的必要了，那自然也就越来越不愿开口了。所以即使孩子说话费时又费力，妈妈也要耐心地听孩子把话说完。

Q 孩子数数很不熟练，怎么办？

A 孩子不喜欢做的事不能强迫，如果强迫孩子他只会厌倦，这样孩子上了小学也会讨厌算术。要慢慢来，培养他的兴趣，让孩子有自信。

◑ 可以通过一些与数相关的游戏帮助孩子识数

惯，等再大一点，有了其他的兴趣，也就不太愿意帮家长干活了。但是，如果现在不让孩子帮忙做一些事情，孩子就会比同龄人缺少"主人翁"意识，甚至还会自卑。等长大了，孩子会变成一个对他人漠不关心，缺乏热情的人。

● 要让孩子知道，帮家长做事，不能只在自己高兴的时候做，不想做的时候也要帮忙

训练孩子独立做事情

POINT1 挂衣服

❋ 把挂衣服作为每天的课程。

❋ 自觉帮妈妈挂衣服时要给予表扬。

❋ 衣柜里的衣架要跟孩子的身高相符。

POINT2 去邻居家玩

❋ 让孩子不要出去太远，去之前要先和父母打招呼。

❋ 孩子去朋友家时给他规定好时间，让他在规定的时间内回家。但这个时期的孩子没什么时间观念，要跟他讲好，妈妈一叫就要回家。

POINT3 系鞋带

❋ 在板子上钻4个孔，让孩子试着系带子，妈妈可以先做示范。孩子做得好就可以增加孔的数量。

❋ 让孩子拿大人的鞋子练习也不错。

宝宝容易出现的问题

宝宝爱打架怎么办

POINT1 父母要把打架当作成长的机会

❋ 要知道孩子并不是为了打架而打架，而是为了成长而打架。

❋ 有的孩子不会控制自己的情绪，会把情绪立刻表现出来，就容易打架。

❋ 有的孩子不好好听别人说话，什么事都以自我为中心，也容易打架。

❋ 跟活泼的孩子在一起玩，每个人都有自己的主张，容易形成对立，从而打架。

❋ 妈妈要注意发现孩子身上存在的问题，要学会跟孩子交心。不要冲孩子发火，要倾听孩子的心声，多理解他。

宝宝说话不熟练怎么办

POINT1 与其教，不如多跟他对话

把家庭环境相似的两岁的孩子分成四组，用相同的教材和时间来教他们，只是教学的方法不同，让我们看看6个月后孩子会有什么不同。

● 双胞胎的孩子可以在彼此身上获得独特的成长体验

第1组　用老师教学生的方法。

第2组　除了像第1组那样教之外，还要纠正孩子的错误。

第3组　普通的会话方式。

第4组　为了跟其他几组作比较，什么都不做。

结果是什么呢？原来学说话最快的是第3组。通过实验可以看出，比起特别的教授，对话更有效。

POINT 2 **孩子学话的同时，也在感受父母的态度**

假设一个讨厌狗的妈妈带着孩子在街上走，妈妈赶狗，跟孩子说："快走，别让它咬着。"这时刚开始学话的孩子会把狗与不好的感受连起来。

孩子在学说话的同时也在感受，会学到父母对事物的态度。

培养宝宝的好习惯

宝宝晚上不睡觉怎么办？

4~5岁的孩子一般需要10~11个小时的睡眠，如果孩子睡眠不足，家人可以试试下面的方法：

1. 规定好睡觉时间

改变生活习惯，养成早睡早起的习惯，规定好每天睡觉的时间。

2. 不要让孩子看电视看到很晚

跟孩子说要早睡，但父母却看电视或聊天到很晚，这样孩子也不会轻易入睡。晚上要保持安静，给孩子制造一个早睡的环境。

3. 给孩子单独准备一个房间

尽量给孩子单独准备房间，让孩子早点回房，把光线调暗，在妈妈温柔的话语中入睡。

4. 白天少睡

对幼儿来说，有时需要白天补一点睡眠，但是睡得太久也会成为晚上睡不着的原因。

5. 增加户外活动

不仅要让孩子在家里玩，也要多让他在外面玩。对不喜欢去外面玩的孩子来说，跟妈妈去散步也是一个好方法。去外面好好放松，能增加食欲，适当的疲劳也会帮助孩子入睡。

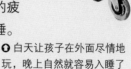

❶白天让孩子在外面尽情地玩，晚上自然就容易入睡了

适合 58~60 个月宝宝的体智能开发游戏

语言能力开发游戏

让孩子说出不同种类物品的名称

❋ 可以用图片或实物，一个种类中拿出三个，再从另一种类中拿出一个，比如拿出三只狗和一只猫，让孩子找出其中哪个是不一样的。

❋ 把东西混在一起，让孩子找出哪些是吃的、玩的、写的、骑的。孩子答对了给予称赞，也可以换题目来提问。

让孩子分辨末音节是否相同

❋ 跟孩子读一些末音节相同的单词，比如公鸡、飞机、收音机等。

❋ 准备一些画有不同物品的卡片，让孩子说出卡片上面物品的名称，把其中末音节相同的找出来。

❋ 找出一种物品，让孩子说出名称，然后又拿出两三个物品，让孩子判断末尾音节跟之前的东西是否相同。找出相同的东西，必要的时候可以给他提示。

❍ 利用一些组合式玩具的排列，让孩子学习方位词，比如前后、左右、里外、上下等

让孩子使用复句

❋ 让孩子玩复述游戏，妈妈说一句复句，让孩子跟着说，孩子说得不好，可以把语句分解开来说。

❋ 比如给孩子看一张名为"肚子饿的孩子"的图片，让他讲一讲图片上的内容。妈妈重复一遍孩子的讲述，尽可能使用复句的形式。

教宝宝辨别方位

❶ 在孩子周围、前后放上箱子来学习方位

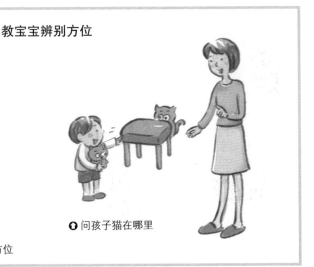

❶ 问孩子猫在哪里

287

认知发育游戏

学唱歌

✿ 一首歌要从头到尾反复听几次，然后让孩子跟妈妈一句一句地唱，最后让孩子自己一句、两句、三句地唱。

✿ 反复唱几遍之后，妈妈唱各小节的前面部分，让孩子唱后面的部分。

✿ 孩子唱得好的话可以加上伴奏。

按照指令放东西

✿ 让孩子站到箱子的后面、旁边、上面。

✿ 利用多件道具，增加难度。比如：把玩具熊放到椅子后面，然后问孩子："熊宝宝在哪儿？"然后让孩子自己把玩具熊放到原来的某个地方，再回来告诉妈妈具体位置。然后由妈妈再下达指令让孩子把玩具熊放到椅子的某个地方。慢慢地，妈妈只负责下达指令，然后让孩子执行并且复述。

利用木块来数数

✿ 妈妈和孩子各拿十个小木块和一张纸。然后妈妈把一定数量的木块放到纸上，然后让孩子也放上相同的数量。注意不要说出具体的数字，只告诉孩子："你也放上这

么多。"然后把小木块从妈妈和孩子的纸上一一对应地拿下来，让孩子看看自己是不是数对了。

✿ 改变木块的数量，让孩子练习。

社会性发展游戏

玩合作游戏

✿ 在游乐场按次序玩滑梯、转盘和跷跷板。

✿ 用积木搭房子。

✿ 清出一条路，用玩具车玩开车游戏。

✿ 玩捉迷藏和丢手绢游戏。

✿ 孩子们一起玩时给予表场。

要求孩子礼貌待人

✿ 让孩子知道在别人面前抠鼻子、挠头是不好的行为。

✿ 当孩子在别人面前抠鼻子时，可以用力抱住孩子让他安静下来，如果孩子还是继续这些行为，可以不予理会，一直到他停下来，然后给他解释为什么不能这样做。

要求孩子得到允许后才能用别人的东西

✿ 告诉孩子不能随便使用别人的东西。

✿ 家人要用孩子的东西时也要先得到孩子的许可，家人要用相互的东西时也要得到相互的许可，给孩子作榜样。

✿ 进孩子房间之前要敲门。

✿ 对孩子说明这是妈妈的东西，让他知道想用的话要先征得妈妈同意。

体能开发游戏

单脚跳五下

✿ 开始时让孩子抓着妈妈的胳膊跳，跳得好就给予表扬。

把纸剪出圆形

✽ 在纸上用黑笔画圆。

✽ 在厚纸上画直径10厘米的圆,在里面画一些小的同心圆,让孩子从最大的圆开始剪起,一个一个地剪完。

✽ 给孩子一些彩纸,让他自己剪成圆形。

把纸剪出圆形

❶ 准备不同大小的圆让孩子来剪,或给孩子彩纸来剪圆

解答育儿难题

Q 孩子几岁时上幼儿园比较好?

A 一般孩子3岁上幼儿园,因为这个年纪的孩子已经慢慢学会适应集体生活。

有的父母认为如果孩子在上幼儿园之前学会读写、数数,将来在学校学习会学得更好,但这只是孩子幼儿园学习的一小部分而已。让孩子在幼儿园里与其他孩子一起玩游戏、唱歌、学会团结协作也非常重要。

5
PART

喂母乳 ●喂奶姿势 ●喂奶步骤 ●断奶方法 ●喂奶粉

辅食的喂食量和喂食方法 ●准备期、初期、中期、后期、结束期的辅食 ●促进大脑发育的食物

培养专注度的幼儿餐　　　●为偏食的孩子准备的花样营养餐

宝宝营养饮食

喂 母 乳

给宝宝喂母乳不仅有营养，也可以通过身体的接触让宝宝感受到妈妈的爱。

胀奶怎么办

可以通过增加喂奶次数和按摩来缓解胀奶，若妈妈疼得很厉害，则可以用吸奶器把奶吸出来。

乳头很痛怎么办

宝宝含着乳头使劲咬，很容易让乳头破损受伤。这时，要保持乳头干燥，以缓解疼痛，尽可能让乳头多透透气。

喂奶之前需要进行的准备工作

❀ **洗手、清洁乳头**

宝宝的免疫力很低，所以在喂奶之前要做必要的清洁，把手洗干净，还要用温水清洁乳头。

❀ **按摩乳房**

如果乳房胀得太厉害，可以用手指做适度按摩。如果乳头凹陷，孩子吸奶会很困难，也有可能堵住鼻子，妨碍呼吸，所以之前要轻轻向外牵拉乳头。

❀ **喂奶时间控制在20分钟左右**

一次喂奶的时间在15~20分钟最合适，最好一边喂5分钟之后换另一边。

❍ 宝宝刚出生的时候，妈妈的奶水比较少，可能宝宝一次要吃两侧乳房才能吃饱。但过一段时间，奶水自然就多了，宝宝吃一边就够了。有些妈妈从医院回到家，奶水就减少了，这是因为身体和精神上的疲劳造成的，安心休息几天就好了

喂奶的姿势

ᴑ 靠着沙发或椅子坐着
妈妈正面抱着宝宝，让宝宝的
嘴靠近乳房，这时可以在妈妈
胳膊下面垫个抱枕

ᴑ 抱紧宝宝，贴近自己的腰部
用手托住宝宝的头和脖子，把
宝宝的身体和腿贴近自己的腰
部外侧

ᴑ 抱着孩子坐起来
如果乳头凹陷，宝宝吃奶会很困
难，待宝宝稍大些，让宝宝坐起，
妈妈用右手扶住宝宝的身体，左
手托住宝宝的头，让宝宝靠近自
己的身体

哺乳期妈妈的营养摄取

在喂母乳时，孩子从妈
妈的乳汁中吸收营养，所以
妈妈的营养摄取也很重要。
哺乳期会比妊娠后期需要
更多的营养，妈妈应摄取更
多的营养。当妈妈补充蛋白
质的时候，牛肉比大豆的效
果要好。哺乳的妈妈最好不
要吃快餐食品。必需的营养
素可以从饮食中自然摄取，
这样才能做到营养均衡，也
不会对消化造成负担。也就
是说，比起进食量的多少，
营养均衡更重要。

喂奶步骤

妈妈第一次给宝宝喂奶时通常都会手忙脚乱，妈妈一定要放轻松，因为如果妈妈紧张，宝宝也无法好好喝奶。

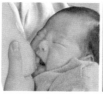   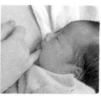 

1. 一只手托住乳房，让宝宝张开嘴

宝宝想喝奶时，可以用手指轻触他的脸颊，刺激他的反射神经，宝宝就会把头转向乳头。

2. 让宝宝竖直含住乳头

让宝宝用嘴巴竖直含住乳头，妈妈用手托住乳房。

3. 让宝宝含得更深

如果宝宝的嘴唇向上张开，有吞咽动作，绝对是在喝奶。

4. 拔出乳头

如果宝宝吃饱了，或者一边乳房吸完之后，妈妈用手轻轻推开孩子的嘴，将乳头拔出来，孩子吸力很大，所以不要太用力。

5. 打嗝

宝宝喝完奶之后，让宝宝立起来，头靠在妈妈肩膀上，轻轻拍背，让孩子打嗝。

乳汁的保存

❀ **用手挤奶**

首先要轻轻地挤乳房，直到有奶水流出，挤完之后要把乳房擦干净，自然风干。

❀ **乳汁的保存**

将挤出的乳汁放进冰箱冷藏室保存：母乳自身有抑制细菌的作用，所以即使在室温下保存6小时一般也没有大问题，但是最好能把母乳放在冰箱里，在喂奶之前先加热5~10分钟。

放进冷冻室保存：如果把母乳放进冷冻室，可以保存3个月，最好放入杀菌塑料容器，每个容器装90毫升乳汁。

❀ **用吸奶器吸奶**

1. 对吸奶器和容器进行消毒，洗手。

2. 用吸奶器吸奶。

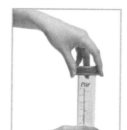

3. 收集足够量之后盖上盖子保存。

part 5 宝宝营养饮食

断奶方法

❀ 断奶不能操之过急

断奶对孩子来说是一件很特别的事情，每个孩子的断奶时间都是不一样的。

❀ 1岁多一定要断奶

母乳中蛋白质的含量在孩子过了1岁之后就比较低，所以为了补充必要的营养，必须断奶。

❀ 在孩子身心健康的时候断奶

在孩子生病、长牙、搬家、旅行或更换照顾人的时候不要开始断奶，要找一个孩子身心都健康的最佳时机。

❀ 逐渐加长喂奶间隔

确定断奶时间，在1~2个月前做好准备，先要确认孩子吃辅食的情况，逐渐增加每天的辅食次数。

母乳是孩子最好的营养

初乳一定要喝

初乳从妊娠7个月开始形成，生产两日后开始分泌，一般会持续一周，初乳较稠，呈黄色半透明状。初乳中含有丰富的蛋白质、脂肪酸和乳糖，有助于提高宝宝的免疫力，所以初乳是一定要吃的。

奶水不足时用奶粉补充

如果母乳不足，或妈妈因为上班而不能按时给宝宝喂奶，可以用奶粉作为补充。

混合喂养

如果妈妈乳汁分泌不足，可以用母乳和奶粉进行混合喂养，奶粉是母乳的补充，而非替代品。若采取混合喂养，妈妈的负担减轻了，乳汁分泌期便可以适当地延长。

尽量固定喂奶时间

要尽量固定喂奶粉和母乳的时间，妈妈上班的话，可以白天喂奶粉，晚上喂母乳。

喂奶粉

奶粉和母乳从根本上是不同的，如果母乳不足或无法授乳，奶粉可以为宝宝提供最相近的营养。

电磁消毒

1. 在消毒器中央加水。

2. 放上有孔的盖子，放入奶瓶、奶嘴。

3. 盖上盖子，强力消毒3~5分钟。

4. 消毒完毕之后把消毒机器的水倒掉，盖好盖子。

喂奶粉注意事项

在喂奶粉之前要准备好奶瓶、量勺等物品，在选择这些物品时需要注意以下问题：

❀ 尽量使用同一种奶粉

市面上出售的各种品牌奶粉营养成分相近，最好能选择一种品牌坚持用，一定要更换时，应该先混合使用，然后一点点增加新奶粉的量。还可以根据孩子的身体状况选择奶粉，比如使用于早产儿的奶粉、帮助孩子排便的奶粉等。选择这些有特殊功效的奶粉时，最好事先咨询医生的意见。

❀ 奶瓶最好用无毒的塑料制品

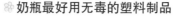

奶瓶分为塑料瓶和玻璃瓶两种，玻璃瓶有消毒彻底的优点，但是易碎、很重，不适合新生宝宝用。塑料瓶耐高温，便于携带，方便使用，对于新生宝宝来说，可以选择无毒的塑料奶瓶。最好能准备4~5个奶瓶。

奶瓶消毒

❀ 煮沸消毒

1. 要彻底清除奶瓶里的污垢，可以加入婴儿专用洗剂，用长刷子刷。
2. 将奶嘴的里外侧都用小刷子和洗涤剂刷洗干净，然后放到水龙头下冲洗。
3. 清洗奶瓶的盖子。
4. 清洗完以后把奶瓶倒置在放了水的煮锅里面，把奶嘴和盖子也放进锅中。
5. 把水煮沸到100℃以上，消毒5分钟，用镊子夹出来。

❀ 用蒸汽消毒器消毒

蒸汽消毒器是用煮沸时的蒸汽来消毒，市面上的蒸汽消毒器用起来都很方便，和放到开水中煮差不多。消毒2~3分钟后就可以拿出来，晾干后就能用了。

外出免清洗奶瓶的使用方法

带宝宝外出或短途旅行时，为了免于清洗和消毒奶瓶，可以将干净无毒的塑料袋套进奶瓶中。

1. 把塑料袋对折放进奶瓶。

2. 把塑料袋上部翻出瓶外。

3. 安上瓶底。

4. 加入奶粉和水。

5. 装上奶嘴和盖子，摇动奶瓶，混合均匀。

❀ 选择适合孩子的奶粉品牌

决定喂奶粉之后，妈妈最关心的问题就是选哪种奶粉了。市面上除了有特殊功效的奶粉制品之外，营养成分一般都差不多，一定要选择质量优良、营养均衡、无副作用的奶粉品牌。

在换奶粉时，如果孩子消化、排便出现异常就比较棘手，所以最好固定使用一个品牌。

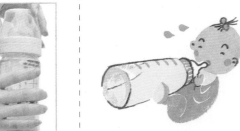

297

冲奶粉的方法

给孩子喂奶粉的步骤比想象中要复杂得多，这是妈妈在抚养孩子过程中必须经历的。

1. 用肥皂把手洗干净

检查奶瓶有没有彻底消毒，把手洗干净，擦手的毛巾也要干净。

2. 温水冲泡

冲奶粉最适合的温度是 40 ~ 50℃，如果温度太高，会破坏奶粉的营养成分，所以一定要用温水冲泡。

3. 用专用勺子取出适量奶粉

新生儿消化能力不足，奶粉不好消化，所以要用专用的勺子测量。

4. 注意温度是否合适

给孩子喝的奶最适当的温度是 38℃左右，喂奶之前要先将奶滴在手上试试温度，以免烫到宝宝。

喂奶粉的方法

刚开始喂奶粉时，妈妈一般都会手忙脚乱，所以掌握要领是非常重要的。

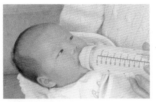

1.把奶嘴放到宝宝嘴边
把奶嘴放到宝宝嘴边，如果孩子肚子饿的话就会自己咬住。

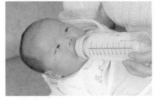

2.让宝宝咬住奶嘴
让宝宝嘴巴张开，咬住奶嘴。

3.扶好奶瓶
宝宝在喝奶时要扶好奶瓶，不能让奶瓶摇晃。奶瓶适当倾斜，以防止宝宝吸入空气。

4.喝完奶让宝宝打嗝
宝宝喝完奶一定会打嗝，可以让宝宝的肚子靠在妈妈肩膀处让他打嗝。

喂奶粉的注意事项

不能平放奶瓶

如果把奶瓶平着放，瓶中容易进空气，如果宝宝吸进了空气，吃一点就感觉吃饱了，也容易引起吐奶。

吃剩的奶不能喂第二次

即使放到冰箱里，吃剩的奶也很容易变质，所以，不要让孩子喝剩下的奶粉。

不要让宝宝只咬奶嘴的头

如果宝宝只叼住奶嘴头吃奶，下巴不动，单靠嘴唇吸很容易累，而且这样也很容易吃多，容易引起引起吐奶。

喂辅食

辅食是让宝宝从吃母乳或奶粉转为日常饮食的过程，要让宝宝吃到又美味又健康的辅食。

开始添加辅食之前做好准备

POINT 1 最好从 4 个月后开始添加辅食

不足 4 个月的新生儿肠道功能较弱，免疫力低下，如果在 4 个月之前添加辅食容易引起疾病。

POINT 2 添加辅食从小米粥开始

虽然说添加辅食不能过早开始，但长期只吃奶粉或母乳也不利于辅食的添加。

一般奶粉喂养的宝宝从 4 个月开始添加辅食，母乳喂养的宝宝从 5 个月末开始，就可以添加辅食了。最好从吃小米粥开始，因为小米不容易引起过敏，口味也比较清淡。

POINT 3 至少在 6 个月后才可以喂橘子、橙子

以前有人主张给 1~2 个月的孩子喂果汁，但研究表明，橘子、橙子等水果很容易引起婴儿过敏，所以最好在 6 个月，或者 9 个月，甚至满 1 周岁之后再喂孩子喝，可以从苹果汁和梨汁开始。

POINT 4 6 个月开始吃小块食物

6~7 个月，孩子能坐的时候，可以练习用手拿东西吃。这时最好给孩子一些放在嘴里能溶化的小块的东西，如蒸土豆、红薯、奶酪等比较合适。

POINT 5 一点点改变辅食的形态

每个月都仔细观察宝宝嘴部的运动，按照辅食准备期、初期、中期、后期、结束期来改变辅食的形态。

不吃早饭容易使学习能力低下

早晨是喂辅食的最佳时期，最好把每天喂辅食的时间固定下来。

一周岁前不能喂咸的东西

给婴儿吃的东西不能太咸，如果一开始就喂一些重口味的东西，以后孩子会养成嗜咸的口味，所以一周岁前尽量不要让宝宝吃咸的东西。

预先准备的材料

粥：做好之后放在冰箱里，想吃的时候热一下

米粉：取适量大米洗好晾干之后，用搅拌机搅成粉末，放进密闭容器保存

喂辅食需要的餐具

妈妈要准备从汤汁开始渐渐向粒状食品过渡所必需的各种器皿。

扁奶嘴：从奶嘴到杯子的过渡品

粉末机、研磨用品

辅食盘：12个月以后宝宝想自己用勺子、筷子时，可以用到这些

杯子把手：将把手套在杯子上，让宝宝拿起来更方便

吸杯：有利于宝宝将来逐渐戒除奶嘴

勺子：勺柄长，抓用方便，适合宝宝使用

围嘴：为防止吃饭弄脏衣服的必需品

筛子：过滤果汁时使用的工具，是孩子刚开始吃辅食时的必备品

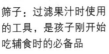

魔力杯（中、大）：无论怎么摇，内容物都不会流出来，使用方便

果汁机：方便将水果榨成汁，不破坏营养

有密封垫的奶瓶：防止液体流出，使用方便

凹槽板：研磨食物或榨汁时用到

奶瓶刷：可以很方便地把奶瓶刷干净

牛肉汤：牛肉煮1小时左右，取汤汁

鸡肉汤：煮鸡翅部分，取汤汁，然后冷冻。鸡脯肉也可以一起煮

绿色蔬菜：为防止变质，煮熟后切成段保存

小南瓜：蒸煮之后取出一份的量，其他的冷冻保存。用的时候从冰箱取出加热后喂宝宝

面包：去除尖硬的边，弄碎之后熬粥，或放入牛奶或汤中喂食

面条：面条是宝宝重要的辅食。要剪成便于宝宝食用的长度，密封保存

辅食的喂食量和喂食方法

		4个月	5个月	6个月	7个月	8个月	9个
		准备期	初 期		中 期		
辅食形态			粥		半谷型		
谷物、红薯类		5g 1小勺	→5g	粥 面条 红薯 30g 6小勺	粥 50g	粥 50g	100g 100
蔬菜类			5g 1小勺	10g 2小勺 →20g 4小勺		30g 6小勺	
水果类				10g 果汁			
牛奶、酸奶		酸奶 →1.5g			奶酪 1g 20g	奶酪 4g 50g	奶酪 1 100
鸡蛋							
豆腐、豆制品		每次吃鸡蛋、豆腐、鱼类、肉类中的任何一种。				→5g	10g
鱼类				5g 1小勺 →10g 两小勺	15g 3小勺	25g 5小勺	
肉类							5g 猪肉 1小

Part 5 宝宝营养饮食

辅食和喂奶的
次数

个月	11 个月	12 个月	12 个月以后
	后期		结束期
	100g 米饭		→
	40g		→
	8 小勺		
0g			→
	奶酪 25g		→
4 个	1/2 个	1/2 个	1 个
0g	50g	50~70g	→
		30g	→
		6 小勺	
15g	20g	30g	→
鸡肉3小勺	5 小勺	6 小勺	

		辅食	奶粉或母乳
4	初期	1 次	5 次
5		1 次	5 次
6		2 次	5 次
7		2 次	5 次
8	中期	2 次	5 次
9		2 次	5 次
10		3 次	5 次
11	后期	3 次	5 次
12		3 次	5 次
	结束期	4 次	5 次

part
5
宝
宝
营
养
饮
食

准备期辅食

让习惯喝奶的宝宝逐渐适应吃辅食。

添加辅食最好从4个月开始，在这之前需要一个适应期，在此期间，将宝宝的进食方式从"吸"变为"吃"。

从酸奶和米粥开始

在这个时期，可以适量添加跟牛奶比较相似的酸奶。在选择酸奶时，要看它的形态是不是适合孩子食用，不要选择加糖和果肉成分的酸奶。除此之外，米熬成的粥也适合宝宝食用。

一次喂一勺左右

因为此时宝宝的胃是接近竖直形态的，所以如果吃得太多或运动激烈，容易吐出来。妈妈一般都希望宝宝能多吃一点补充营养，但这些辅食并不好消化，所以宝宝吃下去有可能很快又会吐出来。这个时期，最重要的是让孩子适应辅食的味道，所以每次只喂1勺（5克）就足够了。

做汤的方法

海带汤

1. 取适量海带。
2. 锅中放水煮开，放入海带。
3. 煮完后过滤。

银鱼汤

1. 取银鱼15克，用水清洗。
2. 往锅中注入一定分量的水，放入鱼，煮30分钟左右。
3. 煮沸后用中火熬7～8分钟之后过滤。

蔬菜汤

1. 准备好3～4种蔬菜100克左右，切成不同大小。
2. 往锅中注入500毫升水，放入蔬菜，用小火煮。
3. 煮完后过滤。

一次只做一种稠一点的糊糊

在准备期内不适合一次喂几种食物，一开始一般只用一种材料，准备期结束之后开始增加喂食。

宝宝不愿吃就停一停再继续

如果孩子不肯吃辅食，家长不要轻易放弃，因为孩子之前没吃过要咀嚼的东西。但也不要强迫孩子吃，可以停一停再喂他。

鸡汤

1. 准备3个鸡翅，香菜和其他蔬菜各50克，水500毫升。
2. 往锅中注入适量水，加入食材。
3. 煮熟后将汤过滤出来。

准备期辅食	
开始时间&培养饮食习惯	从4个月左右开始
准备期辅食材料	谷类：米饭、蔬菜、南瓜。其他食材：酸奶
烹饪重点	开始只用一类，准备期要结束时可将几种食物搭配起来
一次喂食量	5克，1小勺左右

宝宝辅食

大米粥

材料

泡好的米10g，水 200ml。

做法

1. 米磨碎加水煮 10 倍汤。
2. 煮完后过滤。

红薯粥

材料

泡好的米10g，水 200ml，红薯 10g。

做法

1. 米磨碎后加水煮 10 倍汤。
2. 把红薯切好放进去一起煮，然后过滤。

南瓜粥

材料

小南瓜20g，水 200ml。

做法

1. 南瓜去皮去子，蒸好，弄碎。
2. 米磨碎后加水煮，加入南瓜煮熟，然后过滤。

青菜粥

材料

泡好的米100g，生水 200ml，青菜 10g。

做法

1. 把泡好的米磨碎，加水煮。
2. 把菜焯一下，榨汁机打碎，和米一起煮，然后过滤。

苹果粥

材料

泡好的米10g，生水 200ml，苹果 10g。

做法

1. 把米磨碎，加水，煮 10 倍汤。
2. 苹果去皮、子，榨汁机打碎，和米一起煮，然后过滤。

土豆粥

材料

泡好的米10g，生水 200ml，土豆 10g。

做法

1. 米磨碎，加水，煮 10 倍汤。
2. 土豆去皮，榨汁机打碎，和米一起煮，过滤。

初期辅食

开始添加辅食时不能太心急，即便宝宝不怎么吃，也要坚持喂食。

每个宝宝开始添加辅食的时间都不一定一样。宝宝在4个月大的时候，一般体重可以达到4~7千克，这时宝宝看到大人吃东西会很好奇。如果把食物放到孩子的嘴里，孩子不吐，还能吞咽下去，就说明可以给孩子喂辅食了。

❀ 刚开始时喂大米粥

刚开始喂辅食最好的材料是大米，一般开始时用7倍粥。所谓的7倍粥是指1份米、7份水。喝1~2周，没有什么不适症状就可以加点蔬菜。蔬菜可以选择红薯、豌豆、胡萝卜、菠菜等，其中胡萝卜和菠菜最好能在6个月左右开始添加。

❀ 蔬菜一次加一种

刚开始时一次只用一种材料，隔3~4天要换一种，这样才能知道孩子对各种食材的反应。等到了6个月的时候，就可以将3~4种蔬菜混合起来给孩子吃了。

❀ 初期饮食时间表

时间		4~5个月	6个月
早晨6点左右		母乳或奶粉	母乳或奶粉
早上10点左右		辅食 + 母乳或奶粉	辅食 + 母乳或奶粉
下午两点左右		母乳或奶粉	母乳或奶粉
下午6点左右		母乳或奶粉	辅食 + 母乳或奶粉
晚上10点左右		母乳或奶粉	母乳或奶粉

初期辅食	
开始时间&培养饮食习惯	5个月左右 体重7千克左右，看到大人吃东西的样子会抿嘴
早期辅食材料	谷料：米粉、豌豆、红薯 蔬菜：胡萝卜、菠菜、南瓜 水果：香蕉 坚果：栗子
烹饪重点	要做成像酸奶一样的糊状 孩子经常吐出来可以换材料
一次喂食量	粥类一开始喂1小勺，6个月左右可以喂50克左右；蔬菜汁从1小勺开始，6个月左右可喂4小勺

红薯橘子粥

 材料

泡好的米 10g，生水 170ml，苹果 15g，红薯 15g，橘汁 10g。

做法

1. 米磨碎，加水煮 7 倍汤。
2. 红薯去皮，煮熟，打碎。
3. 在汤中加入红薯煮一会儿，然后加橘汁稍煮一下。

苹果粥

 材料

泡好的米 10g，生水 170ml，苹果 15g。

做法

1. 米磨碎之后加水煮 7 倍汤。
2. 苹果去皮、子，煮熟，打碎。
3. 在汤中加入苹果煮一会。

土豆南瓜粥

 材料

泡好的米 10g，生水 170ml，小南瓜 5g，土豆 10g。

做法

1. 米磨碎，加水煮 7 倍汤。
2. 小南瓜切碎，土豆煮熟打碎。
3. 煮好的汤里加南瓜和土豆煮一会儿。

小南瓜胡萝卜粥

 材料

泡好的米 10g，生水 170ml，胡萝卜 5g，小南瓜 10g。

做法

1. 米磨碎加水煮 7 倍汤。
2. 胡萝卜弄碎，小南瓜去皮、子，煮好之后弄碎。
3. 粥煮一会儿加胡萝卜和小南瓜再稍煮一下。

香蕉维生素粥

 材料

泡好的米 10g，生水 170ml，维生素片半片，香蕉 10g。

做法

1. 米磨碎之后加水煮 7 倍汤。
2. 维生素片磨碎，香蕉去皮弄碎。
3. 在汤中加维生素煮一会儿，再加香蕉煮一会儿。

大米梨粥

 材料

泡好的米 10g，生水 170ml，梨 10g，维生素片半片。

做法

1. 把米磨碎加水煮 7 倍粥。
2. 梨弄碎，维生素片磨碎。
3. 在汤里加梨、维生素煮一下。

宝宝7~9个月

中期辅食

这个时期宝宝的发育很快，所以辅食的烹饪方法和喂食量跟之前都不一样。

宝宝到了7~8个月，饮食种类有所增加，辅食吞咽得很快，独立性也很强，会吵着自己吃，这时可以减少牛奶量，让宝宝吃一些蔬菜和肉。

有的宝宝到了9个月就能吃面条或松软的米饭，吃水果或蔬菜要去筋，吃鱼要小心刺。

❀ 辅食食谱要多样，让宝宝有多种味觉体验

现在可以慢慢增加食材的种类，让宝宝体验多种味觉。首先要继续让宝宝喝粥和蔬菜汁，同时可以增加鸡肉、牛肉等肉类和其他健脑食品。

也可以用坚果磨的粉熬汤，或煮海带汤给孩子喝，给孩子吃紫菜等一类东西还尚早。

❀ 中期饮食时间表（一天两次）

早上6点左右		母乳或奶粉	
上午10点左右		辅食＋母乳或奶粉	
下午两点左右		辅食＋母乳或奶粉	
下午6点左右		母乳或奶粉	
晚上10点左右		母乳或奶粉	

可以让宝宝用手拿着食物吃

这个时期宝宝喜欢吃面包、煮熟的胡萝卜、红薯、香蕉等。

中期辅食	
开始时间＆培养饮食习惯	7~8个月左右开始 可以培养宝宝自己吃饭的习惯 9个月左右，宝宝可以吃面条或米饭
中期辅食材料	谷类：玉米、面包、面条、豌豆 蔬菜：土豆、红薯、南瓜、菠菜、胡萝卜、卷心菜 水果：苹果、梨、香蕉 肉类：鸡胸肉、牛肉 海鲜类：虾、银鱼、白肉海鲜 其他：豆腐、鸡蛋、海带
烹饪重点	做成糊状 渐渐减少用水量 9个月左右，可做成豆腐或布丁状
一次喂食量	蔬菜汁30g（6小勺）左右，糊状食物100g（1/2杯）左右

牛肉青海苔粥

 材料

牛肉末 15g，青海苔 5g，香菇 10g，泡米 15g，水 400ml，香油、芝麻少许。

做法

1. 牛肉切末，青海苔烤一下，洗干净，香菇去掉根部后切碎。
2. 泡好的米加水煮，然后按顺序加牛肉、香菇、海苔。
3. 加香油、芝麻煮一会儿。

金枪鱼南瓜粥

 材料

泡好的米 15g，金枪鱼肉 15g，南瓜 20g，水 400ml，紫菜末、香油适量。

做法

1. 米磨碎。
2. 鱼肉切碎。
3. 南瓜洗净切碎。
4. 米放入锅中炒一下，加入金枪鱼、南瓜水煮。
5. 加紫菜末和香油搅拌。

土豆虾蛋粥

 材料

土豆 20g，虾肉 15g，香油适量，泡好的米 15g，水 400ml，蛋黄 1/2 个。

做法

1. 土豆去皮切碎，虾肉也切碎。
2. 锅中加香油，把米炒熟。
3. 把肉炒熟，加水煮。
4. 粥粒开始变软时加土豆、虾后再煮。
5. 加入蛋黄煮熟。

鸡肉卷心菜粥

材料

鸡胸肉 500g，肉汤 400ml，胡萝卜 10g，卷心菜 10g，泡米 15g，香油、芝麻少许。

做法

1. 鸡胸肉煮熟弄碎，切 5 毫米左右大小，鸡肉汤过滤。
2. 胡萝卜切碎，卷心菜焯一下，切碎。
3. 米磨碎加鸡肉汤煮。
4. 煮一会儿之后加入蔬菜和鸡肉继续煮，加入香油和芝麻。

小南瓜粥

 材料

泡米 15g，糯米 5g，小南瓜 20g，肉汤 400ml，黑芝麻粉 5g。

做法

1. 米和糯米磨碎。
2. 南瓜去皮，去子，煮熟。
3. 米和糯米加肉汤煮，然后加南瓜搅拌继续煮。
4. 煮到一定程度加入炒好的芝麻粉。

鳕鱼紫菜粥

 材料

鳕鱼肉 20g，蘑菇 10g，泡米 15g，小南瓜 10g，水 400ml，紫菜末。

做法

1. 鳕鱼煮熟，鱼肉弄碎。
2. 蘑菇焯一下，切碎，南瓜也切碎。
3. 米炒一下，加水煮一会，加鱼肉再煮。
4. 煮一会儿之后加蔬菜。
5. 所有材料都煮熟之后，撒入紫菜末。

宝宝 10～12 个月 ● **后期辅食**

在这之前，孩子每天上午一次，下午一次吃辅食。现在开始可以在晚上 10 点加喂一次辅食，另外，可以煮稠一点的粥。

这个时期的宝宝会逐渐表现出对吃的兴趣，独立性有所发展，有时会很固执，所以这时要培养宝宝正确的饮食习惯。这时宝宝会有饮食偏好，但是他们的喜好也只是暂时性的，即使是他们不爱吃的东西，只要经常放在他们身边，也会慢慢开始吃的。

让孩子和父母在饭桌上吃饭

如果不能在这个时期形成良好的饮食习惯，拖到 3 岁之后就会很麻烦。首先，最重要的是让宝宝坐着吃饭，有的宝宝喜欢躺着吃饭，这样有堵塞呼吸道的危险，也不容易养成独立吃饭的习惯。6～7 个月，宝宝能自己坐的话，可以给宝宝准备餐椅，跟爸爸妈妈坐在一起吃饭。

培养孩子正确的饮食习惯

这时期的宝宝会一边玩一边吃饭。妈妈要让宝宝知道，如果不在规定时间内吃东西，之后再怎么饿也不可能有饭吃，一两次之后，孩子就会慢慢改掉之前的坏习惯。

❀ **后期饮食时间表**（1 天 3 次）❀

早上 6 点左右		母乳或奶粉
上午 10 点左右		辅食 + 母乳或奶粉
下午 2 点左右		辅食 + 母乳或奶粉
下午 6 点左右		母乳或奶粉
晚上 10 点左右		辅食 + 母乳或奶粉

辅食吃多了之后，有的宝宝吃奶量会有所减少，或干脆不吃奶了，所以这个时期要全面考虑宝宝的营养，要综合鸡蛋、肉鱼等蛋白质食品，和萝卜、菠萝、玉米等维生素食品，以及米饭、面包等碳水化合物食品，来保持营养均衡，每天依照这些来制订菜谱比较麻烦，所以可以制定 2~3 天的轮着换。

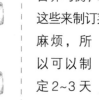

后期辅食	
开始时间 & 培养饮食习惯	培养正确饮食习惯的重要时期 孩子对食物有自己的喜恶 养成在饭桌上吃饭的习惯 过了吃饭时间，即使没吃完也要收走 吃饭时间内禁止走来走去或淘气打闹
中期辅食材料	谷类：饭、面包、面条、玉米、红薯、土豆 蔬菜：萝卜、菠菜、胡萝卜、南瓜、蘑菇、豆芽 水果：苹果、梨、哈密瓜、橙子 肉类：牛肉、鸡肉 海鲜类：虾、贝类、蟹肉 其他：核桃、豆腐、鸡蛋
烹饪重点	粥可以煮成饭粒形态
一次喂食量	固体谷类 100 克（1/2 杯）左右，蔬菜类 30 克（6 小勺），12 个月左右可以增加至 40 克（8 小勺）

蟹肉饭

材料

蟹肉 15g，洋葱、胡萝卜、白萝卜各10g，海鲜汤 100ml，蒸米饭 40g，紫菜末少许。

做法

1. 蟹肉撕开，洋葱、胡萝卜、白萝卜去皮，切 3 毫米大小。
2. 在锅中炒洋葱，加胡萝卜、白萝卜和一点汤，然后放入蟹肉和米饭。
3. 加入紫菜末搅匀。

海鲜饭

材料

虾 5 只，萝卜 15g，海带 5g，葱 5g，香油少许，水 500ml，蒸米饭 40g。

做法

1. 虾切碎。
2. 萝卜切 5 毫米大小，海带泡好后切相同大小，葱切碎。
3. 锅中加香油，炒虾和海带，加一点水，放入米饭。
4. 饭熟之后加萝卜、葱。

三色饭

材料

鲢鱼肉 15g，菠菜 10g，米饭 40g，洋葱 5g，胡萝卜 5g，肉汤 100ml。

做法

1. 鲢鱼肉蒸熟后弄碎，菠菜焯一下，切 5 毫米长短。
2. 洋葱、胡萝卜切 5 毫米长。
3. 鲢鱼肉炒一下，加入蔬菜翻炒。
4. 熟到一定程度加米饭、肉汤煮。

奶酪米饭

材料

鸡肉 15g，卷心菜 15g，黄油少许，鸡肉汤 50ml，米饭 40g，奶酪 1/2 片。

做法

1. 鸡肉煮熟撕开，卷心菜切细条。
2. 锅中加黄油，炒鸡肉和卷心菜。
3. 加鸡肉汤，再加米饭煮一下。
4. 加入奶酪。

蔬果糊

材料

红薯 30g，葡萄干 5g，柠檬汁、苹果丁、芝麻各少许，奶酪 1/2 片。

做法

1. 红薯煮熟弄碎，干葡萄泡好后切碎。
2. 锅里加水、柠檬汁、苹果丁、芝麻，煮成酱状。
3. 加入红薯、干葡萄混合之后，加入切碎的奶酪。

鲜鱼蔬菜饭

材料

鲜鱼肉 5g，洋葱 10g，胡萝卜 10g，豌豆 10g，肉汤、淀粉各少许，米饭 40g，香油、芝麻少许。

做法

1. 鱼肉焯水去咸，切碎。
2. 洋葱、胡萝卜切 5 毫米，豌豆弄碎。
3. 鱼肉炒一下，加肉汤、洋葱、豌豆、胡萝卜，炒好之后加淀粉。
4. 在饭中加香油、芝麻，拌匀之后加入之前做好的酱搅匀。

结束期辅食

孩子满周岁之后可以逐渐吃大人饭了，这个时期可以一点点改变辅食形态。

如果辅食按各阶段进行得很好，那么孩子每天就会吃3次辅食，要把上午10点、下午两点、晚上10点的辅食时间完全变得与大人的吃饭时间相同。

让孩子吃清淡的饭菜

孩子满周岁后应断奶，可以喂牛奶来代替奶粉，还要慢慢结束辅食，要跟父母一起在饭桌上和大人吃一样的食物，只是孩子吃得要清淡一些，这时应将固体食物作为主食，把牛奶当作辅食。

每天喂三次辅食

这个时期孩子需要更多的营养，这些营养要从每天三次的辅食中摄取比较困难。所以要把喂奶时间从早晨6点改到晚上10点，从睡前的10点喂辅食改到下午6点，来给孩子补充营养，即为每天三次辅食和两次零食。

结束期饮食时间表

早上7点左右　辅食

上午11点左右　零食

正午左右　辅食

下午3点左右　零食

下午6点左右　辅食

晚上10点左右　母乳或奶粉

给孩子做一些味道清淡的零食

这个时期零食所占比例很高，所以要把零食看得与主食同等重要。与那些甜味饼干相比，妈妈做的饼、糕点更好。

零食适合在运动比较多的上午11点和下午3点左右吃，如果零食吃得太多会妨碍主食的进食，零食可以限制在一天两次。

结束期辅食	
开始时间＆培养饮食习惯	周岁前后开始 开始跟父母吃一样的饭菜 多吃蔬菜
结束期辅食材料	谷类：饭、面包、面条、玉米、豌豆 蔬菜类：白萝卜、菠菜、胡萝卜、南瓜、蘑菇、卷心菜、洋葱、黄瓜、西红柿 水果：苹果、梨、哈密瓜、草莓、橙子 肉类：牛肉、鸡肉 海鲜类：虾、贝类、蟹肉 其他：奶酪、核桃、花生、栗子、豆腐、鸡蛋
烹饪重点	要做得清淡，大小要适合一口吞食 用多种料理方法 把孩子讨厌的东西弄碎，跟喜欢吃的东西混在一起
一次喂食量	1次饭100克（1/2杯）左右，蔬菜40~50克（8~10小勺）

蔬菜拌饭

材料

小南瓜20g，南瓜子、胡萝卜各5g，白萝卜10g，香油、芝麻少许，米饭40g。

做法

1. 南瓜去皮、子，切1厘米大小，南瓜子弄碎。
2. 胡萝卜和白萝卜切1厘米长。
3. 锅内倒香油，加南瓜、胡萝卜、白萝卜炒熟，撒入芝麻。
4. 饭中加入南瓜子和炒好的蔬菜搅拌均匀。

鸡肉素面汤

材料

海带10g，葱5g，鸡肉15g，香油少许，鸡肉汤1勺，面条10g。

做法

1. 海带洗发后切好，葱切5毫米大小。
2. 鸡肉炖好后撕开，汤过滤。
3. 锅中加香油，炒海带，加鸡肉汤煮。
4. 把面条切碎加入一起煮。

鱼丸汤

材料

白鱼肉10g，土豆15g，淀粉、鸡蛋各少许。

做法

1. 鱼肉剁碎加土豆、淀粉、鸡蛋，搓成小丸子。
2. 胡萝卜切7毫米。
3. 水中加入胡萝卜煮一会儿，再加入丸子煮沸。
4. 丸子熟之后加葱花。

油炸豆腐蘑菇饭

材料

蘑菇10g，虾肉10g，洋葱5g，炸豆腐1/2块，白饭40g。

做法

1. 蘑菇焯一下，切1厘米长。
2. 虾肉切5毫米大小，洋葱5毫米大小，豆腐焯一下，切5毫米。
3. 把虾肉和其他材料炒一下，再加入米饭。

菠菜疙瘩汤

材料

菠菜10g，面粉20g，土豆10g，葱5g，水100ml，香油、芝麻各少许。

做法

1. 菠菜焯一下，弄碎，取汁。
2. 面粉中加菠菜汁搅拌成疙瘩。
3. 土豆切1厘米大小，切葱花。
4. 锅中煮鱼汤，加入步骤2中的面疙瘩，然后加土豆、葱煮沸，最后加香油、芝麻。

鸡肉蔬菜盖饭

材料

鸡肉20g，蘑菇10g，洋葱10g，肉汤、淀粉各少许，鸡蛋1/2个，白饭40g。

做法

1. 鸡肉煮熟切碎，蘑菇切细。
2. 洋葱切碎。
3. 洋葱炒一下，加鸡肉、蘑菇、肉汤。
4. 加淀粉、鸡蛋。
5. 把做好的鸡肉蔬菜浇在饭上。

促进宝宝成长发育的

幼儿餐与零食

宝宝的零食对补充营养是非常必要的，特别是妈妈亲手做的零食不仅味道好、营养高，还能促进孩子生长发育。

选择促进大脑发育的食物

POINT1 脑细胞在10岁前快速发育

脑细胞在 10 岁之前以惊人的速度发育，所以宝宝需要均衡地摄取营养。

POINT2 选择有利于大脑发育的食物

能吃不仅是身体健康的必需条件，对于大脑发育也是首要条件。如果想要培养一个聪明的宝宝，就要从小保护大脑，让孩子多吃健脑食品，如果孩子讨厌某种食品，可以改变烹饪方式。

POINT3 通过天然食品来调节口味

多让宝宝吃蒸土豆、蒸玉米、面条、坚果类等天然食品，经过简单处理就可喂宝宝吃。拉面、饼干等食物因为经过油炸，对身体不好，而且会降低宝宝食欲，也会成为肥胖、龋齿的诱因。

POINT4 偏食会影响大脑发育

大脑发育需要均衡摄取营养，每种营养素对大脑的构成都起着重要作用，偏食会造成营养缺乏，影响大脑发育。

不吃早饭会造成学习能力低下

从早晨睁开眼睛那一刻开始，脑细胞就慢慢开始活动。大脑的活动需要很多能量，饿肚子会造成人体能量不足，大脑无法正常运转。早饭吃得好能补充人体能量，咀嚼也会对人体产生良性刺激，吃过早饭的孩子比没吃早饭的孩子有着更高的专注度和创造力。

有助于孩子生长发育的食物

分类	杂粮	蔬菜	水果	海鲜	其他
促进大脑发育的食物	玉米、豆、黑芝麻	大蒜、菠菜、洋葱、卷心菜、生菜、西红柿、黄瓜	葡萄干、蓝莓、草莓、杏、橙子、樱桃、猕猴桃、哈密瓜、香蕉、苹果、桃子、梨、西瓜	海产品	核桃、南瓜子、栗子、花生
培养专注度的食物					海带、紫菜
适合偏食孩子吃的食物		葱、胡萝卜、土豆、蘑菇、南瓜、菠菜			
让孩子长得结实的保健食物	豆	蘑菇、白菜		章鱼	鸡肉
帮助孩子长个子的食物		菠菜、胡萝卜	橘子、橙子、草莓、柿子、葡萄、猕猴桃		

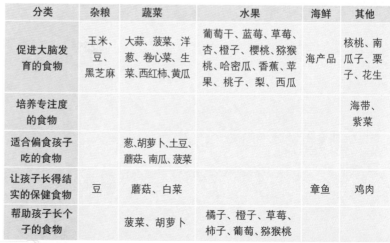

拔丝香蕉

 材料

香蕉6个, 盐少许, 面衣(鸡蛋2个、面粉、水两大勺), 糖浆(白糖2杯、色拉油两大勺)。

做法

1. 香蕉去皮, 切3厘米厚。
2. 鸡蛋加入面粉做面衣。
3. 香蕉上撒盐, 裹面衣, 在170℃的油中炸。
4. 加2大勺色拉油和2杯糖, 做成糖浆, 加入香蕉, 裹糖衣。

猕猴桃雪花酪

 材料

猕猴桃2个, 白糖60克, 水1杯, 牛奶1/2杯, 装饰用猕猴桃1/2个。

做法

1. 猕猴桃去皮切碎, 锅中加入猕猴桃和白糖热一下, 冷却后加水。
2. 盘里放入牛奶和冷却物, 放冷冻室冻12小时。冻好之后要刮一次, 再冻, 反复3次。冻好后, 取出倒入杯中, 放上装饰用的猕猴桃。

红薯奶酪

 材料

红薯1个, 白糖100克, 牛奶1/4杯, 奶酪100克, 橙汁1小勺。

做法

1. 红薯去皮, 切成小块。
2. 在耐热容器中放入红薯、白糖、奶, 加热7~8分钟, 然后弄碎。
3. 奶酪做成球。
4. 在步骤2中加橙汁, 中间放入奶酪, 搓球。

玉米蟹肉汤

 材料

嫩玉米200克, 水10杯, 清酒两大勺, 蟹肉100克, 油少许, 葱2根, 茨粉6大勺, 盐、胡椒各少许。

做法

1. 玉米切碎。
2. 锅中加入清酒和水煮, 然后放入蟹肉, 煮熟之后取出肉。
3. 锅中加油, 放入葱花炒出香味, 加入蟹肉和肉汤煮。
4. 煮沸之后加玉米、盐、胡椒, 调好味, 用茨粉调节浓度。

鳄梨飞鱼子寿司

 材料

鳄梨半个, 萝卜芽半把, 人造蟹肉2片, 黄瓜1/3根, 混合醋(食醋2勺、砂糖1勺、清酒少许), 米饭2碗, 紫菜5张, 鸡蛋1个, 飞鱼子1/3杯。

做法

1. 鳄梨剖开去子, 切块捣碎。洗净萝卜芽, 将蟹肉、黄瓜切丝。
2. 煮开混合醋, 晾凉后倒入米饭。
3. 紫菜剪成四份, 将摊好的鸡蛋饼切成长条。舀一勺米饭放到紫菜上, 再放上飞鱼子、鳄梨, 卷起后将鸡蛋饼裹到外面。

蔬菜三明治

 材料

土豆1个, 黄瓜1/2个, 花生、松子各20克, 玉米、蛋黄酱各两大勺, 盐少许, 面包6片, 面包酱适量。

做法

1. 土豆去皮, 煮熟弄碎, 黄瓜切薄片。
2. 花生和松子弄碎, 玉米切碎。
3. 碗中加土豆泥、玉米、花生、松子、蛋黄酱、盐搅拌。
4. 准备好足够分量的面包酱, 涂在面包上, 放上准备好的材料, 再放上另一片面包。

鱼蔬菜饭团

材料

胡萝卜20g，辣椒2个，紫菜1张，鱼肉50g，清酒1大勺，白糖半勺，白饭1碗，黑芝麻少许。

做法

1. 胡萝卜和辣椒切碎。
2. 紫菜烤一下，放在塑料袋中，鱼肉去杂质。
3. 锅中加入清酒、白糖，把鱼肉炒一下，然后加入胡萝卜、辣椒、米饭。
4. 饭炒好之后加紫菜、芝麻，搓成合适大小的饭团。

蛋黄酱烤银鱼

材料

银鱼脯4张，酱（蛋黄酱3勺，捣碎的洋葱1勺，蒜泥1小勺，糖稀1勺，清酒1勺），砂糖1/2勺，芝麻盐1小勺。

做法

1. 将银鱼脯抚平，剔出杂物。
2. 在蛋黄酱中放入适量的调料，做成烧烤酱汁。
3. 将做好的酱汁均匀地涂抹到准备好的银鱼脯上，放30分钟。
4. 将银鱼脯放到平底锅或烧烤架上烤。烤熟后，剪成合适的尺寸，盛入盘中即可。

紫菜坚果曲奇

材料

薄力粉280g，发酵粉1/2勺，紫菜2张，花生100g，黄油、砂糖各120g，鸡蛋2个。

做法

1. 将薄力粉和发酵粉用筛子滤两三遍，备用。
2. 用剪刀将紫菜剪成细条，并将花生捣碎。
3. 将黄油化开，加入砂糖，拌匀后打入鸡蛋，用打蛋器充分搅拌。
4. 将滤过的薄力粉和发酵粉倒入搅拌好的蛋浆中，轻轻搅拌，然后放入紫菜和花生。
5. 烤箱中铺上油纸，预热到180℃，把加工好的曲奇酱一勺勺舀到油纸上，烤15分钟即可。

海带肉卷

材料

生海带 100g，牛肉 200g，芹菜 10 根，芝麻叶 10 张，盐、胡椒、面粉各少许，酱（酱油、糖稀各 1 大勺，清酒、白糖各两大勺，水 2 杯，香油 1 小勺）。

做法

1. 海带洗净去味，切成 15 厘米的长条，牛肉加盐、胡椒腌一下。
2. 芹菜焯一下，加冷水冲洗。
3. 海带展开，上面涂面粉，然后放上芝麻叶、牛奶，卷成卷，用芹菜系好。
4. 把酱煮好。
5. 在酱中加肉卷煮熟调味，最后加香油。

凉拌香橙鹿尾菜

材料

鹿尾菜 100g，食盐少许，橙子 1 个，黄瓜 1/4 根，凉拌酱汁（橙汁 3 勺，食醋、柠檬汁、砂糖各 1 勺，芝麻盐 1 小勺）。

做法

1. 在鹿尾菜上撒盐，腌制片刻后洗净，放入网筐内滤清水分。
2. 橙子去皮，果肉切块。
3. 黄瓜也用盐腌一下，洗净后切成圆片。
4. 按照比例搭配，调制凉拌酱汁。
5. 将鹿尾菜、黄瓜片、橙肉放入酱汁中，拌匀即可。

豆腐奶酪吐司

材料

豆腐 100g，食盐少许，奶酪 2 张，蟹肉 50g，菠菜 30g，萝卜、菊苣少许，芝麻酱汁（芝麻盐 2 勺，酱油 1/2 勺，水 1/2 勺，砂糖 1/2 小勺，香油 1 小勺）。

做法

1. 将豆腐放入开水中轻焯一下。
2. 用模板将奶酪刻成需要的样式。
3. 将蟹肉撕碎备用。开水中放盐，将菠菜放入轻焯，捞出后放到各式调料中搅拌。
4. 萝卜切成圆片，放到冷水中，稍后捞出，然后将菊苣也放入冷水中冰一冰。
5. 把焯过的豆腐切成方块，上面放上奶酪、蟹肉、菠菜、萝卜、菊苣，然后浇上芝麻酱汁即可。

烤糯米鱼

材料

鳕鱼肉200g，洋葱1/2个，小葱50g，糯米粉100g，面包粉1大勺，鸡蛋1个、盐、胡椒各少许，色拉油少许，肉排酱、装饰蔬菜各适量。

做法

1. 鳕鱼去皮，只保留肉。
2. 洋葱切碎，葱切葱花。
3. 把准备好的鳕鱼、洋葱、葱、糯米粉、鸡蛋放在容器中，用盐、胡椒调味，压成饼。
4. 锅烧热，加色拉油烤肉饼，烤好后浇上酱，放上装饰蔬菜。

法式土豆培根奶油菜

材料

土豆3个，西蓝花200g，洋葱1个，培根肉3张，玉米罐头1/2个，黄油少许，比萨奶酪200g，白色酱汁（面粉20g，牛奶1杯，黄油30g）。

做法

1. 将土豆蒸熟切成方形，西蓝花放入沸水中轻焯，洋葱切块，培根肉切丝。
2. 黄油和面粉入锅翻炒，倒入牛奶，放盐，做成白色酱汁。把洋葱和培根肉放入锅中翻炒，放入其他备用食材，倒入一半刚刚做好的白色酱汁。
3. 在法式菜蝶底部抹上黄油，放入全部食材，倒上另外一半白色酱汁，撒上比萨奶酪。
4. 烤箱预热200℃，放入烤箱中烤20分钟即可。

土豆蔬菜煎饼

材料

土豆300g，奶酪2张，洋葱、红色柿子椒各1/4个，黄油、面粉各2勺，捣碎的荷兰芹2小勺，蛋黄1个，食盐、胡椒面各少许，奶油酱（面粉、黄油各1/2勺，牛奶5勺，食盐、白胡椒面各少许）。

做法

1. 土豆煮熟去皮切丝。奶酪也切成土豆丝的宽度。将洋葱与红柿子椒绞碎。
2. 在饼铛抹上黄油，先将切好的洋葱倒进去翻炒，然后再把红柿子椒倒进一起炒。
3. 用黄油炒面粉，然后倒入牛奶，加盐，做成奶油酱。将炒好的洋葱、红柿子椒，捣碎的荷兰芹，做好的奶油酱、面粉、蛋黄盛在一起，加盐和胡椒粉调味。
4. 将做好的土豆蔬菜煎饼浆放入饼铛，烤熟即可。

part 5 宝宝营养饮食

南瓜扇贝粥

小南瓜 80g，黄蚬肉 50g，泡好的米 1 杯，香油 1 大勺。

做法

1. 南瓜捣碎。
2. 黄蚬肉用盐腌制，洗净，去水，弄碎。
3. 米泡 1 小时，洗净去水。
4. 锅中加入香油，加入米和蚬肉，用中火炒。
5. 加水搅拌，再加南瓜，用中火煮。
6. 加盐调味。

牛蒡·菠菜·胡萝卜迷你寿司

牛蒡、菠菜、胡萝卜、紫菜、调味品各适量。

做法

1. 饭中加 3 倍醋调匀。
2. 牛蒡切好，炒熟加调味料，菠菜焯熟加调料。
3. 胡萝卜切细丝，用盐调味，紫菜烤好折半。
4. 把紫菜展开，放上牛蒡、菠菜、胡萝卜，卷成寿司。

水果酸奶

橙子 1/2 个，猕猴桃 1/2 个，草莓 2~3 个，香蕉 1/2 个，酸奶 2 个。

做法

1. 香蕉、猕猴桃去皮，切成 1 厘米见方的块。
2. 草莓去柄，洗好，橙子取果肉切成与香蕉相同大小。
3. 切好的果肉取 2/3 与酸奶混合搅拌，其他的拌好之后放在顶部。

6 PART

宝宝益智训练

　　本章按照0~2岁各个月龄的次序，详细介绍通过刺激孩子感官来促使大脑发育的各种方法。通过让宝宝多看、多听、多摸，通过培养小手的灵巧度，激发宝宝的好奇心，刺激运动神经，来促进大脑的发育。

0~2个月

多让宝宝
看、听、摸

 让宝宝熟悉各种生活噪音

新生宝宝对周围环境的变化很敏感，有些宝宝对外部声音特别敏感，手脚乱动，像受惊了似的。妈妈没有必要因此而轻手轻脚、处处小心，反而要让孩子适应这些生活噪音。

 经常与宝宝对视

刚出生的宝宝慢慢也能看得到近距离的事物，妈妈可以从很远的地方慢慢接近孩子，眼睛一直与孩子对视，然后眼神转向左边或右边，让孩子的视线跟着自己的视线走。

宝宝通过看东西来刺激视觉细胞的分化，所以这种刺激最好每天反复几次。换尿片的时候也要时不时地贴近宝宝，与他说话来刺激视觉。

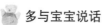 **多与宝宝说话**

虽然宝宝现在还不会说话，但他已经可以感应妈妈所说的话了，也就是说，妈妈在说话时孩子会有反应。

妈妈不要以为宝宝完全听不懂大人的话，在抱着宝宝或换尿片时要多和宝宝说话，并且最好用标准发音重复所说的话。

 多与宝宝进行身体接触

母乳喂养的宝宝获得的身体接触最多，他们可以躺在妈妈的怀里，一边吃奶一边抚摸着妈妈的身体。要注意的是，如果孩子还不能直起脖子的话，妈妈侧躺着喂奶时千万不要打盹，因为孩子有窒息死亡的危险。躺着吃奶比起让妈妈抱着吃奶，宝宝的活动空间更大，有助于他学习新的动作和本领。

尽快给孩子换尿片

尿片湿了之后要马上换掉，就算是为了让孩子从小懂得什么是舒服，什么是不舒服，也应该这样做。如果因为怕麻烦而对湿尿片置之不理的话，宝宝容易得尿布疹，感觉也会变得迟钝。

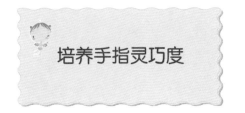

培养手指灵巧度

刺激运动神经

 吃手是宝宝自我意识产生的标志

如果宝宝开始吸吮自己的手指，就标志着宝宝会用意识来控制手的活动了。换句话说，这也标志着孩子的意识开始萌芽。出生几个月后，宝宝吃手指或往嘴里放东西都是成长过程中必经的阶段，经过反射期之后这些行为会自然消失，所以用不着担心。

 让宝宝用5个手指抓玩具

要锻炼孩子抓东西的能力，可以先让他握住妈妈的手指，再给宝宝玩一些用手指抓的玩具。无益于宝宝生长发育的玩具，价格再昂贵也不会起到什么作用，所以一定要选择合适的玩具。

 经常趴着的宝宝脖子很有力

如果希望宝宝的脖子尽快变得有力的话，就试着让他经常趴着。刚出生的宝宝也可以趴着，所以出生以后尽可能让宝宝每天趴1~2次，但是如果头埋得太深会影响呼吸，妈妈一定要注意。

 沐浴体操能增强宝宝手脚运动

给宝宝洗澡可以让宝宝的心情变好，可以逐渐培养正常的生活节奏，让他在水中自由地活动手脚，增强运动。大部分健康的孩子都喜欢水，如果孩子不喜欢水，那有可能是因为洗澡时的不愉快经历所致。下页列出了让孩子喜欢上洗澡的四肢运动。

 尿片体操

尿片体操最好能在撤下尿片的时候做，尿片体操分为三节，下页列出了第一节尿片体操的具体方法。0~2个月的宝宝适合做第一节，第一天做一遍，第二天做两遍，第三天做三遍，不要做太多。

♣ 洗澡时做的四肢运动 ——————————————

1 **把宝宝放在浴缸中**
把宝宝放在浴缸中，妈妈一只手托住宝宝的脖子，另一只手护住肚脐，让水没到宝宝下巴。

2 **让宝宝自由地玩**
让宝宝的四肢可以自由活动，这时宝宝看起来像是在游泳。

3 **握住宝宝的手**
如果宝宝玩得起劲时突然受到惊吓，一定要握住宝宝的手，宝宝哭的话一定是希望妈妈能抱住他。

How to Play

■ ■ ■ **尿片体操第一节** ■ ■ ■

把宝宝双脚和屁股抬起，把尿片垫在屁股下面。

1

双手握住宝宝的小腿，轻轻往上抬。

2

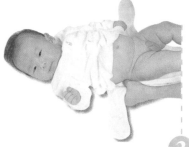

让宝宝伸直腿，数 3 下。

3

穿好尿片之后，一边跟宝宝说话，一边从腰到肚子轻轻拍打。

4

2~4个月

多让宝宝
看、听、摸

给宝宝玩色彩鲜艳、能发声的玩具

宝宝的脖子变得有力之后，条件反射会增多。如果说宝宝以前听到声音的反应只是动动身体，那么从现在开始，宝宝已经会向声音发出的方向转动脖子，也能明白玩具的差别和色彩的差别，从前只会盯着玩具看，现在已经想伸手去抓。

这个时期最合适的玩具是孩子可以摸、捏，以及摇动时能发出声音的玩具。

如果宝宝对身边的事物感兴趣，就会发出声音，用眼神追随，或者试着用手去抓。如果宝宝一直看着妈妈或某件东西的话，妈妈可以发出"呜呜"的声音。如此反复，宝宝也会模仿这种"呜呜"的声音。在这个时期，要不断地给孩子刺激，经常在宝宝身边放一些又安全又吸引孩子注意力的玩具，通过这些刺激来促进宝宝大脑发育。

用新刺激来调动宝宝

孩子开始试着活动自己的手指，这是孩子用自己的意识来感受事物的标志。

培养手指灵巧度

让宝宝练习抓玩具

宝宝出生3个月左右就需要进行抓玩具的练习，此时的宝宝已经分辨得出各种玩具的形态和颜色的差异，所以最好能把玩具放在孩子视线的正前方。

给宝宝玩玩具时，不要一下子塞到宝宝手里，一开始放在40～50厘米的地方，然后慢慢靠近，最后把玩具放在宝宝伸开胳膊抓得到的地方。

这个时期适合宝宝的玩具有摇铃、吊挂铃铛等，可以挂在床的上方，让孩子能够抓到。

🐻 培养宝宝双手的协调能力

如果宝宝不愿意伸手的话，可以把玩具放在宝宝胸前，让他动手去抓，或者把玩具挂在孩子看得见的地方。

从新生宝宝的躺姿中就可以分辨宝宝是不是左撇子。

视线向右看的宝宝一般用右手，向左看的宝宝很有可能是左撇子，所以妈妈要观察孩子哪只手用得更好，好好训练宝宝同时用两只手。

刺激运动神经

🐻 用肚子爬是很好的运动

用肚子爬是锻炼宝宝肌肉的重要方法，脖子变得有力之后，宝宝就会试着伸直背、

伸展双臂，妈妈要帮助宝宝完成这些动作。

先让宝宝趴着，如果宝宝开始活动四肢，可以试着拍拍他用力的地方；如果宝宝泄气，把头靠在床面上，可以轻轻敲他的背；如果宝宝用力挺直后背，可以给宝宝加油打气，喊"一、二、三"。每天这样做一次的话，宝宝就会慢慢学会控制自己的力量了。

🐻 锻炼四肢的尿布体操

尿布体操最好在撤下尿布的时候做，尿布体操分三节，下页列出了第二节尿片体操的具体方法。2～4个月的宝宝适合做第二节，第一天做一遍，第二天做两遍，第三天做三遍，不要做太多。

激发宝宝的好奇心

🐻 "咿呀"游戏锻炼大脑

"咿呀"游戏对宝宝的智能训练很有效，宝宝的大脑越用越灵活，所以积极进行这种训练能锻炼大脑，让孩子变聪明。妈妈多跟宝宝玩，既可以锻炼宝宝的大脑，又可以通过接触来丰富宝宝的感受。

首先把宝宝的脸用纱巾盖起来，然后突然揭开，大声叫"咿呀"，然后慢慢延长盖住脸的时间，宝宝乱动的时候又叫"咿呀"，一边对宝宝笑。一开始遮住宝宝的脸时，宝宝会本能地把头转向一边，玩几次之后，宝宝就会慢慢明白，即使遮住了脸也可以呼吸。

培养饮食好习惯

 用吸管练习喝水

训练宝宝用吸管喝牛奶以外的液体。新生宝宝会条件反射性地含住乳头，但这跟吸吸管完全是两回事。训练宝宝用吸管最好在洗完澡之后进行，因为这时孩子会想喝水，用吸管从杯子中喝水，孩子就会明白"喝"和"吸"的区别。

■■■■ **尿片体操第二节** ■■■■

举起一条腿，然后弯曲，嘴里喊"一、二"的口令。

把宝宝的腿伸直。

拍打宝宝的屁股或挠宝宝的脚心，让孩子自己伸腿和弯腿。

弯曲宝宝的两条胳膊。

把宝宝的胳膊朝两边伸展开。

让宝宝抓住妈妈的手，慢慢把宝宝拉起来，然后轻轻放下。

4~6个月

益智训练

多让宝宝
看、听、摸

训练宝宝用手抓东西

这个时期最重要的训练是让宝宝学会用手，能够让孩子练习抓东西的游戏就很好。4~6个月的宝宝无论抓到什么东西都往嘴里塞，所以一定要注意。

通过游戏来预测物品下一刻的运动轨迹

宝宝用眼睛追视运动的玩具，逐渐能够预测到运动物体下一刻的运动轨迹，为将来的智能发展打下基础。

比如，球弹起之后，宝宝预测到球的落地点，从而转移视线；听到身后玩具火车的声音，宝宝也会预测火车出现的地点。

这些训练可以让孩子慢慢理解时间前后、距离远近的概念。

利用五感来培养宝宝的认知能力

要培养宝宝的认知能力，重要的是要动用宝宝的五感。宝宝知道敲打玩具会发出声音；要让他用看、听、摸来判断玩具是什么；宝宝会慢慢明白玩具的触感和妈妈的脸、衣服有什么差别。

让宝宝练习自己玩

如果宝宝可以独自高高兴兴地玩20分钟左右，就表示宝宝可以集中精力。孩子热衷游戏的时间延长，就可以更好地进行思考和实践。宝宝醒着的时候动来动去，安静下来快速入睡，或者哭声很响亮，这都表明宝宝身心很健康。

培养手指灵巧度

 训练宝宝抓小东西

孩子通过指尖的动作来刺激大脑，从而让手指的活动更加熟练。抓住眼前在动的玩具对于宝宝来说是一件相当不容易的事情，这有助于锻炼宝宝双手协调能力。

 训练宝宝抓纽扣和硬币

训练4~6个月的宝宝用手指抓东西，特别是拇指越来越灵巧的话，可以让大脑发育得更快。

纽扣和硬币是手部训练最合适的道具，但是这类东西容易被宝宝放进嘴里而导致危险，所以妈妈一定要注意。

如果孩子抓起东西就往嘴里塞的话，那么这种手指训练对孩子来说就有些早了。

刺激运动神经

 锻炼四肢的尿布体操

尿布体操最好在撤下尿布的时候做，尿布体操分三节，下页列出了第三节尿片体操的具体方法。4~6个月的宝宝适合做第三节，第一天做一遍，第二天做两遍，第三天做三遍，不要做太多。

 通过爬来锻炼腰部力量

4~6个月，要锻炼宝宝腰背的力量，让他逐渐能坐起来。首先要先让宝宝学会爬，反复练习能增强孩子腰背和四肢的力量。

 引导宝宝对刺激做出反应

孩子对刺激的反应可以分为反射和反应两种，如果说反射是先天的，那么反应就是通过后来的学习形成的。

在做尿布体操时，妈妈喊口令来让孩子弯腿伸腿，以后妈妈只喊口令孩子也会自己做。

■■■ 尿片体操第三节 ■■■

1 让孩子抬起腿，脚接近头部。

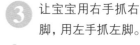

3 让宝宝用右手抓右脚，用左手抓左脚。

2 依次摸5个脚趾，如果宝宝想抓脚，就让他抓。

然后用右手抓左脚，用左手抓右脚。**4**

5 让宝宝用双手抓起双脚，抬起腿，然后双手交叉来抓住双脚。

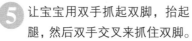

6 来回翻滚，左右移动身体来培养平衡感，锻炼腰和胳膊。

7 伸展身体来放松。

多让宝宝说

 经常对宝宝说话

妈妈要多对宝宝说话，同时训练宝宝说话。训练的第一步是妈妈对孩子说话，比如起床后对宝宝说："早上好，心情好吗？"每天如此，孩子总有一天会明白这句话的意思。

part 6 宝宝益智训练

🐻 重复能够帮助宝宝记忆

孩子会坐了之后，脑神经会发育很快，所以要给孩子更多刺激，促进发育。这时要不断重复来帮助宝宝记忆，如果一次教得太多太杂，不仅对成长没好处，还容易让宝宝注意力分散。

🐻 反复刺激促进宝宝的神经发育

大脑通过接受反复的刺激产生记忆，这是宝宝学会说话的前提。孩子通过仔细观察说话人的口型，逐渐体会话语的含义，语言的大门也就慢慢敞开了。丰富的感叹词是语言游戏中必不可少的，反复刺激能让孩子领会各种感情。

一开始孩子只喝奶，其他的东西只能一点一点地吃，妈妈每天要观察孩子的进食情况来增加食物的种类和量。

培养生活好习惯

🐻 培养宝宝有规律的生活习惯

宝宝能坐之后，玩的时间和外出时间就会延长，越是这样就越要养成规律的作息。生活没有规律就会影响宝宝正常发育，所以吃饭、睡觉、玩一定要按规律来，宝宝才会健康成长。

有规律的生活保证了反复且规律的刺激，孩子的大脑神经可以逐渐形成固定的反应模式，有规律的生活是宝宝健康的根本。

🐻 有规律地换尿布

规律性习惯中也包括换尿布，妈妈经过仔细观察后会慢慢明白："啊，原来宝宝想撒尿了。"这时妈妈可以撤下尿布，拍拍宝宝的屁股，这样他就会愉快地小便了。

到了一定时间如果撤下尿布，拍拍小屁屁，孩子就会按时小便，这是排便训练的第一步。

培养饮食好习惯

🐻 让宝宝坐在餐椅上看大人吃饭

宝宝能够直起脖子之后，便对大人们的饭桌产生兴趣。宝宝会看大人们咀嚼的嘴巴，一张一合的筷子，还会听大人们说话，然后自己的嘴巴也会跟着动。慢慢地，孩子就想要吃母乳之外的食物了。孩子的大脑需要通过各种刺激才发育得完全，所以最好能让孩子一起吃饭，给他各种刺激。孩子如果看到大人吃饭会抿嘴或流口水，就可以开始加辅食了，不必拘泥于月份。

6~8个月

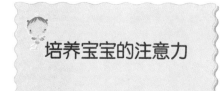

培养宝宝的注意力

用撕纸游戏培养宝宝的注意力

6~8个月，宝宝喜欢玩撕纸游戏。报纸、广告纸、杂志，孩子抓到什么就撕什么。这时，重要的是看孩子能不能长时间坚持。

如果宝宝正在专心地玩，家长不应该打断和阻止。同样，当宝宝玩烦了，眼睛开始往别处看时，妈妈可以再陪宝宝做一个新游戏。如果妈妈自己玩得很开心，宝宝自然也会对新游戏感兴趣的。如果新游戏能对刚玩过的玩具有所运用，那就更好了，这种运用可以锻炼孩子的思考能力。

让宝宝玩可以持续很久的游戏

游戏可以培养宝宝的注意力和思考能力。锅碗瓢盆等生活用品也可以成为很好的游戏道具，妈妈还可以将空的奶粉罐、酸奶瓶做成玩具。

摸一摸，敲一敲，尝一尝，孩子就这样通过触觉、味觉逐渐增加了对周围世界的认识。要注意的是，应该让宝宝拿一个玩具尽可能多玩一会儿。撕也好，敲也好，尝也好，只要能尽情地多玩一会儿，对于锻炼宝宝的注意力和思维能力就很有帮助。

宝宝集中注意力的时间越长越好

如果宝宝沉醉在一种游戏中，不要和他讲话，只要远远看着就好。如果出现什么问题导致游戏中断，就要排除这个问题，让游戏继续，集中游戏的时间以30分钟左右为宜。

通过游戏培养宝宝的注意力，宝宝便可以用简单的玩具完成复杂的游戏，这样思维能力也能得到锻炼和提升，这些都是家长无法直接教给他的技能。

靠近物体的感觉。从妈妈脸庞大小的变化中，宝宝可以体会到距离远近与物体大小的关系。左右晃动宝宝也可以培养平衡感。

刺激运动神经

坐姿可以锻炼肌肉耐力

坐着玩可以锻炼孩子肌肉的耐力，6~8个月的宝宝扶一下就会坐起来，可以让宝宝坐着玩一会儿，然后让他躺下。有的宝宝还不能完全坐起来，坐着的时候会慢慢往前倒，要让孩子侧着躺下。反复这种刺激之后，孩子会慢慢掌握变换姿势的方法。同时，保持坐姿也能使肌肉得到锻炼。

练习爬可以增强腿部力量

要想让宝宝为将来学习扶着东西站立、走路打基础的话，可以让他做爬行运动来增强腿部力量。

把宝宝手、脚贴在地上，屁股不要抬太高，让他向前爬行，也可以让他的双脚踩在妈妈脚背上按节奏往前走，每天做一次就足够了。

脚尖站立可以增强宝宝脚拇指的力量

用脚尖站立可以增加宝宝脚拇指的力量，刺激大脑发育。如果宝宝可以扶着东西站起来，在保证安全的前提下，可以让他练习用脚尖站立，这样可以增强脚拇指的力量，也可以试着让宝宝迈出脚步。

让孩子向上爬，或者扶住孩子的屁股让他站立，都可以锻炼孩子脚趾的力量。多让宝宝光脚走路，这样宝宝会逐渐熟悉与地面的接触，踩踏的力量也能得到加强。

跳跃可以培养平衡感

宝宝要学会跑跳就必须培养平衡感，妈妈可用手扶住孩子的腋窝，鼓励宝宝跳，同时给予比较夸张的称赞。妈妈躺下，双手将宝宝举高、落下，这样的游戏可以让宝宝体会快速

激发宝宝的好奇心

给宝宝提供自由玩耍的地方

6~8个月，要让宝宝自己拿主意，让他想怎么玩就怎么玩，同时，这也是进一步培养孩子注意力的重要时期。要把家里的东西整理好，把危险的东西收起来，给宝宝整理出一个可以自由玩耍的地方。

这个时期，要经常训练宝宝用手抓握东西。孩子玩的时候有可能会抓衣柜把手、电视机开关等东西，所以最好把它们包起来，让孩子碰不到。

为宝宝创造宽敞的游戏空间

宝宝玩得正起劲，妈妈硬生生地打断他，是不对的，这样会破坏宝宝的好奇心和注意力。与其责备宝宝做了不该做的事情，不如给他创造一个不会招致责备的游戏环境。为宝宝提供一个宽敞的空间，让他可以在里面自由地摸、拍、撕、舔，不受限制。

陪宝宝玩"捉迷藏"游戏

"捉迷藏"很适合这个阶段的宝宝玩儿，可以训练宝宝的学习能力和短暂性记忆能力，这对宝宝的成长是很重要的。

怎么玩呢？妈妈先用手帕遮住脸，"呀"的一声再突然把脸露出来。这里的感叹词可以根据情况自由选择。反复几次，再把手帕遮到宝宝脸上，他也会学着突然把

手帕拉下来的。还可以换种游戏方式，只要能达到锻炼学习能力和短暂性记忆力的目的就行。

让宝宝学习克制与忍耐

让宝宝明白有些事情不能做

随着宝宝大脑的发育，宝宝根据短暂性记忆做出相应判断的能力逐渐形成。比如说想要玩球，他便知道要去玩具箱拿，这就是短暂性记忆驱动下的行为。

为了做一件事，要等待，要忍耐，要克制，这也是宝宝应该学习的重要"科目"。一般来说，宝宝在2~3岁才能理解"不能做"的意思，但也并不是说现在教就太早，等宝宝明白能做的事和不能做的事情之后再教就晚了，家长应该早点让宝宝学会克制。

宝宝学会了忍耐，家长要表扬他

教宝宝学习克制的过程中，重要的是要在他忍耐的时候给予表扬。比如说宝宝在接触插座时对他说不可以，把手拿开，

让他明白这件事是不能做的。

反复这样之后，宝宝看到插座就能忍住不摸，妈妈要称赞他真乖，这样宝宝就能记住自己不摸插座就会受到表扬，渐渐学会控制自己的情绪。

培养生活好习惯

让宝宝自己表达排便排尿的意愿

尿布湿了之后马上给他换，小便之后表扬孩子，因为宝宝还不会说话，他会提拽尿布或内裤的前端来传达自己的意思。

宝宝不小心尿了裤子也不要责备他，应该根据宝宝排便排尿的时间规律，及时带宝宝去卫生间，或者拿出宝宝专用的便盆，"嘘嘘"地哄孩子排尿。这时，很重要的一点是一边抚摸孩子的下腹部，一边跟他说话。这样坚持一段时间，孩子就学会在排便排尿之前发出信息告诉大人了。

保证宝宝的充分睡眠

睡眠不充足的宝宝食欲也不会怎么好，状态也不太好，对大脑的发育也不好。尽情地玩耍之后，再饱饱地睡一觉，对宝宝的大脑发育是很有益处的。这个阶段，应该逐渐培养宝宝睡午觉的习惯了。

Baby Clinic

注意避免宝宝脱水

宝宝出现腹泻或呕吐症状时，要留意宝宝是否存在脱水现象。

●出现腹泻、呕吐时，水分的摄入尤为重要

在宝宝的身体组成中，水的比重比成人要大得多。新生儿身体的80%以上都由水分构成，在呕吐或腹泻时会流失很多水分，有可能会引起脱水。如果体内的水分流失太多，器官和细胞活动会变迟钝，血液浓度增大，血液循环减慢，小便也会减少，体内废物难以排出。

●重度脱水，会出现痉挛和休克症状

出现脱水的宝宝嘴唇变干，舌头失去水分，双目失神，四肢无力，只知道哭。如果不及时治疗的话，重度脱水的宝宝会逐渐失去意识，出现痉挛和休克，脉息也越来越弱。

8~12个月

益智训练

part
6
宝
宝
益
智
训
练

多让宝宝
看、听、说

🧸 宝宝模仿妈妈的口型学习说话

宝宝的大脑发育尚未成熟，很难对宝宝做出准确的智力评估，不过宝宝肯定具备语言学习能力和用语言进行思考的能力。因此，帮助宝宝掌握语言的训练很有必要，跟着妈妈的口型练习是最好的方法。孩子掌握一些基本的词汇之后，就可以学习数字了。比起按照顺序说一、二、三、四，更好的办法是拿同样的东西教给他数一个、又一个、再一个。要让宝宝学会数数，逐渐掌握数字的概念，宝宝的智力发育就是从分辨异同开始的。

🧸 节拍运动有助于听觉发育

听觉跟说话有着很大的关联，所以这个时期的听力发育非常重要。身体的晃动对锻炼听觉非常重要，所以妈妈可以背着宝宝一边唱歌，一边随着节奏摇动，或者让宝宝随着节奏自己晃，来刺激宝宝的听觉，同时也可以促进语言能力的发展。

🧸 多看多听才会很快学会说话

让宝宝多看、多听，才能更快地发展语言能力，宝宝对语言的理解力与他在出生一年内所听到的声音、他对声音的反应方式，以及大脑的发育状况有密切的关系。要让1岁以内的宝宝多听，从还不会说话的时候就开始对大脑进行刺激。

○孩子周岁之前，要多跟他说话，让大脑接受语言的刺激，这样孩子学话才会快

○让孩子随着节奏晃动可以促进听力发展

培养手指灵活度

让宝宝捏起小东西放进杯子里

如果宝宝能够独立使用拇指和其他四个手指，就可以通过皮肤、肌肉和关节给大脑更多的刺激，以促进大脑的发育。

吃饭的时候让孩子拿勺子也很有效果。应准备有把手的杯子和小碗，可以在小碗里放葡萄干等小块物品让宝宝捏。

也可以把厚纸板剪碎，让宝宝抓起来放进杯子里，这样可以锻炼手指的活动能力，同时锻炼注意力。宝宝手部动作按"抓、握、拣"的顺序依次发展，动手能力与大脑的发育是同步的。

用堆、钻、盖来锻炼手指

这个时期要着重训练宝宝的手指，可以和宝宝一起堆积木，妈妈示范，让宝宝跟着做。宝宝会拼七巧板了，或者学会了扣积木扣，妈妈都要鼓掌庆祝，给宝宝充分的鼓励和认可。

刺激运动神经

让宝宝学习有技巧地摔倒

8~12个月的宝宝很活泼，喜欢到处走，或者往高处爬，所以一点也不能大意，要教会孩子安全的摔倒方法。

训练时，让宝宝的手比身体先着地，可以让宝宝踩在妈妈脚背上走，或拉着手跳舞，或扶住宝宝的腰，让脸接近地面，宝宝自然就会把手伸向地面，每天做1~2次。

洗完澡用脚尖站立鼓掌

洗完澡让宝宝用脚尖站立鼓掌，用脚尖跳跃可以刺激大脑，同时注意安全。将床垫倾斜让宝宝光着脚爬上去，可以锻炼宝宝脚部拇指的力量。

宝宝开始学习走路时，就要注意观察他是不是扁平足。如果是扁平足，脚部肌肉发挥不了作用，很容易感到疲劳。因此从宝宝刚学会扶着东西站立时，就应该让他多光着脚练习走路。

激发宝宝的好奇心

多重复同样的话就能让宝宝记住

这个时期的孩子好奇心旺盛，喜欢看画册。陪宝宝一起看书，问他："这是什么？"然后告诉孩子"是猫""是小狗"，这样反复地教，一直到宝宝记住。

让宝宝一个人玩

刚学会走路的宝宝什么都想自己做，妈妈经常怕宝宝摔倒受伤，但最好不要伸手阻拦。即使宝宝行动缓慢也不要着急，家长静静在一边保护就好了。

有的宝宝平衡感很好，知道摔倒该怎么做，但爱做一些危险的举动，所以要教会他，妈妈不让做的事绝对不要做。

培养饮食好习惯

把第一次吃的东西放在舌尖

对于第一次吃的东西，宝宝总会问："这是什么？"家长把东西做熟，不能太热，用勺子盛一些，妈妈先尝一口，然后说"真好吃"，如果宝宝肯吃，可以放一点在他舌尖，让宝宝尝各种不同的味道。

教宝宝理解相同与不同的概念

妈妈指着一侧的眼睛问他："另一只眼呢？"教宝宝理解相同和不同，这是数学教育的基础。

让宝宝嚼海带或鱿鱼丝

宝宝嚼海带或鱿鱼丝，不仅可以培养注意力，还能锻炼嚼东西的力气，同时，咀嚼还可以促进大脑发育。宝宝越嚼越会嚼，慢慢就能咽下自己嚼烂的东西了。需要注意的是，鱿鱼丝不能太短，不然宝宝没嚼就咽下去会有危险的。

让宝宝在家里自由玩耍

8~12个月的宝宝爱抓东西或撕纸，无论什么地方，什么东西，宝宝都想去摸，家长需要细心照看，防止意外发生，关注细节，杜绝隐患，让宝宝在家里自由玩耍。

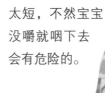

培养生活好习惯

行惩罚，宝宝会忘掉发生过的事情，不理解妈妈为什么会这样，最好的办法是轻轻打宝宝的屁股。如果宝宝第二天再犯的话，要给他更重的惩罚，表情要严肃，孩子哭也不能心软。

做了不应该做的事，要马上批评

宝宝学会走路之后，活动范围就变大了，存在的危险也就变多了，相应不能做的事情也增多了。这时，要让宝宝知道什么事是坚决不可以做的。

如果宝宝做了不该做的事情，要马上批评他，要求他不能再做，要明确告诉宝宝不能去的地方和不能做的事情。

三次违规就要受罚

如果宝宝做了不该做的事，或者想进入"禁区"，这时要立刻阻止，如果宝宝硬要坚持，就要对他进行惩罚。如果不马上进

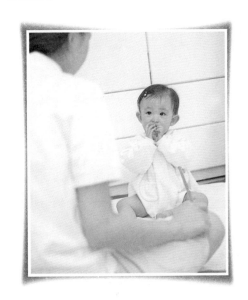

Baby Clinic

宝宝肥胖巧预防

宝宝变胖以后不大容易瘦下来，所以为了预防肥胖，就要培养宝宝正确的饮食习惯。

●胖宝宝不一定健康

许多妈妈认为宝宝吃得多比吃得少要好，授乳期如果宝宝喝饱了也哭，这时妈妈会认为宝宝没吃饱，继续喂他，有时还强迫宝宝吃。这种任由宝宝吃、逼宝宝吃的错误态度是导致宝宝肥胖的元凶。

●不要用吃来奖励

妈妈经常用吃的东西来诱惑宝宝，"如果宝宝听话，妈妈给你买比萨！""如果认真弹钢琴，就带你去吃汉堡！"这些做法都是错误的，爱孩子不一定要给他很多吃的，可以是陪他玩，带他散步。

●反思自己教育孩子的方法

有很多妈妈会因为害怕发生交通事故、拐卖儿童等安全问题，而把孩子关在家里，只让孩子在自己的视线范围内玩，或者一看电视就给孩子准备好零食……这些都需要家长反思和改正。

12~18 个月

多让宝宝看

蹲下来与孩子对话

如果妈妈总让宝宝仰着头听自己说话，沟通起来就会有困难，而且孩子的眼睛总往上看，对视力发育也不好。

为了母子间的交流，在跟孩子说话时，一定要配合孩子的身高，把身体放低。

训练宝宝追视

看不等于注视。在地板上放几个橘子，让宝宝给妈妈拿过来，通过语言和动作不断引导，直到宝宝完成任务。让宝宝长时间注视某件物品，通过移动来训练宝宝的追视能力。用纸剪出蝴蝶或小汽车的造型，贴到小镜子上，然后迎着光把镜子上的图案反射到墙上，轻轻晃动镜子，孩子的目光会随着墙上的图案移动。训练的时候，给宝宝讲些有意思的故事，宝宝才不会厌倦。

需要注意的是，如果宝宝长时间只看近处，不看远处，容易近视。所以，在游戏训练结束后，一定要让孩子看一看远处。

教宝宝判断颜色差异、物体大小

想要让宝宝认识色彩，在生活中就应该让他多接触，多记忆。这个阶段，比起让宝宝记住颜色的名称，教他区别不同色彩更为重要。同时还要让孩子学会判断物体的大小和重量，比如说："爸爸的衣服好大，我的好小。"通过生活中常用的物品帮助孩子记忆区分。辨别重量时，可以让孩子自己拿起一些东西，然后教给他"这个重，那个轻"。

抱起或背起宝宝，扩大他的视野

为扩大宝宝的视野，可以抱着或背着宝宝，让他看商店里的商品或窗外的景色。让宝宝通过眼、耳、皮肤的体验来获取信息，学习知识。

训练孩子仰视

这个时期，还要训练孩子仰视对面物体的能力。

将物品从低处一点点提升，来训练宝宝目光的追逐能力和身体的微调能力。抬起下巴仰视时，身体需要支撑起上半身的全部重量，因此在下半身发育成熟之前，仰

视是比较困难的。

可以把球吊在天花板上，或从二楼窗户发出声音让宝宝练习往上看。

多让宝宝摸

🧸 玩泥巴对锻炼触觉很有帮助

因为宝宝喜欢柔软的东西，所以吃饭时也总喜欢拿着布丁、豆腐、香蕉玩。以前，宝宝只是用嘴巴感受柔软，现在手的触觉对他更有吸引力。这时，家长不要马上阻止，等一会再告诉他这是吃的，不是玩的。

宝宝喜欢玩泥巴，泥土能很好地刺激宝宝的触觉，让他光着脚尽情地玩就可以。如果没有这样的环境，可以用面粉来代替，宝宝同样会很开心。

🧸 让宝宝区别软硬

让宝宝用手摸过软硬物品之后，可以跟他讨论软硬的感觉："这个毛巾很软吧？""毛巾是不是很软？""这个是不是更软？"用比较的方式，让宝宝感受触觉上的差异，辨别柔软的程度。

大小差异、重量差别也可以用这种方法来教，遇到重的东西可以问宝宝："你提

得动吗？"即使提不动也让他试一下，让他明白有好多东西他提不动。

🧸 宝宝吃手是要求没得到满足的信号

这个时期，吃手是个很大的问题。宝宝刚出生时，吸吮手指没什么不好。可如果宝宝开始慢慢学习走路了，这时开始有了吃手的习惯，一定要马上禁止。因为从心理学上讲，这说明孩子的身心存在不满足感。如果宝宝过分地吸吮手指的话，会带来心理和行为的变化，所以一定要及时改正。

培养手指灵活度

🧸 教宝宝拿筷子或画笔

想让手变得灵活，就要教宝宝学习拿筷子的正确方法。一开始妈妈手把手地教，如果宝宝想自己握笔写字或画画，就是训练的最好时机。

🧸 玩剪纸、贴纸游戏

让宝宝剪纸可以锻炼手指的灵活性和两只手的协调性。

孩子三岁之前都喜欢玩撕纸游戏，妈妈帮忙把纸撕成1～2厘米的长条，可以把纸条首尾相连"排火车"，也可以把纸条层层折叠起来"盖楼房"。看着妈妈玩，孩子也会感兴趣。这时，就可以完全交给他来发挥了。

训练宝宝听与说

做嘴部运动游戏

如果想让孩子话说得更好，就要让他学习嘴唇的活动方法和呼吸的调节方法。

How to Play

嘴部运动促进语言学习

想让孩子更好地学习说话，锻炼嘴部运动和呼吸的小游戏很重要。下面向大家介绍几个有效的游戏。

● 吸管游戏

用吸管喝饮料时，教给他如何呼气。拿一杯水，插上吸管给宝宝，吸水的过程就是学习用鼻子和嘴巴配合呼吸的过程。

● 口琴游戏

随着吐气的快慢，口琴可以发出不同的声音，能激发宝宝的好奇心。在练习的过程中，宝宝能学会控制口腔内的气流，学会调节气流速度，掌握口鼻配合的呼吸方法。

◐ 吸管游戏可以锻炼呼吸

下面来介绍几种有效的游戏。

 为宝宝重复正确的发音

宝宝的发音不清楚，有时是因为受身边长辈口音的影响。这时，妈妈不要去模仿孩子的发音，以防止发音固化。

教宝宝说话并不是一个个地教单词。而应该将一两个单词组成简单的句子，每天反复说给他听，这样宝宝才会学得快。

激发宝宝的好奇心

陪宝宝一起玩

大人与宝宝一起玩对发展宝宝智能很有帮助，宝宝很喜欢模仿大人，所以在宝宝面前可以多说说话，多做些肢体运动。

宝宝很喜欢玩"骑大马"游戏。这个游戏可以帮助宝宝练习说话，增强运动。滚球、积木对集中注意力很有帮助。

画画游戏也很重要。画画时，要尽可能帮宝宝将绘画对象具体化，一边说一边让宝宝画。比如说："小白兔有两个长长的大耳朵，它的眼睛是红色的。"即使不像也没关系，重要的是训练宝宝把自己的想法用图形表现出来。

培养饮食好习惯

不要太在意宝宝弄洒食物

如果宝宝能自己吃饭，就要教他进食的方法，不要催促宝宝快点吃，最好让宝宝随便吃，即使吃法不对也不要发火。

即使弄脏弄洒也不要太在意，宝宝逐渐能够熟练使用筷子、勺子，能握住勺子，把饭送进嘴里，能嚼能吞之后就不会再洒出来了。

让宝宝接触各种味道，防止偏食

甜味会引起快感，所以宝宝自然喜欢，要让宝宝接触各种味道来防止偏食，宝宝不喜欢的食物可以做得味道重一些，喜欢的口味则要做得淡一些。

培养生活好习惯

宝宝玩耍时不给他吃零食

玩的时候要专心地玩，吃的时候也要专心地吃。告诉孩子每一个动作都要认真去做，每一件事都要一心一意，有始有终，这样才能培养宝宝的注意力和耐力。

另一方面，阻止宝宝做危险的事情也能培养宝宝的耐力。让他学会忍耐，学会避免危险的状况发生，引导宝宝自己做出正确判断和预测。

让宝宝学会约定

习惯是妈妈和孩子在互相影响中形成的。这些习惯中最重要的是让宝宝守约和对宝宝守约，和宝宝约好的事情一定要兑现。而且，如果宝宝遵守了约定，一定要表扬和鼓励他。

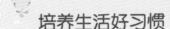

part
6
宝宝益智训练

敏感型宝宝的优点

敏感型宝宝比一般宝宝受到的关爱更多。宝宝过于敏感，父母不敢轻易把宝宝交给他人照看，往往是去哪儿都把宝宝带在身边，这样宝宝就和父母有了更多的身体接触，会得到更体贴的照顾、更多的母乳喂养机会和更好的成长环境。可以说，

在人生旅途的列车上，敏感型宝宝天生就拥有了头等坐席。同时，敏感型宝宝的父母要比一般的父母更了解自己的孩子，会尝试多种方法来教育孩子，在培养孩子的过程中，他们进行了诸多思考，这样能让宝宝获得更好的成长环境。

让宝宝玩到尽兴

要想把孩子培养成有毅力的人，促进孩子注意力的持续发展，培养孩子坚韧的意志，就应该每天让孩子活动到体能的极限，也就是让孩子玩到累得再也玩不动为止。找一个孩子喜欢玩的游戏，让他玩到筋疲力尽，然后安静地跟他说说话，慢慢地让他放松下来。

只要孩子做错，马上进行体罚

一两岁时进行体罚是为了让孩子懂得禁忌，远离危险。体罚最好在孩子不听话时进行，孩子做错之后就马上体罚，让孩子通过痛来认识自己犯的错误。

发火也要有规矩

对不懂事的孩子发火并不好，比如说，某天心情不好，碰上了什么事，平时不说话就过去了，这次却小题大做，大发雷霆，这是不可以的。要让孩子明白父母为什么发火，要遵守以下六个原则：

1 一次只因为一件事发火。
2 不要说个不停。
3 不必细说理由。
4 不能因为别人在看，所以一下子改变语气。
5 不因为过去的事情生气。
6 孩子做错事要马上批评。

让孩子帮妈妈做事

让孩子帮妈妈做事，这也是要让孩子形成的好习惯之一，比如对他说："能把那个拿过来吗？"如果孩子拿过来就表扬他。

评价孩子成长的要领

Mom & Baby

●孩子一切正常，表明很健康

有的妈妈为了知道孩子的生长情况而每天称体重，实际上孩子的体重一般一周或半个月称一次即可。如果孩子一切正常，即使孩子体重没明显增长也不需要担心。

如果孩子吃母乳，体重也没有增长，通常被认为是母乳不足，可以补充配方奶。如果孩子特别黏人，抱起就放不下，吃奶要20分钟以上，这时最好请教医生。有些3~4个月大的孩子食欲会变差，体重也没有增长，这种现象很常见，所以没必要担心。

●孩子不要过胖

妈妈的奶水充足，食欲旺盛的孩子通常会长胖，这个时期，孩子胖一点不用太在意。等孩子稍大一点，随着活动量的增大，身上的赘肉就会逐渐消失。小时候胖，长大也容易长肉的几率为8%，所以不必因为吃得太多而减少牛奶的量。但如果到了上学的年龄依然很胖的话，成年后肥胖的几率会达到80%，所以从小预防肥胖是很有必要的。

18~24 个月

多让宝宝看

让孩子学会识别复杂的颜色

在两周岁之前，就要教孩子识别物体的形态和颜色。孩子很早就有识别红色和其他纯色的能力，一岁半以后就应该教孩子学习区分复杂的颜色了。

在孩子面前放不同颜色的毛线球，问他："能把浅蓝色的给我吗？"或者说："把红色的全部拿出来。"就这样像做游戏一样让孩子记忆色彩。

可以问孩子最喜欢什么颜色，让孩子自己挑选。

● 利用不同颜色的毛线球玩色彩游戏，这种游戏对促进大脑发育有很大帮助

训练孩子对运动物体的自然反应能力

孩子喜欢运动中的物体，眼睛会盯着看，身体也会不由自主地移动，因此家长对于马路上的汽车要格外注意，要告诉孩子上街时不能到处乱跑，一定要在妈妈身边，让孩子控制好奇的自然反应。

商场超市是很好的学习场所

在顾客较少的时间段，带孩子到超市、商场转转，让孩子看一看、摸一摸。"看，这是蓝色的，漂亮吧？""看这个水果，油亮亮的。"让孩子在实际的接触中学习色彩、形态和语言。

多看、多听、多摸之后，孩子大脑的感受就会丰富。商场超市是很好的学习场所，在那里孩子可以看到、听到更多东西，给大脑更多的刺激。

多让宝宝摸

培养宝宝手和脚的触觉

皮肤直接接触物体，孩子会记住那种感觉。为了让孩子感受泥土的触觉，可以把孩子带到外面光着脚玩。无论是什么感觉，对孩子来说都是第一次，这时不要强迫他，要给他重复体验的机会。

刺激宝宝的触觉

为培养孩子的触觉，可以用日常生活中常用的东西来让孩子体验。让孩子玩玩沙，或者玩玩泥土，都能有效地促进孩子触觉的发育。

○把手埋到沙子里，或者拿泥土捏着玩，都是促进孩子触觉发育的好办法

刺激运动神经

让孩子学习正确的握笔姿势

一两岁的孩子正是好奇心旺盛的时候，对任何东西都感兴趣，特别是写字画画之类，虽然孩子还不可能完完整整地画完一件东西，但如果他们能抓到笔，就会想画画，这时就要好好教孩子正确的握笔姿势。

○要教孩子正确的握笔方法

练习画圆和直线

圆和直线是绘画的基础线条。即使是成年人，画一个标准的圆或直线也有难度。教孩子画圆时，妈妈要握住孩子的手，一口气快速完成。画圆也好，画直线也好，重要的是让孩子协调好画画的节奏与呼吸节奏。

练习下台阶

上下台阶对一两岁的孩子来说是一种很有趣的运动，上台阶相对容易，但下台阶很难，妈妈要注意孩子的安全。让孩子逐渐熟悉下台阶时哪块肌肉用力，脚的什么部位先着地等动作要领。

上台阶时，妈妈可以轻轻托住孩子的屁股，帮助孩子掌握好身体的平衡和节奏。在孩子每迈出一步，都知道马上调整身体重心之前，妈妈不能让孩子自己上下台阶。

🐻 蹲姿可以锻炼腰背力量

可以用蹲姿锻炼腰背力量，让孩子学会弯下脖子，把全身重量压在膝盖下方。

还要训练孩子端正的坐姿，可以坐在椅子上练习，也可以让孩子倚在墙上或门上。练习站立的姿势，腰要挺，背要直，每天至少练一遍。

🐻 滚球游戏刺激复合感觉

孩子会走路了，可是手脚还不够灵活，如果坚持训练孩子的手脚活动能力的话，他就有可能成为一个有体育特长的人。这时要让孩子做多种运动来给大脑更多刺激，特别是双手需要更多运动。

妈妈可以陪孩子一起玩滚球游戏，虽然还不能投球，但是可以滚球。滚球游戏能够培养孩子的多项技能。比如，滚球所用的手劲、盯球的眼力、判断球远近的思考能力都可以得到锻炼。

🐻 让孩子玩运用双手的游戏

让孩子一只手按住纸，另一只手拿剪

刀剪纸，或者让他运用两只手抓东西。让孩子按电视开关也是很有效的练习，要锻炼使用两只手，不能只用平常常用的一只手。

让孩子把水从一个杯子倒进另一个杯子，这样既可以锻炼双手的配合，还可以提高孩子的注意力。把水倒洒了也不要责备他，真正应该关注的是孩子注意力的培养。

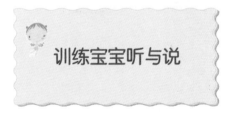

训练宝宝听与说

🐻 反复给孩子听喜欢的音乐

孩子喜欢的音乐，听多少遍也不会厌倦。这时孩子已经有了区别音阶的能力，所以可以反复给他听，孩子也会在看电视时，随着音乐节奏而摇摆身体。现代生活不可能远离电视和电脑，所以要巧妙利用这些东西。

🐻 让孩子学习组词

如果孩子能说出"爸爸妈妈"这样的词，就可以让孩子学习组词了，比如说"妈妈的脚"，即使孩子不能完全领会也没关系。

孩子刚开始学说话的时候，不要反复地教他学单词，而是应该把单词组合成简单的词组或句子说给他听，配合动作和实物，帮助孩子记忆。这样的话，孩子在某一天突然就会说很多话，语言的潜力就发挥出来了。

训练孩子呼气

孩子学会说话有三个条件，一是嘴部的运动，二是呼吸的控制，三是舌头的灵活度。

可以通过游戏来训练呼吸的控制力，像吹肥皂泡、吹纸片这样的游戏，妈妈都可以带着孩子一起做。拿一张厚一点的纸放在嘴边，在吸气呼气之间，纸张在前后浮动的同时会发出声音，这些都会激发孩子尝试的兴趣。刚开始的时候，孩子的口水可能会打湿纸张，吹不起来，但反复练习几次，孩子就能掌握，这样孩子就逐渐具备了学习说话的基本条件。

诱导孩子反复提问回答

如果孩子不爱说话，多数是环境问题，其中最大的原因是父母不给孩子说话的机会。这时，为了让孩子说话，父母可以多问孩子问题来诱导孩子回答。

激发宝宝的好奇心

记住道具的使用方法

两岁左右的孩子什么事都要自己做，家长不能武断地说"不行"，而要说"等你长大了再帮我"，即便是看起来比较困难的事情也不要挫败孩子的积极性。

在够高处的东西时要教孩子用垫子，解决得好给予表扬，这样孩子就会在够不着东西时找东西踩。还要让孩子学习通过比较来发现不同物品之间的差异，可以问他："哪个更好？哪个更大？"让孩子学会比较。

丰富宝宝的味觉

 让孩子把热的食物放凉再吃

食物的温度、软硬度、味道是味觉发达的重要因素。温热的食物可以促进味觉、嗅觉、触觉的发育。

 用语言表达尝到的味道

在每天的饮食中让孩子品尝甜、酸、苦、咸的味道。每天给孩子吃零食的时候，妈妈可以对孩子说"这个很甜"，以此锻炼孩子的语言表达能力。

培养生活好习惯

 让孩子帮助妈妈整理房间

习惯是孩子不断模仿大人行动的结果。引导孩子在生活中帮妈妈做事有助于孩子

良好生活习惯的养成、智力的发育和自立能力的培养。可以经常对他说："能把这个拿给我吗？"孩子照做就称赞他。

 教孩子学会忍耐

这时期可以教孩子学会忍耐，如果事情不顺心就发火，对将来的性格也会有影响。忍耐可以让孩子学会调节自己的情绪，培养社会性。

 爱的充分给予是良好生活习惯形成的基础

这个时期，最重要的是让孩子感受到妈妈充分的爱，然后才会产生对妈妈爱的回应和反馈。

如果不能得到妈妈的爱，或者感觉到爱的缺失，这样的孩子一般会很忧郁，不爱吃东西，不爱笑，玩的时候也不开心，这时培养孩子的生活习惯是很困难的。只有孩子对妈妈产生牢固的信任感和感情依赖，才能成功地培养孩子良好的生活习惯和乐观积极的性格。

7

宝宝早期教育方案

早期教育包括多项内容，除了母语和英语的学习之外，还包括音乐、美术、体育、自然等知识的学习。父母应早期发现孩子的才能，并给予重点培养。父母在进行早期教育时一定要考虑到孩子的天性和能力。

早期教育注意事项

在孩子的成长过程中，父母总是在发愁该给他什么样的教育。随着可选课程的增多，学习方法的多样化，这种苦恼也与日俱增。在早期教育的过程中，做什么，如何做，有哪些注意事项，这些都是父母应该提前掌握的，下面我们一起来了解一下。

爸爸妈妈是孩子的第一任老师

真正的早期教育都是爸爸妈妈在家庭日常生活中进行的，比如经常温柔地对孩子说话，睡前给他讲故事，闹的时候给他唱歌等，这些才是真正的早期教育。爸爸妈妈做好了早期教育，孩子上学后才会成为一个积极上进的好学生。

part
7
宝
宝
早
期
教
育
方
案

不要被"早教越早越好"所迷惑

在早期教育中，很多人都信奉"越早越好"，于是两岁左右的孩子就开始学语文、数学、英文了，所以有的孩子3岁就会解方程式，2岁就会读书认字，4岁就能流畅地进行英文对话。每个孩子的能力和个性各不相同，爸爸妈妈不能千篇一律地进行早期教育。

3岁以后，孩子的大脑继续发育

孩子在3岁以后，大脑仍然在发育，这是早期教育的重要依据。有不少人认为孩子的大脑发育在3岁前就已经完成，这是没有任何科学依据的。孩子在3岁之前大脑发育速度惊人，特别是1岁前后表现得最为突出，但这并不表明孩子3岁以后大脑不再发育。孩子大脑的发育与他在各阶段的成长经历、个人学习过程和意志有密切的联系。

孩子起步晚没关系

不可否认，孩子2~3岁是大脑发育的高峰期。如果在这个阶段多进行早期教育，对孩子能力的培养会很有效果，但孩子的大脑并非到3岁便发育完成。即使孩子学得晚一些，孩子的能力依然可以得到发展和提高。没有谁可以证明5~6岁开始学习的孩子比1~2岁开始学习的孩子能力差。小时候让他尽情地玩，等快要入小学了，再开始学习知识也可以。

早期教育不应给孩子带来学习压力

一个小女孩从1岁半就开始学习语文和数学，刚满两周岁就开始背诵乘法九九口诀。妈妈为了让她养成好的学习习惯，每天早中晚学三次，有时还要学到深夜，不听话就体罚。这种学习方式在孩子小学三年级时中断，现在孩子只是一个极其普通的中学生。当然也有极少数孩子在早期教育中感受到乐趣，学得津津有味，但大多数孩子在妈妈的高压下，感受到的是与年龄极为不符的学习压力。

要避免造成孩子思考能力的缺失

有一点父母一定要知道，那就是，比起具体知识的学习，培养孩子的执行能力、协作能力、思考能力更为重要。如今，大学入学考试也开始逐渐关注这些能力的考察，这些能力的培养是在每天的生活小事中完成的。在和小伙伴玩耍、打闹、调皮的同时，孩子的能力也在一点点提高。

过早教育导致童真消失，容易形成成人般的性格

在太小的年纪开始接受教育，孩子会掌握很多他们无法真正理解的知识，结果导致孩子童真消失，出现成人般的性格。比如说，4~5岁的孩子会读，但是不会理解。当他问"宇宙是什么"的时候，解释起来会很费劲。要让孩子亲身去体验，将所教的知识变成他自己的记忆。

教得太早，形成的只是身体惯性

很多人认为钢琴、小提琴的学习越早越好，以前主张3岁开始学，现在把时间提得更早了。他们认为让孩子记音阶最有效的办法就是早点开始学。其实，虽然读乐谱是大脑的工作，但熟悉乐谱之后的乐感培养是要靠小脑的。早早开始单靠大脑，形成的只是身体惯性。

文字的启蒙

现在孩子认字的年龄在逐渐降低，有些孩子没有人教，却自己学会了认字，也有的孩子再怎么努力学也赶不上别人，那么在教孩子认字的时候应该用什么方法，注意些什么呢？

在婴儿时期多读故事

要让孩子读书识字，重要的是让他觉得读书是一种乐趣，所以家长应当尽可能早地给孩子养成读故事的习惯。一位加拿大学者认为孩子刚出生就要开始阅读，可以一边给他看有鲜明图案的画册，一边跟他说话。早早接触书籍的孩子会比其他孩子更喜欢读书，词汇量更多，理解力也更高。

睡前读故事

每晚听父母读故事的孩子会比较早地对认字感兴趣，但有的孩子再怎么听故事也不会对认字感兴趣。感受到听故事乐趣的孩子会不知不觉地喜欢上读书，对于这样的孩子，可以多给他读一些他感兴趣的书。这时候，不要表现出刻意说教的意图，比如读着读着，突然说："看，谁家的宝宝都会读书了。"这会打断孩子对故事的想象。这种情况反复出现的话，孩子对妈妈读的

◐ 很早接触书籍的孩子能早认字多认字

故事就不再感兴趣了。

不能根据阅读的快慢来评价孩子的语言能力

虽然孩子之间会有阅读快与慢的差别，但到最后谁都能学会读和写，所以衡量孩子阅读的快慢没有太大的意义。真正的语言能力包括对文字的理解能力，还包括能向别人表达自己思想和感受的能力，所以要在幼儿时期培养孩子的理解能力和表达能力。不能因为孩子会读，就以为他也理解词语的意思。要让孩子大声地朗读诗和散文，给他讲解诗句和文章的意思。通过电视广告上经常出现的比喻、夸张等表达，让孩子体会到修辞的魅力。

◐ 多给孩子读一些他感兴趣的书

奶奶讲故事可以培养孩子的创造性

为培养孩子创造性的思考，可以在给孩子讲故事时加入一些绘声绘色的语言或动作。听奶奶讲故事也是一种好方法。

孩子喜欢听自己小时候发生的事，比如自己出生的时候，家里人是什么反应，都准备了些什么，做了些什么？一般来说，

3～5岁的孩子喜欢那种对话少、动作多的简单故事，6～8岁的孩子喜欢听以前的老故事。

要成为一个出色的讲解者，就要让整个故事就像在眼前发生一样活灵活现。比起单纯地读课本，不如直接给孩子讲，这样更形象，能培养孩子的想象力。

◑ 3～5岁的孩子喜欢简单的故事

慎重选择识字读物，激发孩子对识字的兴趣

教孩子识字的读物有很多，但在使用这些读物时要注意方法。在使用识字卡片时，一定不要让孩子产生被强迫的感觉。

比如，拿一张卡片，指着上面的字问孩子："这个字念什么？"孩子会读，就表扬他；孩子不会，就严厉地批评他。总是这样的话，孩子就会对识字失去兴趣。其实任何孩子都有自发学习的冲动，又都会排斥强迫式学习。

很多3～4岁的孩子会对文字感兴趣

90%的孩子在上小学之前就会读和写，从3～4

◑ 和早早学会读书相比，更重要的是从阅读中获得兴趣

岁开始就表现出对文字的兴趣，当然有的孩子到了4岁对文字一点兴趣都没有，即使这样也不能说他们上学之后语文一定学不好，兴趣是因人而异的。

有不少孩子通过专门的学习，3岁左右就能认很多字，甚至会看书了，这引起了其他家长的不安。其实，孩子在入学前，只要对文字的兴趣与所认文字的量相符就可以。

对文字的兴趣比识字的早晚更重要

如果孩子在妈妈的强制下学习，而不做出任何反抗的话，说明孩子对妈妈没有基本的信任感。"反正我说什么也没用，妈妈让我做什么就做什么呗。"在这种思维模式下长大的孩子没有自我意识，将来遇到的挫折会更多。

使用学习卡片和画册的方法是一样的。"这个是

◑ 孩子如果对妈妈没有信任感，自信心也会不足

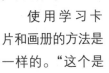

Mom & Baby

鼓励孩子尝试新鲜事物

● 孩子能获得新体验

处在成长阶段的小孩子经常想体验一些新事物，尝试之后，他们想知道周围的人有什么反应，自己会有什么样的感受。家长不要妨碍孩子的这种好奇心，应支持孩子尝试新鲜事物。

苹果。""这个是小猫。"重要的是让孩子轻松快乐地学习。孩子认识了，很好；不认识，也没关系。可以表扬，但不要过分表扬。重要的是让孩子对读书产生兴趣，而不是能够识别多少卡片。

利用有文字标记的玩具

利用写有文字的玩具也可以培养孩子的兴趣。孩子们一开始一个字一个字地读，慢慢地就会对文字表现出兴趣，但是如果没兴趣也不要气馁。

孩子对文字产生兴趣的时间或早或晚，这些都没关系，重要的是要尊重孩子的自主性。

❶ 有文字标记的玩具有助于孩子识字、认字

发现孩子的语言才能

培养孩子的语言表达能力需要各种各样的小道具，还需要情节的想象。在描述自然、科学、社会、数学等各种话题的时候，要训练孩子的语言组织能力。一个拥有良好语言表达能力的孩子，即使没有大人的引导，也能有条理、有细节、完整地描述事实和看法。

大部分孩子在面对大人的提问时，只会用简单的几句话回答。比如问他昨天做什么了？他会说："在家待着。"再问："没做什么吗？"他会回答："玩游戏了。""没其他的事情吗？"他会再答："姐姐带朋友回来了。"

Mom & Baby

培养孩子的语言能力

要想培养孩子的语言能力，首先要培养他的观察力，如果没有敏锐的观察力，即使语言能力再怎么出色也得不到充分的发挥。

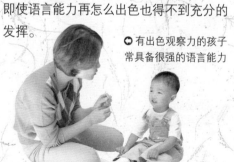

❶ 有出色观察力的孩子常具备很强的语言能力

要想让孩子拥有丰富的经历，就要多和他说话，带他多走、多看、多经历。要想培养孩子的观察力，可以让他讲述自己看到的东西，或让他画出来，或者拍照留念。也可以让他描述一些特别的人，比如朋友、奶奶、爷爷等。

接话游戏也是很有用的，可以让孩子养成写日记的习惯；在看完书或电视之后表达出自己的感受，培养丰富的情感。

熟悉数字

数字跟语言不同，不教的话不容易学会，但是如果用强迫的方式容易引起孩子的抵触。在这里我们来讨论帮孩子培养数学兴趣的方法。

3岁时理解"3"就可以了

为了培养孩子的数学兴趣，父母经常会让孩子待在浴缸里对他说："数到二十就出来。"父母用这种方式让孩子熟悉数字，但并不是说孩子能数到20就能理解其中的意思。

孩子有可能只是把它当作是从浴缸里出去的一种方式，所以父母应该消除这种误会。在对数字的理解上，3岁理解"3"就可以了。比如3个橘子是3，3个木块也是3。在孩子的日常生活中用不着很大的数字，所以如果他理解了"3"的话，平时不会遇到太大的困难。

❶ 要让孩子对数字感兴趣，就要让孩子在生活中对数感兴趣

数字跟实物对照来记

根据不同的环境，数字又分为量词和序数词，在这个时候，数字的含义就会发生变化，所以说数字比文字更加抽象。父母有时不知道该如何让孩子理解数字的含义，其实可以利用生活中

的很多机会来让孩子记数字。给孩子饼干的时候，可以数"1、2、3"，对孩子说："今天给你3个饼干。"或者说："妈妈今天只有2个。"这样可以慢慢培养孩子的兴趣。散步时也可以说："1、2、3，自行车真多。"这时即使孩子不数，也会津津有味地看着妈妈数数的样子，妈妈这样反复数数，孩子自然会对数字感兴趣。

4~6岁时可以理解次序

孩子一般从4岁左右开始理解数字的规律，过了3岁就可以开始理解简单的顺序。比如：红、灰、黄三种颜色的积木，在拿走红、灰积木之后，家长问孩子剩下的积木颜色是什么，3~4岁的孩子会回答黄色。

孩子如果能理解这类问题就说明可以理解顺序的含义了。在幼儿园经常可以看到3岁的孩子在站队时还会争抢，但4岁的孩子已经很有秩序了。

数字虽然很抽象，但与实际生活紧密相关，要知道，学习数字并不单纯是学习数数和加减法。

❶ 将数字跟实物对照来记

○ 4 岁左右的孩子
就可以理解数字是
有规则的

Mom & Baby

善于发现孩子的数字天赋

● 有数字天赋的孩子喜欢数数、推算、称重、排列等数字游戏。
● 跟数字有关的游戏可以玩很长时间。
● 对于与时间和钱有关的概念很感兴趣，也很容易理解。
● 很轻易就做出加减运算。
● 能把算数能力和概念应用到其他活动中。
● 同一个问题用多种方法解决。
● 不满足于已经学习到的方法，会继续找寻自己的方法。

入学前教孩子理解十进位原则

"十进位"感觉起来很抽象，其实就是让孩子在数数时，知道"9"的下一个是"10"，"19"的下一个是"20"，"29"的下一个是"30"，以此类推即可。

刚开始的时候，孩子只是单纯地数数而已，然后有一天突然就明白了"十进位"的奥秘。家长为孩子多提供一些可以数数的游戏，可以让这个转变在游戏中自然而然地发生。

比如说，散步的时候，跟着脚步的节奏对孩子说："这次我们数到20，好不好？""这次妈妈来数。"通过对话，可以让数数变得很自然，很有趣。是否能数到100不重要，重要的是让孩子理解十进制。在入学前，让孩子理解十进制的奥妙是很重要的。

5岁左右能理解"再加1个是几个"这类问题

目前两三岁就懂算术的孩子越来越多，看着周围的孩子都会了，妈妈自然会有些着急。有些速算学校只是机械地教授技巧，孩子们根本不能真正明白"5+1"或"8-3"的意义。因此，也不能说从小学会算术以后数学一定学得好，只是学会计算可以让孩子有自信，为学好数学打下基础而已。

与4岁左右的孩子一起玩数字游戏，可以激发孩子对数字的兴趣。

如果孩子表现出更大的兴趣，在 4 ~ 5 岁时就可以问他："再加 1 个是几个啊？"

日常生活中，给孩子零食的时候可以问他："5块饼干再加1块的话是几块？"

"它的一半是多少呀？""加上

接受了早期教育的孩子上学以后学习会好吗?

并不能说孩子接受了早期教育，以后就一定会学习好，也有的孩子并没有接受过早期教育，顺其发展，反而学得更好。

●玩着长大的孩子学习热情会更高

上小学以后，对各方面学习都感兴趣的孩子成长得更快，当然有些接受了早期教育的孩子也可能顺利进入 一

流大学，但不能说只有接受了早期教育才能有这种结果，因为有些孩子没有接受过早期教育，也进入一流大学。

●对学习有自发性兴趣的孩子更容易成功

早期教育属于新生事物，利大还是弊大尚无定论。单就一般情况而言，在青少年阶段，很多很早就接受早期教育的孩子在独立人格的培养和社会性的塑造上都存在一定困难。因此，如果不考虑孩子的自身情况，盲目地进行早期教育是不可取的。

这些，再减去这些呢？"这种关于倍数的计算和重复加减是有一定难度的，完全没有必要太早让孩子接触。

家里要准备玩数学游戏的必要道具

父母应该尽量用身边的东西帮助孩子学习数学概念。在家里可以玩的数字游戏包括汽车游戏和图形游戏等。

首先是汽车游戏，可以用汽车模型来玩。用人形玩偶在每站上车、下车，问孩子这个时候车上还有多少人，根据孩子的认知水平来让他做加减法。

其次是图形游戏，可以在模型中找圆、四边形等几何图案，或在书中寻找椭圆形、菱形、六

角形等。也可以在四边形上画一个小圆，画出冰激凌，以此来培养孩子的创造力。

以上这些游戏是通过解决与数学有关的问题，自然地培养孩子解决问题的能力。

少量多次的学习更有效果

学什么都不能一下子学太多，学数字更是如此。不能让孩子学烦了，要在他喊累之前主动叫停。比起一次学很多，不如采用少量多次的办法，这样效果会好得多。

记住，学数学也是一种游戏，要让孩子认为数学是一个很有意思的游戏。在孩子回答了妈妈的问题之后，可以大声称赞他。

❂要让孩子认识到数学是一种有趣的游戏

培养音乐才能

要培养孩子的感悟能力，没有比音乐更好的了。当然，如果孩子有音乐天赋再好不过，即使没有，也可以进行后天的培养。要培养孩子的音乐才能，妈妈要做好以下几点：

◐ 幼儿时期是培养音乐感和节奏感的最佳时期

学习音乐是早教的重要内容

在早期教育中，最容易收到效果的是音乐教育，培养音乐感和节奏感的最佳时期便是幼儿期。之所以音乐适用于早期教育，是因为幼儿期分辨音节的高低、强弱的能力最强，节奏感也最强。

另一个理由是，孩子丰富的感情基础是在幼儿期形成的。对于艺术才能来说，没

有感情是绝对不行的，要让孩子进入美和感情的世界，就必须在幼儿时期培养孩子丰富的感情。

最好先从钢琴开始

虽然说音乐是早期教育中最具代表性的课程，但音乐教育并不单纯是学习乐器。从幼儿时期开始就要让他多听名曲，为他创造一个良好的音乐环境。

◑ 学钢琴可以从 4~5 岁开始

过了 1 岁，如果孩子喜欢童谣，妈妈应尽量给孩子唱歌，或给他听儿歌，两岁之后，孩子会随着节奏摇头或拍手，可以让他玩敲鼓。学钢琴从 4~5 岁开始就可以了。

小提琴从 6 岁左右开始

有人说小提琴要从 3 岁开始，也有人说先要用钢琴来培养孩子的乐感，6 岁再开始学习小提琴才合适。乐器只是教育的一部分，重要的是给孩子创造合适的环境，培养孩子的乐感和感受力。

有的孩子很小的时候就很有乐感，但

长大之后乐感会慢慢消失。小时候的乐感主要依靠直觉，而直觉到了青春期就会慢慢消失，因此父母要在孩子直觉消失之前给孩子找一个好老师。

找一个能充分发掘孩子才能的老师

据说，世界级音乐大师在小时候父母就和自己一起接触音乐，当音乐水平有所提高之后，父母就会请优秀的老师来指导他们。

如果没有请到合适的老师，即使孩子小的时候喜欢音乐，也会慢慢厌倦。

优秀的老师需要对音乐怀有热情，并把这种热情传给孩子。通过这样的老师，孩子也会慢慢地对音乐产生热情。

培养丰富的音乐情感

没有丰富的情感就演奏不出动人的音乐，音乐是非常复杂的东西，不细细揣摩是不行的。很多父母和老师从孩子很小的时候就努力培养他们的乐感。

在学习音乐的同时，父母要让孩子拥有丰富的经历，旅行、读书对孩子都会很有帮助。

❂ 多看书、看碟，也能培养孩子的音乐情感

经常听各种音乐会

即使不是名家的音乐会也没关系，经常带孩子去听音乐会，可以丰富体验，这样孩子会慢慢认识到音乐是珍贵的有价值的东西。音乐才能需要长时间的苦练，要经受住这种苦练就必须喜欢音乐。

增强孩子的信心

无论孩子学习哪一种乐器，只要他稍微能够演奏了，就可以让他在家人、亲戚、朋友面前表演一下。经常这样做，孩子会逐渐建立起在众人面前演奏的自信。即使犯了小错误，也会得到众人的鼓励，孩子便从此认为自己已经是小音乐家，从而感到自信和自豪。

❂ 自信会帮助孩子成长为优秀的音乐家

Mom & Baby
善于识别孩子的音乐才能

● 对音乐氛围有敏感的反应。

● 能轻松记住简单的节奏形态。

● 准确把握音准。

● 歌曲听过一遍之后就能记住。

● 比别人学得更快，听一遍就会，还能自由发挥，演奏或变奏第一次听的曲子。

● 听音力很出色，小小的错误也听得出来。

● 音乐才能较容易在小时候发现。

培养美术才能

孩子在给图画上色的过程中能建立表达自我的自信，也能培养孩子的独创性，基本的美感是在幼儿期培养成的。下面介绍培养孩子美术才能的方法。

在幼儿期培养基本的美感

处在幼儿时期的孩子，在妈妈说一句"啊，天好蓝"的时候也会感动。这个时期，孩子还能记住妈妈所穿衣服的颜色，干净、脏这些美学感觉也在这个时期形成。因此，就像在幼儿时期给孩子听名曲一样，妈妈要经常给孩子看美的东西。

提供各种各样的美术材料让孩子亲身体验

让孩子用彩笔、蜡笔、水彩、彩纸、木片、彩泥等工具来画画，让孩子自由发挥，他们会发挥出惊人的创造力。

孩子在1岁半就会对画画感兴趣

孩子在1岁半就开始对画画感兴趣，这个时侯给孩子提供绘画材料会激发孩子画画的兴趣。妈妈虽然想让孩子画好，但是不可以随便评价孩子画得好与不好，重要的是对孩子予以肯定，让孩子有自信。好的老师会激发孩子对绘画的兴趣，提高孩子的表现力和创造力。

将画笔时常放在孩子身边

父母可以在孩子够得着的墙上贴上白纸，让他自由涂鸦。

如果孩子有自己的房间，就要让他尽情地画。让孩子把每天听到的故事画下来，或者画故事中的狮子、老虎、蝴蝶等。

不能否定孩子

不要把孩子的画与其他孩子的画放在一起比较，也不要对孩子的画给予否定，因为这样会打击孩子的积极性。

孩子在画画时，父母一定不要否定和指责孩子，美术才能与其说是培养出来的，不如说是早早发现并指导出来的，所以父母应给孩子创造机会多画、多体验。比起指责，孩子更需要的是表扬。

通过展示孩子的作品来增强孩子的自信

父母可以把孩子的画贴在墙上，要让孩子自己明白，绘画是一件多么有趣的事。世界级美术家的父母重视收集他们孩子画的每一幅画。父母的这种态度会让孩子拥有满足感，成为他继续创作的原动力。

规定主题只会让孩子感到负担

让孩子画画时要注意，不要给他限定主题。限制孩子只会让孩子感到压抑，最终

对画画丧失兴趣。可以先让孩子自己画，孩子画完之后再问他："这是什么？""兔子的耳朵再长一点就好了。"

折纸游戏可以锻炼孩子的条理性

折纸游戏是促进孩子智力发育和语言发育的重要游戏。如果妈妈用各种彩纸折成纸鹤或小船，孩子自然就会有学的兴趣。因为一张纸变得如此立体、多样，孩子怎么可能不好奇呢？反复折纸的步骤有利于培养孩子的条理性，孩子会明白一个步骤的错误，就能让结果面目全非。折完一个，不要急着学新的，而应把刚折好的拆掉，重新按照折线和记忆再折一遍。最后可以让孩子在纸鹤上画上眼睛、羽毛等。

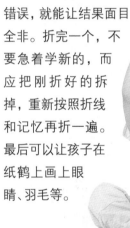

制造模型可以刺激孩子的中枢神经，促进大脑发育

培养科学才能

有科学天赋的孩子好奇心强，对周围的各种现象都非常关心。
如果自己的孩子对周围事物完全不在意，可以通过各种方法激发他的好奇心。

保护孩子的好奇心

未来可能成为科学家的孩子，会很留意周围环境，很爱提问题。他们面对难以解决的问题时一般不说"我不会"，而是想尽各种方法来设法解决。

科学工作者可分为自然科学家、实验家、机械师等。自然科学家会留意一切自然现象。要把孩子培养成自然科学家，就要让孩子多观察记录，尽可能培养孩子的观察能力。

有科学天分的孩子具备很强的观察力

实验家除了要有细密的观察力之外，还要有假设推理能力。

机械师要理解因果关系，对机械、电子产品如何运作感兴趣的孩子有可能成为机械师。

☯ 有科学天赋的孩子好奇心强，对周围的各种现象非常关心

科学才能的发展以现实经验为基础

孩子通过对周围环境的探索来理解这个世界，在观察事物的过程中，孩子会理解预测的含义。比起数学，艺术、科学更依赖于现实经验，相应的，比起数学、音乐才能，科学才能显露得更晚。

父母在日常生活中就可以培养孩子的科学才能。科学才能有多种表现形式，有的孩子对机械如何运转感兴趣，有的孩子对植物如何生长感兴趣，还有的孩子对物品分类感兴趣。

有科学天分的孩子爱提问题

应该如何开发孩子的科学才能呢？最可取的是从小让孩子自由想象和创造。在生活中不轻易放过孩子的任何一个小想法，而加以培养。

跟孩子的提问次数相比，问题的内容更重要，要让孩子学会从多个角度看待问题。

坚持不懈地探究

孩子们都会因为强烈的好奇心而问这问那。他们会用积木来摆各种造型，想尽方法来摸索、探究，父母要多让孩子进行这种活动。

多给孩子提供探索自然的机会

世界有名的科学家从小就跟父母到处走，探索自然。要多给孩子创造这样的机会，充分利用周围的环境。利用假日带孩子去乡村抓昆虫，或到海边捡贝壳。

将昆虫和贝壳分类

父母让孩子观察新事物，适当提一些问题，让他把新发现画下来或写下来。告诉孩子不要满足于奇妙的感叹，而应更细致地去观察。另外，不要只是单纯地游览，最好能够把收集来的东西进行分类，记下各个种类的特点，还可以从百科全书中寻找答案。

让孩子尝试种菜

在家里可以试着种种萝卜、白菜、大葱，记录一下植物每天的生长变化。

多玩培养科学能力的玩具

培养孩子的好奇心并不一定非要去新的地方。利用身边随处可见的筷子、牙签等物品，不但可以让孩子了解数量等概念，也可以学到长度、宽度等知识。

善于识别有科学才华的孩子

- 注意观察事物
- 分类能力很强
- 理解因果关系
- 充分理解抽象概念
- 与科学、自然相关的活动可以坚持很长时间

在游戏中加入镜子、石子、磁铁、植物等，可以让孩子更深入观察、预测、分类。通过这些活动，孩子能了解很多概念。电话、表、门把手、收音机、打字机、录音机也是很好的玩具，通过这些东西，可培养孩子在工学领域的能力。

探索家里的东西也会有所帮助。让孩子观察洗手台下的水管、自动关门装置、抽屉等，想想这些东西是怎么运作的。孩子稍大些，给他腾出一间实验室，让他在那里做研究。

可以通过跷跷板实现对距离、重量、平衡等要素的实验

孩子玩跷跷板就会明白两边必须都要坐一个人。这时可以问他："如果一边有人一边没人会怎么样？"然后让孩子亲身体验一下。再问他："如果一边坐一个人，一个坐在末端，另一个坐在中间会怎样？"这是跟距离有关的问题。通过实践，孩子会更容易理解距离、重量、平衡这些物理学概念。

培养电脑小博士

电脑教育是孩子的必修课程之一。现在电脑已经普及到每个家庭，孩子从小摸着鼠标长大，用网络与朋友聊天、发邮件，电脑逐渐成为孩子生活不可或缺的一部分。要做好电脑教育，妈妈必须做到以下几点：

❶ 电脑虽然会带来各种各样的问题，但现在已经成为必修课程

让孩子遵守规则，预防网瘾

电脑教育逐渐成为孩子的必修课程，越来越多的父母也希望孩子能最大限度地利用这项资源，最受大家关注的问题就是应该从什么时候开始让孩子接触电脑。

有的父母也会担心，孩子在很小的年纪乱动电脑会不会出什么问题？比如孩子玩电脑上瘾，会不会降低他们对社会的适应能力？基于这种想法，他们不愿让孩子过早地接触电脑。

从孩子听得懂话的时候就可以让孩子接触电脑了，但是父母必须陪在孩子身边，父母可以告诉孩子哪些东西是不可以碰的，这样还可以早早地让孩子认识到规则和约定的含义。

刚开始让孩子接触电脑的时候要给孩子定好时间，防止形成网瘾，预防用眼过度导致近视。

把电脑放在客厅，让全家人都可以玩

孩子在玩电脑的时候，有些妈妈想走开一会儿做自己的事情，这样可能会造成不良的后果，至少在孩子小的时候要尽量跟他在一起。不管是玩电脑、看电影、看碟或是看书，有妈妈在旁边陪同，这样才会对孩子的情绪产生好的影响。

有父母在身边也可以防止孩子受到网络不良信息的毒害。如果孩子在独自的房间里玩电脑，就会容易产生这种问题。

如果想消除这些电脑派生的问题，可以把电脑放在客厅里，成为全家人的共同娱乐。

❶ 电脑对小孩子来说也容易成为诱惑

即使不给孩子进行电脑早期教育，孩子也可能会上瘾。电脑的优点在于它综合了声音、图像、动画、音乐和色彩，可以促进孩子大脑中感性部分的发育。

让电脑成为好的榜样

有的孩子不管父母说什么都似听非听，但是他们可以通过一些软件来认识什么是好，什么是坏，什么是可以做的，什么是不能做的。因此，电脑可以让孩子认识好的榜样。

让孩子感受成就感

孩子可以通过电脑来发展语言能力、社会性、认知力等。刚开始可以通过孩子和电脑的互动来提高孩子的视觉、语言能力，促进语言沟通，通过键盘的使用和显示器画面来提高孩子的读写能力。

另外，学习电脑的使用规则也可以让孩子提高协作、互助等社会能力，让孩子多识字，帮助孩子学习基础的数学概念，也可以提高孩子的创造性思考和解决问题的能力。孩子通过键盘和鼠标的使用，可以提高孩子手指的灵活性，让孩子自由发挥，体验成功的喜悦。

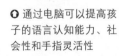

❍ 通过电脑可以提高孩子的语言认知能力、社会性和手指灵活性

选择有教育意义且有趣的软件

第一，要选择孩子可以自己使用的软件，如果所选的东西从头到尾都需要大人的指导，就没什么意义了。即使需要大人的帮助，也要选择帮助少的那种。

第二，要有教育意义。没什么教育意义的软件只会浪费时间和金钱，但因为这个而选择教育性太强的软件也是不可取的。

第三，一定要有意思。父母所选的软件即使内容再好，再有教育意义，如果没意思的话，也不会提起孩子的兴趣。孩子喜欢电脑最大的原因就是有意思，连这一点都达不到的话，用电脑的意义就不存在了。

第四，要考虑到孩子的认知水平，选择书籍也是如此，父母要根据孩子的认知水平来选择儿童读物，过于艰深的书籍只会降低孩子的学习兴趣。

❍ 电脑可以提高孩子的EQ

培养经济学小博士

有人认为，对于金钱的价值观应从小学开始培养。早期进行理财教育可以让孩子在成人后即使没有大人的帮助也能有效进行资产管理。

孩子从什么时候开始明白钱的含义

孩子从跟妈妈去超市买糖开始逐渐理解钱的含义，最好从这个时候开始告诉孩子钱是怎么来的，怎样管理和使用钱，怎样赚钱等。

让孩子明白努力是有价值的

孩子整理好自己的房间，给爸爸擦皮鞋，或为妈妈跑腿之后，父母一定要有所表示。要让孩子明白努力之后才有收获、天下没有免费的午餐这些道理。

要把孩子培养成经济学小博士，提高孩子的财商，要注意以下几点：

第一，让他分清投资和投机。让孩子彻底明白天下没有免费的午餐。

第二，父母是不是富裕，跟孩子一点关系都没有。要让孩子明白，从小就要制订好理财计划，要学会管理自己的资产。

在孩子入学前后给零用钱

应该在孩子入学前后给其零用钱。

3岁左右的孩子会逐渐理解钱的价值，也就是有了钱就可以买到自己想要的东西，但是给孩子零用钱的年龄要在入学前后。

给孩子开个银行账户

孩子对属于自己的东西非常执着，所以如果以他的名字开户的话，孩子会觉得非常神奇，会乐意存钱。

给孩子规定一定时期内的零花钱，来诱导孩子学习储蓄。

培养孩子的理财能力和储蓄习惯

大部分孩子在拿到零用钱之后都会马上花掉，有剩余的话才想起要不要存起来，这种想法一定要改变。

父母要培养孩子自己管理零花钱的能力，这也是在培养孩子合理的消费习惯。父母还要让孩子明白与储蓄相比，投资更重要，要孩子别做金钱的奴隶，而要做金钱的主人。

小时候没有接受理财教育的孩子容易变成"钱痴"

父母有义务培养孩子在经济上的责任感。不要让孩子认为拿零花钱是理所当然的事情，应当让孩子知道理财的方法。在孩子能理解的范围内，向他说明什么是储蓄，什么是债务，信用卡有什么缺点。据说从小接受理财教育的孩子长大之后会成功地储蓄和投资。

去银行时带上孩子

去银行时一定要带上孩子，还要向孩子说明在那里能做什么事情。孩子对金钱的理解只有在亲身实践中才会实现，开始最重要的是让孩子感兴趣。

另外，也要培养孩子对经济新闻的兴趣，在看电视时可以向孩子解释正在播放的经济新闻。

培养财商的游戏和习惯

●银行游戏

向孩子说明5角、1元、5元、10元、50元、100元等硬币和纸币的差别。做一些假钱跟孩子玩市场游戏和银行游戏。孩子会理解硬币和纸币的概念，知道多少钱能买什么东西。

●买东西时读价目表

在商店里买饼干、衣服、鞋子、玩具时读一下价格，让孩子知道花多少钱才能买到自己想要的东西。让孩子知道不同商品的不同价格，生活必需品是哪一些，要赚到生活费需要多长时间。

●跟妈妈一起打开储蓄罐

储蓄罐满了之后，与孩子一起打开，让孩子把钱数出来，然后让孩子跟妈妈一起去银行换成纸币，让他理解硬币和纸币的区别，然后把钱存起来或给孩子买礼物。

●玩超市游戏

把家里的东西摆开，贴上价格标签，给孩子假钱，让他玩买东西的游戏。这时妈妈充当店员，孩子充当消费者，一开始孩子会拿出所有的钱，慢慢地会按照价格来付钱。

●让孩子了解父母有计划的购买习惯

在去超市之前，把要买的东西列出来做预算，逐一核实。列出鸡肉、胡萝卜、洋葱、牛奶、彩笔等要买的东西的名称、数量，然后根据列出的清单买相应的东西。

培养孩子的运动能力

培养孩子的运动能力，其意义远在身体发育之上。运动不但能增强孩子的自信，而且能培养孩子的挑战精神。父母需要给孩子选择适当的运动，用适当的方法培养孩子的运动能力。

幼儿期积极运动是健康成长的基础

幼儿时期是不知道害怕的时期，妈妈总会怕孩子出现意外，所以经常会说"危险，危险"之类的话。

虽然不应该让孩子做确实存在危险的运动，但是如果家长过度限制，对孩子的成长是不利的。积极的运动是孩子健康成长的必要条件，从幼儿时期开始积极进行运动的话，相应的运动机能肯定会发展得很快。

在幼儿期要培养平衡能力

孩子的运动能力包括毅力、柔韧性、敏捷性、平衡能力等。其中，可以在10岁之后培养毅力，而敏捷性和平衡性在幼儿时期发展得很快。捉迷藏、跳绳、玩球等都能锻炼孩子的反射神经，翻滚、游泳也是很好的运动。

如果孩子具有很好的柔韧性、平衡性和敏捷性，那么他很快就能提高运动能力。运动能力可以从户外游戏和其他各种运动中培养。

运动可以提高平衡能力

滑雪、轮滑、骑自行车等运动都可以提高孩子的平衡能力，如果没有平衡能力，人就无法站起来。如果孩子在汽车或地铁中稍有晃动就摔倒，或者别人稍一用力推就摔倒，一般就说明孩子的平衡能力不够。

培养平衡感最好的方法是闭上眼睛单脚站立，具体方法是闭上眼睛，张开双手，平衡后抬起一只脚，左右脚轮换。一开始30秒，然后是60秒，逐渐增加，平衡能力可以随着练习的推进而逐渐提高。这种练习在日常生活中可以随时进行。

打羽毛球可以培养敏捷性和爆发力

羽毛球比较适合6~7岁孩子，打羽毛球可以培养孩子反射神经的敏捷性、爆发力和持久力。

● 有运动天赋的孩子经常要求积极的活动

需要注意的是，无条件、长时间、长距离的竞走非但不会强化心脏机能，还会对心脏产生不好的影响。8岁孩子可以在30分钟内竞走5千米左右。能够强化心脏的运动除了竞走之外，还有游泳、打篮球、踢足球等。

垫上体操能提高孩子的身体柔韧性

体操，特别是垫上体操运动能锻炼身体的柔韧性。垫上体操运动通过劈腿、伸展、翻滚等动作来舒展肌肉，让身体变得柔软。如果有父母的帮助，孩子3~4岁就可以开始这项运动。

可以让孩子在家里进行垫上体操运动，首先要铺三张垫子，然后让孩子反复在上面翻滚，孩子熟练之后就可以让他做连续翻滚的动作。

可以这样说，羽毛球综合了各种运动要素，是运动的基础。另外，打羽毛球时需要用到两只手，这样可以通过让平时不常用的手做运动来同时刺激左右脑。

打排球可以培养跳跃能力

排球最大的长处是培养跳跃能力，换句话说，排球作为全身运动，可以锻炼全身肌肉，促进生长发育。

排球是每队6名队员进行的运动，所以在运动中孩子也能学会合作，摔倒时也会伸开双臂来支撑身体。

每天竞走30分钟

竞走不仅能锻炼脚踝，而且能强化心脏机能，但锻炼时要根据孩子的年龄，用适当的方法来进行。

跳马运动能够培养孩子的挑战精神

跳马是跟垫上体操运动一起进行的运动，也叫"木马"。

不擅长跳马的孩子，一下子坐到马鞍上是很正常的。这时，先让孩子拿矮一点的马鞍试几次，等孩子逐渐找到感觉，可以控制爆发力的时候再用标准的马鞍练习。在进行跳马练习时，家长一定要在旁边照看，保证孩子的安全。

跳马的另一个作用是培养孩子的冒险精神。如果孩子跳过了具有一定高度的木马，会激发孩子挑战困难的勇气，克服恐惧心理。

孩子的这种经历对其他学习也有帮助，比如遇到了很难的数学题目，孩子也会反复钻研，直到找到答案。

游泳能够促进新陈代谢，有利于大脑发育

游泳作为一种持续的全身运动，能有效刺激大脑，所以非常适合孩子。但是该运动再有益，也不能让孩子持续1个小时以上。与每周1次，每次1小时的锻炼效果相比，每周两次，每次20分钟的效果更好。让孩子去学习游泳最好一周两次，游泳时间短一点比较好。

棒球运动能锻炼孩子的注意力

在孩子们当中，体育好的孩子比学习好的孩子更受欢迎。如果孩子的运动能力太差，有可能会让孩子产生自卑心理，也容易受到其他孩子的欺负。

孩子如果缺乏运动，对大脑发育也是不利的。要想锻炼孩子的运动神经，就要让孩子多做运动。最具代表性的是棒球练习，把报纸揉成球般大小，用布包起来，把球向孩子抛过去，让孩子用玩具棒击打。用报纸卷成的球棒击打也没关系，一开始只瞄准就可以，因为这件事比想象中困难得多，注意力不集中的话根本打不着球。

孩子如果厌倦了击球，可以让他接球，经常做这种运动也可以提高注意力，促进运动神经的发育。

骑自行车可以锻炼平衡感

如果从小开始培养平衡感的话，孩子的平衡能力就会以惊人的速度提高。因为平衡感在运动中最为重要，所以一定要好好培养。平衡能力不仅仅在运动中需要，在

生活中也需要。培养平衡感最理想的运动便是骑自行车。

孩子在4~5岁可以骑三轮自行车，6岁之后就可以骑后面有辅助轮的自行车，孩子熟练之后可以把辅助轮去掉，正式挑战自行车。如果孩子骑得好，可以让他学习轮滑，进一步增加平衡感。

如果孩子害怕骑自行车，可以让他练习体操。让孩子坐在大人膝盖或大腿上玩飞机游戏，或单脚跳等，有益于锻炼孩子的平衡感。锻炼平衡能力对思考能力的发展也有积极的作用。

运动可以改善孩子的性格

调皮的孩子适合打排球、篮球

调皮的孩子合作性会稍差一些，有点不合群，所以可以让他们练习打排球或篮球。通过这些运动，可以促进孩子与他人的合作。

让神经质的孩子练习踢足球

神经质的孩子比较敏感，所以一般来说在学习中比较聪明，可以让这些孩子来挑战足球，因为足球是团体运动，可以锻炼协作能力，也能让孩子很快交到朋友。

让容易害怕的孩子练习游泳或滑冰

要想改变孩子容易害怕的性格，可以让他练习游泳、轮滑或滑冰。一开始父母可以陪孩子一起学，这是让消极的孩子变得积极的秘诀。

◐ 让调皮的孩子接触篮球或排球，可以既保持其独创性，又培养其合作精神

英语早期教育应从何时开始呢?

提起孩子的英语早期教育,首先想到的问题是,什么时候开始才最有效果呢?落后于其他孩子不行,开始得太早好像对孩子也不好。现在就让我们来了解一下英语学习的最佳时期吧。

进行英语胎教

越来越多的人都认识到胎教的重要性,从怀上宝宝的时候就已经开始胎教了。孕妈咪注意言行举止、听舒缓的音乐或者读优美的文章,都是很好的胎教方式。

如果听音乐能教育孩子的话,那么孕妈咪听英语同样能起到启蒙孩子的效果。

❶胎儿的听觉能力6个月大时就比较发达了,这时候就可以开始英语胎教了

让孩子自然地接触英语

如果确定要让孩子从小学英语,那么早点开始英语胎教也没有坏处,这也算是迎接孩子的准备之一。

英语胎教不一定要买胎教英语教材或参加胎教培训,孕妈咪听一听英文磁带或者看一些英文电影就足够了。

喂宝宝吃奶时,教宝宝简单的问候语

随着父母们对孩子早期英语教育的关注,如何在母乳喂养期间对孩子进行英语教育成了家长关注的焦点。可以说,这个时期妈妈在孩子早期英语教育和母语的学习中起着至关重要的作用。

因为绝大多数的孩子在母乳喂养期间接触最多的是妈妈,学话的对象也是妈妈。

有的妈妈为了给孩子进行英语教育,全天让孩子听英语广播,这种没有包含妈妈辛劳的方法往往不起什么效果。相反,每天早晨起床后,妈妈跟孩子进行简单的英语问候,更有助于孩子轻松自然地学习英语。

学说话的时候开始学习英语生活用语

宝宝8个月大的时候,开始咿咿呀呀地说话。如果想对宝宝进行英语早期教育的话,这是个很适当的阶段。

带孩子逛超市或者去动物园时,可以很自然地让孩子接触英语,从简单的单词学起。最好能让孩子学会标准的发音,因此妈妈也应提前练习。

❶教孩子学英语的时候,要让孩子将英语和日常生活联系在一起学习

虽然这种训练不可能是一日之功，但是在练习中，通过妈妈的努力，肯定能看到收获。因此，没有必要因为自己的发音不好就提前放弃。父母充满疼爱的话语才是最好的老师。

如果想将发音练习得更准确点，可以让孩子直接听磁带上的单词。

🐭 开始识字时，汉语和英语一起学习

到了学汉字的时候，一起学习英语是很有效果的。孩子对语言产生兴趣就意味着孩子明白了，语言是传达意识思想的工具，因此完全可以让孩子一起学习英语。

现在有一种趋势，在学前英语教育中去掉书写部分。大家普遍认为，由于教育过于偏重阅读和语法，才造成现在的哑巴英语问题。需要指出的是，造成哑巴英语问题的一个重要原因是因为我们没有英语听说的语言环境。

❶当孩子开始识字的时候，同步进行英语教育是很有效果的

汉语和英语的构造大不相同，中西方文化也有很大的差异，这些都成为我们学习英语的障碍。有些孩子的英语听力和会话都很好，也应该同时进行英语书写的学习。让孩子记单词有利于扩大孩子的英语知识面，获得更丰富的知识。

🐭 避免填鸭式教育，让孩子多读书

无论如何，强调阅读的重要性也不为过。事实上，那些以英语为母语的人，也不一定都能读懂文章。

家长教孩子学习英语，是为了让孩子能够在世界这个大舞台上大展身手，既然如此，就不应该忽视阅读，因为阅读是帮助孩子获得丰富知识和良好教养的重要途径。

但是，如果这个阶段就开始让孩子听写单词，就属于过于偏重读写教育了，反而会让孩子产生抵触情绪，从而不再喜欢学习英语。孩子们都不喜欢被强迫，家长要掌握适当的尺度。

🐭 让孩子认识到英语是用来交流沟通的语言

孩子们在课堂上学英语、唱英语歌，可是走出教室后谁都不说英语，而且也没有使用英语的场合，这样就无法让孩子认识到英语是一种用来交流沟通的语言。

这个时期要通过磁带和录像让孩子明白，世界上有很多人是通过英语来交流对话的，就像我们使用汉语一样。当孩子认识到英语是一种活生生的语言时，他才能同时感觉到学习的必要性和趣味性。

近年来，在大部分幼儿园中，英语教育已经全面或初步展开了。这个时候一定要告诉孩子，在课堂中学习的英语是一门活生生的语言。

家长要让孩子觉得学习英语不是一项任务，而是件有趣的事情。即使刚开始进步得慢一些，但是也不要硬逼孩子每天记多少个单词。在学习的过程中，家长要有耐心，注重正确地引导，让孩子对英语逐渐产生兴趣，这样孩子就能自觉学习了。

让孩子用游戏的方式学英语

在教孩子学习英语之前，应该让孩子认识到英语是一个很好玩的东西。孩子们干什么往往都没有长性，如果一开始就强制孩子学习英语的话，恐怕还没有正式开始，孩子就已经不想学了。另外，将英语教学和母语教学结合在一起是很必要的。

让孩子觉得学英语是个好玩的游戏

在孩子刚开始学习英语的时候，要为孩子营造一个轻松快乐的学习环境。

从表面上看，妈妈似乎绝大部分时间都在陪伴孩子，但是细算一下，其实真正为孩子投入的时间并没有那么多。

让我们设想一下，如果妈妈每天拿出 1 小时，哪怕是半个小时的时间陪孩子学习英语，给孩子读英文童话，或者陪孩子玩简单的英文单词游戏，孩子会很期待这个时段的到来。这时，问题便取决于妈妈能否一直坚持下来，还是只凭自己的心情说了算；有时就让孩子一个人读一整天书，有时就好几天都不说一句英语。其实即使每天只学一小会儿，只要把时间确定下来形成规律，就能达到理想的效果。

❶让孩子快乐地接触一些有意思的光盘或英语童话书

如果只关注英语教学，孩子有可能学不好母语

据说孩子可以同时学习四国语言。孩子4~5岁时，在熟练掌握了一门语言之后，可以让他再接触新的语言，起初孩子会有些混乱，但是马上就能适应。

这个时候应该密切关注孩子的学习情况。有些孩子会把已经掌握的母语忘掉，说得丢三落四。如果出现了这么严重的问题，就要暂停英语学习，或者探索一下别的学习方法。

孩子可以学会两门语言

正如前面所讲，孩子是语言的天才，因此他们可以同时学习多种语言。比如说，如果妈妈讲汉语，爸爸说英语，奶奶说日语，爷爷说德语，那么孩子就可以很轻松地学会四国语言。当然这种假设是孩子接触四种语言的时间是基本相同的。

我们肯定见过这样情况：父母掌握两国语言，孩子也能熟练运用两国语言。那些从小就随父母在多个国家往返的孩子，往往能掌握3~4种语言。

无论你想让孩子达到什么水准，或者你在什么时候

开始教孩子英语，有一点是毫无疑问的，孩子可以同时学习母语和英语。因为孩子学习语言不是靠逻辑能力，而是靠直观的感觉，因此母语和外语同时学习也不会互相干扰。

小心英语压力

孩子原本很喜欢看英语故事书、英语动画片，但是突然间因为受到学习英语的压力而开始厌恶英语，甚至听见父母说英语，孩子也会大吵大闹，这很有可能是过度的英语教育导致的结果。即使是同样智力水平的孩子，在接受外语的程度上也是有差异的，因此父母在早期英语教育过程中，要时刻关注孩子的学习情况。

Mom & Baby

选择英语学校和老师的要领

在选择英语学校时，家长如果过分关注学校的知名度，这往往会事与愿违。父母应充分地考虑孩子的性格、老师的才智和品格，再为孩子选择适当的学校。

●选择适合孩子的学校和老师

为孩子选择英语老师和英语学校，首先要考量老师的素养，如果老师没有爱心，即使英语能力再好，也无法教好孩子。

●选择有利于孩子人格培养的幼儿园

孩子读幼儿园的时候，对英语不存在任何障碍，全凭自己的直觉去接受。因此，虽然最初可能接受速度较慢，但是接受能力会越来越强，这在发音和听力训练方面表现最为明显。

❶ 选择英语学校时，学校老师的资质品行比学校知名度更重要

孩子在幼儿园期间不单要学习英语，还会接触其他多种多样的课程。虽然有很多英语幼儿园，但是父母要选择那些能够培养孩子完善人格、促进孩子成长、能为孩子提供丰富体验的幼儿园。

●本国老师能更好地理解孩子

如果老师是本国人，文化背景相同，他能更好地理解孩子，而且在紧急时刻，他可以直接用母语和孩子交流。事实上，在纯外教老师任教的幼儿园，孩子和老师不能充分交流，积累的矛盾会很多。选择本国老师能够减少这方面的问题。

●和外教老师学习可以锻炼发音

孩子和外教学习最大的好处是能够学到纯正的英语表达，可以掌握标准的发音。若想遇到一个优秀的外教老师并不容易，也不必为了让孩子学好英语而执着于寻找外教。

在日常生活中营造一个有趣的英语环境

如果想让孩子喜欢上英语，并且英语能力迅速提高，家长的教育方法也要有所调整，一起来了解一下提高英语能力的具体方法吧。

下面提供的方法适合7岁以前的孩子，如果每天固定一段时间坚持英语学习，肯定能收到理想的效果。

● 在发音方面，英语早期教育效果很明显

● 每天在固定的时间内学习英语，引发孩子的学习兴趣

♥ 做图片（wall picture）

准备：整张大纸、蜡笔、画本、糨糊、剪刀。

1. 准备好26张小纸，妈妈在纸上写好字母，孩子给字母涂上颜色。

2. 按顺序将字母一一贴在整张大纸上，然后妈妈和孩子唱字母歌。孩子每贴完一个，妈妈都要称赞孩子。

♥ 做动画卡片（flash card）

准备：杂志、剪刀、糨糊、画本。

1. 在杂志中寻找和动物有关的图片，然后对宝宝说："Oh，You found an elephant! Good!" 通过这种方式告诉孩子动物的名称。

2. 通过这些图片跟孩子玩动物游戏，可以学说动物的名称，还可以学习单复数的表达方法。

part 7 宝宝早期教育方案

另外还可以玩捉迷藏游戏：将卡片平分，然后轮流将卡片藏起来，找到卡片多的一方获胜。在游戏过程中，告诉孩子图片的位置，孩子还能学会前置词的用法。

♥ 通过游戏练习英语对话

正如前面所说，家长可以通过游戏营造英语语言环境，陪孩子练习对话。比如用英语做游戏，或者带孩子去动物园，将家里玩的动物游戏实际演练一遍，这样虽然比较费心，但是能收到事半功倍的效果。

❶幼儿园里学习的英文歌谣能拉近孩子和英语的距离

♥ 教孩子唱英语童谣

因为大多数孩子都喜欢唱歌，所以孩子们第一次接触英语往往是通过童谣。通过唱儿歌，可以消除孩子们对英语的厌倦感，而且孩子掌握了英语的节奏，一些简单的语言表达就可以活用到日常生活当中了。但是，这只限于语言学习的初级阶段，在后续的教育中这些是不够的。

♥ 熟悉事物的英文名称

孩子通过卡片或实物熟悉事物的英文名称后，妈妈可以通过猜谜游戏来帮助宝宝加深印象。游戏目的是让孩子别把这些当成学习，因而就不会产生厌烦心理了。

♥ 教孩子说英文句子

教孩子说英文句子的意义主要在于，孩子能够很自然地熟悉单词排列的规律，并且能够熟悉单词的多种变体。看到香蕉时，不要单纯地告诉孩子这个叫"banana"，而要告诉他："This is a banana." 或者 "These are bananas." 这样孩子自然就会形成复数的概念。虽然这会加重父母的负担，但是如今有这么多可供参考的教材，做类似练习的空间是很大的。

part 7 宝宝早期教育方案

♥ 告诉孩子身体各部位的英文名称

有些歌曲的歌词包含身体各部位的英文名称，如果用这些歌来教孩子英语的话，孩子学起来会更容易。例如："Head and shoulders, knees and toes." 可以一边唱一边教孩子指出相应的身体部位，孩子肯定会很高兴学的。

❶ 利用歌曲学习身体各部位的英文名称，对孩子而言也是一个很不错的游戏

379

和孩子一起练习的
Everyday English

我们整理了一天当中可以和孩子对话使用的简单英语，包括逛街和外出就餐时使用的对话。这些对话最初可能对孩子而言比较难，但是通过反复练习，不知不觉间，这些用语就会成为孩子的英语了。

早晨起床后

Good morning, Mom.

早上好，妈妈！

Good morning.

早上好！

How do you feel today?

今天心情怎么样？

Great！ How about you?

好极了!你呢？

准备去上学的时候

Breakfast is ready! Brush your teeth!

早饭准备好了，快点刷牙。

Yes, Mom!

好的，妈妈！

Hurry up! You are going to be late for school.

快点！上学要迟到了。

I'll be done in 5 minutes.

5分钟就好。

去学校的路上

Good-bye, Mom!

妈妈再见！

Have a nice day!

一天愉快！

从学校回来

How was your day?

今天过得怎么样？

It was great.

挺好的。

How was your classes (test)?

上课（考试）怎么样？

There were some difficult math problems, but it was OK.

有些数学题比较难，不过没关系。

Before you go out, finish your homework.

出去之前，先把作业做完。

I have no homework today.

我今天没有作业。

I don't understand this part. Could you give me a hand, Mom?

妈妈，我这儿看不懂。你能帮帮我吗？

OK, let me see.

好的，让我看看。

I've done my homework. Can I got out and play?

我做完作业了，能出去玩了吗？

OK. But don't be late for dinner.

好的，不过别忘了回来吃晚饭。

Yes, Mom!

好的，妈妈！

逛街时

Can I have this?

我能要这个吗？

Let me think.

让我想想。

Please!

求你了。

OK. But no more wining.

好的，不过就这一个。

Yes. I'll be a good girl(boy).

好的，我会乖的。

在餐厅

What do you want to eat (have)?

想吃点什么？

I want chesseburger and a coke.

我想吃奶酪饼，喝可乐。

Coke is not healthy. Why don't you drink some juice?

可乐不利健康，怎么不喝点果汁呢？

Then, I'll drink apple juice.

好吧，那我喝苹果汁。

That's my boy.

好孩子！

Don't speak your mouth full.

不要满口东西地说话。

Don't go around in a restaurant.

不要在餐厅乱跑。

No yelling in a restaurant!

不要在餐厅喧哗。

Do you want any dessert?

想吃甜点吗？

No, thanks. I am already full.

不用了，谢谢。我已经吃饱了。

Are you sure?

你确定吗？

在地铁

Where are we going now, Mom?

妈妈，我们这是去哪儿啊？

We are going to grandparents.

我们去看爷爷奶奶。

Is it far from here?

远吗？

No, it is very close.

不，很近。

How long will it take?

多长时间能到？

About 10 to 15 minutes.

10～15分钟吧。

睡觉之前

Time for bed.

该睡觉了。

After I finish this puzzle.

等我把这点儿做完。

Have a nice dream/sweet dream/nighty-night, sweetie.

晚安，宝贝儿！

8 PART

促进IQ、EQ、CQ、SQ、MQ 的各种方法

宝宝益智游戏

要想培养聪明的宝宝，就需要语言能力、知觉能力、数理能力、思考能力等的全面发展。在0~5岁成长发育的各个阶段，为宝宝准备不同的游戏是很有必要的。家长每天可通过多种多样的游戏来刺激孩子的肢体和大脑，训练孩子的语言与交流能力。

	*0~6*个月	*7~12*个月	*1~1.5*
促进生长发育的游戏	●抓周游戏 ●"俯卧撑"游戏 ●囊中取物游戏 ●练习保持坐姿（6个月）	●向前爬动 ●敲打发声乐器 ●滚球 ●用拇指食指捏东西 ●用双手捧奶瓶喝奶 ●在家长搀扶下让宝宝向前迈步	●独立行走 ●牵引宝宝倒着走 ●抱宝宝坐在膝盖上 ●扶宝宝上台阶 ●滚球 ●让宝宝用积木盖房 ●打电话游戏
促进智力开发的游戏	●让宝宝照镜子 ●让宝宝闻气味 ●练习触感 ●给宝宝读书	●让宝宝随意涂鸦 ●让宝宝自己寻找玩具 ●陪宝宝玩卡片游戏	●陪宝宝玩拼图游戏 ●让宝宝随音乐跳舞
促进视力发展的游戏	●让宝宝学习凝视 ●带宝宝去视野宽阔的地方玩	●让宝宝自己爬过被子 ●陪宝宝玩照镜子游戏 ●陪宝宝玩捉迷藏游戏 ●给宝宝看人物或动物的图片	●让宝宝捕捉运动中 ●搭积木游戏 ●看电视
促进语言能力发展的游戏	●回应宝宝的咿呀之语 ●给宝宝听各种各样的声音	●给宝宝听童话 ●让宝宝知道自己的名字	●让宝宝练习说双音 ●让宝宝自己把玩具子里 ●让宝宝找藏起来的 ●告诉宝宝身体各部 ●告诉宝宝家人的名
促进社会性发展的游戏	●和宝宝一起咿呀说话 ●勾勾宝宝的小指头 ●抱着宝宝,让宝宝双手搭肩 ●让宝宝用嘴叼东西 ●让宝宝学会对着他人笑	●宝宝会对着镜子笑 ●告诉宝宝周围的人际关系 ●给宝宝东西的时候让宝宝学会用手去接	●宝宝对着镜子里的说话 ●让宝宝学习画娃娃脸 ●陪宝宝玩推石头的游戏

1.5~2岁	2~3岁	3~4岁	4~5岁
宝宝练习穿珠子 骑玩具车 爬台阶 用蜡笔涂画 弯腰捡东西 扶宝宝下台阶 宝宝给布娃娃穿衣服	●宝宝学习画圆圈 ●宝宝伴着音乐跳舞	●玩小保龄球 ●学会用剪刀 ●跳绳 ●跳皮筋 ●单腿跳	●走曲线 ●向后投掷东西 ●围着铁柱转圈圈 ●踢球
●玩沙子游戏 ●穿珠子 ●厨房游戏： 　用面粉做糕 　点	●宝宝自己翻书 ●数字游戏	●识别相同的数字 ●接话游戏 ●玩过去、现在、未来的 　游戏	●"一口气"游戏 ●"静电"游戏 ●钓鱼游戏 ●凸面镜游戏
两臂同时伸曲 翻滚游戏 向前大迈步 眼球运动	●坐下，两脚同时向前踢 ●站立，分别踢左右脚 ●玩开飞机的游戏	●整理自己的小鞋柜	●看图玩迷宫游戏 ●眼球运动
向妈妈要吃的 说出动物的名称 玩洋娃娃	●指出书本中的图画 ●过家家 ●看照片和宝宝说话	●猜谜语 ●体会大自然	●背古诗 ●模仿大人的话 ●画画
给布娃娃喂饭，哄布娃 娃睡觉 环绕小区一周	●玩做饭的游戏 ●和小动物一起玩儿 ●公主和王子的游戏 ●动物大会的游戏 ●我们是好朋友	●玩球 ●较复杂的拼 　图游戏	●堆大山 ●画方格线 ●"石头剪刀布"游戏

促进宝宝生长发育的游戏

在孩子的成长过程中，由父母监护进行适当游戏和运动是很必要的，这有利于促进孩子肌肉发育，从而使孩子更快地学会坐、立、行走。让我们每天都抽出时间陪宝宝进行适当的运动吧，只有妈妈的不辞辛苦才会有宝宝的茁壮成长！

0~6个月

3个月的宝宝在听到声音后已经能够摆动四肢做出反应，但是还不能分辨色彩。因此，在这个阶段使用色彩对比强烈的黑白色玩具比较好，能够发声并且移动的电动玩具也是很好的选择。

4~6个月大的宝宝开始关心起周边的世界，色彩丰富的玩具是这个阶段最好的选择。宝宝转动着脖子四处张望，抓到任何东西都会塞进嘴里。宝宝开始长牙的时候牙龈会发痒，因此任何东西只要一放进嘴里就开始咬起来，这样有利于牙齿的发育。这个时候我们应当为宝宝选择一些颜色、样式漂亮的玩具，同时入口也很安全，不会掉色。

●宝宝脖子能够转动的时候，便开始关心起周围的世界

适合0~6个月的游戏

♣ 伸手抓面前的东西

① 妈妈抱宝宝坐在膝盖上，把宝宝喜欢的奶瓶、气球、玩具等物品放在宝宝伸手可及的地方。如果宝宝不肯伸手抓东西的话，就把东西往宝宝近处推一推，吸引宝宝注意。

●在宝宝的面前放上他喜欢的东西，他就会伸出小手去抓

② 这时如果宝宝肯伸手抓东西，那就再把东西往上拿一拿，只要宝宝表现出了抓东西的意图就要称赞他。

③ 让宝宝躺下，妈妈把红丝巾围在自己脖子上，前倾身子，让宝宝能摸到丝巾。

④ 如果宝宝抓到丝巾，或做出了抓丝巾的动作，妈妈要对宝宝微笑，并且表扬宝宝。

♣ 给宝宝带挂有铃铛的手镯

① 拉起宝宝的胳膊，让宝宝注意到自己的小手，然后摇晃宝宝的小手吸引宝宝的注意。

② 把宝宝的小手放到他的脸边，让宝宝摸摸自己的小脸。

❸ 给宝宝带上挂有铃铛的小手镯，让宝宝注意到，只要自己手一动就会有声音。

♣ 让宝宝趴下，然后用两臂支撑起上身

❶ 可以让满4个月的宝宝趴在床上，然后在他的头顶上方挂一些铃铛、拨浪鼓等能够发声的玩具，晃动玩具吸引小家伙抬头张望。

❍宝宝用双臂支起了上身

❷ 让宝宝趴在枕头上，然后跟宝宝说话，或者晃动小铃铛吸引宝宝视线。用矮枕头有利于宝宝练习支撑起身体，效果更好。

❸ 让宝宝趴下，然后在宝宝前方放置响铃，通过发出声音吸引宝宝注意。抬头练习有利于宝宝头部、腹部、胳膊和肌肉的发育。

♣ 引导宝宝把手伸入口袋拿东西

❶ 妈妈把东西放入口袋，然后一边说"拿出来了"，一边把东西取出，如此反复多次。

❷ 妈妈把东西再次放入口袋，对宝宝说："拿出来吧！"这时再不断引导宝宝把手伸入口袋。（适合于5个月大的孩子）

♣ 让宝宝独自坐立

❶ 妈妈坐在床上，让宝宝坐在自己的两腿之间，宝宝将手放在妈妈腿上，两臂支撑坐立。

❷ 在宝宝坐着的时候双手轻揉宝宝肩部，在宝宝视线的水平位置上摆放宝宝喜欢的物件，促使宝宝更长时间地坐立。

point 为了防止宝宝歪斜碰伤，可以用枕头围住宝宝，然后妈妈坐在宝宝的对面陪宝宝玩球或其他玩具。如果经常练习的话，6个月大的宝宝就能比较长时间坐立了。

♣ 进行各种各样的手部运动

有很多游戏可以促进6个月宝宝手部的发育，提高手指的灵活性。

● **活动**：通过不同种类的活动来促进宝宝手的灵活性。

● **家居用品及其玩具制品**：宝宝们都喜欢家居用品，还喜欢电话机、勺子、计量器、酒壶等玩具制品。

● **手指游戏**：首先妈妈向宝宝示范摸鼻子、眼睛、耳朵的游戏，然后宝宝就会高兴地跟着做。（凡是有利于手指运动的游戏都可以）

● **球**：用布料做成各种各样不同大小的球，宝宝既可以坐下来滚动小球，又可以在大人的搀扶下追小球。

● **方盒子**：用布料、木料或塑料做成大小不一的方盒子，让宝宝拿着来玩。

❍看！通过玩木方块，宝宝的小手越来越灵活了

7~12个月

7~8个月大的宝宝已经能够灵活地使用双手了，这时候给宝宝玩用碎布做成的沙包，可以锻炼宝宝的拇指和食指，有利于宝宝手指和肌肉的发育。特别指出的是，食指前端是神经细胞密集的地方，不断刺激对宝宝的大脑发育非常有利。

这个时期，宝宝已经逐渐熟悉了爬，扶宝宝起来后，宝宝的双腿就会自然地向前迈动，并且会逐渐改掉喜欢咬东西的习惯。

适合7~12个月的游戏

♣ 爬行

爬行在宝宝日后运动能力的发展中占据着很重要的地位。宝宝满7个月的时候，家长就应该让宝宝开始练习爬。

❶ 把宝宝放到床上，然后将宝宝喜欢的玩具、饼干放到他还不太容易够到的地方，然后和宝宝说话或拍手，让宝宝能注意到前面的东西。

❷ 如果宝宝伸手去够前面的饼干、玩具，就把饼干或玩具奖励给他。

❸ 如果宝宝做得好，那就把这些东西慢慢向稍远的地方移动。切记，刚开始不能将东西放得太远，防止宝宝中途放弃。

point 爬行时，将宝宝的一只脚放在后面，宝宝就会反射性地将脚向前移动，然后开始向前迈动另一只脚。如此反复，宝宝就会找到感觉了。妈妈一边做出爬的动作，一边对宝宝喊："快来拿玩具！""快来找爸爸！"给宝宝指引行动的方向。

⊙为了拿到前面的玩具，宝宝就会向前爬动

How to Play

结束游戏的要领

孩子玩得正起劲的时候，如果大人说："别玩了！"孩子就会出现反抗情绪。每当到了该吃饭、睡觉的时间，或者去别人家串门该回家的时候，家长应该如何劝说玩意正浓的孩子呢？

● **给孩子几分钟的心理准备**

首先在中断游戏的前几分钟要提醒宝宝"我们该回家了""要吃饭了""到睡觉的时候了"。这是为了给孩子们与玩具话别的心理准备时间。这时，妈妈一边说"好，再见魔方，再见小汽车"，一边开始整理玩具，这样孩子就会很积极地配合。

这个时候，孩子就等于是在妈妈创造性的引导下结束了游戏。更重要的是，孩子会感觉到自己是具有独立意志的小大人了。

⊙"小狗也累了，我们让它睡觉觉吧！"就这样，游戏快乐地结束了

♣ 敲打发声乐器

❶ 妈妈给宝宝示范敲打小鼓会发出声音。对鼓的选择没有太严格的要求，可以是小动物模样的玩具鼓，也可以是内置珠子可以发出各种声音的鼓。

❷ 看着妈妈敲鼓，宝宝也会跟着做，这时候要表扬宝宝。

❸ 木琴和小手鼓也可以。

point 家里的铁罐、篮子、托盘等家居用品，如果第一次的时候允许宝宝敲打，那就代表以后也允许敲打。如果是同样的一件东西，一会儿让敲一会儿不让敲，会给宝宝造成认识上的混乱。

♣ 玩会动的玩具，电池、发条当动力都可以

❶ 把会动的玩具放到宝宝面前，宝宝为了抓到玩具，身体会自觉地跟着动。

❷ 妈妈坐在宝宝旁边，以防宝宝磕碰或摔伤。跑得太快的玩具和声音太大的玩具都有可能惊吓到宝宝，不宜给宝宝玩。

♣ 滚球游戏

在宝宝的成长过程中，球类玩具有多种功能。7~8个月大的宝宝一般都能抓球抛球，这时应该为宝宝选择塑料或橡胶等柔软质地的球。

❶ 将用碎布缝成的沙包滚到宝宝面前。

❷ 这样即使不会爬的小宝宝，身体稍一前倾就能抓到沙包了，还可以刺激宝宝更快学会爬。宝宝抓到沙包后要称赞他，柔软的触感和丰富的色彩对宝宝的触觉和视觉都会起到很好的刺激作用。

How to Play

促进身体发育的游戏

处在婴幼儿期的宝宝，还不具备理性思考的能力，两岁以内的宝宝更多的是通过自己的方式来理解世界，适应环境。一直到宝宝4~5岁，仍然主要通过"身体力行"而不是思维能力来解决问题。

宝宝是通过用手触摸、感知世界和反复的活动才逐渐具备适应环境的能力。如果从小就能给宝宝一个可以刺激五感和激发好奇心的游戏环境是再好不过的了。

适合宝宝不同阶段的各种游戏和活动不仅可以满足孩子各方面的发展，而且还能提高宝宝的各项能力。

● 宝宝的身体发育早于智力发育。因此，营造与宝宝身体发育相适应的游戏环境是很有必要的

♣ 和妈妈一起用手指捏起小东西

① 在盘子里放上松软的饼干、葡萄干、果脯等食品，然后妈妈向宝宝示范用拇指、食指把它们一一捏起来。

② 让宝宝自己试着捏，如果宝宝捏不起来，妈妈可以握着宝宝的小手帮助宝宝捏起来。

♣ 练习双手捧杯子喝水

满1周岁的宝宝手指已经很有劲，可以用双手捧着奶瓶或杯子喝水。

① 把宝宝喝的牛奶、水和粥状食物装到杯子里，注意不要装得太满，不然宝宝可能就拿不动了。

② 妈妈坐在宝宝后面，扶住宝宝的胳膊，帮宝宝端起、放下杯子。

③ 如果宝宝做得好，一定要好好表扬宝宝。慢慢让宝宝独立完成动作，起初应选择稍微重一点的杯子练习，然后再使用长颈杯子。

♣ 搬方块

积木在不同的年龄段有着不同的玩法。6~12个月的宝宝手眼的协调能力增强，能够把木头小方块从一个地方拿到另一个地方，手的力气和平衡感也得到锻炼。

① 准备两个小篮子，在一个篮子中放入五六个木头小方块。首先妈妈把其中一个方块盒子拿到另一个小篮子里，然后再让宝宝把剩下的方块一个个移到另一个篮子里。

② 如果宝宝肯配合，要好好地表扬宝宝。

③ 让宝宝尽情地玩弄方块，让宝宝听听方块相互碰撞的声音。

1~1.5 岁

在1~1.5岁，宝宝的感官能力逐渐发达，慢慢具备对颜色、重量、大小的分辨能力，开始会说一两句话，而且可以听懂一些词语。这个阶段模仿类游戏可以提高宝宝的动手能力，而且有助于增强宝宝的记忆力。

适合 1~1.5 岁的游戏

♣ 学走路

学习走路是训练1~1.5岁宝宝身体平衡的好方法。这个年龄段的宝宝一般都学会走路了，如果宝宝不喜欢自己走路，要让宝宝玩一些激发学走路兴趣的游戏。

让宝宝站在地板上，抓着宝宝的小手，带宝宝一起跳，或者把宝宝喜欢的玩具滚到宝宝前面。对于1~1.5岁的宝宝而言，让宝宝坐在妈妈膝盖上摇晃、爬台阶都是很适合的游戏。

① 让宝宝倚着墙或家具站立，妈妈蹲在宝宝前面，然后拿出宝宝喜欢的饼干或玩具吸引宝宝过来。

② 按照一两米的间距放置两把椅子，然后让宝宝站在中间，爸爸妈妈分别坐在

两把椅子上。爸妈手中各持宝宝喜欢的饼干或者玩具，让宝宝在两边来回走，然后再逐渐扩大椅子间距，如果宝宝做得好，一定好好表扬宝宝。

♣ 让坐着的宝宝站起来

① 妈妈拿着饼干，站在宝宝坐着够不到饼干的地方，如果宝宝站起来，就把饼干给他。

② 妈妈伸开双臂，让宝宝扶着妈妈手臂站起来，然后表扬宝宝。

③ 妈妈逐渐减少对宝宝的帮助，让宝宝自己站起来。

④ 让宝宝利用椅子站起来，如果宝宝做到了，给宝宝再矮点的椅子。

⑤ 宝宝坐在台阶上，让宝宝扶着妈妈的手或栏杆站起来。

⑥ 宝宝坐在小椅子上，在宝宝前面放上一把大椅子，让宝宝扶着大椅子站起来。

♣ 玩滚球游戏

① 妈妈和宝宝以1米的间隔面对面坐下，展开两腿，妈妈向宝宝方向滚动小球。

② 宝宝抓到球后，再把球滚到妈妈身边。

③ 渐渐增大间距，如果宝宝有进步，要表扬宝宝。

④ 爸爸坐在宝宝后面，帮着宝宝抓住滚过来的球。

♣ 抱宝宝在膝盖上摇晃

① 妈妈坐在床上，让宝宝坐在两膝上，扶住宝宝的腰，然后轻轻摇动。

Baby Clinic

宝宝在各个年龄段容易出现的事故

宝宝渐渐长大，开始不断掌握新的本领，也容易出现各种意外事故。

♣ 6个月以内

① 从床上滚下，或者磕碰到桌子的边角。

② 被热水或加热过的东西烫伤。

◐ 要注意不要让宝宝意外受伤

♣ 6~12个月

因为玩具而引发的事故：被带尖角的玩具划伤、吞下小东西、碰洒热咖啡、触碰到碎玻璃、坐学步车摔倒、摔倒碰到桌角、交通事故、被烟头等烫伤。

♣ 12~24个月

① 爬高时掉下摔伤。

② 在海水浴场或者浴池内溺水。

③ 交通事故。

② 摇晃的时候，最初应该慢慢地上下摇晃，熟练后可以一边跟宝宝说话，一边上下左右地摇晃。

♣ 搀扶宝宝爬台阶

① 将宝宝的手和膝盖放在台阶上，然后把宝宝喜欢的东西放在上一级台阶上，扶宝宝爬上去拿。

② 帮宝宝向上爬，扶住宝宝，帮宝宝一点点挪动膝盖和手，当宝宝开始努力移动的时候要表扬他。

③ 最初只让宝宝爬两个台阶。把宝宝喜欢的饼干、玩具放在上一级台阶上，然后帮宝宝爬上去。以后逐渐减少对宝宝的帮助，让宝宝能够独立地爬台阶，并且逐渐增加台阶数。

④ 把大枕头或靠垫放在床上，引导宝宝爬上去。

⑤ 在墙边放置几个小箱子或小板凳，让宝宝练习爬上去，之后再练习爬台阶。

♣ 搬运书包

1~1.5岁大的宝宝很适合玩滚球、堆积木、套圈的游戏。

① 按照适当的分量把宝宝的玩具装到书包或袋子里，让宝宝拖着书包玩。

② 妈妈给宝宝示范一次，可以装做拿不动，让宝宝更感兴趣。

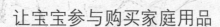

How to Play

让宝宝参与购买家庭用品

美美家的电冰箱是在爸妈结婚的时候买的，如今已经明显不适用了。

决定买台新电冰箱以后，爸爸下班回来的路上去专卖店拿了一张展销单回家，问美美："美美，你喜欢哪一个啊？"

"这台粉红色的好，多漂亮啊！"

"是啊，虽然漂亮的东西看起来很好，可是电冰箱不是买来看的啊，要考虑什么样的最实用啊！"

美美考虑了一会儿说："冷冻柜大的好！"

"可是冷冻柜太大的话，咱家的厨房就打不开门了，所以多大的合适还得量量尺寸才行啊。""美美还有什么要求吗？电冰箱买了至少要用十年，以后用着不合适的话也不能换了！"爸爸说道。

听到这话，美美要考虑的东西真的很多啊。在购置家庭用品的时候，征求孩子的意见是很好的，这样孩子能够学会如何权衡利弊。

◐ 在购置家庭用品时征求孩子的意见，有利于培养孩子的经济头脑

♣ 堆积木

❶ 让宝宝用3~4个小方积木堆成塔。妈妈先帮宝宝，然后鼓励宝宝自己完成。

❷ 如果宝宝熟练了，增加小方块的数目。

❸ 在墙上画上线，让宝宝把积木垒到线的高度。

❹ 除小方块以外，还可以用饮料罐、塑料杯等来玩。

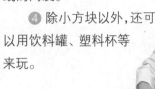
❍让宝宝学习
套圈游戏

♣ 套圈

❶ 给宝宝准备木质或塑料质地、色彩鲜艳的圆环和穿环用的管。让宝宝触摸圆环和细管，然后妈妈将圆环套在细管上，再扶着宝宝的手，再套上一个，并称赞宝宝。

❷ 宝宝逐渐掌握步骤方法后，家长可相应减少对宝宝的帮助。

❸ 让宝宝拿着圆环，指着细管头对宝宝说："宝贝，穿这儿。"宝宝套上后要称赞他。如果宝宝在没有提示和帮助的情况下独立完成，就再给宝宝几个圆环，宝宝每套上一个环，家长都要表扬他。

♣ 玩会爬的蜈蚣玩具

用会爬的蜈蚣玩具刺激宝宝，促进宝宝掌握爬的本领。

蜈蚣玩具由许多节构成，即使将某一节反过来，蜈蚣也能弯弯曲曲地向前爬，宝宝会模仿着爬行。

♣ 电话游戏

当宝宝开始对电话感兴趣的时候，父母应该为宝宝准备一个专用的电话机，告诉宝宝如何礼貌地打电话。因为按键式电话机对于宝宝的手指练习来说过于简单，所以最好选用拨号盘式电话机。

❍教给宝宝打电话的方法电话礼仪

❶ 妈妈向宝宝示范如何拨电话号码。

❷ 帮助宝宝学会拨打电话。宝宝头脑中会产生妈妈拨打电话的样子，进而模仿。这样不仅能练习宝宝的手部肌肉，而且通过诱导还可以促进宝宝语言能力的发展。

♣ 推拉玩具

在宝宝能够拉动的迷你玩具上系好绳子，把绳子放到宝宝的手里，让宝宝拉着玩具玩。推拉玩具可以练习宝宝的协调能力，促进肌肉的发育。

❶ 妈妈将玩具向前推，引起宝宝注意，然后让宝宝自己做。

❷ 妈妈握着宝宝的手，让宝宝感觉到要用力的感觉，然后一起推玩具。

1.5~2 岁

1.5~2岁的宝宝乳牙长齐，运动能力强于思考能力，操作能力增强，基本具备控制速度的能力。这个时期宝宝开始对文字和数字产生兴趣，一些对宝宝成长有益的文字、数字游戏是很好的选择。

适合 1.5~2 岁的游戏

♣ 拼图游戏

拼图游戏不仅可以练习宝宝的记忆力，而且可以训练宝宝的动手能力。要注意的是，拼图的难易程度、图案的选择要根据宝宝的接受能力来定。要给宝宝自己思考的时间，不能一开始就告诉宝宝答案。

♣ 穿珠子

快两岁的宝宝一般可以玩穿珠子、坐玩具小汽车、拼图、堆金字塔等游戏。

珠子是五颜六色的，木料或塑料材质的均可。宝宝把绳子通过珠子的小孔穿起来，既可以促进手指的发育，又可以锻炼宝宝的注意力和耐力。

❶ 妈妈给宝宝做示范穿珠子。

❷ 妈妈让宝宝自己穿穿看，如果宝宝做得好，要表扬宝宝。给绳子打结，给布娃娃扣扣子、拉拉链、换衣服都是很好的游戏。

♣ 坐玩具汽车

学会走路后，宝宝逐渐会喜欢乘坐可动型玩具，比如小汽车，带有方向盘和声音的就更好了。最初宝宝可能只是坐在车上，由妈妈推车往前走。时间长了，宝宝就会摸索出经验，能控制方向来驾驶小汽车了。

❂坐玩具小汽车，有助于宝宝掌握平衡

❶ 让宝宝坐玩具小汽车或三轮自行车。

❷ 调整方向盘或车把的高度，以方便宝宝驾驶。带有扶手的木马或秋千也是很好的选择。

♣ 一边推拉玩具，一边走

一边推着玩具一边往前走，上台阶，用蜡笔、铅笔画线，这些游戏都很适合 1.5~2 岁的宝宝玩。

❶ 让宝宝推着学步车、小椅子或婴儿车往前走。

❷ 当宝宝拉着玩具往前走的时候，妈妈要牵着宝宝的手跟宝宝一起走。

❸ 把鞋盒子连起来做成火车，然后放上"货物"运送到目的地。

♣ 上台阶

❶ 拉着宝宝的手，在有台阶的路上练习。上台阶的时候，最初只练习上两个台阶。妈妈握着宝宝的一只手，宝宝另一只手扶着栏杆。上台阶的时候，妈妈要向上提一下宝宝的手，帮着宝宝向上迈步。

❷ 在上台阶时练习高抬腿，妈妈要托一下宝宝膝盖，帮宝宝把脚迈到上一级台阶上。

❸ 妈妈跟在宝宝后面上台阶，宝宝每上一级台阶都要表扬宝宝。

❂妈妈可以倒着上台阶，宝宝跟着妈妈上台阶

♣ 堆金字塔

用大小不一的杯子堆金字塔，可以培养宝宝对大小的分辨力，具体方法就是把杯子由大到小堆成金字塔。

♣ 用蜡笔或铅笔画线

① 把纸固定好，妈妈在纸上画出横竖线，然后让宝宝画，无论画得如何都要表扬宝宝。

② 按照纸张大小画出一道长线，然后妈妈握着宝宝的手，再反复地画几道类似的线。

③ 妈妈在纸上画一道线，然后让宝宝模仿妈妈画，之后再让宝宝用蜡笔画。

④ 可以在墙上贴上纸，这样宝宝站着也能画了。

♣ 弯腰捡东西

弯腰捡东西比较适合 1.5~2 岁大的宝宝玩，倒着爬下台阶、学坐小椅子、画圆圈也是很好的游戏选择。

① 宝宝站着，妈妈把小球滚到宝宝跟前，让宝宝捡起来。

② 妈妈给宝宝示范如何捡起东西，如果宝宝弯下腰去捡东西，要表扬宝宝。

③ 最初可让宝宝弯腰捡大件物品，然后逐渐换成小东西，这样宝宝就能更加熟练地弯腰捡东西了。

♣ 倒着爬下台阶

① 让宝宝站在台阶下，妈妈先向宝宝示范如何从台阶上倒着爬下来，完成后妈妈做出很开心的表情。

② 让宝宝站在第一级台阶上，妈妈扶住宝宝的腰，然后给宝宝下台阶的提示，最初只让宝宝倒着爬下一个台阶。

③ 反复练习，之后慢慢增加台阶数目。

④ 把宝宝放在最上面的台阶处，妈妈站在下面两个台阶上，然后妈妈跟着宝宝一起下台阶，始终保持两个台阶的距离，等宝宝最后着地后称赞宝宝。

⑤ 妈妈坐在台阶下面引导宝宝下台阶。

Mom & Baby

孩子是在失败和反复中学习和进步的

要怀着平静与快乐的心态和宝宝一起玩拼图游戏。可能宝宝为了找到一个大小合适的方块需要花很长时间，这时候我们很有可能不耐烦地喊道："别这么慢啊！看在这里呢！"家长如此心急是不妥的。这是宝宝独自探索、实践的过程，也是宝宝熟悉各种形状、大小、颜色、触感的过程。

在不断的反复中，宝宝逐渐地熟悉了拼图的基础形状，并且具备了分类能力。不仅如此，在分类的过程中，宝宝会将颜色、大小等不同的概念联系起来，这将成为宝宝今后学习的基础。宝宝会逐渐发现周围世界是如何不同，自己的行动会给周围人带来什么影响，让宝宝感悟到事物的因果关系。

♣ 学坐小椅子

① 让宝宝学坐小椅子的时候，可以在小椅子旁边放一个大椅子，首先妈妈做示范在椅子上坐好，然后指着小椅子，示意宝宝坐下。

② 宝宝站在小椅子旁边，帮宝宝弯下身子坐到小椅子上，坐下后称赞宝宝。

③ 重新把宝宝扶起来，让宝宝自己坐下，坐下的时候让宝宝的手扶着椅子两边把手，宝宝做得好要表扬。

④ 让宝宝站在椅子前面，教宝宝转身，然后如何伸手抓住身后的椅子坐下。

2~3岁

在宝宝2~3岁时，可以为宝宝选择一些会发声的电动玩具、交通工具类玩具、科学图画书。游乐场里的秋千、滑梯、跷跷板、转盘、球类游戏都深得宝宝喜爱。另外，要多给宝宝挑选颜色鲜艳的玩具。

适合2~3岁的游戏

2~3岁的宝宝适合玩画画、裁剪的游戏，这对于宝宝的形态认知能力和小肌肉的发育都有很好的作用。伴着音乐跳舞的游戏也很适合这个阶段的宝宝。

♣ 画圆圈

① 在纸上给宝宝画个圆圈，让宝宝也照着画一个。

② 握着宝宝的手，教宝宝用蜡笔在纸上画个圈圈。

③ 让宝宝先沿着妈妈画的圆圈画一次，然后再自己画一个。宝宝做得好要称赞宝宝，并且在宝宝画的圆圈里画上笑脸。

④ 最初在大纸上画大圈，然后再逐渐缩小纸，让宝宝画小圈。

⑤ 让宝宝在大圆圈里面画个小圆圈。

⑥ 可以让宝宝用肥皂沫或剃须膏在卫生间的瓷砖上练习。

♣ 跟着音乐跳舞

让宝宝跟着音乐跳舞，或者跟着拍子迈步。

① 打开宝宝喜欢的音乐，和宝宝一起跳舞。

② 跟着音乐节拍一边拍手一边迈步。或者给宝宝饮料瓶子、筷子、饼干盒子、小木棍等日常用品，让宝宝伴随音乐打出节拍，丰富宝宝的想象力。

◑ 通过跟着音乐打节拍，培养宝宝的节奏感

♣ 制作一模一样的方盒子

① 准备好蜡笔、一张大纸、一把钝了的剪刀。妈妈做示范，按照方盒子的样子在纸上画好，然后剪下或撕下，也可以用同样的方式制作宝宝喜欢的童话人物。

② 让宝宝自己动手，如果宝宝做得像，要表扬宝宝。

③ 妈妈把方盒子按照色彩分类排好，然后让宝宝将剩下的盒子分类归队。两手各拿不同个数的盒子，然后将较沉的一只手下沉，通过这个游戏可以让宝宝了解重量的概念。

3~4 岁

过了3岁，宝宝才开始玩一些真正的游戏，喜欢跳，投掷也很有力，可以踢球，而且更喜欢和小伙伴们一起玩。家长应该让宝宝多做一些室外游戏，过家家、医院游戏、学校游戏都很好。通过这些游戏促进宝宝成长，有助于宝宝理解周围人的角色，加深对社会的认识。

适合 3~4 岁的游戏

宝宝4岁的时候就可以做一些全身运动了，如跳绳、上台阶、跨跳等，可以将其中一个运动定为宝宝的晨练项目。

♣ 保龄球游戏

① 准备10个空塑料瓶和一个皮球，把瓶子擦洗干净，外面用不同颜色或标签区别开，然后从1到10贴上数字标签。

◉ 让宝宝玩保龄球游戏

② 把瓶子排成长方形，然后开始玩保龄球游戏，也可以在第一排放一个瓶子，第二排放两个瓶子，以此类推。

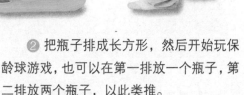

♣ 剪纸游戏

① 准备儿童专用剪刀、彩纸或彩色画图纸，以3厘米间隔画直线。

② 教给宝宝使用剪刀的方法，首先妈妈给宝宝做示范，让宝宝按着线裁剪，即使宝宝剪得不好也要鼓励宝宝。

③ 如果宝宝熟悉了用剪刀，就画一些曲线或斜线让宝宝练习，可以把剪下的纸条都连在一起做装饰用。

♣ 跳绳游戏

① 为宝宝准备和身高相符的跳绳，让宝宝练习。

② 妈妈和宝宝一起跳绳，宝宝跳得好，妈妈要激励宝宝。

♣ 跨跳游戏

① 准备两根不同颜色的碎布绳或两根棍子，棍子长约50厘米，将棍子平稳放好，让宝宝助跑四五步后开始跳，妈妈在旁边照看，以免宝宝摔伤。

② 熟练后可以将游戏改在室外，并且逐渐改换更长的棍子。

◉可以让孩子玩丢沙包的游戏，也可以玩篮球游戏

4~5岁

孩子4岁以后，可以运用竞赛和得分的游戏规则让孩子喜欢上竞技类活动。玩一些体现性格差异的游戏也是这个阶段的一大特点。

但是，这个阶段一定要让孩子养成游戏结束后自己收拾玩具的习惯，让宝宝整理东西也是有益的游戏之一。

适合4~5岁的游戏

♣ 弯弯曲曲地走

这个游戏只要有五把椅子和一个皮球就可以玩了。

① 在地板上以一定的间隔摆好椅子作为障碍物，并在一端立一根"旗杆"。

② 让孩子踢着皮球，呈S形曲线跑向另一端，并且不可以把旗杆撞倒，再返回就算成功了。孩子做得好要表扬她。

♣ 向后投掷

如果家里有豆子的话，可以做一个比拳头略小的沙包，如果没有也可直接到文具店购买。

① 准备五个沙包和一段长彩带。用彩带围成一个圆圈，让孩子背对着圆圈，站在稍远的地方，向圆圈里扔沙包。

② 如果孩子的命中率很高，可以再把距离扩大一些。除此之外，还可以准备一个大箱子，然后让孩子背对着箱子，往箱子里扔皮球，这都是些很有意思的玩法。

♣ 挂单杠

这个阶段，孩子可以挂单杠20秒左右。

① 和孩子一起去游乐场的时候，试着让他做一次挂单杠。刚开始妈妈要抱起孩子，让孩子双手抓到单杠。

② 如果孩子做得很好，要表扬孩子。

❶ 第一次挂单杠的时候，妈妈可以托着孩子挂20秒左右

♣ 踢足球

① 到外面去和孩子一块踢足球吧。妈妈先做守门员，然后把球踢给孩子，如果孩子成功进球，要称赞他。

② 妈妈和孩子互换角色。

♣ 拍球

① 到室外，用粉笔在地上画一个大小适中的圆，让孩子站在里面。

② 让孩子在不出圈的前提下拍球，一边拍球一边大声数"一、二、三、四、五"，妈妈可以和孩子一起数。孩子熟练后再左手、右手交叉练习。

有助于开发智力的游戏

　　培养一个聪明的宝宝是所有父母的心愿，孩子4岁前智力发育速度惊人，在这个时期，正确充分地开发宝宝的智力是非常必要的。那就让我们一起来了解一下适合孩子发育的各阶段游戏吧。

0~6个月

　　在宝宝用大脑思考事物之前是通过感觉来感知外界的。1岁以内的宝宝通过全身来获取知识，这个时期家长要通过视觉、听觉、触觉、嗅觉等方面让宝宝了解世界，才能促进宝宝大脑的发育。

适合0~6个月的游戏

♣ 镜子游戏

出生后1~2个月，可以用镜子来刺激宝宝的视觉。

❶ 妈妈抱宝宝坐在膝盖上，或者怀抱宝宝坐下，用镜子照照妈妈的脸，再照照宝宝的脸。

❷ 用镜子吸引宝宝的视线可以锻炼宝宝的颈部肌肉，活动的玩具或铃铛也可以起到同样的作用。

还有一种游戏可以培养宝宝的注意力。妈妈面向宝宝，用手帕遮住自己的脸再露出来，一边说："看，妈妈在这儿呢。""妈妈不见了。"如此反复，如果宝宝咿咿呀呀地作出反应，要表扬宝宝。

❶让宝宝照镜子，刺激宝宝的视觉

♣ 闻味道的游戏

❶ 妈妈拿平时用的香水掠过宝宝鼻子前面3次。

❷ 宝宝稍微大一点的时候，可以抱宝宝坐在膝盖上，用其他香味来刺激宝宝嗅觉，香味不宜太浓烈。此游戏适合1~2个月的宝宝。

❸ 宝宝再稍微大点的时候，可以让宝宝闻一些稍浓的香水味，但是如果宝宝表现出不喜欢就要马上停止。

♣ 自行车游戏

❶ 让宝宝仰卧，抓住宝宝的双脚，模仿蹬自行车的姿势，前后运动30秒左右。这时如果宝宝表现出很累或者厌烦的情绪，要立即停止，这个游戏适合1~2个月大的宝宝。

❷ 让宝宝趴在柔软的棉布或坐垫上，呈45度抬起宝宝的身体，然后再放下，如此反复3次。也可以在宝宝手前面放上玩具，看看宝宝会不会伸手抓。这个游戏适合3~4个月大的宝宝。

❸ 宝宝再大一点的时候，可以先让宝宝坐下，然后敲鼓给宝宝看。最初的时候妈妈自己敲，过一阵握着宝宝的手敲，最后由宝宝自

己独立敲。

♣ 触觉游戏

① 准备好几种不同质地的材料，如柔软的布料、硬硬的塑料等，放到宝宝手里，让宝宝分别感受一下。

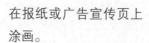

🔄 让宝宝抓着木制的生活用品玩，让他感受木材的坚硬

② "这个软吧？""这个硬吧？"妈妈握着宝宝的手，一边说一边让宝宝感受。当孩子稍大一点的时候，就可以自己拿着这些玩具玩了。

♣ 给宝宝读书

① 让宝宝坐在膝盖上，用各种语调给宝宝读新闻或图画书。

② 这期间，妈妈要叫几次宝宝的名字，看看宝宝会做什么反应。即使宝宝很小，也可以经常给宝宝听一些古典音乐，适当刺激宝宝的听觉。

7~12个月

这个时候宝宝已经可以爬了。如果学会了走路，宝宝就开始想把家里的所有东西都摸一个遍。特别是1周岁左右的孩子好奇心强烈，玩兴最大，要么把妈妈的化妆品打开玩，要么就把盘子从柜子里搬出来。

适合7~12个月的游戏

♣ 涂鸦游戏

① 让宝宝手握蜡笔或铅笔

🔄 准备一张大纸，让宝宝在上面尽情地画

在报纸或广告宣传页上涂画。

② 不一定非要准备白纸，一切随宝宝意愿。妈妈要陪在宝宝身边，无论宝宝画什么都要表扬他，这样才有效果。

♣ 找玩具的游戏

① 把宝宝喜欢的玩具装进箱子或铁桶内。

② 让宝宝把手伸进容器内，找找里面都有什么，宝宝做得好要表扬宝宝。用有盖子的箱子玩，不断地打开关上，这样效果更好。

🔄 把宝宝喜欢的玩具放进盒子，让宝宝自己找找看

1~1.5岁

1~1.5岁宝宝的玩兴变浓，想了解更多东西，什么都想自己摸摸试试，家长要及时制止宝宝的危险举动，应该把危险物品放到宝宝够不到的地方，给宝宝一个可以毫无顾忌玩耍的环境。

适合1~1.5岁的游戏

♣ 拼图游戏

① 选择宝宝喜欢的拼图，比如宝宝喜欢的动物或食物，最初可以选择两三块简单的拼图。

② 如果宝宝觉得难的话，妈妈可以帮宝宝一起完成，然后逐渐让宝宝独立完成，宝宝完成后要表扬宝宝。

③ 无论是拼图还是其他的玩具，刚开始的时候，最好是妈

妈和宝宝一起玩。宝宝拿着玩具玩几次就会厌倦，这时如果妈妈拿着玩具给宝宝做很有意思的示范，不仅能引起宝宝的兴趣，还能提升宝宝的想象力。

♣ 随音乐跳舞

❶ 播放宝宝喜欢的童谣音乐，然后握着宝宝的手，随音乐左右摇动宝宝的身子。

❷ 也可用玩具钢琴或其他乐器亲自给宝宝演奏。没有条件的话，用一双筷子或锅盖敲打出节奏也可以，这些都能刺激宝宝的听觉。

1.5~2 岁

孩子在2~3岁的时候才能开始玩一些真正意义上的游戏，在1.5~2岁，宝宝的运动能力有了显著的发展，动手游戏越来越多样化。可以带孩子出去走走，这样不仅可以丰富孩子的经历，还能扩大孩子视野。

全面培养聪明宝宝

每个家长都希望培养出优秀的宝宝，有些父母不考虑宝宝的发育情况，一味主观地进行填鸭式教育，这是很不好的。其实可以通过一些有效的方法来提升宝宝的智力水平。智力包括知觉能力、语言能力、理解能力、数理能力、思考能力等五部分，促进宝宝智力发展的秘诀就是均衡发展这五个方面。

● 知觉能力

可以通过具体的实物接触来锻炼宝宝的视觉、听觉和触觉能力，比如让宝宝从积木中找到一模一样的，又如找影子、拼图、闻味道、摸多角形玩具等。

● 语言能力与理解力

选择一些宝宝感兴趣的、有利于锻炼宝宝想象力的书给宝宝读，比如：说出物品名称、寻找含有相同字的词语、猜谜语、表达自己的想法和意图等。

● 数理能力

在教给宝宝数数之前，可以先让宝宝把多种物品按照大小或重量排列起来，这样宝宝自然就会产生数的概念。比如：喝饮料的时候让宝宝给家人分杯子，吃饭的时候让宝宝给家人分筷子，让宝宝量东西的长短，比较物品的轻重等。

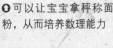
❶可以让宝宝拿秤称面粉，从而培养数理能力

● 思考能力

找一些宝宝喜欢的物品作为话题向宝宝提问，问宝宝："为什么是这样呢？"这个过程可以提高宝宝的判断能力和推理能力。妈妈还可以根据物品的大小或用途将其分类，让宝宝把相关的东西堆到一起，或者找出相同性质的物品。

适合 1.5~2 岁的游戏

♣ 沙子游戏

❶ 到游乐场，和妈妈一起玩沙子游戏。

❷ 把沙子装进小桶，从一个地方运到另一个地方，或者堆房子，在沙子上画画，沙子游戏有着无穷无尽的玩法。

如果准备一些玩沙道具就更有意思了。沙子游戏不仅能够锻炼宝宝的手部肌肉，而且还可以培养宝宝的情趣。要防止宝宝吃沙子，或者用带沙子的手揉眼睛。

❍沙子游戏有利于锻炼宝宝手部肌肉、培养情趣

♣ 穿珠游戏

❶ 动手能力较强的宝宝应该玩玩穿珠的游戏。如果对宝宝来说穿珠子难度太大的话，可以在硬纸上穿个洞，然后让宝宝用线把纸连起来。

❷ 可以将线头打结，或者粘上胶带，耐心等待宝宝自己把珠子穿起来，等宝宝成功以后表扬宝宝。

♣ "和面"游戏

❶ 虽然也可以用黏土来代替，但是还是提倡在家里用面粉来做游戏。除了比较卫生之外，在面粉内放入一点点食用色素，还能起到刺激宝宝视觉的作用。

❷ 准备各种各样的模子，让宝宝尽情地玩。妈妈不要有任何的提示，让宝宝自由发挥效果更好。

Baby Clinic

巧妙阻止宝宝玩危险物品

把危险物品放到宝宝碰不到的地方是一个很重要的安全原则。如果一不留神让宝宝拿到了刀等危险物品，以至于家长惊慌得从宝宝手里抢下来，这样做有些欠妥。

孩子往往会把自己喜欢的东西握在手里，而且占有欲望几乎到了固执的程度，因此强制夺过来会适得其反。

● 用其他玩具跟孩子交换

这个时候，一只手轻轻地攥住宝宝的手腕，这样宝宝的手指就不容易乱动了。然后对宝宝说"宝贝儿，把这个给妈妈"，再用宝宝喜欢的玩具跟宝宝交换。宝宝这时并不知道妈妈是想夺走自己手里的危险物品，而把其当成平时玩的物物交换游戏，这样就能轻松地避开危险了。

● 提前告诉宝宝什么是危险品

如果宝宝喜欢摸锥子、水果刀等危险物品的话，妈妈可以用刀背轻轻地戳一下宝宝，这样宝宝就知道原来刀是会弄疼人的，有了这种想法以后就不会再摸这些东西了。打火机也是同样的道理，宝宝知道它会烫到自己之后就不会再拿着玩了。

比起无条件地禁止宝宝接触危险品，通过感官刺激让宝宝打消念头才是最好的办法。

2~3 岁

2~3岁的宝宝具备了各种感官能力，而且还有了数字的概念，因此做一些促进认知的游戏会有利于宝宝大脑的发育。比较复杂的拼图、数字游戏、积木、沙子游戏、简单的图画书、过家家等都很适合这个时期的宝宝。

适合 2~3 岁的游戏

♣ 学样游戏

❶ 妈妈给宝宝读童话书，宝宝跟着做里面出现的动作。此游戏很适合2~3岁的宝宝。

❷ 给宝宝一本纯图片的图画书，然后让宝宝告诉妈妈故事到底在讲什么。宝宝讲得好，要表扬宝宝。

♣ 剪纸游戏

❶ 妈妈将剪好的圆形、方形、三角形交给宝宝，宝宝比照图形，在画图纸上画好，然后妈妈再让宝宝把它们剪下来。

❷ 也可以在纸上画出多个圆形、三角形、正方形，让宝宝找出形状相同的图形。或者画出三个同一形状的图形，让宝宝找出其中最大的和最小的。

♣ 数字游戏

在宝宝2~3岁时，可以让宝宝看着钟表或日历学数字。不过不能太过心急，每天教一点儿，就像做游戏一样。

⊙教宝宝数字的时候，可以让宝宝用手指比画出自己的年龄

3~4 岁

3~4岁宝宝的认知能力和智力有了很大的发展，可以自己制订游戏计划了，妈妈要让宝宝自己玩，自己整理。

适合 3~4 岁的游戏

♣ 剪下相同的字

❶ 在纸上写好字，让宝宝把它们剪下来。

❷ 妈妈把剪下的字给宝宝看，然后让宝宝再剪下相同的字。宝宝剪得好要表扬宝宝。

♣ 接词游戏

❶ 在和宝宝一起出去玩的路上，一有空就可以和宝宝玩接词游戏。首先妈妈说一个词，然后让宝宝以这个词的末尾字作为开头字组词接着说。

❷ 下一次让宝宝先说，然后由妈妈来连词。如果宝宝想不起来，妈妈要帮宝宝一起想。

♣ 过去、现在、未来游戏

❶ 在彩色画纸上画出因果关系清晰的两张图片，比如往杯子里倒牛奶的图画和一个小孩在喝牛奶就是很好的例子。

❷ 让宝宝选出两件事情中哪个是先发生的，回答正确要给予表扬。然后再问问宝宝第一幅画前面会发生什么，第二幅画后面会发生什么，这样宝宝就会利用丰富的想象力做出多种多样的回答。

4~5岁

对于4~5岁的宝宝来说，电话游戏、比较复杂的拼图游戏和折纸游戏都是很好的选择。

适合4~5岁的游戏

♣ 捉鱼游戏

❶ 这是一个利用磁铁原理的游戏，需要准备磁铁、杆子、绳子、画纸、蜡笔、剪刀和曲别针。

❷ 用蜡笔在画纸上画出各种各样的鱼，然后用剪刀把它们剪下来，在鱼嘴部夹上曲别针。

❸ 绳子的一端系上磁铁，另一端系到杆子上，就可以拿来钓鱼了。只要磁石靠近鱼嘴，鱼就被捉住了。

也可以把不同材质的玩具混在一起，比如说将布娃娃衣服上的扣子、铅笔、钥匙、钉子等一起拿出来摆好，让宝宝用磁铁逐一"钓鱼"。反复几次宝宝就会发现，原来只有铁才能和磁铁吸在一起。

♣ "一下子"游戏

❶ 准备5个以上的珠子，然后妈妈一只手将珠子一下子全都收起来。

❷ 再准备20个小贝壳，妈妈和宝宝各拿10个，然后再一下子将贝壳全部拿走。

♣ 静电游戏

❶ 把气球吹到可以一手拿住的大小，然后扎好口。

❷ 拿气球在头发上蹭10次左右，然后再拿到纸旁边，由于静电作用，纸就会被吸起来。此游戏适合在天气干燥、湿度低的情况下做。

❸ 把梳子放到腋窝下，前后摩擦6~7次，立刻放到头发旁边，头发就会立起来。这样的静电游戏可以培养宝宝的好奇心。

Mom & Baby

教育宝宝借来的东西要爱惜

爱看书的哲哲向朋友平平借书。"一定不要给我弄脏啊。"平平嘱咐哲哲说。哲哲一回到家就开始一边吃饼干一边看书。看到哲哲这样，妈妈问道："什么书啊？这么有意思。""借平平的书。"哲哲回答道。"你一边吃一边看书会把书弄脏的。"妈妈说。

借书和借钱一样，稍不小心就会造成对朋友的食言。要教育孩子借别人的东西要好好爱惜，并且要在约定的日期内归还。

"来，让妈妈给你装上书皮吧。"妈妈说着给书套上了书皮。

"把平平如此喜欢的书弄脏的话，他会多么伤心啊！以后就不会再借给你东西了。"妈妈对哲哲说道。

借别人东西的时候，一次小的疏忽很有可能会给人际关系造成大的隔阂，要告诉孩子这个道理。

促进视力发展的游戏

眼睛是心灵的窗户，可是如今有很多孩子小小年纪就戴上了眼镜。视力不好除了遗传因素的影响以外，更多是由于后天不良环境所致。为了给孩子一双明亮的眼睛，妈妈需要做出多方面的努力。

0~6个月

1个月左右的宝宝，眼球会无目的地转动，之后宝宝就开始留心有亮光的地方了。

2个月大的宝宝，眼球开始左右转动，视线追逐着物体，可以看到东西了，这个时候就能看出宝宝是否有斜视现象了。3~4个月的时候，宝宝对光就有反应了。

白天，把宝宝放在能看到外景的窗边，让宝宝看看蓝天白云、树木房子，不仅有助于宝宝的视力发育，而且有利于宝宝的情感发育，丰富宝宝的感受。

适合0~6个月的游戏

♣ 扩大视野的游戏

❶ 妈妈扶住宝宝两腋，将宝宝举起来。

❷ 让宝宝面向前面，把宝宝轻轻举起来，再放下，如此反复，这样多练习一阵，宝宝即使看不到妈妈也不会紧张了。

point 这个游戏能让宝宝体验到跟躺着、坐着时完全不同的视野，还能提高孩子的胆量。

♣ 瞧人游戏

❶ 妈妈一边遮住脸，一边说："宝贝，妈妈在哪儿呢？看不见了吧？"然后再把手拿开。

❷ 下一次把宝宝的脸遮住，用同样的方式游戏。这样多练习一阵，宝宝的眼睛就能跟随运动的物体转动。

point 这个游戏不仅有利于宝宝视力发育，而且不见的东西再次出现也能刺激宝宝的好奇心和知觉能力。

↻ 扶住宝宝两腋，把宝宝托举起来，可以扩大宝宝的视野

↻ 宝宝最初的视线没有任何目的，慢慢就会对光有了反应

♣ 凝视游戏

❶ 妈妈的脸要离宝宝30厘米左右，让宝宝看妈妈。

❷ 当妈妈视线与宝宝的视线正好相对时，妈妈开始由左向右移动上身，这时，宝宝的视线会一直跟着妈妈的脸移动。由于孩子的视野较窄，妈妈如果移动过快，孩子会跟不上。

point 也可以利用小铃铛做这个游戏，把小铃铛在左右手之间交换，吸引宝宝视线。切勿只用一只手拿着铃铛摇晃，因为促进宝宝视力的正常发育要给双眼相同的刺激。室内装修和照明设施都应均衡地刺激孩子的视力。

➊ 在玩凝视游戏的时候，妈妈要慢慢移动，孩子的视线才能跟上

7~12个月

宝宝9个月大的时候，判断事物远近和立体形态的感官能力增强。宝宝10个月大时，能够分辨色彩，区分色彩浓度。

适合7~12个月的游戏

♣ 翻越被子

❶ 把毯子或被子叠好，像小山一样放好。

❷ 让宝宝趴在毯子或被子上，宝宝的脸朝向床面，帮宝宝按住被子，让宝宝在被子上爬过去，只要宝宝的手碰到床面就算成功了。

point 这个游戏是让宝宝从高处往下爬，能让宝宝感受到不一样的视野。另外，在由高到低的过程中，孩子会自然掌握伸开双手支撑身子的要领。

➊ 把玩具放在比平地略高的地方，让宝宝爬上去拿玩具

♣ 镜子游戏

❶ 让宝宝坐在膝盖上，一边和宝宝一起照镜子，一边逗他说："宝贝在这儿呢！""这是谁啊？""宝贝在哪儿呢？"让宝宝照镜子找自己。

❷ 等孩子已经记住自己的长相了，可以再指着身体的各个部位一一告诉宝宝名字。

❸ 还可以把孩子喜欢的玩具拿到镜子前面，等孩子将手伸向镜子再回头看妈妈时，把玩具给她。

point 孩子独自玩时，镜子是比较危险的物品。要把镜子放在孩子摸不到的地方。

♣ 向前出发

❶ 让宝宝趴在床上，将膝盖弯曲，轻拍宝宝的屁股。

❷ 这样孩子受到刺激就会往前爬了。

point 让孩子趴下之后，要推推宝宝的屁股，这样宝宝就学会爬了。

♣ "剪刀石头布"游戏

① 妈妈先给宝宝示范"剪刀石头布"游戏的玩法，然后让宝宝跟妈妈一起玩，这个游戏主要锻炼宝宝手指的灵活性，因此是比较难的。

② 如果宝宝能模仿得很好，可以试着一边给宝宝念"剪刀""石头""布"，一边让宝宝自己做。

point 6~12 个月的宝宝玩这个游戏，眼睛和手可以同时训练，这有利于孩子手部肌肉的发育。

○"剪刀石头布"游戏可以锻炼孩子的动手能力

1~1.5岁

1 周岁后，宝宝的视力渐渐提高。这个时期，通过让宝宝区分事物的远近、形状、色彩等，不仅能锻炼宝宝的视力，还可以提高宝宝的智力。

适合 1~1.5 岁的游戏

♣ 玩会动的玩具

1 周岁以后，孩子开始对狗、猫、汽车这些会动的东西感兴趣，这时候应让宝宝玩一些不太大的电动玩具，以促进宝宝追踪运动物体的能力。

♣ 积木游戏

① 妈妈用彩色的积木排列出各种图形。

② 妈妈帮宝宝排列出宝宝喜欢的图形。

point 这个游戏不仅有利于宝宝视力的提高，而且能培养孩子的色彩感知力和应用能力。

♣ 看电视

这个阶段的宝宝开始对电视产生兴趣，如果不能养成正确的视听习惯，反而会导致严重的视听障碍、语言障碍，因此要格外留意。

Baby Clinic

宝宝视力出现异常要及时就诊

平时要注意孩子的视力是否有异常症状，如果发现的话，要及时找专家就诊。

①出生后 3~4 个月仍然不能和妈妈视线相对。

②眼睛经常闭着，眼球位置不正。

③眼睛怕光。

④眼球颜色异常。

⑤头总是歪向一边，脸总是侧着。

⑥看书或电视等都靠得很近。

⑦早产儿，有遗传病或家族眼病。

⑧总是眯着眼睛，眼神奇怪。

⑨看东西吃力，总是揉眼睛。

⑩看图片或画画很吃力。

⑪经常说头疼。

⑫经常摔倒。

⑬总是流眼泪。

⑭头总是歪向一边看东西。

❶ 每天看电视时间以30分钟为宜，离电视机距离要3米以上，妈妈要陪在宝宝身边。

❷ 与情节复杂、台词冗长的电视节目相比，画面简单、内容反复的儿童光盘更能吸引孩子。刚开始可以给孩子选择一些有小动物和布娃娃的光盘，过一段时间以后，可以让孩子看一些有节奏的光盘，比如儿歌光盘等。

👈妈妈要注意不能让宝宝离电视太近

1.5~2 岁

1.5~2岁的孩子逐渐喜欢上图画书，这时应该注意不要让孩子趴着看书，以防视力下降。眼睛距离书本以35~50厘米为宜。房间照明要好，否则宝宝在光线不好的室内看书，不仅眼睛容易疲劳，而且会导致视力下降。

下面介绍一些有利于1~2岁孩子视力发育的游戏。

适合 1.5~2 岁的游戏

♣ 翻滚游戏

❶ 妈妈推宝宝屁股，让宝宝向侧面翻滚。

❷ 宝宝趴在床上，妈妈再以同样的方法推宝宝，让宝宝身体正过来。

Mom & Baby

带宝宝去餐厅就餐

想带着宝宝去餐厅就餐，麻烦事还真不少。孩子会不会在人多的地方哭闹呢？孩子大声嚷嚷该怎么办？下面来给您支两招，让您的宝宝不哭不闹吃得好。

●先让宝宝吃饱

如果可以的话，就餐之前先把宝宝喂饱。一到饭店，可以先给宝宝点一些马上能吃的饭菜，因为谁都摆不平肚子饿的宝宝。孩子吃饱了就不大会哭闹，这样大人们就能安静舒服地吃一顿了。

●利用孩子睡觉的功夫用餐

可以在孩子玩累了、想睡觉的时候去预约好的饭店。在驱车前往饭店的路上，宝宝很有可能就已经睡着了。到饭店后把宝宝放到沙发上，大人们就可以用餐了，说不定整顿饭宝宝都不会醒来了呢。

👉去饭店之前先让宝宝吃饱

♣ 眼球运动游戏

让宝宝躺下，拿宝宝喜欢的玩具吸引宝宝视线，然后拿着玩具在空中慢慢画"8"字。

point 让宝宝躺着凝视一定距离以外的事物，可以训练宝宝眼睛的聚焦能力，视线跟随物体运动还能活动眼球。

♣ 双腿同时弯曲伸直

① 妈妈帮助宝宝屈腿，让膝盖靠近肚子。

② 这时候宝宝的腹部就会使劲，想把腿伸直。妈妈慢慢收力，让宝宝把腿伸直。

point 双腿同时屈伸，表明宝宝大脑和视力发育正常。反复练习可以促进宝宝膝盖肌肉和腹部肌肉的发育。

2~3 岁

孩子书桌上的台灯应选择没有灯罩的，因为无灯罩的台灯不容易产生阴影。书一定要端正地摆放在书桌上，这样宝宝眼睛才不易疲劳。

适合 2~3 岁的游戏

♣ 单脚蹬游戏

妈妈双手分别握住宝宝的两只小脚丫，然后交替着加力，这时候宝宝就会用力伸腿。

point 练习蹬腿的时候，可以让宝宝凝视着一个地方，这样可以同时进行眼球聚焦的练习。

♣ 双脚蹬游戏

① 妈妈手掌贴着宝宝脚掌，两个手掌同时用力向前推，宝宝会用力蹬腿。

② 妈妈调节好力度，让宝宝反复练习蹬腿游戏。

point 反复几次，宝宝的腿能更有劲，视线也会随之转移到某个方向。

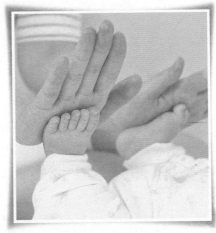

⊙用手轻推孩子的脚掌，让孩子的双腿弯曲再伸直

♣ 飞机游戏

① 让宝宝趴下，握住宝宝的双手。

② 让宝宝伸开双臂，抬起头向前看。

point 飞机游戏增加了孩子腰部的力量，孩子开始看远处，视野更开阔了。

3~4 岁

孩子4岁时视神经发育基本完成，专家建议此后要定期给孩子做视力检查。如果孩子眼睛有异常，或者家庭成员中有白内障、青光眼，或者是严重的近视、远视患者，也应带孩子及时去医院检查。

适合 3~4 岁的游戏

♣ 整理鞋柜

① 让孩子把整理鞋柜当成游戏来玩。

② 孩子完成得不错的话，就让他再按着大小、颜色、主人、材质等进行分类整理。

point 孩子按照这样的分类标准整理鞋子，自然就能学会辨别大小和颜色了。

玩耍中学会数数。孩子稍大一点的时候，可以增加珠子的数量和游戏的复杂程度。

point 五颜六色的珠子在轨道上运动，能锻炼孩子的色彩感、方向感和空间感。另外，数珠子的同时孩子会产生数的概念，而且还能锻炼手部肌肉。

4~5 岁

妈妈们所担心的斜视问题一般在孩子6个月大的时候就能看出来了，这时候带孩子去做斜视检查是非常必要的。斜视发现得越早越容易治疗，治愈率也越高。

适合 4~5 岁的游戏

♣ 台式串珠游戏

台式串珠有很多种玩法。嗖的一声把珠子从这一端拨到另一端，孩子会很感兴趣的。"咦，这端有多少个珠子啊？"伴随着这样的问题，孩子会在兴趣盎然的

♣ 眼球游戏

❶ 让孩子跟妈妈一起上下左右转眼球。

❷ 做简单的眼睛保健操也能收到很好的效果。

point 身体两侧同时运动的游戏和眼球游戏对孩子双眼的均衡发展很有好处。

● 通过玩台式串珠，孩子不仅学习了数字，而且还知道了很多颜色

妈妈的育儿日记

调教不睡觉爱闹腾的宝宝

（郑光喜 网络设计师）

在宝宝6个月大的时候，每天我都工作得精疲力竭，回到家中又要被宝宝的"夜来神"折磨得无法睡觉，那时的压力是无法想象的。

这样终究不是办法，我开始寻找对策。首先要给孩子一个信号——该睡觉了。我采用的信号是播放古典音乐，并且拜托保姆在宝宝白天睡觉的时候也一定要让她听。听说洗澡后孩子能睡得踏实，所以即使很累我也坚持给孩子洗澡按摩。揉

揉他的小腿，摸摸他的脚掌，让宝宝放松放松，之后关上灯，打开音乐或唱摇篮曲给宝宝听。如果把灯全部关上的话，可能会吓到孩子，因此要留一盏柔和的台灯。如果把灯全部关掉，然后强制宝宝睡觉，结果只能适得其反。

最后宝宝总算慢慢地适应了，我希望妈妈们在遇到闹腾的孩子时应该有更多的耐心。

有利于语言能力发展的游戏

语言能力发展快的宝宝普遍比较聪明，在其他方面也进步很快。这是因为快速丰富地掌握语言，在其他领域能体验的东西会更多。语言能力是孩子各方面能力的基础，让我们来学习如何促进孩子语言能力的发展吧。

0~6个月

妈妈是孩子学习语言最优秀的老师。即使是襁褓里的娃娃听到声音也是有反应的，所以妈妈经常跟宝宝讲话是很重要的。给孩子换尿布的时候、喂宝宝吃奶的时候、给宝宝洗澡的时候都可以跟宝宝说话。跟宝宝讲话时，视线要和宝宝相对，如果宝宝咿咿呀呀地做出反应，就更要积极地和宝宝"对话"了。

❶ 喜欢读书的孩子，语言能力更强

适合0~6个月的游戏

♣ 咿咿呀呀地和宝宝对话

❶ 如果宝宝咿咿呀呀地说话，妈妈一定要模仿宝宝的声音和他对话。

❷ 照看宝宝的时候，妈妈要学着宝宝的声音哄宝宝玩，最好是孩子发出声音后，妈妈能笑着抱抱他作为奖励。

♣ 给宝宝听各种声音

❶ 给宝宝听折纸的声音、翻书的声音、钟表的声音、铃铛的声音等多种多样的声音，并且最好能一边听一边给宝宝解释。

❷ 可以对稍大一点的宝宝反复讲周围事物的名称。

比如说，如果宝宝喜欢小狗，就可以指着小狗反复地说"小狗"给宝宝听。等宝宝认识小狗以后，再用"小狗"造出多个句子给宝宝听。反复进行这样的练习，宝宝的词汇能力自然就会得到提高。

7~12个月

宝宝7~12个月的时候，要经常叫宝宝的名字。跟宝宝说话时，要先叫宝宝的名字，慢慢让孩子学着叫"爸爸""妈妈"。随着和外界接触的增多，再把事物的名称一一说给孩子听。

比起单纯地罗列事物名称，一边向孩子说明事物的多种特征，一边跟孩子对话的效果会更好。

●通过玩具，告诉宝宝具体的单词

适合 7~12 个月的游戏

♣ 给宝宝听童话录音故事

宝宝喜欢听妈妈讲童话故事，最好在宝宝想听，而且妈妈又有时间的时候读给宝宝听。

当妈妈上班的时候，或者忙家务的时候，不能给宝宝读书，怎么办呢？可以将妈妈讲的故事录下来放给宝宝听。

♣ 告诉宝宝物品的名称

11个月大的宝宝，即使不会说话，也能听懂很多单词了。这时宝宝可以听懂一些简单的话，能够按妈妈的指令行动，还会模仿发出一些声音。

❶ 通过图画书或实物告诉宝宝他喜欢的玩具、水果、食物的名称。和孩子一起看图画书的时候，看到勺子，妈妈可以指着勺子对宝宝说："和宝宝的勺子一样啊！""宝宝的勺子在哪儿呢？"然后把宝宝的勺子拿过来跟图片上的做比较。

妈妈还可以指着家里的某件东西，让宝宝在图片中找找有没有一样的。

❷ 拿着某个物品给宝宝做各种游戏，宝宝便会轻松快乐地记住那个物品的名字。注意观察宝宝的反应，等宝宝熟悉之后再换成其他物品做游戏。

需要注意的是，不要在孩子正玩耍时强制性地讲解物品的名称，在孩子正盯着某个物品看时，或者对某个物品表现出兴趣的时候，再把物品的名称告诉他效果会最好。

1~1.5 岁

此时的宝宝好奇心很强。虽然发音不很清楚，但是已经会说很多单词了。能理解50个左右的单词，和妈妈搭话就更轻松了。这个时期通过一些户外的游戏，宝宝听得多、看得多、感受得多了，语言能力和表达能力都能得到提高。

适合 1~1.5 岁的游戏

♣ 双音节发音

❶ 反复将两个音节给孩子听，比如"沙发"，然后让孩子跟着读。

❷ 妈妈不要小声读，而是响亮清楚、重复慢慢地读给宝宝听。如果宝宝跟着妈妈读，要抱抱宝宝或亲亲宝宝作为奖励。

❸ 如果孩子跟着读得很好，可以让宝宝再学一些新的音节。像"阿姨""大伯"等比较难的音节，可以先单个音节练习，之后再进行双音节练习。

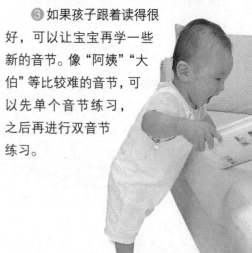

♣ 木桶装物游戏

宝宝很喜欢把东西扔进桶里再拿出来，这是宝宝爱玩的游戏。

❶ 往木桶里放几件东西，妈妈一件件拿出来告诉宝宝名字，然后对宝宝说："宝宝，把铅笔放进去。"宝宝会找到铅笔放进桶里。

❷ 妈妈接着对宝宝说："宝宝，把铅笔拿出来吧。"宝宝完成得好要表扬他。从衣箱里拿出自己的衣服，或者从筷子篓里找出自己的筷子，也能起到相同的效果。

♣ 寻宝游戏

把玩具杯子等物品藏在宝宝看不到的地方，让宝宝寻宝。宝宝说出物品名称就是语言能力的进步。

◯告诉宝宝身体各部位的名称

❶ 妈妈把宝宝的袜子、小鞋子藏到沙发底下，对宝宝说："宝宝，你的袜子在哪儿呢？找找看吧！"

❷ 如果宝宝找到袜子，妈妈就对宝宝说："宝宝找到袜子了啊，真棒！这叫什么啊？"用这样的方式让宝宝记住物品的名字。

♣ 指出身体各部位

❶ 妈妈问："宝宝的鼻子在哪？"然后扶着宝宝的手让他摸摸自己的鼻子，说："这是鼻子啊。"然后再问一遍，看看宝宝记住了没有。

❷ 在镜子前面，妈妈拿着宝宝的手指着身体的各部位，一一告诉宝宝身体各部位的名称，让宝宝跟妈妈一起说。洗澡的时候，妈妈一边洗一边告诉宝宝身体各部位的名称。

Mom & Baby

孩子语言发育延后的特点

孩子之间存在着差异，有的孩子说话晚，语言能力落后于同龄孩子，也没什么大碍。但是，当孩子的语言发育出现以下特别的症状时，就应视为语言延后现象，需要接受专家诊疗。

1岁半的孩子仍然不能说出6个正确的单词。

两岁的孩子还不能说出类似"喝奶"这样的简单短语。

两岁半的孩子还不能说出类似"妈妈，去哪？"这样简单的话。

3岁的孩子还不能说出"这是什么？""在哪？""去哪？"这样简单的问句。

4岁的孩子还不能说出"爸爸在家"的话，不会使用介词、连词。

5岁的孩子能使用的词汇少于200个。孩子两岁时使用的句子长度和复杂性与6个月时水平相似。

其他：无法有逻辑性地表达想法，无法详细地叙述事情。

◯孩子语言发展的速度各不相同

♣ 说出家人的名字

① 经常给孩子讲家人的名字。等孩子能分辨出家人的名字之后，妈妈对宝宝说："把这个球给爷爷。"用这种方式说出家人的名字，同时给宝宝分配任务。

② 也可以全家人坐在一起，让宝宝叫出大家的名字，叫到谁，谁给宝宝扔球。

1.5~2 岁

这个阶段宝宝可以说出两个以上单词组成的句子，好奇心更强，探索的欲望增强。妈妈应该积极地回应宝宝的言行，这样才能进一步促进宝宝语言能力的发展。听到的越多，孩子的语言表达能力就越强。

孩子在 1.5~2 岁的时候，妈妈可以跟孩子玩打电话游戏、手套娃娃游戏、看照片游戏等。

适合 1.5~2 岁的游戏

♣ 让孩子说出食物的名称

① 把食物盛到碗里之前，先告诉宝宝这是什么，让宝宝跟着妈妈读。

② 问宝宝："这是什么呀？"宝宝回答正确要称赞宝宝，并把食物奖励给他。

③ 同样，宝宝自己想吃东西的时候也会说出食物的名字。给宝宝吃零食的时候要注意一次给一点，等宝宝吃完再要的时候，诱导他说出零食的名称。

♣ 让孩子说出动物名称，模仿叫声

① 在动物图片或动物玩具中选择孩子比较喜欢的两三种，告诉孩子动物的名称，模仿动物的叫声，让宝宝跟着学。如果家里

Mom & Baby

记录下宝宝语录，留下孩子的成长记录

把孩子每天不同的成长轨迹记录下来吧。最常见的是育儿日记，除此之外，记录下孩子说的话也是很有意义的。

●记录下孩子说的第一句话

记录下各个阶段孩子说的单词或者句子就是记录下了孩子的语言发展轨迹。不仅要记下单词，宝宝那些错用的句子，和把大家逗乐的话，也要记下来。如果想更有意思一点的话，可以写一些联想日记。通过孩子的一句话、一个行动，联想一下孩子正在想什么？等孩子长大后再给他看这些记录，有助于让他记起那段最快乐的时光。

●简要地记录要点

如果记得太多的话，就容易丢失重点。安上一个个小标题也利于将来查找。比如说，第一次坐着、第一次走路、第一次说话等孩子成长过程中的重要事件都可以记下来。

孩子搞笑的事情、可爱的举动，都可以记录下来。

养有宠物，比如小猫小狗，先让宝宝听听动物的叫声，然后妈妈跟着模仿一次，然后再让宝宝模仿。

❷ 让宝宝看图片或玩具，说出动物的名字，并且模仿动物叫声。

❶利用手套娃娃玩具跟宝宝说话，诱导宝宝回应

♣ 手套娃娃游戏

❶ 把旧袜子当成娃娃的头和身体，然后再用扣子或彩线做成娃娃的眼睛、眉毛、鼻子和嘴，还可以加上胡须做成小猫，加上长耳朵做成小兔子。

❷ 妈妈做好"手套"后戴在手上，用手带动娃娃的嘴动，妈妈在一旁配音："哈哈，宝宝你好，我是小白兔，见到你真高兴啊。"宝宝看到后会觉得很新奇。

❸ 也可以做出好几个手套娃娃，然后各自配合不同的声音逗宝宝玩，也可以把手套娃娃戴到宝宝的手上，让宝宝给娃娃"配音"。

2~3岁

孩子两岁以后一般能说出3个以上单词组成的句子，能记住200~300个单词。这时候就不能仅仅告诉孩子事物的名称了，

说话时可以将名词和动词连起来用，或者用多个形容词来描述事物的特征。

妈妈可以一边看图画书一边给孩子讲有意思的故事。

适合2~3岁的游戏

1岁半的宝宝会很留心爸妈的一举一动，而且还会试图模仿。宝宝喜欢玩过家家，演小爸爸、小妈妈，玩护士病人的游戏，宝宝通过模仿别人，可以了解多种社会角色。

不仅如此，宝宝通过玩过家家游戏、护士病人游戏和市场买卖游戏，还可以了解"道具"的名称和用途，有助于丰富孩子的词汇量。

♣ 看图识物

❶ 游戏应从宝宝认识的物品开始。首先利用只包含一件物品的图片，然后再用包含两三件物品的图片，让宝宝从中选出某一件，回答正确的话就表扬宝宝。

❷ 可以把玩具宣传画或旧杂志上刊登的生活图片剪下来制成画报。可能宝宝认识图片，却不能把图片和实物相对应，妈妈可以把图片剪下来贴在实物上，这样宝宝经常见到就会记住了。

❸ 给宝宝唱关于日常用品或小动物的童谣。

❶准备好"道具"，让宝宝们玩过家家游戏吧

♣ 过家家游戏

让宝宝系上爸爸的领带、妈妈的围裙过家家，效果会更好。

① 拿出妈妈的裙子和手机，爸爸的西服上衣、领带和皮鞋。在这些道具中，让宝宝选择自己喜欢扮演的角色。

② 如果宝宝演妈妈，妈妈就要按照宝宝的要求饰演爸爸或阿姨。

↑ 将照片里的人物一一介绍给宝宝

♣ 看照片聊天

① 孩子们都喜欢看照片。把宝宝出生时的照片、学爬时的照片、会走路的照片、洗澡时的照片、玩玩具时的照片都拿给宝宝看，告诉宝宝照片中的他在做什么。

② 不仅是孩子自己的照片，爷爷奶奶的照片、爸爸妈妈的照片、全家福照片都要拿出来给宝宝看。宝宝看到自己喜欢的人一定会很高兴的。

♣ 做饭游戏

① 把宝宝玩做饭游戏需要的道具放进篮子里交给宝宝，如小塑料盘、杯子、勺子、水果模型等。

② 等孩子做好"饭菜"拿给妈妈吃时，妈妈要做出很好吃的样子，对宝宝说："宝宝做好饭了啊，真好吃，真棒！"

跟孩子一起玩做饭游戏时，妈妈要把各种道具的用途详细地告诉宝宝，培养宝宝正确的吃饭习惯。

♣ 市场买卖游戏

玩市场买卖游戏时，宝宝如果扮演卖家，妈妈可以扮演顾客，陪孩子尽情玩。

3~4 岁

3~4 岁的孩子逻辑能力和想象力基本上达到了平衡，语言能力较强，已经能够自己造句子了。宝宝看图片时，常常加上自己的想象来讲故事。

适合 3~4 岁的游戏

♣ 了解大自然

① 用花草等实物向孩子做详细的介绍。比如说："宝宝，这花漂亮吧？摸摸看吧。香不香？因为花香，才会有这么多蝴蝶和蜜蜂喜欢她呀。"

↑ 孩子通过花草树木丰富了想象

② 如果宝宝回答了妈妈的问题，妈妈需要就同一个问题向宝宝再进一步解释一下。等宝宝了解花草树木和人一样也有喜怒哀乐，需要我们爱护的时候，就会对大自然展开想象的翅膀。

♣ 猜谜语游戏

① 让宝宝猜一些简单的谜语，比如动物谜语等。

❷ 再比如说让宝宝列举出以"圆"开头的单词，或者说出形状为方形的物品等。这些游戏可以增加孩子的词汇量，但是应注意，游戏不能太难，容易答对孩子才不会厌烦，不致于产生抵触情绪。

4~5 岁

可以让 4~5 岁的孩子看一些看图说话的图画书，准备3~5页故事，让孩子看图讲故事。即使内容不是太完整，只要孩子能独立组织语言，就要表扬他。当孩子停顿时，妈妈可以在一旁稍作提醒，重要的是帮助孩子完成整个看图说话的过程。

适合 4~5 岁的游戏

♣ 背诵古诗

可以给 4~5 岁的孩子进行一些适当的记忆训练，比如世界各国的国旗、火车站名称、唐诗宋词等，都可以让孩子背诵。特别是通过让孩子背诵唐诗，不仅可以提高他们的词汇量，而且有助于平稳孩子的情绪。

❶ 妈妈要富有感情地为孩子朗读唐诗。要注意的是，由于录音和光盘在声调情感上变化不明显，无法达到太理想的效果。

❷ 让孩子也读一遍，并向孩子解释唐诗的意思。

❸ 让孩子经常读，直到慢慢地记住。

♣ 编故事

❶ 妈妈将孩子小时候的故事、周围发生的故事、父母以前听过的故事绘声绘色地讲给孩子听。

❷ 将孩子小时候的照片或没有字的图画书作为素材，让孩子以图片为背景，发挥想象力编出故事来。

如何让宝宝爱上读书

提高孩子的语言能力最好的途径就是给孩子读书，特别是对于两岁以内的孩子，给孩子读图画书不仅能提高孩子的语言能力，而且能丰富孩子的情感，滋润孩子的心灵。

● **选择简单的动物图画书**

给孩子看的图画书应该选择简单、欢快、温馨的题材，特别是对于两岁以下的孩子，应选择关于动物、亲人、家庭、朋友等题材的图画书。

给孩子读书时，如果孩子也模仿着妈妈咿咿呀呀地读，要表扬孩子。如果孩子已经会说话了，可以根据图画向孩子提问。

应该注意的是，每次应准备3~5本图画书，因为如果只拿一本的话，孩子马上就会厌烦，如果拿太多书，孩子就不知道该选哪一本了。如果每天都读书，孩子容易厌烦，因此可以隔一天读一次。

如何让宝宝爱上读书

●选择色调温暖柔和的图画书

图画书中图画的分量和文字一样重要。图画里藏着故事，色彩以暖色调为宜。图画中出现的人物表情要饱满丰富，故事要栩栩如生。多项研究表明，如果孩子在读书过程中和父母形成和谐的关系，孩子的语言能力会发展得更快。让孩子对读书产生兴趣的最好途径就是让他感觉到读书的乐趣。

●如何让孩子喜欢上书

①将读书时间单独列出来，特别是一两岁的时候，读书对于孩子是很重要的。虽然利用零散时间也可以读书，但是最好能将读书时间固定下来。

②选择可以和妈妈一起读的书，一旦妈妈表现出对书不感兴趣，孩子会马上感觉到，随即也对读书失去兴趣。

③选择适合孩子理解水平的书。选择孩子读不懂的书，会让孩子马上失去兴趣。考虑到每个孩子的思维能力发展的差别，要为孩子精心挑选适合的书。

④读一本书之前，应该先告诉孩子书名和作者，这样孩子就会对即将阅读的书产生兴趣，并且有助于孩子集中注意力。

⑤妈妈给孩子读书的时候，应该一边想象着书中描述的场景，一边向孩子栩栩如生地描绘。这样即使书中的插图

了无生趣，通过妈妈的丰富想象，也能将故事生动地传达给孩子。

⑥妈妈给孩子读书的同时可伴随着生动丰富的肢体语言、表情、语调，这样就能把故事讲得抑扬顿挫、跌宕起伏。

⑦如果可能的话，可以让孩子自己翻书。遇到孩子认识的字或句子，就让孩子自己读。通过孩子和妈妈的对话、合作和肢体配合，能有效地提高孩子的阅读兴趣。

⑧给孩子读书的过程中，问孩子一些问题，或者回答孩子的提问。还可让孩子猜测故事将如何发展，还可用图片或照片为素材，跟孩子对话、讨论。

⑨读书的过程中，妈妈可以引导孩子回想一下以前和大人一起读过的书、玩过的游戏，或者其他活动。

◯挑选适合孩子水平的书，采用多种方式，绘声绘色地给孩子讲故事

有利于孩子社会性发展的游戏

孩子的社会性是由妈妈塑造的。孩子在和小伙伴们一起玩的时候，逐渐学会遵守规则和秩序，还能学会分享。在游戏和玩耍中，孩子逐渐成长为一个社会性的人。

0~6个月

2~3个月的宝宝开始自己咿咿呀呀地说话，偶尔似乎也能听懂妈妈的话。从这时候开始，妈妈经常跟孩子说话将有助于孩子社会性的发展，还有助于孩子语言能力的提高。语言能力提高了，孩子就能更快更准确地和他人交流，最终有利于孩子塑造良好的社会人际关系。

❶语言发育快的孩子社会关系会更好

适合0~6个月的游戏

♣ 与宝宝对视

❶ 妈妈在宝宝眼前走来走去，或者将头左摆右摆，看看宝宝会不会用视线跟着妈妈移动。

❷ 如果宝宝不看妈妈的话，再靠近宝宝一些，对宝宝笑笑，跟宝宝说话，或者摇铃铛试试。

❸ 宝宝看妈妈时，妈妈亲昵地叫宝宝的名字。如果宝宝视线能够跟着妈妈移动，可以将距离再拉得远一些。

♣ 跟宝宝咿咿呀呀地打招呼

❶ 喂宝宝吃奶时，给宝宝换尿布时，抱宝宝时，都要跟宝宝说话。

❷ 如果孩子笑了，或者咿咿呀呀地回应妈妈，妈妈一定要模仿宝宝的声音跟宝宝对话。

❸ 照顾宝宝时，妈妈可以模仿孩子的声音咿咿呀呀地哄宝宝，宝宝张口"说话"或微笑时，妈妈都要抱抱宝宝。

♣ 腹部按摩

平日里，或者在宝宝肚子不舒服的时候，妈妈爸爸可以用手掌轻轻地给宝宝做腹部按摩。让宝宝充分感受到爸爸妈妈的爱，这是宝宝社会性发展的基础。

♣ 爸爸把宝宝扛在肩上

❶ 爸爸将宝宝扛在肩上，两脚搭在爸爸胸前，爸爸双手抓住宝宝双手。

❷ 带宝宝四处转转，让宝宝看看平时看不到的角角落落。

❸ 如果宝宝坐得很稳，可以尝试着只抓住宝宝双脚，让宝宝自己掌握重心。这个游戏能让宝宝信赖爸爸。

♣ 自己拿东西吃

❶ 摇摇宝宝的小手，或者是跟宝宝玩捉迷藏后，将宝宝的小手放到宝宝脸上。

❷ 把饼干放在宝宝手里，帮宝宝将饼干放到嘴里。

❸ 把饼干放在盘子里，妈妈先拿一块饼干放在嘴里，然后再让宝宝模仿妈妈，自己拿饼干吃。

○ 妈妈先拿一块饼干放进嘴里

❹ 如果孩子不能跟着做的话，可以将饼干放到宝宝手里，然后再将宝宝的手拿到嘴边。这个游戏在孩子4个月大的时候就可以玩了。

♣ 逗宝宝笑

❶ 看着宝宝，做出各种口型，发出不同的声音，或者学宝宝咿咿呀呀地说话。

❷ 哄孩子的时候，一边摇晃脑袋，一边对宝宝笑。孩子看妈妈的时候，挠挠宝宝的肚子，逗宝宝笑。

❸ 如果孩子能跟着妈妈的表情笑，就不用再挠宝宝肚子逗她笑了。

和宝宝玩的时候，要做出各种夸张表情，如吃惊、高兴等表情来逗孩子笑，这样孩子就会喜欢和周围的人接触，而且会冲别人笑，此游戏适合5个月大的孩子。

7~12个月

多让孩子和爸爸做游戏，和爸爸关系越密切，孩子的社会性就越强。爸爸即使很忙，也要抽时间陪孩子玩转圈圈等类似的游戏。

孩子1岁以后越来越认生，这时候不要急着让孩子跟邻居亲近，而是逐渐让孩子接触更多的人，慢慢让孩子适应。

适合7~12个月的游戏

♣ 教孩子长幼尊卑的道理

孩子7个月大的时候，逐渐开始教育孩子要对人亲切，孩子也能够用各种方式，如微笑、大笑、哭闹等来表达自己的意愿。从这个时期开始，要给孩子介绍不同年龄段的人认识，以提高孩子的社会性。

❶ 要教孩子说"你好"这样简单的问候语。

○ 教育孩子见到长辈要行礼，告诉孩子长幼关系

② 要教孩子说"谢谢""再见"，鼓励孩子看到喜欢的人要微笑。

♣ 对着镜子笑

① 抱宝宝坐到镜子前面，对宝宝说："宝宝在镜子里呢！"

② 如果宝宝看到镜子里的自己不笑的话，爸爸妈妈或其他家庭成员要一起加入照镜子的活动。当镜子里的面孔很多时，给宝宝戴上红帽子或红围巾，让宝宝更容易认出自己。这个游戏适合6个月大的宝宝。

③ 跟宝宝玩镜中找人的游戏，让宝宝找到镜中的自己，利用窗玻璃、电视屏幕、玻璃门也可以。一边敲击玻璃，一边对宝宝说："看这里，宝宝在里面呢！"

♣ 学习接东西

① 将宝宝喜欢的玩具、色彩鲜艳的物件、亮晶晶的东西递到宝宝手边。

② 向宝宝递东西时，可以摇晃玩具发出声响，或者轻敲玩具来吸引宝宝注意。

③ 如果宝宝伸手接物品，那么将东西递给他，如果宝宝不伸手的话，要拉过宝宝的手，将东西放到宝宝手里。

④ 妈妈把东西递向宝宝时，对他说："宝宝呀，来拿奶瓶啊！"这样一边递一边跟宝宝搭话，如果宝宝伸手抓东西的话，妈妈要笑着把东西递给宝宝。

如何培养独生子女的社会性

独生子女没有机会体验兄弟姐妹互相争夺、分享的乐趣。以妈妈为代表的家庭成员常常把宝宝当成小公主、小皇帝，要什么给什么，这样会给孩子带来很多不好

的影响。妈妈爱孩子的同时，还要让孩子懂礼貌，和周围的人和睦相处。

爸爸妈妈首先要成为孩子的朋友。因为朋友是平等的，所以不一定要满足孩子的一切要求。

●让孩子多和邻居家的小孩一起玩

如果邻居家有年龄相仿的小伙伴的话，要让他们经常一起玩。玩的时候，争吵、争夺在所难免，但这是孩子成长过程中必不可少的过程，要以平常心看待。

通过与别的孩子接触，孩子能够认识到，这个世界不是以自己为中心，也要顾及他人的感受。

1~1.5岁

宝宝两周岁以前，即使和小伙伴待在一块儿，也是各玩各的。大约从两岁开始，宝宝开始和小伙伴们分享玩具，并且开始和大一点的小朋友玩，宝宝逐渐就能和小伙伴们和睦相处，不再经常争吵哭闹了。

适合1~1.5岁的游戏

♣ 对着镜子学样

宝宝学会走路，眼前的世界也变得宽广，这时候可以带着宝宝到大镜子前面玩，让宝宝认识到镜子里的人是自己，这种自我认知有利于孩子社会性的发展。

❶ 带宝宝站到镜子前，问宝宝："宝宝在哪儿呢？"如果宝宝不伸手指出镜子中的自己，妈妈便拿起宝宝的手指给宝宝看。告诉宝宝："宝宝在那儿呢！"

❷ 如果宝宝认出了镜中的自己，伸手指向镜子，或者触摸镜中自己的脸，这时妈妈要表扬宝宝，对宝宝说："原来宝宝在这儿呢！"

❸ 妈妈爸爸也站到镜子前面，然后问宝宝："妈妈在哪儿呢？""爸爸在哪儿呢？"

❹ 如果宝宝再次正确地指出，就将宝宝喜欢的玩具、布娃娃放到镜子前面，让宝宝指出来。

How to Play   养宠物注意事项

有宝宝的家里养小宠物有很多好处，一方面有助于培养宝宝的责任感，一方面有助于宝宝爱上动物，但是要注意卫生和健康问题。

●不要让宝宝随便动宠物

不满两周岁的宝宝喜欢把小宠物当作洋娃娃来玩，有时候还会抓小动物的耳朵尾巴玩，甚至提着小猫尾巴荡着玩。要告诉宝宝，小动物吃饭和睡觉的时候不能打扰他们。因为小动物们吃东西时多不喜欢被打扰，弄不好还会抓伤咬伤宝宝。还要告诉宝宝不要随便靠近陌生的动物，因为人靠近动物时动物会先察觉到。

●要保持卫生

宝宝喜欢亲小动物、抚摸小动物，但是之后又会直接摸自己的脸，甚至是吮手指头，这样有可能将病传染到宝宝身上。

另外，孩子跟小宠物闹着玩很有能会被咬伤或抓伤，也有可能会因为动物的毛发引起感染或过敏症状。宝宝还有可能摸完小动物就去揉眼睛吮指头，因此要随时给宝宝洗手，注意卫生。

❍ 通过给布娃娃喂饭，宝宝学会了理解他人

♣ 画脸游戏

宝宝稍大一点时，会喜欢水彩颜料，这时候可以跟宝宝玩"画脸"的游戏。

① 妈妈准备好镜子、颜料、毛笔、抹布，毛笔上略微沾一点水，这样就可以蘸颜料了。

② 仔细观察宝宝的表情，然后用毛笔在镜子上画出宝宝的脸。起初，妈妈和宝宝一起画，然后再让宝宝自己画。

③ 如果想换个表情来画，那么再画一幅。

♣ 堆石头游戏

① 用小石头陪宝宝玩堆石头的游戏。可以孩子和妈妈轮流放石头，要让孩子习惯和别人一起玩儿。

② 当石头因为堆得太高而突然倒塌时也要享受这种刺激。

堆石头的游戏能够培养宝宝区分大小的能力，能够让宝宝熟悉造型的稳定性，还能锻炼孩子的动手能力和注意力。如果在室内做游戏的话，可以使用积木或木方块来搭。

1.5~2 岁

以往整日和爸爸妈妈一起待在室内的宝宝，对外界的好奇心逐渐增强。妈妈认为孩子出去玩总是会出一些大大小小的事故，担心孩子的安全，因此不自觉地少让宝宝出门。这时候让孩子多到户外玩游戏，到四五岁的时候，孩子的社会性便会很强。

适合 1.5~2 岁的游戏

♣ 喂布娃娃吃饭、哄布娃娃睡觉

妈妈常和宝宝一起喂布娃娃吃饭，哄布娃娃睡觉。由于妈妈经常喂宝宝吃饭，所以宝宝能够很自然地喂布娃娃吃饭，这有利于宝宝的情感发育，宝宝在游戏中学会了照顾他人。

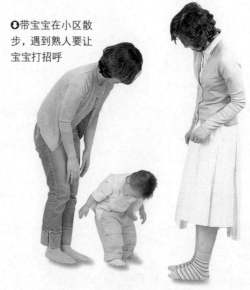

○带宝宝在小区散步，遇到熟人要让宝宝打招呼

① 和宝宝一起喂娃娃吃饭以后，哄娃娃睡觉。喂娃娃吃饭的时候，让宝宝模仿妈妈给宝宝喂饭时的动作。

② 哄娃娃睡觉，将娃娃放到床上盖上被子，像妈妈哄宝宝睡觉时一样，拍拍娃娃或给娃娃唱摇篮曲。

♣ 绕小区转转

带宝宝去市场转转，或者围绕小区转一圈，这些都是培养孩子社会性的好办法。

① 带宝宝在外面散步时，如果宝宝四处张望，妈妈要将视野中的事物给宝宝一一介绍。

② 妈妈告诉宝宝，遇见长辈或小伙伴时要打招呼。

让宝宝和爸爸亲近才能培养出社会性强的孩子

孩子的能力与爸爸的性格、父子关系有着密切的联系，特别对孩子的领导能力、交际能力、独立能力、道德观和情感发育有着密切的影响。

即使爸爸妈妈做同样的事，给孩子的影响也是不一样的。妈妈对孩子的影响是情感方面的，而爸爸给孩子的影响是理性的和社会性的。

那些从小就和爸爸有着融洽关系的孩子，就容易成长为一个理性的、社会性很强的人。调查结果显示，孩子小时候和爸爸经常玩耍，在外面也能有很多朋友。

那么什么样的爸爸才能最好地促进孩子社会性的发展呢？答案是培养孩子的自律能力，并且给孩子亲切感的爸爸。有这样的爸爸，孩子便具备了卓越的领导力，能够较容易地理解和接受新事物，即使遇到困难也有克服的勇气和能力。

爸爸慈爱地看着孩子，经常抚摸鼓励孩子，都能让孩子感到爸爸的爱。爸爸要尊重孩子的意见，要让孩子独立解决一些问题。

◐ 爸爸要经常跟孩子玩，多跟孩子交流、对话

2~3岁

孩子吵着出去玩是孩子独立心理和社会性的表现，一味地限制和指责是不合适的，家长应该将这看成培养孩子独立性和交际能力的好机会。

孩子不是在家里长大的，作为一个社会人，孩子要在社会中成长。这个时期妈妈的责任是积极地帮助孩子接触社会，而不是限制孩子。

适合2~3岁的游戏

♣ 做饭游戏

❶ 玩过家家，让宝宝学做饭。

❷ 将做好的饭菜一起分给大家"吃"，这有助于孩子理解角色和提高社会能力。在这种模仿的游戏里，孩子的想象力也得到了发展。这个游戏适合两三岁的宝宝玩。

♣ 和宠物玩

养宠物的前提是要注意卫生。养宠物能够让孩子学会站在他人的立场上考虑问题，有助于孩子社会性的提高，而且还能培养孩子对动物的情感，让孩子体会到付出爱的意义。

❶ 让孩子亲自喂小动物吃东西。

❷ 如果孩子能照顾好小动物的饮食，那就把小动物"上厕所"的事

情也交给孩子。如果是独生子女，那么小动物就是孩子最好的玩伴。

♣ 公主仪式

❶ 用数张报纸糊成一面"墙"，然后在中间掏一个"门"，大小以孩子的身高为宜。游戏时让小伙伴们（或妈妈）各抓住一边，让一个孩子站在"门"里，然后大家一齐向前走。

❷ 这个时候妈妈说："公主驾到！""闲杂人等避让！"孩子们自己也可以玩，这时候为了防止撕破报纸，孩子会自觉地统一

步伐，这样就增强了协作意识和身体协调能力。

♣ 动物大会

❶ 孩子和妈妈一起将动物角色确定下来。

❷ 根据自己饰演的动物角色模仿动物声音，进行动物对话。

小猫说："我们被主人抛弃，沦落为流浪猫，每天只能吃垃圾箱里发霉的食物。"麻雀说："现在城市里没有树木，我们都没有地方安家了。"以这种方式跟孩子对话，

Mom & Baby

宝宝认生胆小怎么办

妈妈稍做会儿家务，不在孩子眼前，认生胆小的孩子就会哭闹，这样妈妈只能在宝宝睡着了以后再做自己的事情。

●孩子认生并不是理所当然的

如果孩子认生很严重，就需要爸爸妈妈细致的关心和照顾。首先不能在孩子面前说我们家孩子到现在还认生这类话，这种言语和担心只会让孩子更加恐惧和认生。"你不能这样啊！"这种批评也只会给孩子带来自卑感，不利于孩子的社会性发展。

●让孩子接触各种人

孩子认生、胆小多半是因为发育稍微迟缓，并且在生活中缺少与人的接触所造成的。

没有机会和外人接触的孩子，第一次看到陌生人会很害怕，而遗留下的恐惧会让孩子更加不想接触外人。

●邀请邻居和小朋友来家做客

强迫孩子去陌生的场所不如经常带孩子逛商场，或者去公园等人多的地方玩。妈妈去市场买东西的时候也可以带着孩子，让孩子接触不同的事物和人，或者招待邻居和小朋友来家跟孩子一起玩。

最初孩子可能会哭闹，这是很正常的，多反复几次孩子就会适应，不再认生了。

☉让孩子有机会跟小朋友们一起玩

如果孩子说话还很生疏的话，在对话过程中，妈妈还要采用一些拟声、拟态词，给孩子描述得绘声绘色。

♣ 我们是铁哥们

❶ 孩子们互相搭着肩膀围成一个圆圈，然后一边转圈一边唱："铁哥们，铁哥们，一起坐到草地上！"唱完后一起盘腿坐下。

❷ 妈妈先给孩子们做示范，告诉孩子们唱完歌要马上坐下。孩子们一起玩的时候，妈妈可以在一旁伴唱。孩子们在这样搭肩协作的过程中培养起浓厚的友情。

❸ 最好定下规则，那些坐下太慢或太快的孩子会在下一轮游戏中退出。

3~4 岁

4岁左右的孩子能够和别的小朋友们玩各种游戏，即使以前不能和小伙伴们好好相处，现在也可以相互调节、相互迁就了。妈妈可以让孩子玩一些集体游戏。

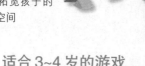

● 通过丰富多彩的积木组合游戏可以拓宽孩子的思考空间

适合 3~4 岁的游戏

♣ 比较复杂的积木游戏

动手游戏可以锻炼孩子的头脑反应力、耐心和观察力，和小朋友们一起玩积木游戏对于孩子社会性的发展也是很有好处的。

❶ 孩子长大了，要给他选择一些比较复杂多样的积木玩，如果有交通信号灯、汽车、人体、动物等小道具就更好了。拼图积木、安插积木、变形积木等积木类型都可选择。

❷ 孩子玩够后，妈妈要让孩子将积木和道具分类装入玩具箱内。

♣ 玩球

孩子3岁以后，不仅能够抱着大球玩，还能自己变换出很多玩法。这不仅有利于孩子身体的发育，而且有利于孩子社会性的提高。

虽然还不能和小朋友们一起玩正式的棒球、足球游戏，但是可以按照简单的规则玩球。

❶ 比起小球，孩子能正好抱住的大球更加合适。应该选择与实际足球、棒球、保龄球等球类外观一样，但是比较轻巧的球。

❷ 妈妈用大箱子做成球门，让孩子向球门踢球，规则要和孩子们一起制订。如果是保龄球，可以将积木或饮料瓶摆成一排，然后让宝宝滚动球就可以了。

4~5 岁

4~5岁的孩子变得不再那么以自我为中心，也不再事事依赖父母，这时候应该让孩子做一些模仿游戏，或者自己创造游戏玩。在游戏中，孩子逐渐变得社会化。

适合 4~5 岁的游戏

♣ 学编织

孩子们可以和朋友们一起发挥想象力，

来自己做玩具玩。

❶ 准备两张颜色不同的彩纸、一把剪刀、一把小刀。将一张彩纸对折，然后在中线处以4厘米的间隔剪出4厘米长的小口（对折剪2厘米）。

❷ 将另一张彩纸剪成4厘米的长条。

❸ 将长条串到剪开的缝里，一上一下。孩子自己不会的话，妈妈可以先做示范，再让孩子们一起玩，这个游戏适合4岁的孩子。

♣ 掷骰子

掷骰子是很简单的游戏，有利于孩子把握数字概念。

❶ 准备好骰子和棋盘，妈妈跟宝宝玩掷骰子，定下简单的规则，比如说掷几点可以走几步。

❷ 等孩子熟练地掌握之后，孩子便可以和小朋友一起玩掷骰子了。

培养宝宝的经济头脑

比较同类商品的价格

彬彬每天都和妈妈一起去超市买东西。妈妈问彬彬："晚上吃什么呢？"彬彬会回答："汉堡包！"

彬彬每次都会说自己喜欢吃汉堡包，但是妈妈总是回答道："汉堡包？今天金枪鱼很便宜，我们做金枪鱼汤吧。"

"妈妈，汉堡包什么时候才能便宜呢？"妈妈回答说："汉堡包是用肉做的，大概肉便宜的时候汉堡包就便宜了，但是具体什么时候便宜妈妈也不知道。"

告诉孩子物价是不断变化的

去超市购物，如果孩子对物价产生兴趣的话，妈妈可以对孩子说："物价不是一成不变的，有些东西妈妈要在便宜的时候才买"。孩子就会说："每天都必须吃的东西，即使不便宜，妈妈也会买的。"

妈妈可以每天对比一下同种商品价格的变动情况，孩子也能很快乐地从中培养起经济头脑。

欧洲幼儿园探访记

郭劳一（文学博士，首尔大学幼儿学教授）

英国篇 ——培养孩子的自主能力

英国的幼儿方针是让孩子自己制定时间表，然后根据自己的时间表自由活动，培养孩子的责任意识是教育方针的基础。

翻看小朋友爱丽的时刻表，可以很清楚地看出英国孩子是怎样接受教育的。爱丽今年5岁，在一家普通的英国幼儿园上学。爱丽来到幼儿园，首先把墙上写有自己名字的小牌子翻过来，然后就去参加自由活动了。在幼儿园，孩子们一天怎么度过是要靠自己订立计划的，等孩子们定好学习计划后，可以先去学习中心学习语言，然后稍作休息，再去学习中心学习数学。到了中午，助教（或者年龄比较大的哥哥姐姐）负责将饭桌摆好，然后孩子们为自己盛上饭菜，坐到自己固定的位置上，和朋友们一边聊天一边吃午饭。午饭之后，孩子们将自己的位置打扫干净，然后选择自己喜欢的室外游戏。幼儿园每天有40分钟左右的室外活动时间，刮风下雨的时候室外活动也照常进行。在英国，室外游戏作为教育的必修部分被贯彻执行。

▲无论天气如何，英国幼儿园都要进行室外活动，活动种类根据天气而定

法国篇 ——培养孩子的公民素质

有两个四五岁的孩子在公园的滑梯上玩。站在后面的孩子见前面的小朋友不往下滑，就挤到前面自己先滑了下来。这时候，在一旁守候的父母就走了过来，对这两个孩子分别说："你如果不想滑下来，就给后面的朋友让一下位置。""你想先滑下来的话，要问问前面的朋友是不是不滑，你先滑下来可不可以？"法国的父母就是这样严格地要求孩子的。法国的教育方式就是这样从细小的地方着眼，逐步培养孩子的公民素质。

▲法国的幼儿教育以培养孩子的公民素质为基础

法国的幼儿园，在手工操作课或演奏课中并不强调对孩子的技能教育，而是通过游戏对孩子们进行艺术熏陶和感官教育，这样的体验有利于孩子创造力的发掘。学习演奏乐器，对孩子进行听力训练，让孩子在接触和观察中很自然地和音乐亲近，这个过程要持续一年，之后幼儿园才能让孩子选择学习一种乐器。

巴岛乐普幼儿园是德国最具代表性的私立幼儿园之一。虽然大多数的德国建筑物不是三角形就是四边形，但是巴岛乐普幼儿园却将房子建得没有棱角。因为大自然是没有棱角的，所有的动植物都呈现出各种不同的曲线。为了和大自然接近，园中教室的屋顶、走廊全部是曲线构造。

幼儿园前面是一片沙地和一些歪倒的老树。教室内，没有商品化的玩具，全是被雕刻成各种形状的木块、圆木枝、手工制成的娃娃等。巴岛乐普幼儿园的老师们认为，孩子在7岁以前的学习应该是对基本形态的模仿。孩子们通过模仿学会了思考，那些通过自己思考而获得的东西会很自然地影响孩子的言行举止，甚至是孩子的人生态度。因此，他们认为，教师不应该对孩子做具体的要求，而是让孩子进行模仿和学习，并且尊重孩子的个性发展。

▲德国的幼儿教育是让孩子在近似于大自然的环境里，通过那些纯自然的玩具自由发展

PART 9

培养孩子的创新能力 ● 培养孩子集中注意力 ● 培养孩子丰富的感情

培养孩子沉着稳定的性格 ● 培养孩子良好的社会性 ● 培养孩子良好的语言能力

培养孩子明确的数学概念　　　　　　　　　　　　培养孩子良好的运动能力

宝宝潜能开发方案

所有的父母都希望培养富于创新、注意力集中、情感丰富、沉稳、善于言辞、数学概念强、擅长运动的孩子。让我们来详细了解一下早期挖掘孩子潜力的方法吧

培养孩子的创新能力

孩子天生具有创新能力，家长不同的培养方法，会导致截然不同的结果。
挖掘孩子的创新能力是父母的责任，父母要最大限度地发掘孩子的潜力和创造力。

◑发掘孩子的创造潜力需要父母积极正确地引导和训练

成功需要创造力

只会学习的人踏入社会后取得成功的并不多，相比之下，那些在学校成绩一般而富有创造力的孩子，进入社会后取得成功的例子更多一些。学习需要卓越的理解力和记忆力，但是在社会中施展才华需要创造力。创造力就是想象并表现新事物的能力。

◑创造力强的孩子有丰富的想象力和出众的表现力，喜欢挑战新事物

创造力强的人肯定有着丰富的想象力和出众的表现力，有强烈的好奇心，分析事物很深入，喜欢发现和解决新问题。

创造力强的孩子有问不完的问题

有创造力的孩子解决问题不拘泥于一种方法，试图寻找新途径，总是能有新颖的点子，并且对周围的一切都很好奇，有问不完的问题，为了寻找答案，可以不断地收集资料，喜欢刨根问底。

创造力主要受后天因素的影响

孩子天生具有创造潜力，但是由于后天的培养情况不同，有的孩子创造力得到了充分发展，也有一部分孩子的创造力退化了。虽然创造力存在着一定程度的遗传因素，但是最需要的还是后天的启发和诱导，这样才能让孩子潜在的创造力得到充分的发掘。

众多研究结果表明，创造力比技能更受外界环境的影响。因此可以说，父母在孩子创造力的发掘上起着巨大的作用。创造力的发掘主要是在7岁之前，父母要树立正确的教育观，充分发掘孩子的创造潜力。

与年龄相符的适当刺激有利于开发孩子的创造力

开发孩子创造力最有效的方法就是积极回应孩子的好奇心，通过适当的方法激发孩子探索的兴趣。因为每个人都有创造力，只要给孩子机会，鼓励孩子，并且进行正确的训练引导，就一定能够最大限度地发掘孩子的创造力。

创造力是孩子在日常生活中通过看到的、听到的、经历的，自然而然形成的。通过日常活动可以为孩子播下好奇的种子。

创新能力的培养方法

用大自然的鲜活教育开发孩子的创造力

孩子一出生便通过五感来认识世界，通过视觉、听觉、触觉，慢慢形成了适应外部世界的能力。

◐ 和大自然的接触越多，越有利于发掘孩子的创造力

随着年龄的增长，孩子接触到越来越多的人和事，他的经历也就越来越丰富。

妈妈可以经常更换宝宝房间的色调，给孩子听各种各样的音乐，多带孩子出去走走，一起去公园看花，去动物园看动物，去市场或郊外体验自然人情，因为大自然是培养孩子创造力的鲜活课堂。

当孩子能够尽情地接触外界丰富的新奇事物时，他才会对这个世界产生兴趣。要知道大自然才是孩子产生创造力的基础。

鼓励孩子的好奇心

求知欲强的孩子会自发学习，获得进步，知识的源泉就是好奇心，好奇心是孩子积累知识的基础。

孩子们看到什么东西都想伸手去摸，或者干脆放进嘴里，这时候一味地责备孩子和制止孩子，就是在扼杀孩子的好奇心。

耐心地回答孩子没完没了的问题

孩子在开始学说话的时候，面对这个多彩的世界，脑子里有无数个为什么。孩子好奇心越强，问题就越多，无论孩子问多么奇怪的问题，妈妈们也不要厌烦，要耐心地回答。如果妈妈表现出厌烦的情绪或者随便糊弄过去，只会扼杀孩子的好奇心，阻碍创造力的开发。

影响孩子创造力发展的不良因素

●不要做强制性规定

用父母的标准规范孩子的行动会遏制孩子的自由思维,在权力主义下长大的孩子往往会丧失独立思考的能力。家长应尽量少订一些规矩,为孩子营造一个相对宽松自由的环境。

●不要遏制孩子的好奇心

好奇心强的孩子往往是个捣蛋鬼。孩子会拿妈妈的口红画画,把爸爸的手表放到水盆里,将玩具拆来拆去。但是,这些都是好奇心使然,所以不要一味地责备孩子,要耐心地询问他为什么要这样,告诉他捣乱会造成什么后果。

父母的责骂往往会抑制孩子好奇心的发展。要知道,孩子的好奇心才是创造力发展的源泉。

●摆脱模式化的思考方式

父母首先要从模式化的思考方式中解放出来。画画的时候,也不要规定头发一定是黑色的,天空一定是蓝色的,草地一定是绿色的,而要让孩子自由发挥。不要忘了,与众不同、别具一格的独创性是创造力的重要构成因素。

●孩子专心做事时不要打扰他

孩子专注于某件事的时候,不应该打扰他,因为这个时候孩子很有可能会产生独特的想法。无论是该吃饭了,还是该睡觉了,如果孩子正埋头于某件事,不要打断他。无论是谁,只要能长时间地关注自己喜欢的事物,都能想出新的主意和方法。

尽量多运动

孩子的大脑发育和身体活动有着密切的联系,因此,培养开发孩子的创造力,应该让孩子多运动。如果孩子刚学会走路,父母就要给他创造足够的运动空间,最初孩子可能不熟练,所以父母最好能在一边看护。通过走跳、上下台阶等运动,孩子的运动能力自然就慢慢提高了。

如果不能充分发掘孩子的运动能力,孩子的性格有可能会变得内向消极。孩子探索心不足,对什么事情都没有热情的话,很可能变得懒惰。不需要什么特别的道具,孩子和妈妈一边唱歌一边做动作或奔跑,就是很好的运动方式。

在幼儿时期让孩子尽情地运动,能够促进孩子的大脑发育,智力和创造力也会逐渐得到发展。

体验丰富多彩的游戏

可以说创造力就是独立钻研、发现新事物的能力。因此,为了培养孩子的创造力,不能只是反复玩孩子喜欢的某个游戏,而应该去体验丰富多彩的游戏。

◐ 积极运动有助于培养孩子的创造力

不一定非让孩子拿着玩具玩，可以让他接触多种多样的事物，比如敲鼓、描摹等。父母为孩子准备好旧杂志、彩笔、橡皮泥等各种材料，然后就任由孩子痛快地玩吧。

玩造型游戏时，可以用木块玩，也可以用胶泥玩；跳远时，可以双腿跳，也可以单腿跳。各种游戏都有丰富的变化，新的刺激会促进大脑发育，孩子潜在的创造力也会被激发出来。

玩水或玩沙

带孩子去海边或游泳馆吧，孩子们玩起水来会忘记一切。打水仗、相互泼水，总之是

◐剪纸、做泥人等手工制作游戏有助于开发孩子的创造力

乐不知疲。如果游乐园里有一片沙地的话，孩子们会毫不迟疑地趴在沙堆上垒城堡、挖隧道。这时候就让孩子们玩个够吧，这些都是孩子们发展创造力的机会。

水和沙子没有固定的形状，而且富于变化，能够充分激发孩子们的好奇心，这些形态多变的事物正是培养孩子创造力的最好道具。

培养孩子丰富的语言表达能力

孩子的语言表达能力受妈妈影响很大。妈妈要鼓励孩子多说话，并且根据孩子的发展阶段让他接触各种丰富的词汇。

幼儿时期，妈妈和孩子做的语言游戏不只是为了学习说话，绘声绘色地与孩子对话，有助于孩子表达能力的提高。告诉孩子颜色、形状、大小等概念，学会精确全面地描述，能够扩大孩子的思考空间，这是创造力形成的不可或缺的土壤。

多看图画书

为了开发孩子的创造力，父母从小就应该让孩子多看图画书。若一边看图片一边编故事，可以同时提高孩子的表达力和理解力。即使是同一本书，每次都能读出新的故事，也是很有意思的。

多给孩子看图画书是很重要的，读完之后还应该问问孩子："如果是你，应该怎么办呢？"类似这样的问题还会引出新的故事来，这对孩子想象力的发展是很有帮助的。

◐孩子读完书之后，让孩子给妈妈讲一讲故事内容，可以培养孩子的想象力

Mom & Baby

创造力强的孩子的特征

《培养创造力的理性教育法》的作者 Joan Beck 写道，富于创造力的孩子具有以下特征：

● 不满足于简单的答案，直到找到满意的答案为止。

● 对看到、听到、感觉到的东西很敏感。

● 不断地想出新的点子。

● 想象力丰富，性格开朗，有幽默感。

● 尝试比较难的东西，敢于挑战困难。

● 不喜欢被束缚，自己天马行空的想法总和父母发生冲突。

培养孩子的专注力

孩子小的时候，当看到新的东西后，往往就把手里的玩具扔掉了，这种不能专注的倾向是很常见的。要想培养孩子高度集中的注意力，首先要让孩子养成专注的习惯，同时为孩子创造一个可以专心致志的环境。

专注力伴随孩子一起成长

专注力是指能够长时间地投入到某一件事情上的能力。有时候，孩子们拿着玩具玩得正起劲，可是看见别的东西后，就马上转移了注意力。有时正吃晚饭呢，爸爸回来了，孩子就跑去找爸爸，完全把吃饭的事抛到了九霄云外。与成人相比，孩子的专注力是远远不够的。

孩子注意力集中时间短

专注力是从孩子出生开始，就伴随孩子的成长而增强的。从3个月大开始，孩子对光和声音有了反应；5~6个月的时候，孩子开始伸手抓东西，并且会把东西放进嘴里；7~8个月的时候，手的协调能力增强，能够更准确地抓东西，玩得也更尽兴了。

孩子的专注力会随着成长而有所提高，但注意力集中的时间还是很短，注意力大体上处于散漫阶段。其中还有一部分孩子特别好动，几乎不能安静下来。孩子如果养成散漫的性格，将来上学以后，学习也会受到影响，因此父母要正确地引导孩子。

◑孩子的专注力随着其年龄的增长而变化，了解孩子各阶段的生长特征之后，要给孩子正确的引导

如果孩子注意力过于分散，恐怕是家长在育儿方法上有问题。

如果孩子过于散漫，做什么事都特别容易厌倦，那么父母首先要反思一下自己的育儿方法是不是存在问题，并且寻找一下周围环境和生活习惯中有没有造成这种现象的不良因素。

如果做游戏的时候，妈妈总是大声说话，或者喜欢掺杂个人意见，一会儿这样一会儿那样，孩子的注意力就会下降。孩子习惯了大声音，就很难对小声音集中注意了。

◑做游戏的时候，如果周围很乱，或者妈妈在一边大声说话，孩子的注意力就会分散

特别是在玩拼图或堆积木游戏时，如果妈妈在一旁总是说话，或者做其他的事情，孩子是根本无法集中注意力完成任务的。

过度的早期教育会导致孩子注意力下降

如果妈妈过早开始早期教育，让孩子承受和年龄不符的压力，往往会导致孩子注意力不足的后果。

孩子注意力不集中的时候，家长不应该过分责备孩子，而应留心观察孩子对什么感兴趣，然后再慢慢培养孩子的注意力。为了培养孩子的专注能力，一定要让孩子养成善始善终的好习惯，教育孩子做事不能虎头蛇尾，自始至终都要全力以赴。

注意力集中的培养方法

不要给孩子买太多的玩具

现代家庭绝大部分是独生子女，父母对孩子百依百顺，要什么买什么，孩子的房间就变成一个玩具城堡了。

购买玩具的时候，父母应该制订一个符合孩子发展阶段的计划，有着同样作用的玩具不要重复购买。

不仅如此，孩子面对这么多的玩具，注意力肯定是不可能集中在一个玩具上的。父母将玩具放到箱子里，只拿出一两件给孩子玩，过一段时间再拿出一两件来，就能培养孩子仔细摆弄玩具的习惯。

营造一个有助于集中注意力的环境

想要让孩子集中注意力，周围的环境很重要。安静是必须的，可能的话，父母可以在孩子房间的装饰上多花点心思。

过于华丽的装饰或复杂的条纹都会打破房间的安静感，不利于孩子集中注意力。墙面和房间整体的格调要单纯、雅致。如果明度太低，孩子的心情容易压抑，因此家长要选择明度高、色彩淡雅的墙纸。

玩耍之后一定让孩子自己整理玩具

大多数孩子做完游戏后，不会把玩具放回原处，而是扔得满屋都是。如果一开始妈妈就替孩子收拾，孩子长大了就会缺乏自理能力。因此孩子1岁左右就应该养成独立整理的习惯。孩子养成了喜欢整理的好习惯后，周围就会很干净很整齐，在这样的环境下，孩子才能更好地集中注意力。

❶让孩子养成游戏过后自己整理玩具的好习惯

整理玩具的时候，父母先让孩子自己收拾，并且一边给孩子做示范。如果是玩具小汽车的话，家长可以说："现在小汽车要回到停车场了。"用这种方式可以让孩子感觉到整理玩具的乐趣。

就这样，让孩子叫着玩具的名字，一一将他们送回家。这种行动反复几次，孩子自然会跟着做，那么周围也就收拾干净了。

❶ 孩子如果很热衷于某一件事情，即使持续很长时间，也不要打断孩子

吃饭的时候不要看电视

有的家庭总是喜欢开着电视，大人一到家就把电视打开，吃饭的时候、学习的时候、家人聊天的时候，电视就在不停地运转。这种习惯会导致孩子注意力分散，孩子可能会边吃饭边玩，或者到处乱跑，这些都是坏习惯。

吃饭的时候，家长应关上电视，将玩具拿走，排除一切分散孩子注意力的因素，制造一个适合吃饭的氛围。将电视关掉，一边吃饭一边和家人聊聊天也是很好的。训练孩子的专注力就是要从日常生活的小事做起。

制订日常生活的规则，然后认真遵守

"在课桌上学习""在饭桌上吃饭""几点才可以看电视""几点应该睡觉"，制订出这样的规则，到了时间，无论孩子在干什么，都要坐到那里吃饭或学习。规定在客厅或孩子的卧室做游戏，游戏过后让孩子自己整理玩具，这些习惯都是通过规则形成的。

孩子比成人更容易形成习惯，家长要让孩子明确地认识到：这是吃饭的地方，那是学习的地方，这是玩的地方，什么时间睡觉，等等，形成了习惯，孩子就更容易集中注意力了。

培养专注力从孩子喜欢的事情入手

盲目地让孩子学习读书不利于培养孩子的专注力。如果强制孩子学习他不喜欢的东西，反而会造成注意力分散，还会产生排斥心理等负面影响。

培养专注力要从孩子喜欢的东西开始。兴趣是最好的老师，从孩子喜欢的东西入手，就能慢慢养成孩子集中注意力的好习惯。

注意力集中要有奖励

有些孩子非常好动，一刻都不肯闲着，这些孩子上学后往往会成为班上的捣蛋鬼。

对于这些注意力差的孩子，要通过奖励或补偿来引导他们。每当他们安静地坐10分钟，就奖励孩子一个小标签，等攒够10个标签之后就满足孩子的一个愿望，比如说给他买一件喜欢的玩具，或者去一趟动物园，这样孩子的注意力就会慢慢集中起来了。

◑如果孩子能够专注于一件事情，就要表扬孩子

一心不可二用

一边学习一边听音乐，一边看电视一边看书，这些都不是好习惯，要注意不能让孩子做事三心二意。

如果养成了这种习惯，孩子就很难集中注意力。有些父母习惯吃饭的时候看报纸、听广播，孩子照搬这些习惯，所以注意力没办法集中，还容易养成散漫的性格。

读书的时候就专心读书，玩的时候就痛痛快快地玩，让孩子搞清楚生活的界限，有助于养成专心致志的好习惯。

◐培养高度集中的注意力，要先从孩子喜欢的事情入手

提高注意力的五种游戏

要想让孩子集中注意力,首先要让他对事情感兴趣。因此,孩子上小学之前,要通过他最感兴趣的游戏帮助孩子提高注意力。

● 拼图

拼图是训练孩子注意力的代表性游戏。因为它需要孩子将边边角角的卡片和模型进行对比,而且能使孩子坐下来,不断地思考解决问题,因此有助于让孩子的注意力长时间集中。拼图成功能给孩子带来明确的成就感,妈妈的鼓励和成功的刺激都有利于孩子提高注意力。

● 玩球

两岁以下的孩子,培养注意力最好的游戏就是玩球了。面对面坐下,将球滚向一边,孩子的视线会始终跟着球移动。球运动,孩子的视线也跟着动,这有利于培养孩子的注意力。不仅如此,玩球还有利于锻炼孩子的肌肉。

⊙ 玩球是两岁以下孩子提高注意力的首选游戏

● 围棋

围棋是培养孩子注意力和耐力的好游戏,学围棋的适当年龄是5岁。走完一步之后要考虑下一步怎么走,而且大多数孩子都喜欢能决出胜负的游戏。

● 寻找隐藏的图片

在这个游戏中,孩子为了寻找到隐藏的图片,注意力就能提高。

每次找到图片,孩子都能体会到胜利的快乐。这种快乐会引领孩子不断寻找,直到将所有的宝物都找到为止。最初可以选择一些童话书,让孩子找出里面的小图片,然后慢慢地加大难度。这样的话,孩子需要特别认真地看书,不仅需要集中注意力,而且通过这个游戏,孩子会将图画书再读一遍,这也是一种有意思的复习方式。

⊙通过堆积木来培养孩子的忍耐力和注意力

● 堆积木

堆积木的游戏要求孩子一点一点地完成作品,因此对培养孩子的耐力和专注力都是很有帮助的。在堆积木的游戏过程中,需要仔细观察每个积木接口的造型,也锻炼了孩子的观察能力。将第一次的作品拆掉,然后再做出一模一样的来,这无疑是对孩子注意力的最佳训练方式。

⊙找到孩子最感兴趣的东西,通过它来提高孩子的注意力

培养孩子丰富的感情

感情丰富的孩子能够充分理解对方的立场，能够理智地克制自己的情绪，更容易在社会上取得成功。这样的孩子拥有积极阳光的心态和强烈的求胜欲望，能够为目标而努力。培养性格好、感情丰富的孩子需要丰富的情感活动，并且应当让孩子多和自然亲近。

感情是在幼儿时期形成的

出生后1年内，孩子的大脑发育最快，感情的发展也很迅速。出生后1年对孩子感情世界的形成起着决定性的作用。自信、自制、热情、理解他人、良好的人际关系等都是通过家庭形成的，这些要素是孩子情感发育的基础。

如果小时候没能接受合理的情感教育，孩子即使长大了，也不知道如何理性地对待自己和他人。相反，如果孩子从小就学会了如何处理感情，比起感情不成熟的孩子来，他们往往在学习和人际交往上会更加优秀。

❶如果小时候受到的情感教育不足，长大后也不善于表达感情

孩子如果受到良好的感情教育，不仅能够一直保持和父母的亲密感，而且更容易从各种障碍和阴影中走出来。

情商高的父母能培养出感情丰富的孩子

孩子会无意间通过看到的、听到的来模仿父母，感情发展也是如此。父母的心性、人际关系、意志力等，这些会原原本本地在孩子身上体现出来。特别是，孩子更倾向于模仿和自己最亲近的人，那么第一个模仿对象肯定

是爸爸或妈妈了。因此，想培养什么样的孩子，父母就要做出什么样的榜样。

如果想培养一个慎重沉稳的孩子，那么父母首先就要具有这样的品质。想培养一个品行端正的孩子，那么父母在孩子面前也要做个好榜样，用自己的行为影响和教育孩子。

不要忘记，孩子情感形成的决定因素是父母的情感榜样。

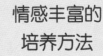

情感丰富的培养方法

不要对孩子的哭泣置之不理

孩子哭泣时，妈妈做出的反应对孩子的情感发育有着重要的影响。孩子通过妈妈得到帮助，获得安全感，认识到妈妈在照顾自己，孩子在情感上就能获得安定。

另外，如果孩子哭闹撒娇总是被妈妈忽视的话，孩子就会觉得自己没有任何影响力，会感到绝望和无力。小时候经常被大人忽视的孩子，长大之后面对挑战时，往往会动力不足，缺乏信心，缩头缩尾。

尽可能地多对孩子笑

出生两个月后，孩子就会对着人笑了。最初孩子不认生，看到谁就对谁笑，当然其中获得微笑最多的就是妈妈了。对孩子的微笑，妈妈也应该用微笑回应，这有利于孩子的情感发育。

⊙受到良好的感情教育的孩子，懂得感恩，无论和谁都能快乐地相处

妈妈的微笑不仅给了孩子充分的满足感，而且增强了孩子对妈妈的信任。这种体验对孩子情感发育的影响是超乎寻常的，把妈妈的微笑比喻为丰富情感的种子也不过分。

孩子心情好的时候，大脑反应就加快，而且思考范围也会扩大。孩子笑的时候，妈妈对着孩子笑，孩子的大脑就会迅速做出反应，妈妈的回应比任何教育方法都更有效。

孩子们通过妈妈的表情学到的东西远远多于玩具带来的收获。

⊙ 一定对孩子的微笑做出回应，这有助于孩子感情的丰富

培养助人之心

孩子出生后首先和妈妈结下了终生的缘分。伴随着宝宝的成长，爸爸、兄弟、朋友成了孩子生活的一部分。在和他人的接触之中，孩子逐渐懂得要相互体谅，相互扶持。

和兄弟朋友们接触时间长了，有时候会吵架闹不愉快，但是在这个过程中，孩子们学会了相互体谅、相互让步。小时候和家人关系和睦的孩子有着丰富的情感，长大后人际关系也会处理得很圆满。

多给孩子听音乐

父母要多让孩子接触不同题材的音乐，经常带孩子去看一些儿童音乐剧、话剧或参加音乐会。这样不仅能扩大孩子的视野，而且还能让孩子体验到表达感情的多种方式。

可以让孩子敲敲小手鼓、响板这样的打击乐器，也可以让孩子演奏口琴、钢琴、木琴。让孩子尽情地做音乐游戏，不仅能够开发孩子的潜在音乐才能，而且还能提高孩子的感受性、创造力和注意力，并且促进情商的提高。让我们通过快乐的音乐体验让音乐成为孩子生活的一部分，让孩子的感情丰富起来吧。

陪孩子画画

妈妈在家里陪孩子一起画画，不仅能够培养孩子的情操，而且能够发掘孩子的艺术潜力和对美好事物的感受能力。抛开孩子画画的水平不论，单纯就画画而言，就足以提高孩子的情商和创造力。

美术教育不需要太复杂，随意涂鸦、手工制作、画手指、给家人画肖像，诸如这些活动，妈妈和孩子一起在家里就可以完成了。

⊙ 陪孩子一起画画有利于促进孩子情感发育，提高创造力

通过看电视有效开发孩子的感受力

看电视的时候，妈妈应该坐在一边引导孩子。长时间看电视或录像，对话交流的时间就会减少，不仅不利于孩子学习说话，而且会让孩子变得被动内向。但是，掌握了好的视听方法，看录像也能帮助孩子提高情商。

●养成和妈妈一起看电视的习惯

把孩子放到电视机前，然后妈妈去忙自己的事情，这是不对的。妈妈要陪孩子一起看，注意观察孩子的反应，帮助孩子正确理解录像的内容。

●每次时间限制在30分钟以内

多动的年龄，让孩子整天坐在电视机前的话，大脑活动不足，感情发育迟缓，孩子会变得被动内向，因此孩子每天看电视的时间要控制在两个小时以内。

●让孩子接触多种多样的电视节目

录像能够影响孩子的思维，丰富多彩的电视节目内容可以开发孩子的左脑右脑，提高孩子的感受能力。

●看完之后聊一聊感受

要给孩子讲解一下他觉得好奇的内容。有时候，孩子会对录像里的故事感同身受，这时候可以问孩子："如果是你，你会怎么样呢？"那样就可以了解到孩子的想法和情感了。

◐ 看电视的时候，妈妈一定要和孩子一起看

通过画画，孩子将无法用语言表达的感情通过画笔抒发出来，通过这种表现，孩子的感受能力就更丰富了。

与孩子亲密接触

抚摸、拥抱、背一背，通过这些动作和孩子进行亲密接触，能给孩子充分的温暖和安全感，这是孩子成长为一个独立个体的基础。因此，拥抱孩子、亲亲孩子的小脸、拉拉小手都是很好的沟通方式。

孩子闹腾的时候，抱一抱他就会立刻安静下来。妈妈的拥抱包含着丰富的情感，同样，孩子期望妈妈的怀抱也出于本能的流露。如果不能满足孩子这样的情感要求，孩子就会变得忧郁不安。

背着孩子同样能给孩子安全感。背着孩子的时候，孩子的心脏贴着妈妈的背，不仅能使孩子获得感情上的安定，而且伴随妈妈的运动，孩子产生了节奏感，也获得了身体的平衡感。

让孩子体验积极正面的感情

孩子4岁左右的时候，开始能够理解喜怒哀乐等比较简单的情感，并且能够将其和日常生活联

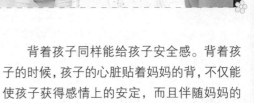

◑体会到妈妈的爱，有利于孩子情感的丰富

系起来。5~6岁的时候，孩子慢慢理解嫉妒、挫败感、兴奋感等比较复杂的情感。

在这个阶段，同一种情况下所引发的感情，对每个孩子来说是不一样的。这是因为孩子们的经历不同，所以对情况的判断就不同。因此，如果孩子表现出过多的消极的情感，要帮助孩子，多给他一些积极正面的情绪体验。

这个阶段孩子已经有了自我意识，因此要让孩子体会到父母的爱，并且充分地激励孩子，增强孩子的求胜欲，培养孩子积极的思考方式。

经常接触大自然

孩子在成长过程中充分地接触大自然，有利于丰富孩子的情感，形成宽广的胸襟。虽然现在和大自然接触的机会越来越少，但是只要妈妈肯费心，孩子们就可以尽情地和大自然亲近。

家长要经常带孩子去公园，看看花草树木，培养孩子的观察力和与大自然的亲密感；周末去乡下农场，亲手种植蔬菜，或者在阳台上种一些简单的农作物，这些都对孩子的情感发育很有帮助。

买一个鱼缸，在家里和孩子一起养鱼，可以培养孩子对动物的好奇心和责任感。

或者去海水浴场踩踩那软软的沙子，或者和家人一起去动物园、森林公园，为孩子创造机会接触大自然，将有利于孩子的情感发育。

◑ 为孩子提供接触大自然的机会，有助于孩子情感的发展

Mom & Baby

如何管理攻击性强的孩子

随着时间的推移，孩子的攻击性会逐渐减弱。针对孩子的攻击性，父母的态度比什么都重要。

孩子攻击性强主要是由于带有暴力的家庭气氛、紧张的家庭成员关系、暴力电影、暴力漫画、暴力游戏，或者缺少家庭温暖等原因造成的。

攻击性强的孩子不仅不合群，而且社会角色也不成熟。孩子生气时，要用孩子喜欢的游戏转移孩子的注意力，引导孩子学会自我调节。这样反复几次，孩子自然便能学会如何控制情绪了。

针对孩子的攻击性行为，家长不能大声地责骂或体罚，而是应该和孩子一起寻找根源，聊一聊该怎么解决问题。

●父母的态度很重要

❶ 面对孩子的攻击性，父母要有明确的一贯态度。

❷ 要注意营造一个没有暴力的环境，让孩子多看一些温馨的电影，或者玩些协作性的游戏。

❸ 限制暴力电影和游戏，尽可能不谈暴力。

❹ 告诉孩子攻击性会给对方带来什么样的后果。

❺ 理解孩子的愤怒，引导孩子克服。

培养孩子沉着稳定的性格

孩子没有耐心等待，妈妈晚一点回应他就哭个不停，让妈妈心烦意乱，不知所措。妈妈若用这样的精神状态来培养教育孩子，孩子也很难养形成沉着稳定的性格。想让自己的孩子情绪稳定和有耐心，妈妈需要对孩子保持自信和从容。

妈妈有耐心，孩子才会有耐心

在以前一家有好几个孩子的年代，即使家长没有事事听取孩子们的要求，孩子们也不会无理吵闹，依然顺顺利利地长大成人。而现在，在孩子们的字典中是没有"等待"这个词的，只要稍微受点委屈就会不停地哭闹，而且，现在的孩子们都普遍表现出这种性格取向，只要一开始哭，就不会轻易停下来。

孩子这样也不行，那样也不干，这种情况下，妈妈也容易产生烦躁情绪。越是这样，妈妈就越应该耐下心来对待孩子。如果让孩子觉得自己的妈妈做什么事都很没耐心的话，孩子也很难变得有耐心。

初为人母，不要太担心一切都是第一次，若以一种不安的育儿心态来对待孩子的话，这种不安感往往会传给孩子，使他们成为情绪不稳定的孩子。不要忘记，只有妈妈事事有耐心，才能培养孩子有耐心的品格。

不能满足孩子要求时对他说明情况

对孩子来说，要学会等待是需要时间的。因此，当孩子有什么要求时，应该尽力满足其基本生理要求。如果不能马上满足孩子的要求，最好先向他说明情况，如："妈妈现在洗头发呢，满头都是泡沫，没办法过去呀！"以这种方式对孩子说明不能马上过去的事实，这样孩子就会耐下心来。

这样做的话，在孩子的心中也会萌发忍耐意识。不管怎样，要想培养孩子的耐心，最重要的是妈妈的态度，这一点请不要忘记。

培养耐心的方法

父母以身作则，树立榜样

孩子以父母为榜样，逐渐形成自己的人格。特别是在子女教育方面，比起唠叨个不停，父母在孩子面前来个示范更有效果。要想培养孩子的耐心，父母最好在孩子的面前表现出沉着从容的模样。

❶孩子任性烦躁的时候，妈妈要耐心沉着地去对待，只有这样才能让孩子学会等待和忍耐

如果孩子玩智力玩具时没有拼对，生气地把它推翻，家长也不要太吃惊，应该冷静沉着地处理这种情况。家长不要强制也不要批评，而是对孩子说："弄不好吗？妈妈来帮帮你好吗？"然后用温柔的态度慢慢地给他反复示范。

之后再对他说一句："谁都有不顺的时候，越是这样我们就越不该着急，要耐心点才行，这样事情才能做成啊。"这时孩子会把妈妈的沉着态度铭记于心，并视为榜样。

为孩子整理凌乱的环境

孩子就像海绵一样，总是把自己看到的、听到的、感觉到的所有东西原原本本地吸收掉。正因为如此，育儿环境才变得尤为重要。

如果周围环境凌乱散漫，孩子也会受到这种环境的影响，养成急躁的性格。相反，在一个安静整齐的环境中成长起来的孩子不仅情绪稳定，处事也沉着稳重。

吃饭时间关掉电视，一家人一起边聊天边吃饭

吃饭时间开着电视，容易养成孩子吃饭不安稳的习惯，这样的孩子在餐厅吃饭也会到处跑来跑去，常常引得周围人紧皱眉头。在吃饭时，应该让孩子感受到安静而温馨的进餐气氛。

双职工父母不要在孩子面前太过焦急

双职工夫妇时间很紧，但即便这样，也尽量不要在孩子面前表现出着急的样子。下班回家的妈妈，面对一大堆要做的事情，最好先和孩子安静地玩一会儿。家务事可以稍后让丈夫帮忙做，或者等孩子睡后再一次性做完。

❶ 让孩子玩拼图配对游戏，可以培养孩子沉着的性格

让孩子懂得耐心等待的道理

父母不能为了培养孩子的耐心就故意地让孩子等或者惹他哭，重要的是让他理解为什么必须要等，为什么不能着急。

孩子要喝奶，哭得上气不接下气时，要用温柔的话语安慰他，并向他说明情况，比如："冲奶粉需要时间加热，不加热的牛奶喝完后会拉肚子。"

要信守承诺

父母用孩子比较容易理解的语言解释让孩子等待的原因，比如"等妈妈洗漱完了"、"等我把火关了"这样的方式。即使孩子现在还不怎么听得懂，但是他们也能通过感觉慢慢地理解。重要的是让孩子等完以后，一定要信守你的承诺。用这样的方法慢慢训练孩子，你就会发现，孩子渐渐学会等待，并且性格也变得更加平和。

让孩子玩智力玩具或拼图配对游戏

性格急躁的孩子不是一朝一夕就能变得有耐心的。想要让孩子情绪稳定，有耐心，必须通过不断训练，最理想的训练方式就是做游戏，如拼图、钉纽扣、找宝藏等游戏都有利于培养孩子的耐心。

○ 钉纽扣、下围棋、下跳棋等游戏有利于培养孩子的耐心

下围棋、跳棋

孩子到了上幼儿园的年龄，要让他们慢慢学会下围棋和跳棋。因为围棋和跳棋不仅可以培养孩子的专注力，并且有利于孩子的智力发展。

家长应根据孩子的状态，由易到难一点点增加难度。精力集中到某一事物上，孩子情绪也会稳定下来。

犯错时不要吓唬他

一般情况下，当害羞或胆怯时，人们甚至做不好平时的小事情，孩子更是这样。因为一两次失误就挨妈妈批评的话，孩子以后不管做什么事都没有自

○孩子犯错时不要吓唬他，而应该用亲切的话来教育他，这样有利于培养沉着稳定的性格

信，甚至事事不成，不断出错。

孩子用杯子喝牛奶时不小心洒出来，吃饭时掉得到处都是，弄得周围乱七八糟，这时候妈妈不要严厉地责怪他，而要用温柔的话语给孩子增强自信。即使心里烦闷不愉快，妈妈也要耐心地帮助孩子，这样孩子也会慢慢变得自信起来。

最重要的是妈妈不要忘记孩子是喜欢被称赞着长大的。

让孩子适应有规律的生活

养成有规律的生活习惯，孩子的情绪自然而然变得稳定，因此父母每天都应该让孩子做同样的事情，并总是用相同的态度对待他。

孩子哭的时候，要尽快问清原因，并为孩子解决问题。比如孩子饿时赶紧喂奶，定时给他换尿布。当然，如果父母不能马上这样做的话，要用温和的话语让孩子明白原因。

○让孩子养成有规律的生活习惯，能让孩子情绪变得稳定

让孩子适应短暂离开妈妈

长期与妈妈生活在一起，孩子不会轻易愿意离开妈妈。这是因为孩子已经习惯和妈妈一起生活的孩子，看不到妈妈时会感到不安和恐惧。

有的孩子无论去哪儿都喜欢黏在妈妈身旁，或者只要看到陌生事物就躲在妈妈身后，这样的孩子到了入学年龄，也无法独立做任何事情，缺乏独立性。

如果不提前锻炼孩子一个人玩的能力，以后就容易陷入不必要的麻烦中，也会妨碍孩子社会性发展，使孩子变得没有主见，意志力薄弱，情绪也容易变得不够稳定。

◐ 要想培养孩子沉着稳定的性格，妈妈应该保持自信，让孩子看到自己一贯的态度

如何培养孩子沉着稳定的性格

● 妈妈面对孩子要充满自信

妈妈内心紧张的话，孩子也会失去沉着，变得不安。妈妈不安和紧张的情绪对孩子的情绪会产生不良影响，这样的性格往往会一直伴随孩子成长，所以妈妈要自信地面对孩子。

● 育儿原则要保持一贯性

有的妈妈让孩子做自己想做的事，放任不管，而有的妈妈则认为，现在不让孩子养成良好习惯的话会毁掉孩子，因此严格教育孩子。

随着媒体及网络的发达，育儿信息也越来越多，其中育儿理念也是多种多样，众说纷纭。有的妈妈会想：别人的孩子这时会那样做，我的孩子为什么不一样呢？这样彷徨不知所措，结果到头来什么也做不成。

不要忘记，妈妈的自信心是孩子良好性格养成的基础。

◐ 满足孩子要求时也要保持一贯的态度

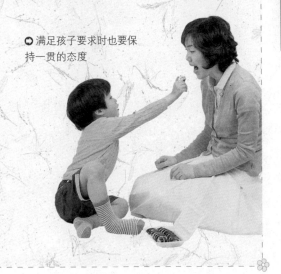

培养孩子良好的社会性

孩子从出生时就开始与社会产生某种关系，这种关系通过与父母、家人、小伙伴的接触而不断发展。在婴幼儿时期建立起来的人际交往体验，对以后更好地适应社会生活具有重要意义，特别是对现在以自我为中心、缺乏对他人理解的孩子来说，最需要的就是社会性的培养。

父母是发展孩子社会性的重要学习榜样

孩子出生后，最先看到的是自己的妈妈，他的人际关系也是从妈妈开始，并且不断发展。

❶让孩子学会跟人打招呼，是培养社会性的开始

若孩子从小与父母形成良好的关系，他在以后的成长过程中也会与他人形成良好的人际关系。父母作为孩子学习的榜样，要通过不同方式引导孩子社会性的发展。

和爸爸亲密的孩子社会性突出

威严而又不乏亲切感的爸爸有利于发展孩子的社会性，使其拥有良好的人际关系。爸爸和孩子的关系对孩子结交同龄朋友会产生很大影响。妈妈作为孩子谈话的对象，对孩子结交朋友也会有所帮助。

发展孩子的社会性，最重要的还是父母给孩子树立好的榜样。因为孩子会模仿他眼中父母的行为，所以父母应该给孩子做好榜样，让孩子形成良好的人格，并培养其社会性。父母相互尊重，意见有分歧时一起分析讨论，取长补短，就能给孩子树立良好的榜样。

❶与同龄小伙伴在一起相处得到的经验有利于孩子以后的人际交往

独生子女家庭更应该重视孩子社会性的发展

现在独生子女越来越多，而邻里之间的交流却越来越少，使得孩子的社会交往面越

❶给独生子女创造更多与同龄朋友一起接触的机会

来越窄。孩子无法学会与兄弟姐妹、同龄小朋友一起相处，就变得以自我为中心，缺乏对他人的理解。

天生的性格、与父母的信赖程度，以及接触同龄小朋友的体验都会影响孩子社会性的发展。

为孩子创造经常与兄弟姐妹及同龄小朋友接触的机会

在社会性处于萌芽状态的幼儿时期，父母要特别注意发展孩子的人际关系，从小就给他创造与兄弟、同龄小朋友接触的机会，让孩子形成良好的人际关系，让孩子懂得好朋友是人一生的财富这样的道理。

不要忘记，如果孩子在幼儿时期形成了良好的人际关系，长大后就能正确地面对和处理自己的社会生活。

良好社会性的培养方法

让孩子意识到有自己以外的其他人

孩子两三岁时会产生自我意识，总爱说"我""我的"，做事时说"我要……"，抱着玩具玩时也会说"我的……"，占有欲和自我意识较强。只有经过这段时期，孩子才能学习生活的方式，发展社会性。这个时期，他不仅对自己的东西产生兴趣，而且对别人的东西也会产生兴趣，或者把自己想要的东西无条件地认为就是自己的。在孩子有"我"这个自我概念和"我的"这个归属概念时，就要慢慢教会孩子"其他人"和"其他人的"这样的概念。

教孩子与朋友玩耍的方法

两三岁时，孩子很多时候不是和朋友一起玩，而是一个人玩。这是因为孩子还不知道如何与别人一起玩耍。因此，在孩子3岁左右，妈妈应该鼓励孩子与朋友一起玩，慢慢开发他的社会性。

经过这样的阶段，孩子的社会性渐渐得以发展，到了四五岁，孩子就会与朋友结成一种社会性关系，并且学会一起相处的方法。

为孩子创造与朋友接触的机会

在独生子女家庭中成长起来的孩子不懂得忍让，容易以自我为中心，缺乏对他人的理解。特别是那些与外人接触少的孩子，进入幼儿园或小学后，很难适应集体生活。父母应当多给孩子与周围朋友接触的机会，让孩子提前做好适应集体生活的准备。

若只和比自己小很多的孩子接触，会变得太主动，只和较大的孩子接触又容易被动，因此，父母应让孩子与不同年龄段的孩子接触。

❶ 3岁时，孩子的自我意识处于萌芽状态，这时要让他懂得有的东西不是他的，而是别人的

学会忍让，接受帮助，培养社会性

孩子在与同龄朋友、兄弟姐妹一起玩耍时学了忍让，同时又接受彼此的帮助，这样有利于孩子更好地适应社会，但这并不是说孩子只有交几个朋友才能形成良好的社会性。每个孩子都有自己的特点，有的喜欢和好多个朋友平等无差别地相处，有的则只和几个朋友亲密。孩子的这些特点都需要父母认可。

培养孩子积极的性格

有的孩子很容易与人相处，而有的孩子因为害羞，在与他人接触时总是怀着犹豫消极的态度。

造成这种性格差异的原因很多，妈妈的育儿方法就是其中的一个原因。对于这种缺乏自信的孩子，妈妈应给予更多的称赞。

称赞会让孩子燃起"要做得更好"的愿望，有利于培养孩子积极的性格，同时也使他的社会性得到提高。

孩子的社会性与其说是天生的，其实更应该说是后天培养起来的。孩子在亲切宽容的气氛中长大，常常得到家人的称赞，就能够积极乐观地成长，孩子的人际关系也会变得好起来。能否成长为一个社会性良好的孩子，取决于孩子是否有一个积极向上的心态。

❶称赞有利于孩子形成积极健康的性格，拥有良好的人际关系

给孩子一个和睦的家庭

父母的性格、心态会对孩子产生直接的影响。在和睦的家庭中长大的孩子性格也开朗积极，与人交往时让人感到亲切，孩子在为人处世时不会出现太多困难，所以也能自信起来。

家庭生活不幸或父母长期不和，在这种环境下长大的孩子性格往往被扭曲，或者缺乏社会性。因此，营造和睦温暖的家庭环境是孩子健康成长的秘诀。

爸爸对待孩子要慈爱和恩威并重

爸爸是孩子每天见到的唯一一位男性长辈，是孩子社会性发展的一个重要因素。和爸爸形成了稳定的依赖关系，孩子的恐惧心理或犯罪意识等消极情绪就会减少，也会积极调节自身的感情和冲动。

爸爸用适当的权威和慈爱来对待孩子，有利于孩子的决策力、意志力及社会性的发展。

不要忘记，发展孩子社会性最重要的途径是，孩子与父母形成亲密稳定的关系。

平常让孩子与不同的人接触

性格内向的孩子无法与同龄小朋友友好相处，在生人面前也常常会感到紧张慌乱，这样的孩子即便到了应该在外面玩耍的年龄，也喜欢一个人待在家里玩。

对于这样的孩子，应该让他慢慢与别人接触，培养他的自信心。父母要经常带孩子到亲戚、邻居家做客，给孩子创造与外人相处的机会。

经常与别人接触的孩子，人际关系较好，性格也活泼。不要嫌麻烦，带着孩子出去走走，让他接触更多的人，孩子的社交能力就会得到飞速提高。

给孩子在人前表现的机会

有的孩子在家话说得好好的，也挺活泼，一到别人面前就变得沉默，或者藏到妈妈身后。这种过于害羞的性格会一直伴随着孩子，对他以后的社会生活也会造成影响，所以要趁早帮他改变。

父母需要给孩子机会，让他在父母以外的人面前说话，和家人自由自在地坐在一块玩耍聊天，让他把今天发生的事情、喜欢的童话讲给家人听，这都是很好的方法。

培养有礼貌的孩子

懂礼貌、会说话、举止大方的孩子到哪儿都会受到欢迎。相反，若对长辈说话没大没小，举止不礼貌，不论多小的孩子，都不会有人喜欢。从小养成礼貌的问候习惯和正确的行为举止，对孩子以后的人际关系发展也很有帮助。

一定要记住，问候和礼貌来自于对别人的同理心，培养这种同理心是培养孩子社会性的捷径。

◐让孩子养成做事有礼貌、谦虚的习惯

不要拿自己的孩子与别的孩子做比较

　　有些妈妈动不动就拿自己的孩子和别人的孩子进行比较，父母的这种行为会诱发孩子的嫉妒心理，也会让他无缘无故地对别的孩子产生敌对心理。父母要注意自己的言行，不要因为自己的言辞和行为让孩子产生自卑心理。

　　父母对孩子产生不满，孩子可以从家长的表情中马上感觉出来，这对他们的性格和人际关系都会造成不好的影响。

　　相反，过分给孩子优越感，常说"孩子就是不一样"也是不好的，因为这样孩子有可能成为以自我为中心的小皇帝、小公主。父母要认识到孩子具有与众不同的优点和才能，并让孩子知道这个事实。

有利于发展社会性的四种游戏

角色游戏，能够帮助理解他人

　　为了让孩子能和同龄小朋友打成一片，要多让他玩过家家、模拟市场、模拟医院这样的游戏。孩子们在玩过家家时，会对家庭角色进行分配，这样自然而然就培养起孩子的社会性。另外，职责游戏是站在他人立场上想问题做事的游戏，时间一长，孩子就养成了自觉为别人考虑的习惯。孩子通过游戏学会乐于与别人分享自己的东西，学会认可对方，从而使他的社会性得到更快发展。

协同游戏，能够学会快乐相处

　　孩子从三四岁开始与同龄小朋友接触，到了五岁左右，就能很好地和同龄小朋友玩耍。这时候最好的游戏就是协同游戏，它可以把孩子的力量聚到一起。如两三个孩子一起堆沙子、砌墙、倒水，这个过程可以培养孩子的协作意识。不仅如此，孩子在做游戏时会尊重其他朋友的意见，相互帮助，遵守规则，也提高了一起快乐相处的能力。

模仿游戏，能引发孩子对他人的兴趣

　　模仿是学习的一个过程，也是孩子最喜欢的游戏。抓住爸爸妈妈、爷爷奶奶等家人的特征，让孩子去模仿，这样的游戏不仅培养孩子对他人的兴趣和观察力，更能让他熟悉社会，掌握各种社交礼节。

家庭歌唱比赛，能改善孩子性格

　　如果孩子害怕出现在他人面前，那么不妨开个家庭演唱会或象棋比赛，诱导孩子大方地出现在别人面前。唱歌之前像电视里的歌唱比赛一样，也让他做个自我介绍，有可能的话也为他准备一个舞台，给他一个"麦克风"。

◐让孩子抓住家人的特征，一起玩过家家，有利于孩子社会性的形成

培养孩子良好的语言能力

幼儿时期，孩子接受到的语言刺激对他以后的语言发展起着重要的作用。
在这个时期，应该为孩子的语言表达能力、造句能力的发展打好基础。
和孩子不停地聊天，刺激他的听觉是培养孩子语言能力的第一步。

给孩子读有故事概要的画册

三四岁是孩子语言能力快速发展的时期，妈妈要选择一些对孩子语言能力发展有所帮助、有故事概要的画册，声情并茂地读给孩子听。读完书后让孩子说一下自己的感受，或者和妈妈一起玩角色游戏。

不间断地和孩子说话，给孩子讲故事

和孩子一起看画册时，可以问他："白色的云彩要跑到哪儿呢？"让孩子自己思考并回答，以此来提高孩子的思维能力和表达能力。

很多妈妈都认为培养孩子良好的语言能力，就要多刺激他的听觉；培养他的阅读能力，就要让他读文字。但是，很多专家强调，教育孩子时不应该把说话与读书分开，而应该全面教育，因为说话与读书其实都是用来理解同一概念的。

⚫ 想要培养孩子的语言能力，要让他多读书，同时要与他不停地对话

因此，为了最大程度地开发孩子的语言能力，最有效果的方法是和孩子说话，给他讲故事，让他看书，同时通过听觉、视觉来刺激孩子。

良好的语言能力的培养方法

给孩子讲能看能摸能尝的东西

人的声音，特别是爸爸妈妈的声音，对发展孩子的语言能力具有非常重要的作用，因此要尽可能地与孩子对话，喂奶、换尿布、洗澡、换衣服时，也要不断地与孩子对话。这是刺激孩子语言发展、让他开口说话的决定性因素。

孩子出生3～4个月后开始咿呀不停，这时的咿呀声即使没什么意义，父母也应该对孩子做出反应。这样，孩子为了回答也会努力地活动嘴唇。对孩子说话时，最好说一些孩子自己可以看到、摸到、闻到、尝到的东西。

激发孩子说话的欲望

孩子从单词向句子进行过渡学习时，会说一些不成句的单词，妈妈需要正确理

解这些断断续续的句子的意思。如孩子说
"爸爸""妈妈"这样的单词时，
妈妈要把这句话理解成"爸
爸在吃饭"，然后问孩子：
"爸爸在吃饭是吧？"接
着再说："爸爸吃完饭我们
玩什么呢？"用这样的方式
去引起孩子说话的兴趣，这
样不仅可以更好地训练孩子
的语言能力，而且可以达成
与孩子感情上的共识，从而
激发孩子说话的欲望。

● 聪明乐观的孩子语言表达能
力较为优秀，社会性也较强

文字游戏

为了激发孩子说话的兴趣，我们可以
来做些游戏，如文字接龙游戏。"蓝天、天
上、上面"这样的文字接龙游戏不仅能让孩
子对语言产生兴趣，对孩子的智能开发也
很有效果。想要培养孩子的词汇使用能力，
妈妈要跟孩子一起玩文字游戏。

另外，归类游戏也是一种很好的游戏。
比如，妈妈对孩子说："去市场可以买什么
啊？""你能说出都有哪几种颜色吗？""动
物园里都有什么啊？""海里有什么鱼呢？"
这样的例子举不胜举。

通过歌曲愉快地学习语言

可以通过流行歌曲来学习汉语和英语，
孩子可以在跟唱的过程中愉快地学习语言。

孩子特别喜欢有旋律的曲调，因此在
孩子学说话的时候可以经常给他听歌谣，
孩子在跟着哼唱的同时就能轻松学会说话。

通过看图画书来识字

给孩子读图画书不仅有利于孩子语言
能力的发展，而且也可以让孩子萌发对母
亲的爱。读图画书时，与其只读上面的文
字，不如用故事的方式讲给孩子听。根据故
事人物的性格，配合一定的动作表情，生动
形象地表达故事情节
变化，会让孩
子觉得非常
有趣。

● 添加各种肢
体动作或表情
来教孩子识字

给孩子看书时，刚开始应选择文字较
少或没有文字的图画书，然后再一步步增
加难度。两周岁时可以给他读一些有故事
情节的图画书。

读完书后让孩子叙述故事内容

给孩子读完书后，把故事内容整理好
告诉他，和他一起讨论，这更有利于孩子学
习。让孩子重新把内容说给妈妈听，可以引
导孩子自己慢慢开口说话。

有的孩子喜欢把原来的故事自己稍做
改编讲给别人听，这时候即使他讲错了也

不要马上纠正，而应该认真去听孩子改编的故事，这样可以培养孩子无穷的想象力，使他成为文学能力出众的孩子。

为了发展孩子的语言能力，妈妈要把书放在显眼的地方，让孩子把书当作和玩具一样亲密的朋友。首先要做的是，让孩子看到妈妈读书的样子，慢慢引导孩子对读书产生兴趣。

说标准的普通话

和孩子说话时要尽量说普通话，锻炼孩子从小正确运用语言。孩子牙牙学语时口齿还不能像大人那样灵活，所以可以说一些简单的幼儿用语。

但是孩子长大后，到了可以说普通话的年龄，若继续使用幼儿语言，很不利于孩子熟练掌握标准的普通话。

小时候养成的正确的说话习惯，会伴随人的一生。因此，父母及其他家人要花些心思，从小端正孩子的语言习惯。

简洁准确地回答孩子的提问

孩子两三岁时，对周围的事物充满好奇心，经常会问"这是什么""为什么"的问题，有时会问得妈妈心烦。孩子不断地提问是智力成长的表现，这时候厌烦孩子无休止的提问，毫无诚意地给他应付的回答，或者不知如何回答就随便敷衍的话，会伤害孩子的好奇心和兴趣。

❍引导孩子说出自己的想法

因此孩子提问时，妈妈要用轻松的心态真诚地去回答。对"为什么""怎么样"等问题，应该做出简单明确而又恰当的回答。

识字时有效利用识字卡片

孩子一开始识字时，在家中各个角落放上识字卡片是很有效果的。像电视机、冰箱、桌子这些能随时看到的物品，妈妈可在物品上面写上名称，让孩子能将名称和物品联系起来，学起来也会变得容易一些。即使孩子不能马上写出来，无意识中，也加深了他对单词的熟悉程度，为日后读书写字打下基础。

❍即使孩子不会写字，识字时也应使用卡片

经常与孩子对话

妈妈要经常与孩子交流各自的想法，与孩子对话不仅可以加深亲子间的感情，也可以为孩子提供发言的机会，促进孩子智力发育。

父母要想与孩子保持良好的关系，并且促进双方间的对话，是需要一定技巧的。要让孩子把自己的想法和感情诚实自然地吐露给父母，父母应该表现出愿意接受孩子想法的姿态。

另外，无论孩子说什么，都不要打断他，应该让孩子自己主动说话，让孩子自己去思考判断。

让孩子爱上阅读

孩子3岁时，好奇心旺盛，这时让他接触文字比以后让他再学要更容易一些，而且也可以通过接触文字让孩子爱上读书。最初选择书时，要考虑到能否引起孩子的兴趣。如果可以的话，最好给他选那种能摸、能看、又能听、像玩具一样的书。最近出现很多像玩具一样可以携带的书，这样的书既能促进孩子的感知力，又是一种教育工具。

睡觉前给孩子讲故事

孩子特别喜欢妈妈读书给自己听，特别喜欢睡觉前妈妈给他读书或讲故事。在这种祥和安定的状态下听故事，孩子会感到温暖，慢慢便进入梦乡。因此，孩子睡觉前，妈妈给他读书或讲故事，既有利于孩子语言能力的发育，又有利于孩子情感的发展。

孩子到了入学年龄，这种习惯还可以继续保持，虽然孩子自己也可以读，但是妈妈还是应该继续读给他听。这样，孩子既可以体会到妈妈的爱，又会觉得读书是一种幸福又惬意的事情。

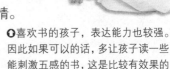

◐ 喜欢书的孩子，表达能力也较强。因此如果可以的话，多让孩子读一些能刺激五感的书，这是比较有效的

和爸爸一起做饭可提高孩子的EQ和IQ

做饭有助于培养孩子的情趣，提高情商（EQ）和智商（IQ）。

● 做动物饼干，培养创新能力

孩子最喜欢做动物饼干，做的时候可以放在动物模型里直接做成，可以的话，最好让孩子亲手制作喜欢的动物模型。4岁后，孩子的手脚慢慢有力，这时边唱着有关动物的歌曲，边做动物饼干会事半功倍。

对未断奶的孩子来说，母乳是孩子发展情商最好的食物，因为母乳中富含孩子大脑发育必需的各种营养元素。

开始断奶的孩子应多食用含铁丰富的食物，如蛋黄、肝脏、牛肉等食物。市场上卖的糕点，多少都含有香料或色素，所以妈妈尽可能亲手给孩子做比较好。

● 做汤圆，提高孩子的表达能力

做汤圆时和孩子一起和糯米面，一边揉面，一边唱："揉啊揉，揉面团，揉好面团做汤圆，团啊团，团汤圆，圆溜溜的汤圆乐欢欢。"这一过程中会用到各种不同的象声词、形容词，有助于培养孩子的表达能力。

● 捣土豆，促进肌肉的发育

做土豆沙拉时，让孩子捣土豆，可以促进他大块肌肉的发育；让孩子把西蓝花切成小块，有利于小块肌肉的发育。

◑ 和爸爸一起做饭有利于智商和情商的提高

455

培养孩子明确的数字概念

孩子天生具有数字概念，在幼儿期得到良好开发的话，孩子就不难与数学亲近。教孩子学习数字时，比起简单的背诵，家长更应让他从根本上理解数字的概念，引导孩子在现实生活中去灵活多样地使用数字。

让孩子在生活中熟悉数字概念

人从出生时就具有数学方面的潜力，孩子从慢慢挪步行走时开始就学习简单形式的数学概念，并且在日常生活中逐渐发展数学概念。当孩子理解了数字概念后，就会不断努力去适应日常生活。

●从日常生活中教孩子数字概念很有效果

但是很多父母并没有意识到数学在孩子日常生活中所占的比重，因此错过了在幼儿期培养孩子数理能力的机会。让孩子从小熟悉数字的概念，进入学校后才会比较容易理解数字，成为一个亲近数学的孩子。那么有没有一种方法能在日常生活中培养孩子数字或数量的概念呢？要想充分发挥孩子的数学潜力应该怎样做呢？现在我们就一起来寻找一些方法。

数数会使孩子失去对数学的兴趣

大多数的妈妈们在孩子开始说话时就教他数"1、2、3"，但是这只是单纯让孩子去背诵，并没有让他们理解为什么会是那样。

这样长久下去，弄不好会让孩子认为数学很难而讨厌数学。

小孩子不喜欢数学，是因为他们觉得没意思。因为以演算为主教育孩子，会使得孩子对数学感到厌烦。

初次接触数学，要让孩子感兴趣，引起宝宝的好奇心

由此可以看出，幼儿时期与数学的初次接触是很重要的，接触数学的方式不同，孩子对数学的喜爱程度也不一样。孩子越小，越不应该用计算或填鸭式方法来让孩子熟悉数字的概念，而应该通过有趣的方式引起孩子对数字的好奇心。

让孩子接触数字最好的方法就是在日常生活中自然地引起他的好奇心，从而使孩子对数字产生兴趣。

因此，通过一系列数字概念游戏来让孩子更有效地学习和理解数学是很重要的。

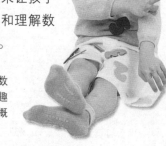

●等孩子自己对数字产生好奇和兴趣后，再去教他数字概念也不迟

两岁时能数一二三

让孩子理解抽象的数字概念是件不容易的事情。但是，如果根据孩子不同的发育阶段，相应地引导孩子做一些他喜欢的数字游戏或活动的话，可以更加简单自然地让孩子熟悉数字的概念。

1岁以后，孩子初步有了"多""少"这样基本的数字概念，但是，这时候他们把这些概念模糊地认为是量而不是数。

两岁以后，孩子开始会数"一、二、三"，但是很少有孩子可以完全正确地数下来，有时会漏掉或前后颠倒。

○ 3岁时，孩子最多能数到5的话，不要强求他数到10

根据孩子不同的发育阶段,让孩子自然接近数字

3岁起，孩子会数的数增多，可达到5个左右，并且可以借助东西做些简单的减法练习。例如，他可以理解从三个东西中拿走一个还剩两个的道理。

4岁时可以数到10，但是由于对数的概念还不熟悉，体积大的物品，即使数字很小他也觉得很多。

5岁以后可以数10以上的数字，并会做一些简单的加减法。很好地把握孩子的发育阶段，并采取相应的行动引起他的兴趣，妈妈就会发现，让孩子理解数字概念也不是一件很难的事情。

通过简单的拼图教孩子掌握图形的基础知识

"大小、轻重、长短"是一些基本的数学概念。一箱子木块、一套保龄球木瓶，用这样的玩具可以让孩子了解集合的基础知识。还要教给孩子"相同"与"不同"、"奇数"与"偶数"，以及"比……多""比……少"这类数学概念。

另外，简单的拼图游戏可以让孩子对图形概念有个基础认识，但是需要指出的是，父母不要强迫孩子去学，要根据孩子的能力适当指导。

数理能力发展的四个阶段

第一阶段 **理解大小和数量**

第一个阶段是积累"大小""多少"这些概念的时期。这个时期，孩子把所有的东西全部都模糊地认为是大小和数量，而没有本质上的数字概念，对量和数的概念不明确，把数和量混为一谈。所以要多让孩子看图片或图画书，反复地学习"大小""多少"的概念。

第二阶段 **数数**

第二个阶段可以让孩子数一些简单的数字，如"一、二、三、四、五"，但是机械地数数只能让孩子背过，而不能让他理解数字的概念，应该借助孩子喜欢的玩具或点心、糖果等来教孩子数数。

不论是"一个妈妈一个我"的方式，还是物与数一一对应的方式，都可以帮助孩子更好地理解数字的概念。妈妈要让孩子觉得数数很有趣，孩子就会热衷于去数周围所有的事物，在这个阶段最重要的是引起孩子的兴趣。

第三阶段　认数字

孩子对数数有了兴趣后，接下来就是让他认"1、2、3、4、5"的数字，让孩子知道每个数字长什么样子，怎么念，以及相互间有什么关系。指着日常生活中看到的数字让孩子读，或者坐电梯时让他自己按要去的楼层，从而让他自然然地熟悉这些数字。

第四阶段　数字比较

过了数数的阶段，孩子们自然会产生比较的意识。这时候妈妈不要仅限于"多少""大小"这样基础的比较概念，而要教他更为具体的比较概念。

妈妈可借用具体事物让孩子懂得加减法的原理。比如"有三个饼干，给妈妈一个还剩两个"，或者"宝宝原来有两块糖，妈妈又给了两块，总共有四块"。

数字概念的培养方法

让孩子在日常生活中多接触数字

生活中到处都有数字，稍微用心就能让孩子更有趣地学习数字。妈妈可以用孩子熟悉的数字和他做游戏，如数字游戏、数

Mom & Baby

数学童话可以帮助孩子熟悉数字

孩子一两岁时，很难形成数字概念，给孩子念数学童话是个好方法。在有趣的童话中，孩子在展开想象的同时，也借助故事理解逻辑。

数学童话可以发挥孩子的想象力，从而让孩子更有兴致地去理解数学，而且也能培养孩子解决问题的能力。让孩子在童话世界中接触有逻辑有体系的数学世界，更容易让孩子自然地形成数概念。

让孩子体验童话中的游戏

通过童话，孩子会自然地熟悉一些具体的数学用语，如"1、2、3""比××大""和××一样多"。

孩子在现实生活中总会看到童话中出现的事物或动物，体验到童话中的游戏，就可以自然地理解事物的大小和模样、长短、质感等的差别。

比如，妈妈读图画书时问孩子："书上的兔子、老虎、狮子哪个在右边最前方啊？"或者"前面第三块糖是什么颜色呢？"这样的问题可以让孩子熟悉顺序概念，并且学习左右、前后这些方向概念。

● 想让孩子更有兴趣地了解数学概念，就让他做数学游戏，或者看数学童话

字歌、掷色子等游戏，也可以在做家务时让孩子熟悉数字。

例如妈妈边叠袜子边说："爸爸的袜子大，宝宝的袜子小。"这样让孩子知道比较的概念，又如："一双袜子上又有一双袜子，总共有几双啊？"这样教孩子加法原理。

在日常生活中，可以接触到各种数字加减法，父母提早开始教育孩子数字加减法，有利于孩子数理能力的发展。

让孩子反复看数字卡片

要想让孩子学习数字概念，最好在会写之前先让他多看。孩子看得多了，和数字也会变得亲近。

妈妈给孩子看数字卡片时，大声地念出数字的名称，并让孩子跟着说。孩子不停地看，不知不觉中就熟悉了数字，从而自然而然地去使用它们。但是在反复学习的过程中，妈妈一定要注意不要让孩子感到厌烦。

通过游戏来培养数字概念

通过有趣的游戏来教孩子数数，会让他更有兴趣地理解数字概念。这时数什么都可以，借助糖块、饼干、玩具、人、动物等孩子喜欢的东西来学习数数，会让他觉得很有意思。堆积木、把玩具分类、掷色子、折纸等游戏都有助于孩子熟悉数字。

借助实物学习数字概念

要借助能用眼睛看到或能用手摸到的具体事物来教孩子数数和加减法。因为孩子很容易把数字看成一种单纯的符号，所以最好是借助具体的事物让他学习。比如，指着孩子衣服上的纽扣问："宝宝衣服上有几个纽扣啊？"看到鸟飞到地上时说："地上原来有一只鸟，又飞来一只，变成了两

❶ 拿着妈妈和孩子的袜子比较长与短

只。"让孩子比较鞋柜中鞋子的大小，借助实物教孩子数字概念。

让孩子有自信

过早勉强孩子学习加减法，不考虑孩子的兴趣，硬让他学习数字，会让孩子对数字产生恐惧感，或者对数字丧失兴趣。这时候最重要的应该是让孩子自信起来。

首先，妈妈只问孩子能正确回答的数字问题，让孩子有了自信后，再慢慢提高问题的难度。

对于擅长数数的孩子来说，加减法运算像游戏一样有趣，而对于那些不擅长数数的孩子，即使是很简单的加减运算他们也会觉得很吃力。对待不擅长数数的孩子，不要勉强他，应该让他从简单的练起。

多称赞孩子

称赞是孩子健康成长的催化剂，在孩子理解了一个阶段的数字概念后，要多赞扬他，最重要的是称赞他时要保持一贯的态度，从而让他的学习更有效率。在这个过程中，孩子可以感受到成就感，也会有信心

去做好，并希望自己做得更好。

要想增强孩子的自信心，需要妈妈一成不变的爱和耐心。

给孩子独立思考问题的机会

大多数母亲一看到孩子答不出题或做错题，就着急告诉孩子正确答案，这就使孩子失去独立思考的机会。孩子答不出题时，最好的方法就是慢慢等待，直到他自己解答出来为止。

做孩子的辅导，给孩子一个提示，比直接告诉他解题方法要好得多，这样既能让孩子学到不懂的东西，也能加快孩子大脑的运转速度。

❶ 让孩子把色彩和模样不同的积木分类

How to Play

有助于培养数字概念的游戏

想让孩子自然地掌握数字概念，比较有效的方法是用能看能摸的玩具边玩边学，如掷色子、堆积木、下围棋、商店游戏等，这些都是有助于掌握数字概念的好游戏。

●找图形

让孩子玩找图形的游戏，从而理解表现数学空间概念的图形原理。孩子们喜欢这种把合适的图片填到空格中的游戏，这种游戏会让孩子认识到只有各个角都对准了，图片才能放进去的道理。

●掷色子走棋

掷色子可以同时培养孩子的数字概念、计算能力及空间概念。孩子根据掷出色子的数字去移动棋子，并熟悉空格中的数字，通过前进后退来自然熟悉加减法。另外，边研究边掷色子有利于加快孩子大脑的运转。

●堆积木

堆积木是帮助孩子理解空间概念的好游戏，孩子理解了上下、前后、左右、旁边等空间概念后，会更快地理解图形和数字。堆积木也有助于提高孩子的创新能力和想象力。

●卡片游戏

卡片游戏和数字卡片学习具有同样的学习效果。让孩子拿着数字卡片来玩游戏，妈妈可根据孩子的水平调整难易程度，先以之前学过的数字为第一阶段，然后再以10以下的数字为一个阶段来做游戏。

● 拼图

拼图与找图形一样，会让孩子熟悉空间概念。孩子拿着大小和形状相同的图形拼插，有助于其大脑的发育。

● 下围棋

围棋的胜负主要是根据棋子的多少来判断，通过观察并且计算围棋盘上自己与对方棋子的多少，孩子自然会使用到加减乘法来进行运算。

多次运算也会提高孩子的计算能力、数理能力。

● 折纸、剪纸

各种东西都有各自的模样，妈妈找一些基本图形，如圆、三角形、四边形，让孩子照着画或者剪。自己来折一些图形，

○ 利用彩色纸贴来做数字游戏会让孩子觉得有趣

会提高孩子对图形概念的理解。幼儿期的孩子充满好奇心，喜欢到处摸摸碰碰，所以空间能力比数字能力发展要更快一些。通过折纸、剪纸，既锻炼了孩子的手部肌肉，而且也能使他认识各种不同的图形。

● 分类游戏

根据事物的特征，把特征相同的事物归为一类放在一起，这种游戏会让孩子了解到事物的共同点和不同点，并且理解分类的概念。把模样、颜色一样的衣服放一块儿，或者把同样大的勺子放一起，通过归纳这些日常生活中的事物，让孩子熟悉分类的概念。

● 商店游戏

孩子在玩商店游戏时，可以通过商品的买卖掌握加法运算；减法可以让孩子理解从现有的钱中抽出一部分零钱，总量就会减少的道理。这款游戏既可以让孩子学习数字概念，也有一定的教育意义。

○ 孩子在商店游戏中自然学会了加减法

培养孩子良好的运动能力

适当的运动可以刺激孩子的大脑，有助于孩子智力的发展。幼儿时期是孩子运动能力突出的时期，因此应该给孩子创造尽情跑动、玩耍的环境和条件。通过走、跑、打滚这些很自然的活动，让孩子养成爱运动的好习惯。

运动有助于大脑发育

对孩子来说，大脑发育和身体其他部位的发育有着密切的联系，大脑的发育有利于运动能力的提高，身体的发育又会刺激大脑，从而促使大脑发育。

因此，在孩子运动能力快速发展的幼儿时期，最好能给予孩子适当的刺激，这样的刺激可以让孩子变得更活泼、健康、聪明。出生一至两个月后，孩子的运动多了起来，这时只有让他尽情伸展手脚，自由活动，孩子的运动神经才能更快发展。厚衣服会妨碍宝宝自由的运动，因此出生两至三个月后，为了让孩子尽情地活动，要给他穿薄而方便的衣服。

运动能力良好的孩子智能发育也快

父母不能把孩子的运动能力看作是单纯的身体运动，因为孩子对事物的认识是和身体的活动协调发展

❶ 想让孩子尽情伸展手脚、自由活动的话，要给他穿薄一点的衣服

的。根据孩子腿的粗细程度，就能在某种程度上判断他的智能水平，运动能力出色的孩子不仅智能发育快，其他能力也较为出色。

通过玩培养孩子的运动能力

想要培养综合能力较强的孩子，可以让他去做自己感兴趣的运动。

幼儿期即使不特意去教，孩子手脚的灵活和运动能力都会明显发展，因此，这时父母要让他在外面尽情地跑跳，给孩子创造一个自由玩耍的环境。

不要忘记，走、跑、打滚、跳高、游泳等能力不是天生的，而是通过自由的活动逐渐学会的。

运动不足的孩子反射神经迟钝

人面对危险的瞬间都有"防御反射"控制机能。比如碰到什么东西，身体晃动时，人就会马上下意识地去保持平衡而防止摔倒，即使摔倒了，人也会试图用手来保护脸和头部，这就是"防御反射机能"。

但是有的孩子的这种反射机能却不能良好发挥，这种现象是由于幼儿期运动不足造成的。在运动能力旺盛的幼儿期，若家长只让孩子待在家里，就会使他的神经反射变得迟钝。

幼儿期的运动和游戏不仅有利于孩子智力的发展，而且也能促进反射神经的发育，为此，父母一定要在孩子的运动和游戏方面多花一些心思。

随着孩子的成长，他的运动能力也不断提升

有的孩子运动能力会无缘无故地下降，这样的孩子与其他的孩子相比，大多走路较晚，或者走路容易摔倒，走路不稳。但是即使孩子发育缓慢，这也不一定与他的运动能力有关。这种情况常常会让父母感到不安，但是随着孩子的成长，这种情况自然而然就会被矫正过来。

孩子的运动能力在某个时期即使稍有下降，但通过培养，在以后的成长过程中，孩子也会逐渐变得擅长运动。相反，原本运动能力较出色的孩子，如果运动范围受限，每天不能自由运动，时间长了，大部分运动神经也会变得迟钝。

考虑孩子的身体特点和兴趣，让他做运动

若自己的孩子比其他的孩子运动神经发达，很多父母就想要不要提早开始培养孩子，特别是最近体育天才备受关注，很多父母对早期运动教育表现出极大兴趣。

孩子的运动能力随着成长会有很大不同，所以在孩子小时候，父母很难准确判断孩子的运动天赋，父母能做的是从小就让孩子多做运动。孩子的身体特征和对各类运动的兴趣各有不同，所以父母在培养孩子的运动能力时应考虑到这两方面。

过早培养会降低孩子的运动能力

肌肉很结实的孩子比较适合田径、剑术、跆拳道等用力的运动，看起来比较柔弱的孩子，关节比较灵活，适合体操、游泳等运动项目。父母需要发掘孩子潜在的运动能力，进行良好的训练。

父母需要注意的是，即使孩子具有较为出色的运动能力，也不要对他进行过度的早期教育，那样的话反而会降低他的运动能力。

运动能力的培养方法

尽量让孩子多运动

想让孩子独立运动，必须要给他创造良好的运动环境，在这个过程中，不要限制孩子，不要破坏他想要摆托父母帮助而独立学习的愿望。

特别是孩子的手脚与大脑密切相关，体能与智能同时发育，如果不能让孩子手脚的运动机能得到充分发展，孩子会缺乏研究思考精神，容易变得消极懒惰。

给孩子创造尽情玩耍的环境

不要因为怕危险就把孩子限制在狭窄的空间里，应该把房间里的家具收拾整理一下，腾出一个合适的空间，把容易打碎和危险的东西拿走，让孩子可以安全自由地活动。

孩子刚刚学会走路时，父母不要因为危险就限制孩子出去玩，为孩子提供安全的运动环境才是最重要的。

周岁前练习挪步，增强手脚的力量

6个月左右的孩子开始会爬时，他的活动范围开始逐步扩大。

7~8个月，孩子可以握住家长的手站起来，10个月左右便慢慢开始挪步，这时候孩子往往前仰后合站不稳，最终可以慢慢迈出一两步。这个时期，多让孩子进行趴下站起来、迈步的练习，这样可以增强孩子手脚的力量，健壮骨骼，锻炼肌肉，因此要尽量让孩子养成运动的习惯。

○ 孩子7~8个月时，可以扶着床站起来，10个月时开始挪步

为方便活动，尽量让孩子穿薄一点

从孩子会翻身开始，就应该合理安排孩子的穿着。家长过去喜欢给孩子穿既保暖又穿脱方便的肚兜，但是从现在起，应该给他穿些便于活动的衣服，一层层厚重的衣服会阻碍孩子自由地活动。比起厚衣服来，应该让他穿上不厚但也不冷的衣服，不妨碍他迈步。

赤脚有利于发展运动神经

周岁后，孩子开始一步步地学走路，但是迈步对孩子来说并不是件容易的事，即使站稳也要经过长时间的努力和尝试。

刚开始迈步时，在不会着凉的前提下，父母应尽量让孩子光着脚。给孩子穿上袜子的话，脚会打滑，不利于迈步练习。

脚上潮湿，不容易打滑，适合急匆匆学走路的孩子。在脚底前中央有一个叫"涌泉穴"的穴位，赤脚走路会很好地刺激这个穴位。

How to Play

培养运动能力的游戏

● 1~6个月

全身按摩、伸直胳膊腿、弯腿伸腿运动、把孩子放在妈妈脚上开飞机、爬着去拿玩具。

● 7~12个月

爬门槛、从妈妈两腿间走出去、坐在妈妈脚背上，或在脚背上慢慢走、自己活动脚、挪步滚球。

● 12~24个月

在被子里滚来滚去、用脚尖站立、扔塑料圈、跑去拿东西。

● 24~36个月

跑步上下楼梯、打球、堆积木、画画、跟节拍跳舞、两脚合并蹦跳、玩泥巴。

● 3~4岁

在桶里捡珠子、跟着音乐跳舞、捉迷藏、堆木块、爬攀登架、玩泥巴、在席子上打滚、荡秋千、捡东西、双脚交替爬楼梯、骑三轮自行车、和妈妈一起游泳、单腿跳、单脚下楼梯、吊单杠。

● 5~6岁

骑有副轮的双轮自行车、荡秋千、跳绳、跳皮筋、玩单杠、金鸡独立、单脚平衡站立、单腿跳。

用适合不同月龄的玩具培养孩子的运动能力

孩子刚学走路的时候，为了练习走路，可以给他能玩牵着走的玩具。

孩子走得比较稳以后，妈妈可以和孩子一起进行走路比赛，甚至训练他跑，两岁左右可以让他慢慢做一些爬楼梯的练习。这时候，孩子会和着节拍来回跑，或者用脚跟走路。3岁时，可以让孩子骑三轮自行车或者玩球，也可以让孩子玩堆积木、画画等比较细腻的游戏。

通过游戏开发孩子的运动能力

可以让孩子多跑，这是一种非常好的运动。爸爸和孩子一起玩，更能增强孩子的兴致和积极性。

球类游戏可以培养孩子的运动能力，并且需要父母一起参与。幼儿时期，让孩子熟练掌握玩球的技巧，等孩子进入幼儿园后，就可以与小朋友们尽情地享受玩球带来的乐趣。

球类游戏可以培养孩子良好的社会性、敏捷性和准确性，也会让孩子养成良好的运动习惯，还能让孩子学到更多与体育有关的知识，培养孩子更多的才能。

给予适当的刺激引起孩子的好奇心

孩子对任何事物都充满好奇心，很容易被色彩漂亮的东西吸引。若物品就在附近，孩子会伸手去拿，或者将其放到嘴里，也会不停地摇晃东西。

🔾 单脚跑的游戏有利于促进孩子的平衡感

🔾 用适合孩子年龄的游戏刺激孩子的运动神经

这时候，最能促进孩子迈步的就是妈妈。妈妈要在孩子面前伸着双手，等着孩子过来找自己，也可以把孩子感兴趣的玩具或东西放在他眼前，引导他走路。

让孩子玩会移动的玩具

把孩子喜欢的玩具放到远处，孩子会想方设法把他拿回来。妈妈不要把玩具放在孩子手边上，应放在孩子只有伸直手臂才能够到的地方，这样可以自然地引导他运动。

part 9
宝宝潜能开发方案

How to Play

有助于肌肉发育的游戏

有助于大块肌肉发育的游戏

● 在体育场画个长方形的格子，分成几个小格，在每个小格上写上数字，玩根据数字相互追逐的游戏。

● 在地板上画圆，然后背对着背转几圈后，往后面扔沙包。

● 放个小的篮球框，让孩子投球。

● 扔球接球。

有助于小块肌肉发育的游戏

● 穿线。

● 堆稍微复杂的积木。

● 用泥巴或橡皮泥捏成简单的图形。

● 简单的拼图游戏。

● 扔弹珠然后捡回。

有助于开发潜能

全脑开发计划

曾经有一个时期，人们认为只有开发了右脑，孩子才会具有出色的创新能力，所以引起一场开发右脑教育的热潮。但是创新型思考能力只有在左右脑均衡发展的情况下才能得到最大发挥。自己的孩子属于右脑型还是左脑型呢？我们来看一下有哪些开发全脑的方法。

🐻 左右脑得到正确开发的孩子最聪明

人的大脑是由左脑和右脑对称组成的，左右脑之间由大量的神经纤维连接。大脑左半球与右半球的功能不同，左脑发达的人具有较强的逻辑思维能力，右脑发达的人具有形象思维能力和艺术思维能力。在一段时间内，人们认为只有刺激右脑才会有出色的创新能力和应用能力，从而掀起了一场右脑开发教育的热潮。

但是最重要的事实是，相互独立的两个脑半球并不是完全孤立的，而是由无数的神经纤维不断地交换信息、相互协作的。

因此正确开发左右脑比单单开发一半大脑要好得多，也是很有必要的。

左右脑同时协调使用也有利于教育效果的最大化，可让孩子的潜在能力迅速增长。

事实上到目前为止，学校教育多在强调左脑的技能，因此更需要进行促进全脑协调发展的教育。

◑右脑发达的孩子喜欢变化，左脑发达的孩子喜欢循规蹈矩

🐻 左脑型还是右脑型，教育方法不同

一般右脑比左脑发达的右脑型孩子比较喜欢变化和与众不同的东西。而左脑比右脑发达的左脑型孩子喜欢秩序、安全、规则，不论做什么事都喜欢制订计划，然后行动。

例如，一样都是体育运动，右脑型的孩子喜欢包含艺术性的跳水和花样滑冰、舞蹈等，而左脑型的孩子则比较喜欢有竞争力的比赛项目。

那么自己的孩子是属于左脑发达的左脑型，还是右脑发达的右脑型呢？我们来做一个左右脑发达程度测验就可以很容易得出结果。

◑孩子若左脑发达，语言组织能力和对文字或数字的理解力较为出色

左右脑发达程度测试题

下面两个句子中，在符合孩子的内容后面打"√"。

1. A 可以记住初次见面的人（　）
   B 不能很好地记住人的样子（　）

2. A 喜欢用自然材料制作的东西（　）
   B 对塑料和金属制品感兴趣（　）

3. A 肚子不饿不吃饭（　）
   B 每天按时吃饭（　）

4. A 挨了批一会儿就没事（　）
   B 挨了批很长时间都会心情压抑（　）

5. A 对新玩具或游戏很有兴趣（　）
   B 对新玩具或游戏没兴趣（　）

6. A 热衷收集迷你汽车玩具或其他杂物（　）
   B 喜欢玩模仿游戏、讲故事、扮角色（　）

7. A 能记住电视节目或画册中出现的人物相貌（　）
   B 把自己看的电视剧或故事讲给别人听（　）

8. A 大人运动时，也晃动身体来模仿（　）
   B 不努力教，就不想尝试新的运动（　）

9. A 想和别人一起吃饭（　）
   B 一个人吃饭也没关系（　）

10. A 和别人说话时使用手势等肢体语言（　）
    B 说话时很少使用动作或肢体语言（　）

11. A 散步时四周观望风景和行人，并仔细观察（　）
    B 散步时只看前方，对其他事物不感兴趣（　）

＊测试结果：A较多的孩子右脑发达，B较多的孩子左脑发达。

妈妈需要分清自己的孩子属于左脑型还是右脑型，这样就可以根据孩子的类型来刺激他不发达的那个脑半球，使全脑开发成为可能。

 均衡开发左右脑的方法

让孩子均衡使用左右肢体

帮助孩子多使用他不常用的那侧肢体，均衡刺激左右大脑的发育。左右手一起用可以均衡开发左右脑，这是因为常使用右手的人左脑较发达，而常使用左手的人右脑会更加发达。

给孩子听古典音乐

音乐对孩子的精神健康及头脑智力的提高都有很大的帮助。带歌词的歌曲可以刺激人的左脑，而安静轻快的古典音乐则会刺激人的右脑。

●**刺激右脑的音乐**

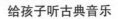

德布西	大海
肖邦	小狗华尔兹
约翰·施特劳斯	蓝色多瑙河
阿尔比诺尼	柔版之曲
德沃夏克	诙谐曲
勃拉姆斯	催眠曲
维瓦尔第	四季
亨德尔	缓慢乐章
莫扎特	弦乐小夜曲
巴赫	布兰登堡协奏曲

让孩子经常参与日常家务

和孩子一起收拾垃圾、擦地板、叠衣服等，让孩子做些日常琐碎小事，孩子会在这样的过程中受到启发。

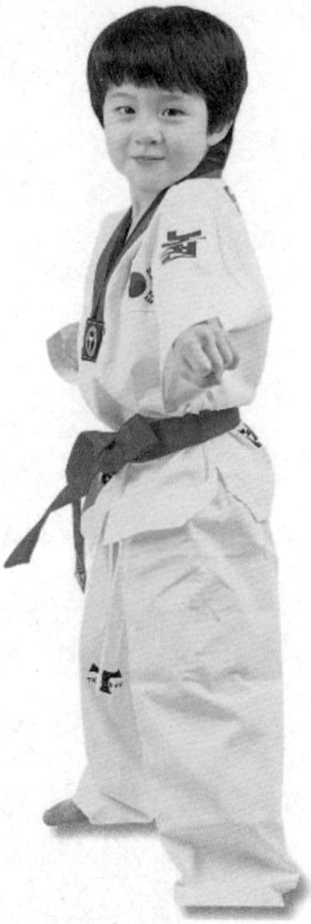

➲深呼吸或活动量小的运动对孩子很有帮助

通过阅读和绘画来同时训练左右脑

孩子读完书后，不要让他马上丢下，应该让他回想读过的内容并画出来，这样就可以均衡发展左右脑。孩子听完音乐后，让他用文字或画画来表达自己的感受，让孩子接触音乐或图画、体育运动等，可以同时刺激左右脑。

引导孩子多去想象

让孩子展开多种多样的想象，即使有时是不合常理的幻想，也不应忽视它。

训练孩子的图象识别能力

图象识别能力是指记住某种图象的特征，进行整体综合分析的能力。让孩子看图画的一部分后，想象图画的整体，另外，迷宫游戏、下象棋、围棋等，都可以提高孩子的图像识别能力。

让孩子体验多种感觉

告诉孩子与别人说话时，不要只注重语言的逻辑性，还要感受别人的情绪和思维方式。

让孩子体会紧张和放松的感受

做深呼吸，用鼻子慢慢吸气，然后用口呼出，或者反复地给身体的某一部位加力，停顿一下再释放气力，这样反复使身体处于紧张和放松的状态。

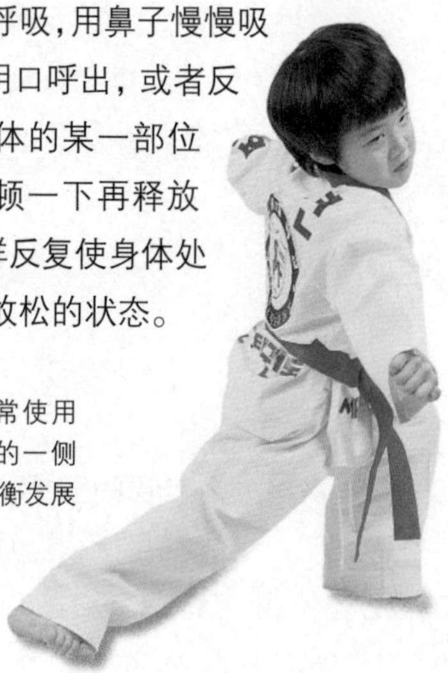

➲让孩子经常使用他不习惯用的一侧肢体，从而均衡发展左右脑

How to Play

和妈妈一起做有趣的全脑开发游戏

● 木棍游戏

这是用木棍拼出多种有创意的图形的游戏，能培养孩子的图形认识能力。

道具：木棍15~20根（吃完冰激凌后留下的小木棍或折断的树枝）

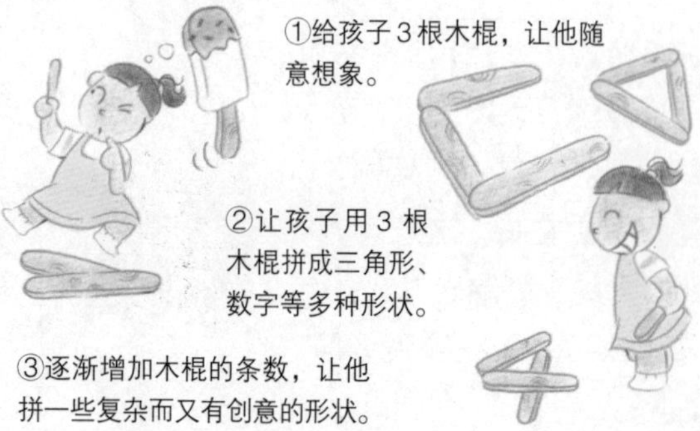
①给孩子3根木棍，让他随意想象。
②让孩子用3根木棍拼成三角形、数字等多种形状。
③逐渐增加木棍的条数，让他拼一些复杂而又有创意的形状。

斯瑟蒂克计划

斯瑟蒂克夫妇因为把自己的4个女儿培养成智商160以上，聪明而又感情丰富的孩子而变得家喻户晓。他们的秘诀就在于与他人不同的胎教和早期教育。我们来看一下他们所采用的胎教和育儿方法。

斯瑟蒂克胎教

斯瑟蒂克胎教理论强调，怀孕中的母亲所看到的、听到的、想到的事物都会通过自己的声音、身体变化、心理状态传达给胎儿，而接收了这一切的胎儿从出生时，就具备某些智力和素质。

因此母亲的心理活动是很重要的，与孩子对话，给他读书，给他听音乐，无论做什么，妈妈都要饱含深情。

斯瑟蒂克胎教法中的子宫对话法和卡片学习法

子宫对话法是指对腹中的孩子讲故事的方法；卡片学习法是指用卡片让孩子认识文字和数字的方法，这两种方法是斯瑟蒂克胎教法的代表性方法。

斯瑟蒂克夫人怀孕5个月时开始对腹中的孩子描述景象，经常对他说话，也通过文字卡片、数字卡片进行胎教。

坚持子宫对话

斯瑟蒂克夫人一直与腹中的孩子不停地对话，这就是她自己想出的"子宫对话法"。她认为通过对话让胎儿学习只是目标之一，更重要的是表达对腹中胎儿的爱。

斯瑟蒂克主张，孩子的大脑在怀孕3~

4个月基本成形，所以胎儿在一定程度上也可以学习，因此，这个时期一定要向他多灌输一些好的信息。

胎儿在妈妈腹中的经历都是通过妈妈的话得到的，因此要把日常生活中发生的所有事情生动有趣地讲给他听。

从早上醒来到晚上睡觉，妈妈要把自己或家人一天干什么、想什么、聊什么全都告诉腹中的孩子。

○ 怀孕3~4个月后，胎儿的大脑基本成形，可以开始学习

给孩子生动地讲述日常生活中的故事

早上睁开眼睛跟孩子打招呼，如"早上好"这种日常问候可以让胎儿知道已经是早上了。当阳光从窗外照进来时对她说："今天天气真晴朗！"孩子会意识到晴朗的天气原来是这样啊。

斯瑟蒂克夫人认为，通过这种方式，孩

子在腹中就能学会产生各种感觉，出生后认知能力就比较突出，感觉也比较发达。

但是，对胎儿说话时，一定要把注意力集中在所描述的事物上，然后进行简单说明。

比如，看到在院中盛开的玫瑰花时，不要像词典里解释得那样死板，应该说："这种花叫玫瑰，白色的，散发着甜美的香气，你也来闻一下吧！但是上面有刺，抓住它会扎到手，一定要小心啊！"

卡片学习法刺激胎儿的大脑

胎儿的记忆功能始于怀孕6个月时，到8个月时达到全盛，因此，这时候可以进行文字学习。使用文字卡片会让孩子记忆更加深刻，学习效率高。

文字卡片就是用彩色笔在白纸上写上字词的卡片。每天教孩子五个字，以及用这几个字组成的词，并向他说明这几个词的意思。

学习方法是：一边正确发音，一边用手指临摹字形，并将注意力集中在字的形状和颜色上，加深印象。

◐孩子在腹中听了很多音乐之后会有音乐天赋

比如，教完"家"这个字后，再教他"家人""家庭"等以"家"开头的词语，然后再说："家人就是指像爸爸、妈妈、爷爷、奶

奶这样疼爱你的人，家人是我们最亲近的人。"

妈妈的思想会刺激孩子的大脑

数字卡片和文字卡片一样，也是在白纸上用彩笔写上数字做成的卡片。妈妈可看着数字的模样和颜色，在大脑中将数字描绘出来。

如数字"1"，即使视觉化了，对于胎儿来说，也是一个极为枯燥的形象，因此可以用"竖起来的铅笔""食指"的形状来做联想游戏。另外，你可以用身旁具体的物品来表示，如一个苹果、一只猫等教胎儿数字的同时也可以教他算数，帮助他理解数学概念。

妈妈可以说："这里有一个苹果，又拿来一个，总共有几个？"妈妈和胎儿一起思考得出答案，然后由妈妈来替孩子说出"两个"，并传达给孩子。

这样，在妈妈与胎儿一起思考的过程中，胎儿的大脑也受到了刺激。用过的卡片不要扔掉，等孩子出生后可以再作为幼儿时期的学习资料来使用。

经常听古典音乐

斯瑟蒂克夫人怀孕期间经常听古典音乐，她常将巴赫、莫扎特，亨德尔的作品作为卧室、厨房的背景音乐。父母要选择感觉明快、平稳柔和的歌曲和乐曲，和胎儿一起听音乐可以培养胎儿的感受性。

让胎儿听各种乐器的声音

怀孕后期，胎儿已经熟悉美妙的音乐和妈妈的哼唱，所以要给胎儿一些更为具体的东西。

妈妈要让胎儿听各种乐器发出的声音，妈妈仔细看，并用手去摸乐器，并向胎儿仔细说明各个乐器的模样。

❶ 给孩子读图画书时，尽量让
孩子沉浸在妈妈的读书声中

准爸爸的子宫胎教法

怀孕期间，胎儿一直都跟妈妈一起生活，所以很熟悉母亲的声音，但对父亲的声音会感到陌生。

因此，为了使孩子能够熟悉爸爸的声音，应该每天都让他听到爸爸的声音。可以把晚饭后的1个小时定为爸爸的胎教时间，让爸爸与胎儿对话。

在离妻子肚子50cm处和胎儿聊天比较合适，胎儿听到爸爸雄厚有力的声音，会感到安心和有依靠，爸爸可以和蔼地跟胎儿聊天。

对话的内容可以是公司里的事情，也可以是将来的计划、自然和社会现象等领域。

斯瑟蒂克教育项目

斯瑟蒂克夫妇培养出四个聪明的孩子，不仅是通过与众不同的胎教方法，他们在孩子的成长过程中一直都在不停地努力。

经常给孩子讲故事

众所周知，即使是每天只知道睡觉的婴儿，妈妈每天在给他喂奶或洗澡时，如果一句话也不和婴儿说，会给孩子造成不良的影响。

因此，给孩子换尿布或喂奶时都要满怀爱意地叫孩子的名字，或给他唱歌，让他任何时候都听到妈妈的声音。

经过这样一段时间的练习后，斯瑟蒂克夫妇的孩子开始能用不清晰的发音模仿妈妈。

多给孩子读图画书

斯瑟蒂克夫人在孩子出生两个月后经常给他读画有动物的图画书。孩子能否理解内容其实并不重要，因为总有一天孩子会理解书中的内容。

如果妈妈给孩子读图画书时，若他心情烦躁，不想听，就没有必要再给他读下去。要知道孩子只有在心情好、心态平稳的状态下才会享受妈妈的读书声。

斯瑟蒂克教育四个女儿所得到的经验是，每个孩子都有自己喜欢的不同类型的图画书。

孩子喜欢红色、橙色、黄色等暖色调的图画书，并且不会注意那些不清楚的图画，所以，要尽量让孩子看一些图片简单鲜明的图画书。

很多时候，如果一页纸上写的文字太多，孩子也会觉得厌倦，因此要选择文字不超过半页的图画书。

让孩子边玩边学

现在，很多妈妈都认识到孩子的智力开发可以通过有趣的游戏来实现。因此，不必把学习和玩耍明确区分开。

妈妈要花些心思让孩子在玩耍的同时学到知识。如果因为孩子喜欢就一直让他拿着玩具玩，这是不可取的。

● 想办法寓教于乐

那么斯瑟蒂克夫人的四个女儿都玩什么玩具呢？其实主要是能培养孩子艺术感或思考力的玩具、培养组合能力的玩具、语言文字游戏玩具、数学游戏玩具等，具体玩具种类如下：

*培养艺术感的玩具：让孩子用彩色蜡笔画画，涂鸦可以增强孩子的色彩感受力，还可以锻炼手部肌肉。

橡皮泥游戏有利于培养孩子丰富的想象力。用橡皮泥制作自己想做的东西，在橡皮泥上写下他的名字，有利于发展他的想象力，另外揉橡皮泥会促进孩子手指或胳膊肌肉的发育，也是种很好的运动。

● 通过涂鸦锻炼孩子的手部肌肉

*培养思考力的玩具：顺序排列卡片游戏是指把一系列的动作从头到尾在卡片上用图画画出来，然后把卡片的顺序打乱，让孩子重新排列的游戏。

通过这种游戏，可以培养孩子的逻辑思维能力。拼图也是种简单的图形搭配游戏，父母先从简单的图片开始，慢慢增加难度，发展孩子的思考能力。

● 手型玩具有助于促使孩子开口说话

*对话玩具：试着给孩子一些缝制玩具或洋娃娃之类的玩具，让他们自己玩。斯瑟蒂克夫人说她按此方法做了之后，孩子就跟洋娃娃"咿呀，咿呀"地说起话来。此外，斯瑟蒂克夫人还建议父母可以跟孩子玩字母表谜语游戏，让孩子学习字母。

*培养组合能力的玩具：盖房游戏可以使孩子按照想象一块一块地把房子建造起来，这样可以锻炼孩子的组合能力及想象力，搭积木也有同样效果。

*数学玩具：手表玩具可以使孩子了解数字和时间观念，妈妈也可以用比较容易看出刻度或数字的婴儿秤，测出物体的重量，让孩子熟悉重量的概念。

日常生活中的实践式教育效果明显

早晨起床之后，让孩子洗漱吃饭，与小朋友一起玩耍，陪孩子去公园散步，告诉孩子树木的名称，把看到的事物一一介绍给孩子，使之慢慢地熟悉自然规律，这就是斯瑟蒂克夫人所谓的实践式幼儿教育。

七田真计划

在婴幼儿时期，孩子只有不断接受刺激，头脑才能变得发达。七田真博士对自己的三个孩子，从小就用独特的教育方法来培养他们，使他们变得更加聪明，这就是一个很好的例子。为什么七田真教育法如此受欢迎呢？它到底是什么样的呢？我们一起来了解一下。

🐻 拓展右脑开发教育的七田真计划

七田真教育法用一句话概括就是：0～6岁，保持左右脑均衡发展。

七田真教授认为，父母应对幼儿灌输大量的信息，才能让他成长为有创造力的孩子。

6岁以前的孩子思考问题比较直观，没有逻辑概念，反复地让孩子看相同的单词、图片，孩子便会记住事物或单词，这些东西会刻在孩子的潜意识中，构成他创造力的基础。

七田真认为6岁以前，右脑活动最为发达，这种能力也最为突出。这时候如果把孩子无限的潜力开发出来，就能把他培养成一个优秀的孩子。

3岁之前是右脑发育占主导的阶段，3岁以后，父母则应注重孩子左右脑均衡发展。七田真教学法的重点在3岁之前让孩子的右脑得到最大程度的开发。

🔘 妈妈在边长28cm的四方形纸上画上五种动物或水果

国旗卡片

这个游戏可使孩子了解国旗的种类和世界上的国家。

▲ 把很多国家的国旗一张一张地贴在卡片上做成国旗卡片

♣ **道具：** 几个国家的国旗、胶水、厚图画纸若干张。

♣ **制作方法：**

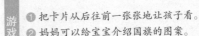

游戏方法

① 把卡片从后往前一张张地让孩子看。
② 妈妈可以给宝宝介绍国旗的图案。
③ 孩子认识国旗后，妈妈可以给宝宝介绍国家的首都。

英语歌谣卡片

让孩子通过英语歌谣来熟悉英语，学会生词和句子。

♣ **道具：** 英文歌曲的磁带或书、厚图画纸、彩色蜡笔、剪刀、胶水。

♣ **制作方法：**

▲妈妈在纸上写上大大的英语单词，再在上面配上相应的图画

游戏方法
① 边听磁带边让孩子快速阅览卡片。
② 在孩子熟悉歌曲后，把歌曲中出现的单词做成卡片，用卡片让他熟悉单词，因为单词是从自己熟悉的歌曲中来的，所以孩子会很容易学会。

汉字卡片

这个游戏可以使难学的汉字变得简单。不论汉字、单词还是成语，可以让孩子从它们中的任何一种开始学起。教孩子成语时，既能让他明白成语的意思，又能丰富他的词汇。

♣ **道具：** 厚图纸、彩色铅笔、剪刀。

♣ **制作方法：**

▶制作卡片，在卡片正面写上汉字，背面画上对应的图画。

游戏方法
① 一秒一个让他快速翻看。
② 孩子能认出汉字，体会到游戏的乐趣后，家长把卡片扔到地上，让他自己捡回来。
③ 翻转卡片，给他看后面的图画。

身体认知卡片

这个游戏可以让孩子自然地学会身体各部位的名称，同时熟悉文字。

♣ **道具：** 厚图纸、剪刀、彩色铅笔、胶水、身体部位图片。

♣ **制作方法：**

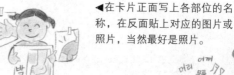

游戏方法
① 边唱"头、肩膀、膝盖、脚"，边指着孩子或自己的身体部位，教他各个部位的名称。
② 用身体卡片让孩子看歌词中出现的各个身体部位。2~3岁的孩子，如果已经知道了身体各部位的名称，只让他看文字就可以了。

◀在卡片正面写上各部位的名称，在反面贴上对应的图片或照片，当然最好是照片。

七田真对待孩子的六种态度

● **不看缺点**

多看孩子的优点，避免过分关注他的缺点。

● **不看结果，多关注过程**

孩子的身体和精神都在不断成长，有的父母总是不满意孩子现在的行为，总是过早担心孩子的表现。父母应该看到，只有经过了这个阶段，孩子才会有一个全新的变化，不应为此过分焦虑。

● **不要对孩子要求太苛刻**

妈妈过分要求孩子完美，会让孩子失去信心，这样容易形成恶性循环，使妈妈经常看到孩子的不足，总觉得孩子不够让人满意。

即使孩子存在不足，父母如果对孩子多加鼓励，下次孩子会做得更好。如果因为一点错误就对孩子发火，孩子就会失去信心，父母要努力避免这一点。

● **不比较**

每个孩子都有某方面的强项，每个孩子擅长的领域不同，因此不要用相同的标准去衡量孩子。父母不要拿自己的孩子和别的孩子进行比较，应该去培养孩子自己的个性，让他在自己擅长的领域做得更好。

● **要一直以"我的孩子是最棒的"这样的想法来面对孩子**

妈妈对孩子的态度会直接传达给孩子。如果妈妈面对孩子时总是说"你会做好的"，那么孩子在不知不觉中会接受这种鼓励，然后真的做得很好。

part
9
宝宝潜能开发方案

宝宝日常护理的八大要领

❶ 注意孩子背部的保暖，防止背部受凉。

❷ 注意孩子腹部的保暖。孩子消化器官功能不完善，肚子受凉会使消化功能出现异常，引起腹泻等症状，因此夏天睡觉时也要盖住孩子的肚子。

❸ 注意孩子脚部的保暖。脚是身体的第二心脏，是非常重要的部位。因此只有脚暖和了，血液循环才会正常。

❹ 保持头部的凉爽。头是人体热量汇集的地方，因此只有让孩子的头部保持清爽，才能维持正常的生理状态。

❺ 保持胸部凉爽。胸部是人体热量较集中的地方，因此要注意散热。

❻ 保持消化器官的温度。消化器官受凉会出现功能障碍，孩子的消化器官还不健全，所以吃凉的食物会得病。

❼ 不要为了哄孩子不哭而喂奶。因为这样容易使奶水进入呼吸道，可能会引起窒息。

❽ 给孩子洗澡不要太频繁。小孩子皮肤细嫩，频繁洗澡会伤害他的皮肤，也容易导致各种细菌的侵入。

培养创新能力

福禄贝尔计划

福禄贝尔是德国著名教育家，他不但创建了第一所称为"幼儿园"的学前
教育机构，而且他的教育思想具有广泛而深远的影响力。

培养创新能力的福禄贝尔教育

福禄贝尔教育的基本原理是在孩子玩的同时培养他天生的创造能力，因此，福禄贝尔以
创新能力教育为主打。

完成图片

这种游戏可以使孩子更容易掌握图形
的特征。另外，也让孩子认识到，把剪好的
彩纸的角对折起来后会变化出新的形状。

♣ 道具：彩纸、彩色蜡笔、画本、胶水。
♣ 制作方法：

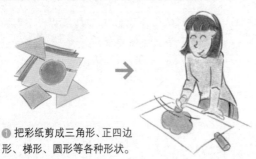

❶ 把彩纸剪成三角形、正四边形、梯形、圆形等各种形状。

❷ 妈妈在画本上画出某一部分未完成的图形。

❸ 让孩子猜一下未完成的部分应该是什么颜色，并把它用胶水贴在上面。

弄出声音

让孩子体验周围的声音，如雨声、汽车的
声音等。然后，让孩子自己发出类似的声音，
通过这个过程，提高孩子对声音的敏感度。

♣ 道具：内容简单的童话书、录音器具、会发声的东西。
♣ 制作方法：

❶ 给孩子念童话故事，让他们想象书中提到的声音。

❷ 从周围的物体中找出能够发出相同声音的东西。

❸ 妈妈读童话书的同时，让孩子发出相应声音，或者孩子读童话书，妈妈发出相应声音，用录音器具将声音录下来。

可以增加孩子对测量的兴趣，同时培养孩子的数理能力。

♣ 道具：一张大纸、彩色蜡笔。

♣ 制作方法：

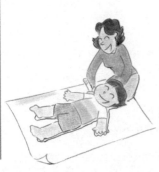

① 将纸铺在地面上，让孩子躺在上面，画出孩子的形状。

② 在形状上面画上孩子的手掌，然后测量孩子身体每个部位的长度。

Mom & Baby

福禄贝尔所追求的教育效果

● 尊重孩子的自觉性

福禄贝尔教育中最重要的原则是要尊重孩子的想法。与成功理想比起来，孩子的幸福快乐是最重要的，要让孩子自己主动地玩游戏。

● 培养孩子的社会性

通过集体游戏、角色游戏，可以使孩子直接体验到像幼儿园、学校等集体生活的情形，让孩子体验到和别人合作而获得的成功喜悦。

● 培养孩子的创造性

让孩子能够自己表达出眼里所看到的、心里所想的，父母给予充分肯定，不断刺激孩子的想象力，激发孩子的创造性。

part 9 宝宝潜能开发方案

477

蒙台梭利计划

> 聪明的父母造就聪明的孩子，智慧的父母不必亲力亲为地去教育孩子，他们更注重让孩子自己去主动学习。现在我们就介绍一下，在家里如何进行这种以环境为中心的蒙台梭利式教育。

开发孩子潜力的蒙台梭利教育

孩子有着无限的潜力，蒙台梭利式教育就是以发挥孩子自身潜力为基础的教育模式。通过介绍蒙台梭利式的游戏，我们看一下怎样才能激发孩子发挥他们的潜力。

珠画

应用孩子喜欢的美术游戏，在玩游戏的过程中，父母要注意引导孩子集中精神，培养孩子的注意力。另外，通过对各种颜色的试验，可以培养孩子的美感意识。

♣ **道具：** 颜料、几个珠子、纸盒、白色图纸、调色板。

♣ **制作方法：**

❶ 在纸盒里铺上白色图纸。

❷ 在调色板里用毛笔将红色颜料涂在珠子上。

❸ 将珠子放在纸盒里，左右摇晃纸盒，在这个过程中，珠子上的颜料就会粘到纸盒上，从而成画。

❹ 再用其他不同颜料给珠子上色，重复同样做法。游戏结束之后，拿出图纸让孩子欣赏。

秘密口袋

由于是通过触感来让孩子判断事物的游戏，因此对刺激孩子触觉有很大作用。另外，可以使孩子熟悉那种通过触觉来感受物体的感觉，自然而然地，孩子就可以记住物品的名称。

♣ **道具：** 家里的各种物品、袋子。

♣ **制作方法：**

❸ 再重新把物品放入口袋中，蒙上孩子的眼睛，一件一件地拿出来，让物品发出声音，或者让孩子进行触摸。

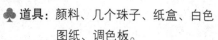

❷ 让孩子猜各种物体的名称。

❶ 将准备好的各种物品放入袋子中，与孩子一起，说出各种物品的名称。

❹ 结束游戏后，将物品放回原处。

在制作项链的过程中，可以让孩子对物体模样有所理解。另外，规定一些特定的规则，让孩子按照规则制作，可以很自然地告诉他们有关规则的知识。最好用一些彩色珠子来玩这个游戏。

♣ **道具：**彩纸、剪刀、吸管、线。

♣ **制作方法：**

❶ 用彩纸剪出多个三角形、四角形、五角星形的图片。

❷ 与孩子一起寻找相同形状的星星，同时告诉孩子各种形状的特点。

❸ 剪出几个漂亮的图形，将吸管剪成 1.5 ~ 2cm 的长度，妈妈先把这些图形按照四边形、五角星形、三角形、圆形顺序串起来。

❹ 妈妈与孩子一起，按照事先定好的规则，把吸管与图形串起来，做成项链。

Mom & Baby

蒙台梭利式教育方法

幼儿期的孩子就像海绵一样吸收着周围环境中的养料，因此这个时期，周围环境对孩子的影响非常大。

蒙台梭利式的教育，不是妈妈为了对孩子进行某种教育而强求孩子，而是为了让孩子学习而给孩子营造一种环境，使孩子能主动对外界产生认知的一种教育方法。接受这种教育长大的孩子，能独立的灵活地解决各种问题。

● **蒙台梭利式教育法及效果**

在日常生活中学习

通过倒水、开瓶盖等具体的游戏，帮助孩子提高解决身边事情的能力。

孩子们通过类似的练习，不仅可以形成较强的认知能力，还可以提高他们的意志力和自理能力。

刺激孩子们的触觉能力

触感教育不单纯是为了培养孩子的触觉感知力，同时也能培养他们的语言逻辑思维能力。

◐ 蒙台梭利教育法引导孩子自主学习

宝宝令人担心的症状及应对措施

宝宝受伤了怎么办

宝宝不适处理对策

孩子们在成长的过程中难免会发生各种各样的事故，同时也会生病不舒服，比如会不小心受伤，晚上突然高烧或呕吐。父母要具备急救常识，以及各种宝宝常见病防治常识，同时不要忘记定期给孩子打预防针。

令人担心的症状及应对措施

孩子偶尔呕吐、腹泻、发烧、没精神，妈妈就会开始担心："孩子到底怎么了？"这究竟只是单纯的小症状，还是孩子生病了？如果孩子出现了这些症状，我们需要做些什么呢？

哭闹不止

❶ 对于还不会说话的孩子而言，哭是唯一的表达方式

孩子还不会说话的时候，哭是他唯一的表达方式，哭泣是孩子不满情绪的宣泄。如果孩子一抱起来就不哭了，说明他可能只是困了，或者是想让人抱。如果抱着他怎么哄还是哭个不停，则很有可能是孩子身体不舒服了，一定要仔细检查。

🎒 喂孩子奶，仔细检查孩子全身

孩子不停地哭，妈妈可以先试着给他喂喂奶。如果孩子一含住乳头就不哭了，说明他饿了。如果还是哭，可以检查一下尿布，也许是因为尿裤子了。

如果尿布没湿，那就要看看孩子是不是发烧了。如果体温正常，孩子却依然哭个不停，妈妈应该把孩子的衣服脱下来，仔细检查一下衣服上没有什么东西扎到了孩子，再看看孩子身上有没有蚊虫叮咬的痕迹。

3~4个月的孩子在一切正常的情况下哭闹不止，很可能是便秘引起的，这时应该帮助孩子排便，排便后不舒服的感觉消失了，孩子自然就不哭了。

如果孩子哭得很厉害，脸色也不好，还呕吐不止，大便中含有血或黏液，提示孩子的肠道很可能有问题，妈妈要及时带孩子到医院检查。最好把孩子的大便也带去医院，对于医生的诊断会很有帮助。

🐻 根据孩子哭闹的样子判断病因

如果是因为便秘而肚子痛，孩子哭的时候会蜷着腿、弓着腰。如果是因为发烧，孩子哭的时候可能会拽自己的耳朵，哭得厉害了还会吐奶。出现这种症状，有可能是中耳炎引起的，妈妈一定要及时带孩子去看医生。

若孩子哭得很厉害，上气不接下气，脸憋得通红甚至发紫，意识开始模糊，这很有可能是哭泣引发的痉挛。

正常情况下，孩子哭一阵，自己就能慢慢平静下来，不需要特别对待。有些家长会认为孩子太敏感，所以会过度地关心，这是不对的。性格固执倔强的孩子往往会哭起来不要命，这和遗传也有关系。

🐻 孩子半夜哭得厉害，很可能是生病了

孩子半夜哭闹的原因有很多，可能是太热或太冷，也可能是渴了、饿了，也可能身上痒痒，或者被什么东西扎疼了。有时候孩子吃着奶睡着了，打不出嗝来憋得难受也会哭。如果想让大人抱抱了，孩子也会哭。总之，哭是孩子唯一的表达方式。

通常情况下，找出孩子哭泣的原因并不难。满足了他的要求，再抱着他摇一摇，一会儿孩子就会不哭不闹睡着了。

如果这些办法都不管用，或者本来晚上很乖的孩子却突然哭闹不停，就有可能是生病了。妈妈要给孩子量一下体温，看看他有什么不适，并且及时带孩子去看医生。

孩子哭闹的时候，妈妈应该怎么办?

❶ 可能是饿了，先试着给孩子喂喂奶。

❷ 量一下体温，看看孩子有没有发烧。

❸ 若孩子体温正常，脸色也没问题，可以脱下孩子的衣服，看看孩子身上有没有蚊虫叮咬的痕迹，或者衣服上有没有扎到孩子的东西。

❹ 若无任何异常，可孩子还是不停地哭闹，而且几天没有大便，可以先给孩子排便。

孩子出现以下情况，应及时去看医生。

❶ 脸色不好，呕吐。

❷ 排出的大便含有血或黏液。

❸ 高烧。

❹ 换尿布的时候，一抬他的腿就大哭。

受便秘折磨的孩子

朴美情（29岁　主妇）

我的女儿有21个月大了。因为女儿便秘，我经常要随身携带棉棒帮她排便。我经常给孩子按摩腹部，也试过让孩子坐浴，可都没什么效果。

我想可能是吃的东西有问题。听说将橙汁和水按1:1混合后给孩子喝能够治疗便秘，可我试了，也没效果。后来又听说喝豆浆能治疗便秘，我就给女儿喝豆浆，可是孩子不喜欢豆浆的味道，喝几口就不喝了。于是我就在豆浆里掺了些牛奶给孩子喝，发现的确有治疗便秘的效果。

现在便秘不那么严重了，可是大便还是很干燥。虽然说喝豆浆对治疗便秘有帮助，但是每个孩子的身体状况不同，适用的食物也不一样。对待孩子便秘，我们应该先查明原因，然后再对症下药才行。

Baby Clinic

新生儿会出现的正常生理现象

1. 体重降低

孩子出生1周时体重会较出生时下降10%左右。这是因为孩子吃的东西还很少，而身体的新陈代谢却在不停地进行。出生10~14天，宝宝能恢复到出生时的体重。

2. 呼吸和心脏搏动较快

新生儿的平均呼吸次数为30~40次/分钟，稍大点的孩子为20~25次/分钟。孩子在哭闹或比较兴奋时，呼吸甚至会超过60次/分钟。

3. 体温较高

如果觉得孩子有点发烧，测体温时要先把孩子穿的厚衣服脱掉再测。新生儿的正常体温要比大一些的孩子高，一般是37.5℃左右。随着孩子年龄的增长，体温会降低，孩子长到5岁时正常体温会降到37℃，7岁时正常体温就和成人一样了，为36.6~37℃。

4. 容易受到惊吓

新生儿神经发育还不成熟，当他想伸腿却伸不直时就会突然蜷缩。有时会来回晃动腿、胳膊，做一些好像受了惊吓般的动作，但这些都是正常的，不必担心。

5. 开始时不太会吃东西

孩子刚出生时还不太会喝奶，可能试过3~4次以后才会正常地喝奶。而且刚开始的一两天，喝奶喝得不会很多。但是大概3天以后，喝奶量会逐渐增加。

○ 由于新生儿主要采用的是腹式呼吸，所以看起来会有点像在喘

肚子疼

孩子不管是肚子疼还是肚子饿，都会用哭来表达。虽然看起来哭相都差不多，难以判断，但仔细观察还是会发现其中的差异。

蜷着身子哭

孩子如果肚子疼，又不会用语言来表达，那么就只能哭了。当然有时孩子也会用行动来表现，如用手指着疼痛的部位，或者蜷着身子哭。孩子哭的时候，一定要仔细留意孩子哭的样子，这样才能更快地找到原因，解决问题。

如果检查了孩子的全身也没有发现伤口或其他明显症状，可孩子就是不停地蜷着身子哭，那他有可能是肚子疼。喂他奶，他不吃，一摸他的肚子，就哭得更厉害，这肯定是肚子疼。

孩子肚子疼可能是小毛病，但也有可能是肠炎等重病，所以妈妈一定要仔细观察宝宝，及时采取对策。

孩子若疼得厉害，要带他去看医生。如果还伴随出冷汗、脸色不好、呕吐等症状，就更应该引起重视了。

看孩子除了腹痛外有无其他症状

孩子如果肚子疼，首先要检查一下孩子是否还有其他症状。腹痛有可能是肠套叠症、急性盲肠炎、腹膜炎等疾病所致，这些疾病如果不立即治疗就会有危险。如果想判断是不是急性病，就要注意观察孩子有没有发烧、呕吐、脸色不好，同时也要留心孩子的全身状况。如果只是肚子疼，整体状态较好，那么急性病的几率就较小。

3个月左右的孩子，如果食欲不好，哭得厉害，但无呕吐、腹泻症状，脸色也不错，那就可能是便秘。如果灌肠后排便正常，状态好了起来，那么父母大可不必担心。

5岁以前，如果孩子有持续的单纯腹痛，并无腹泻、呕吐症状，那可能就是便秘引起的。只要给孩子灌肠，排便恢复正常后就会好起来。

腹泻

孩子的排便情况能够很好地反映出健康状况。小孩的大便一般都比较稀薄、频繁，但各个孩子又有所不同，尤其是喝母乳的孩子，大便会更稀。有时虽然看起来像拉肚子，但如果孩子情绪不错，胃口也不错，那就没什么问题。

有的孩子由于体质原因经常腹泻

有的孩子由于体质原因会经常拉肚子，对于这样的孩子，如果他每天兴高采烈地玩耍，胃口也不错，体重也有规律地增加，就不用担心。

若孩子腹泻，还伴有湿疹、意识不清等症状，就属于过敏性腹泻。过敏性腹泻虽然并不可怕，但孩子如果得了这种病，要首先带他去看医生，查明病因。

牛奶是导致过敏性腹泻的主要食物之一，这是因为有的孩子属于先天性乳糖分解酶偏低。这类孩子如果吃了牛奶或乳制品，体内乳糖得不到及时分解，就会导致腹泻。

腹泻时不能给孩子吃柑橘类辅食

如果想给拉肚子的孩子补充能量，母乳是不错的选择。牛奶要间隔4个小时以上喂1次，并且不能吃得太多，以免造成胃肠负担。

腹泻时可以喝苹果汁，但橙汁、橘子汁等柑橘类果汁不能喝，它们会加重孩子腹泻的症状。

孩子腹泻时身体内水分流失，容易导致脱水，所以要多给孩子喝一些温热的白开水。

孩子如果脱水，那么嘴唇会变得干燥，小便次数和量会减少。再严重的话，孩子会口干舌燥，没有小便，干哭无泪，进而还可能导致痉挛或休克，所以要特别注意。

如果大便中有血或黏液，就要赶紧带孩子去医院

孩子有时大便带血，如果大便坚硬，表面带血，那么就是肛裂，这时可以扒开孩子的屁股检查一下。如果孩子肛门破裂，要先用温水清洗；如果肿胀，就先带他到小儿科查明病因。

如果便中带血或黏液，而孩子依然玩得很好，吃得也不错，也不发烧，那么很有可能是过敏性血便。虽然这不是什么大问题，但也要带孩子去看医生。

孩子腹泻也有可能是得了肠套叠症、痢疾、病毒性肠炎等疾病，如果确诊，就需要立即住院治疗。

◎ 宝宝拉肚子时很容易脱水，所以要让孩子多喝水，以补充水分

腹泻的对策

孩子的状态	对 策
★类似感冒的症状，伴随呕吐、没精神	★给他补充水分，赶紧送往医院
★排血便，哭得厉害，呕吐	★立即送往医院
★腹泻、发烧、呕吐，严重腹痛	★送往医院
★排血便，并且大便像粥一样稠，同时呕吐、高热、无精打采	★赶紧送往医院
★大便很稀，每天大便10次左右，但是既不发热也不呕吐	★如果孩子心情不错，也挺有活力，就先观察一天
★喝奶以后，一会儿就吐了，还拉肚子。大便中有许多黏液，偶尔还混有血	★去医院接受检查，看是不是过敏

便秘

不同的孩子每天大便的次数也不相同。有的孩子一天大便10次左右，有的则2~3天大便1次，有的3天都不大便。如果孩子排出的大便较稀，而且排便时一点不疼，那就没有什么问题。

孩子为什么便秘

喂奶量不足、断奶期间不吃辅助食品、偏食等都容易导致便秘。有时由于大便干结，就会导致孩子肛门破裂。

孩子排便不畅有时是由先天障碍所致。如果新生儿4~5天都没排过便，而且有腹胀症状，那就可能是先天性巨结肠。

如果还有其他症状就要抓紧时间去医院

孩子便秘，但是吃得好、玩得好，脸色也不错，那就没什么问题。但如果他不仅便秘，而且还有以下症状，那么为了安全起见，最好赶紧带他去医院。

▶ 想吐或者没精神，脸色也不好。

▶ 腹胀，腹痛，哭泣不止。

❏ 带上孩子排便情况的详细记录，或者粘有孩子大便的尿布去医院，会对治疗诊断有所帮助

▶排便费力，肛门破裂，便中带血，并且哭得厉害。

▶没有食欲，一吃完、喝完东西就吐。

▶平时排便很正常，但突然之间就不正常了，而且整个人都无精打采。

▶几乎不怎么排便，而且腹胀，灌肠后排出的粪便很稀。

▶慢性便秘反复发作。

便秘的对策

孩子的状态	对策
★3天没有排便，但孩子并没有出现腹胀症状，而且心情很好，玩得也不错	★这是由喂奶量不足或偏食引起的，可以根据原因制订对策
★缠人或哭泣，肚子胀，也不喝奶，脸色不好，但无呕吐症状	★不用担心，灌肠就可以了
★排便时很痛苦，大便硬硬的，且便中带血	★带他去小儿科接受治疗，回家后要更换奶粉
★3天以上没有大便，给他灌肠，排出的粪便很稀	★孩子可能有先天性缺陷，要抓紧时间带他去医院
★平时很正常的孩子，突然3天没有排便，而且无精打采，皮肤粗糙	★抓紧时间去医院
★排出的大便呈灰白色、坚硬	★抓紧时间去医院

经常呕吐

孩子的胃肠机能尚不成熟，所以会经常出现呕吐的症状，但是呕吐并不代表生病。孩子如果常呕吐，父母要仔细观察他呕吐的次数，有无其他症状，心情如何，然后再寻求对策。

如果孩子症状严重，需要及时去医院检查。父母将孩子呕吐的具体情况告诉医生，会对诊断有所帮助。

越是胃肠功能发育不成熟的新生儿越容易出现呕吐症状

由于新生儿还不懂得控制食欲，吃奶有时会吃得很撑。如果孩子吃撑了，或者刚吃完就躺下，很容易吐奶。这与生病呕吐并不一样，而且孩子也不会感到不舒服，也不会引发营养失调或者脱水。

有时孩子喝完奶不一会儿就会打嗝、吐奶。孩子的胃是水平状的，打嗝的时候，奶也会涌上来，这是由于孩子喝奶时吸入空气的缘故。

孩子如果一天出现2~3次吐奶，或由于打嗝引起呕吐，这是正常的。即使是喝完奶过了很久，又吐出了白色块状凝固奶也不必太过担心。

孩子呕吐可能会持续到出生后3个月左右，如果孩子精力充沛，玩很好，体重也呈规律性增长，那就是暂时性的生理性呕吐，不必担心，一般过了3个月就会自然好起来。

如果想减轻孩子呕吐的症状，那么一定要让他坐着吃奶，吃完奶后不要让他立即躺下，最好先让他打个嗝。

断奶以后的呕吐很可能是神经性呕吐

断奶后孩子呕吐一般不是胃肠机能不成熟引起的。

神经比较敏感的孩子会出现神经性呕吐，比如孩子吃了不喜欢吃的东西会吐，有时哭得厉害了也会吐，这些都不是什么特别的病症。

⊙新生儿由于消化系统机能发育不成熟，容易出现呕吐症状。而断奶期以后孩子呕吐，则很可能是神经性呕吐

同时咳嗽也会引起呕吐，嗓子发炎、嗓子受到刺激也会呕吐，这种情况不必担心。只要找出引发呕吐的原因加以治疗，孩子一般会自然好起来。

经常呕吐是身体健康状况不佳的信号

经常呕吐也有可能是一些严重疾病的信号，所以家长千万不能忽视，要仔细观察。特别是肠套叠、脑膜炎等病症常会伴有呕吐症状，需要特别注意。如果头部受到严重撞击后出现呕吐，有可能是脑内出血，所以要赶紧带孩子去看医生。如果有以下症状，那就需要接受详细的检查了：

▶ 呕吐物中混有血或黄绿色的胆汁。

▶ 脸色苍白，浑身乏力，无精打采。

▶ 不想吃东西。

▶ 一吃东西就吐，体重不增加。

▶ 呕吐伴有严重的腹泻。

▶ 看起来肚子好像很疼，很难受，哭得很厉害。

Baby Clinic

孩子呕吐怎么办？

喝完奶，让孩子打个嗝

孩子喝奶时可能会吸进一些空气，稍微一动就可能会吐，所以孩子喝完奶要让他先打个嗝。让孩子打嗝时，可以把孩子抱起来，家长让他的上半身伏在家长肩上，或者让他趴在家长的膝盖上，再帮他揉揉背。

给孩子补充充足的水分

孩子如果把吃的东西都吐掉，很容易导致脱水和电解质紊乱，所以可以让他喝点淡盐水之类的东西。

呕吐后的处理

为了避免呕吐物进入气管，要让孩子侧着脸躺着。同时如果孩子口中有残留的呕吐物，产生的气味会导致孩子再次呕吐。所以要用纱布把孩子口里的东西擦干净。

如果能够仔细观察呕吐物，记下吐出的东西，会对以后的治疗有帮助。

经常流鼻涕、鼻塞

小孩子的鼻孔比成人小，鼻黏膜发育也不成熟，早晚吹了凉风，或者空气干燥都会受到刺激，引起流鼻涕或打喷嚏。

🐻 如果不发热则无大碍

孩子虽然流鼻涕又打喷嚏，但白天气温回升以后，这些症状又会基本消失，而且没有其他异常，那就没什么问题，这是鼻黏膜受到刺激引起的。

如果孩子不发热也不咳嗽，只是单纯流鼻涕，那也只是暂时性的黏膜受到刺激引起的。流鼻涕、鼻塞多是感冒的初期症状，即使感冒初期，不发热，只是打喷嚏、流鼻涕，要注意给孩子保暖，仔细观察孩子的状态。

孩子从出生到3个月大这一段时期，由于免疫力低，对病菌的抵抗力弱，很容易感冒，所以这个时期要特别注意。父母从外面回到家中要先洗手后再抱孩子，最好不要带孩子去人多的地方。

🐻 流黄鼻涕是感冒加重的信号

整天流鼻涕，或者流鼻涕持续1周以上时，鼻涕会由开始时的透明变为黄色，还会出现鼻塞现象，这时最好带孩子去医院检查。

这可能是感冒的初期症状，也可能是感冒加重的信号。如果出现发热或拉肚子，首先要仔细观察孩子的状态，然后带他去儿科检查。如果孩子没有感冒，但还是整天流黄鼻涕、鼻塞，那可能是鼻炎，要带他去看耳鼻喉科，有可能是过敏性鼻炎引发打

喷嚏、流鼻涕、鼻塞。

所以，如果出现以下症状，最好带孩子去医院：

★发热、无精打采。

★流黄鼻涕。

★流鼻涕或打喷嚏，并且发热。

★由于鼻塞，睡觉不好，常常哭闹，经常鼻塞，只能用嘴呼吸。

★打呼噜严重，或突然开始打呼噜。

★呼吸很费劲。

★喝奶很费力，心情不好，很缠人。

🐻 消除鼻塞的方法

❶ 用棉棒蘸一些婴儿精油，伸到宝宝鼻孔5mm处，慢慢转动擦洗。棉棒插得太深或用力磨擦会使黏膜受损，所以要注意。

❷ 鼻屎变软后轻轻地清除干净。

❸ 把毛巾放在温水中蘸湿、拧干后给孩子擦鼻子和嘴。这会使鼻黏膜变湿润，清除鼻屎也会更容易。

❹ 给孩子喝热汤或煮过的牛奶，可以暂时减轻鼻塞症状。清洗鼻头时，要用蘸过温水的纱布或棉花拧干后轻轻地擦拭。按照医生处方，给孩子抹一些白色的凡士林软膏，能够防止孩子鼻头和鼻孔下方变得干裂、粗糙。

❍ 如果孩子白天没有什么异常，只是晚上流鼻涕、鼻塞，而且无其他症状，那就没有大碍

孩子流鼻涕、鼻塞时的对策

孩子的状态	对 策
★经常流透明鼻涕，还伴有打喷嚏、鼻塞	★带孩子去耳鼻喉科或小儿科接受检查
★不停地流黄色或绿色鼻涕，鼻塞，只能用嘴呼吸	★要带孩子去看耳鼻喉科
★经常流清鼻涕，眼睛有血丝，经常打喷嚏	★很有可能是花粉过敏，最好带孩子去医院
★经常鼻塞，呼吸时鼻子嗡嗡响，只好用嘴呼吸，睡觉打呼噜	★带他去看耳鼻喉科
★突然呼噜打得很厉害，用嘴呼吸。流鼻涕，鼻涕浓稠，鼻塞严重	★可能是异物所致，要带他去看耳鼻喉科

不爱吃东西

妈妈们都认为孩子要吃得好才会健康成长，所以孩子一不爱吃东西，妈妈们便会开始担心，其实孩子偶尔不爱吃东西很正常。孩子不爱吃东西的时候不要硬逼他吃，先仔细观察孩子两天。

找出孩子不想吃东西的原因

孩子不爱吃东西总是有原因的。如果出生不到1个月的母乳宝宝不爱喝奶，有可能是妈妈的奶水吸起来太费劲。妈妈在喂奶前要先挤一下乳房，出奶顺畅后再让孩子吸奶。

出生2~4个月的孩子已经可以在一定程度上调节自己的食欲了，所以这时即使食量有所减少，但体重还在增加，心情也很好，就没问题。

开始吃辅食的孩子如果一喂就把食物吐出来，可能是不适应食物的形态或味道，或者是舌头还不够灵活。此外，外出或陌生的环境会使孩子紧张、疲乏，不爱吃东西，但这只是暂时现象，不必担心。

硬逼孩子吃会适得其反

强迫喂食是导致孩子厌食的重要原因。如果总是强迫孩子多吃，孩子的食欲会慢慢减退。

妈妈想让孩子再多吃一点的心理可以理解，但至少就餐的心情要轻松、愉悦才行。孩子不想吃，就不要硬逼他吃。最好每4小时给他吃一些东西，即使他不爱吃，也没有必要增加吃东西的次数。

孩子如果不怎么吃东西，但还是很有活力，生长发育也很好，那就没什么问题。有些特别敏感的孩子对食物会很挑剔。只要他们玩得好，有活力就不必担心。

孩子不舒服会不爱吃东西

孩子不爱吃东西不必担心，但如果是由于身体不舒服引起的，那就要注意了。

一直食欲很好的小孩，如果突然间不怎么吃东西了，首先要看看他的心情怎么样，脸色好不好，同时量一下体温，看他有没有发热，再检查一下他有没有拉肚子。如果孩子突然没精神了，喜欢缠人，蔫蔫的，那就有可能是生病了。出现这些症状时，要立即带他去医院。

● 食欲一直很好的孩子突然不爱吃东西，那有可能是生病了，要注意留心观察

没有必要担心的症状 VS 令人担心的症状

不必担心的症状	需要接受医生诊断的令人担心的症状
★不爱吃东西，但心情很好，很有活力 ★只吃一点，但玩得很好，也很有精神	★没精神，并逐渐消瘦 ★出现发热、咳嗽、腹泻等症状 ★经常心情不好，蔫蔫的

 眼屎很多

孩子眼屎多主要有两种情况：眼睛本身的问题，或者因为别的病导致眼屎多。

如果仅是眼屎多，没有什么问题

2~3个月大的孩子眼屎堆积很正常，这是由于泪腺太窄所致。如果没有结膜炎，而只是单纯的泪腺堵塞，一般自然就会好起来。但是到了孩子9个多月大，还没有得到改善，就要做手术了。

眼睫毛朝里长的孩子

有的孩子眼睫毛向里长，这样眼睫毛会刺激眼睛流泪，从而导致眼屎堆积。

这种情况在不到6个月大的孩子中很常见，如果严重最好去看一下眼科。因为孩子的眼睫毛很软，一般不会伤害到眼睛，所以最好不要拔掉或剪掉，通常也会自然好起来。

有可能是流行性结膜炎

如果宝宝接触过结膜炎患者，那么流行性结膜炎的可能性很大，眼睛会出现变红、流泪等症状，这时一定要带孩子去眼科检查。

此外，眼睛周围的湿疹也会成为眼屎产生的原因。如果同时伴有发热、出疹，那可能是麻疹，这时一定要带孩子去医院看医生。

关于宝宝视力的Q与A

Q 怎样判断孩子的眼睛能否看得到?

A 妈妈可以用简单的检测方法测试孩子的眼球能否自由转动。孩子3个月以后,可以拿玩具在他眼前晃动,看他的眼睛会不会也跟着动;或者打开灯,看看孩子会不会把头转向有光的方向。如果孩子对光没有反应,说明眼睛有可能存在异常,需要带他去看医生。

Q 什么是斜视?

A 斜视是指孩子看东西时,两侧眼睛的视线不能交汇的情况。比如一只眼睛在看着妈妈的脸,另一只眼睛在看别的地方,具体类型又有很多种。

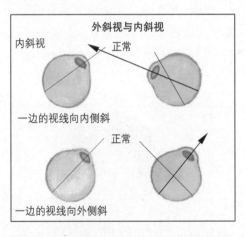

外斜视与内斜视

内斜视　　　　正常

一边的视线向内侧斜

正常

一边的视线向外侧斜

　　一只眼睛朝向鼻子方向的内斜视是斜视中最常见的情况,这种状态会影响孩子视力发育。此外,根据视线朝向的不同,又分为外斜视和上下视斜。

　　内斜视通过眼镜、手术、药物治疗等手段进行矫正,但是,无条件地使用手术矫正是很危险的,手术治疗至少要等孩子4岁以后才能实施。

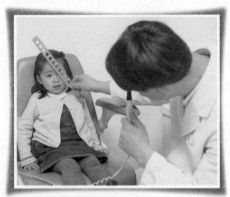

❶ 产后两个月,就可以测视力了,但测出的只是宝宝大体的视力

Q 孩子可以用眼罩吗?

A 视力是通过看各种东西得以发展的。如果看的东西总是很简单,视力的发育就会停滞,所以6个月以前带眼罩的儿童要特别注意。

Q 从看电视的姿势上可以看出孩子视力的异常吗?

A 如果孩子看电视时出现皱眉、侧脸、用力瞅电视等不自然的表现,最好带他去看医生。另外,如果孩子看画册或看电视时脸总要贴得很近,制止他,他就会发脾气,也要带他去检查视力。

宝宝意外事故及急救措施

孩子出了事故，妈妈都会很慌张。一般情况下，通过一些简单的急救处理就可以解决问题。但如果处理不当，往往容易产生严重后果。孩子如果受伤了，妈妈千万不要慌张，要镇定地采取急救措施。如果孩子伤势严重，急救之后应当赶紧送医院。

头部受伤

孩子摔倒时很容易磕到头，头部是身体的重要部位，尽量要不让孩子的头部受伤。

摔倒后需要首先确认的事项

如果孩子摔倒或磕到什么地方哭起来，妈妈就会很慌张，妈妈首先要做的是镇定，检查孩子是否有以下状况，然后根据检查结果判断孩子的伤势，如果严重，要及时带孩子去医院。

❶ 看孩子的头部有没有凹下去的地方，出血严不严重，伤得深不深，有没有出现软软的肿块。

❷ 看孩子有没有呕吐或恶心，2~4天以后出现呕吐或恶心的情况也需要注意。

❸ 看孩子有没有出现视线模糊、脸色苍白、神志不清、犯困等情况。

❹ 看孩子是不是哭起来很无力，或长时间不哭也不动。

❺ 看孩子有没有痉挛、发热的症状。

❻ 看孩子是不是出现一侧的胳膊或腿没有力气的表现。

无需担心的情况

孩子摔伤以后，首先要看他是从多高的地方摔下来，掉在了什么地方。如果他从一个不太高的地方掉在了被子或地毯上，那妈妈就不用太担心了。

从床上或婴儿车上滚下来或摔下来，或者走着走着磕在家具上，一般都不会对孩子的头部产生太大影响。如果从台阶上滚下来，由于途中滚了2~3次，碰撞力度减

➊ 孩子摔倒或磕到什么地方，往往是头先着地，头部很容易受伤

小，所以一般也不会对孩子的头部有太大影响。

如果孩子头部受伤以后哭得很厉害，但没有其他症状，而且给他喂一些奶或零食他就不哭了，那也不必担心。即使头上有伤口或肿包，也不必太担心。

由于孩子以后还可能出现其他症状，因此妈妈要仔细观察2~3天，如果孩子伤得不重，就可以冷敷头部一下，可以让他安定下来。

情况不严重时的处理措施

❶ 头部有磕破的伤口，并且伤口出血，要用消毒纱布给伤口止血，然后再抹一些消毒药。

❷ 如果孩子头上磕出包，要用冷水给头部降温，可以枕一段时间冰枕，让他安静地躺下，不要乱动。

❸ 受伤当天不要给孩子洗澡，让他安静地在家玩，尽量不要让他过多活动。

❹ 注意孩子的身体变化，观察2~3天，偶尔夜里也去看看孩子的状况，检查孩子有没有什么其他症状。

☻ 如果孩子受伤以后哭得很大声，或哄哄就不哭了，那说明没有什么大问题

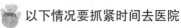 以下情况要抓紧时间去医院

由于住公寓的人越来越多，从阳台上摔下去发生事故的孩子也越来越多。如果孩子从很高的地方摔下去，或者发生交通事故而伤到头部，很容易引发脑出血或头骨骨折，甚至脑振荡。

孩子头部受伤以后，如果不哭也不动，叫他名字也没反应，出现意识模糊，要尽快带他去医院。如果出现呕吐或恶心、没精神、哭泣、缠人、脸色长时间苍白、嗜睡、食欲差等症状，这时很难判断孩子头部有没有受伤，所以也要立即带他去医院。

如果伤得严重，孩子的耳朵、鼻子也会出血，受伤部位会凹陷，身体会抽动，并出现发热。有时受伤当日一切正常，而第二天才出现上述情况，所以受伤当夜要仔细观察孩子的状况，不断叫孩子的名字，看他有没有意识不清。

另外，在去医院以前，也需要先采取简单的急救措施。

Baby Clinic

头部受伤的急救措施

❶ 不要摇动或摸孩子的头。把孩子的下巴抬起来，让他可以顺畅呼吸。让孩子的头偏向一侧，静静躺下，等待救护车到来。

❷ 抱着孩子时，让孩子的头偏向一侧，对受伤的部位进行冷敷，同时注意孩子腿部的保暖。

❸ 如果孩子发高烧，可以让他枕一个冰枕降温，帮助孩子安定下来。

家里各处的安全隐患

孩子不知道什么地方危险，发生意外的可能性很大，可能会从很高的地方滚下来，或者被开水壶烫到，或者掉进放满水的浴缸里，等等。

孩子发生这些事故大部分是由于家长不注意引起的，所以家长一定要制订一个保护孩子的安全对策，同时要准备应对突发情况的药品和救急工具。

 烧伤和烫伤

随着孩子活动范围的扩大，发生的意外也越来越多，烧烫伤便是其中之一。孩子烧伤或烫伤的程度往往比看起来严重，如果治疗不当或治疗迟延很容易加重。特别是被热水或热汤烫到，症状很容易加重。

烫伤后需要首先确认的事项

孩子被烫伤后，妈妈首先要检查孩子受伤的程度。要看烫伤部位的大小，有没有烫出水疱，孩子的脸、手、脚、外阴部有没有被烫伤。

检查烫伤的严重程度

烫伤分为3个等级。烫伤严重程度不同，治疗方法也不同。

Ⅰ度烫伤皮肤会变红，灼痛，但不会生

水疱。Ⅱ度烫伤时皮肤发红，灼痛，而且有水疱生成。Ⅲ度烫伤皮肤发白，皮肤深层结构也有烫伤，由于皮下神经受损，所以感觉不到疼。所以Ⅰ度烫伤可以在家治疗，而对于Ⅱ、Ⅲ度烫伤，为了安全起见，最好对伤处冷敷后，抓紧时间去医院。

🧸 需要抓紧时间去医院的情况

如果治疗不当，烫伤会引起化脓或高烧，好了以后也会留疤，所以一旦出现以下情况要抓紧时间去医院。如果烫伤面积小，伤口微红，有点麻痛，那没有大问题。但如果烫伤面积达到成人手掌大小，在家采取应急措施以后，要抓紧时间送外科或皮肤科接受治疗。如果烫伤面积较小，但出现水疱等，也要抓紧时间去医院。

🧸 到达医院前的处理措施

不管什么地方烫伤，为了防止伤口感染，都要首先给伤处降温，不要等到了医院再处理。在去医院的途中，或在等救护车到来的时候，要不停地给伤处降温，降温的方法根据部位的不同而有所不同。

❶ 如果脸部或头部烫伤，可以打开洗澡喷头直接用冷水冲，或者把毛巾蘸过冰水以后敷于伤处，或用冰袋降温。

❷ 手脚被烫伤，可以打开水龙头，用冷水连续冲20~30分钟，或者在脸盆中倒上凉水，将手脚浸泡30分钟。

❸ 如果全身被烫伤，那首先要抓紧时间叫救护车，然后在等车期间，让身子穿着衣服在浴盆冷水中浸泡。

❹ 眼睛、耳朵、鼻子周围被烫伤，可以用冰袋或凉毛巾冷敷降温。

如果烫伤后脱衣服困难，不要硬脱，可以用剪刀把衣服剪碎，这样安全一些。如果烫伤严重，可以用浴巾包住送往医院，同时还要注意烫伤后水疱不要弄破，伤口消毒后，要给孩子缠上纱布，系好绷带。

Baby Clinic

家中容易发生的烧烫伤事故

电暖炉：孩子如果碰到通电的电器很可能被严重烫伤，而且还有可能被电到，所以一定要保证孩子碰不到这些危险品。

电熨斗：电熨斗预热放置的时候，孩子并不知道那是热的。如果孩子用手去碰，就会被烫伤。

咖啡壶：由于孩子拽拉桌布，打翻桌上的热水，造成烫伤的事故很常见。父母要时刻留神，不要把咖啡壶放到桌子上，同时还要保证桌子自身的稳固。

热水、蒸汽：比起直接被火烧伤，被热水或蒸汽烫伤的事故更为多见。喝热咖啡时，注意不要洒出来烫到孩子，杯子的把手要朝里放，别让孩子碰到。

溺水

对孩子而言说，浴缸或脸盆里浅浅的水都是很危险的。如果孩子的头没进水里，水就会进入呼吸道并堵塞气道，从而造成窒息。

溺水后需要首先确认的事项

把孩子从水里捞上来，如果孩子哭得很剧烈，那就不必担心了。如果孩子哭不出来，就要一边急救，一边抓紧时间送医院。

把孩子捞上来后，要先看他哭没哭，是否呼吸正常，心脏是否跳动，同时还要注意孩子是否存在意识不清或反应迟钝的情况，孩子的肚子是否鼓胀，脸色是不是正常，这些信息都很重要。

❶ 将掉进水里的孩子救上来以后，如果孩子哭得很响，就证明他有呼吸，不必太担心

以下情况要抓紧时间去医院

把孩子从水里捞上来后，如果孩子大哭，说明呼吸正常，不必太担心。孩子有可能呛了很多水，要先帮助他把水吐出来，最好再带他去医院检查一下。

如果孩子哭不出来，心脏也不跳了，就要立即叫救护车，而且在等车期间要给他做人工呼吸和心脏按摩，孩子恢复呼吸后，帮助他把喝进的水吐出来。再把孩子的湿衣服脱下来，用毛毯之类的东西裹住孩子的身体，防止孩子体温下降，这样的急救活动一个人做起来比较困难，要在第一时间请邻居帮忙。

在救护车上，要让孩子的头部和上身略低于下身，偏向一侧躺下，这样可以让积在气管里的水流出来。如果孩子还没有恢复呼吸和心脏跳动，一定要继续做人工呼吸和心脏按摩。

落水后的危险症状

▶ 从水里捞救上来以后不哭。

▶ 脉搏很弱，而且跳动速度较慢。

▶ 没有呼吸。

▶ 肚子异常鼓胀。

▶ 心脏停跳。

▶ 意识不清，脸色苍白。

如何做人工呼吸和心脏按摩

首先将孩子平躺放好，将他的头偏向一侧，把孩子嘴里的残留物清除干净，然后微抬孩子下巴，让他的头向后倾。同时注意不要让孩子的舌头堵住嗓子，一切准备就绪就可以做人工呼吸了。

人工呼吸

给吃奶的孩子做人口呼吸时，要把孩子的鼻子和嘴一起含在大人嘴里吹气，1分钟吹30次左右（2秒1次）。

给小孩做人工呼吸时，捏住鼻子，使劲往嘴里吹气，如果孩子胸部鼓起来，那先停止人工呼吸，等他把气呼出来以后，再向里吹气。1分钟20次左右（3秒1次），直到他恢复呼吸。

心脏按摩

即使孩子心脏停跳也不能放弃，在孩子心脏周围规律地用力按摩，孩子有可能恢复呼吸。先让孩子朝上平躺，最好是躺在地面或坚硬的板床上，然后再开始心脏按摩。

给吃奶的孩子进行心脏按摩时，在孩子胸骨下端用食指和中指用力按压，要让

按压部位下陷3厘米左右，每分钟做100~200次。

给小孩进行心脏按摩时，在孩子胸骨下用力按压，每分钟做80~100次。孩子年龄越大，按摩速度要越慢，压一会儿要停下来确认一下孩子是否恢复心跳，然后再继续。有时做3~4个小时的心脏按摩才能让孩子恢复正常呼吸，所以一定要坚持。

胸骨
心脏
肺
脊椎

如何让孩子把水吐出来

如果孩子不呼吸，就需要先做人工呼吸，等孩子恢复呼吸以后，要让他把喝进的水吐出来。可以把孩子抱起来放到大人的膝盖或大腿上，让他趴在上面，将头垂下去，然后用力拍打他的背部，让他把气管和胃里的水吐出来。小孩子可以趴下，然后把一只手放在他的肚子底下，把他托起来，然后拍他的背部。

关节扭伤·骨折·脱臼

用力拉拽孩子的胳膊、手腕，很容易造成软骨错位，肌肉拉伤，俗称"脱臼"。跟孩子游戏的方式不当，或者过于用力，很容易造成孩子的手腕、脚腕、膝盖、肘部扭伤。

 受伤部位不同，症状也不同

肘部或肩部脱臼时，疼得不是很厉害，

但孩子容易被吓哭。孩子的胳膊也会一下子垂下来，抬不起来，关节会肿大。这时要先用夹板固定，再用冰袋或凉毛巾冷敷，送孩子到整形外科检查。

膝关节扭伤会很疼，孩子会哭得很厉害。由于很痛，孩子不敢动，而且受伤关节

处会出现瘀青和肿大的症状。

出现这些症状时，父母最好用枕头、靠垫之类的东西把孩子的受伤部位垫高，用冰袋或凉水在受伤部位冷敷，可以逐渐消除肿胀，缓解疼痛，同时要抓紧时间带孩子去医院。如果孩子只是单纯的扭伤，打上绷带，过2~3个周就好了。

以下情况必须抓紧时间去医院

孩子如果哭得很厉害，手指不能活动，可能是手指脱臼了。手指脱臼还有可能出现严重肿胀、出血等症状。如果症状较轻，涂一点外用药，再给孩子冷敷一下就可以了。

如果伤得比较厉害，有可能造成骨折，要赶紧送孩子去医院。如果治疗迟延或治疗不当，很可能导致病情恶化，所以要让孩子在医院接受治疗，直到痊愈为止。

到医院前应采取的措施

孩子受伤时，妈妈很难用肉眼判断他到

● 孩子如果哭得厉害、手指不能自由活动，那应该是手指脱臼了

底是扭伤、脱臼还是骨折，所以首先要仔细观察孩子的状况。

脱臼时骨头会变形，只要将其和另一侧相同位置的骨头对比一下，大概就可以看出来。脱臼时关节不能动，而且痛感强，容易出现关节肿大。有时孩子的症状看起来像肘部脱臼，实际上却是肌肉拉伤导致的胳膊不能灵活活动。这种情况受伤部位不会出现浮肿，而且容易反复发作。

扭伤很疼，所以孩子会哭得很厉害，关节部位会瘀青、肿大。特别是脚部扭伤时，如果不立即把孩子的鞋脱掉，等脚肿起来后，鞋就脱不掉了。这时最好立即去医院，不管什么情况，都不要试图揉搓处理受伤部位，应该先用夹板固定，然后带孩子去医院处理。

吞食异物

孩子缺乏判断力，很容易把扣子或玩具之类的东西吞到嘴里，甚至把洗发水、化妆水、洗涤剂之类的东西喝进肚子里，妈妈一定要把这些东西放到孩子够不到的地方。如果孩子吞食了这些东西，要立即采取应急措施，然后把孩子送往医院。

● 由于孩子缺乏判断能力，很容易吞食洗涤剂、药物、扣子等物品，因此平时要特别注意

骨折急救措施及固定夹板的方法

骨折部位如果出现外伤或出血，要先用清水将伤口洗干净，抹上消毒药，然后用纱布或绷带将受伤部位裹起来。如果出血严重，要用绷带在出血部位连结心脏的一侧用力捆住止血。然后从附近找一些东西做夹板，把关节部位固定住，抓紧时间将孩子送往医院。注意不要揉搓或试图移动受伤部位。

固定夹板的方法

在紧急状况下，木筷子、圆珠笔、铅笔、砧板等都可以用来充当夹板。

膝关节：不要硬把受伤部位掰直，根据伤处的角度，用夹板固定住，然后缠上绷带。

膝盖：在脚腕、膝关节之间固定夹板、缠绷带。

肘部到腋下：在胳膊内侧固定夹板和绷带，之后用三角绷带或长绷带吊到

脖子上，把固定好甲板的胳膊放进去。

肘部到手腕：把从手腕到肘部的关节全部用夹板和绷带固定住，然后用三角绷带把胳膊吊起来。

手指：用木筷做夹板，用绷带固定住。

膝关节　　　　手指　　　　膝盖以下

 肘部到前臂

 肘部到手腕

肘部到腹下

part 10 宝宝不适处理对策

🧸 吞食异物后需要首先确定的事项

如果孩子玩玩具的时候，突然咳嗽起来，要马上看一下孩子周围，有没有会被孩子吞食的东西，还要看看孩子是否出现呼吸急促、干呕、痉挛、窒息等症状。

🧸 出现以下情况要立即去医院

如果感觉孩子看起来像是吞食了异物，最安全的措施就是赶紧送孩子去医院。父母事先要确认他吞食了什么，量有多少，毒性大不大，然后根据情况进行治疗。

如果孩子意识不清，脸色苍白，呼吸困难，或者出现痉挛，这时只靠吐出异物已经无法解决问题，要赶紧叫救护车。在救护车到达之前，要注意给孩子保暖，不要让孩子体温下降。

去医院时最好带上孩子进食的详细记录，以及孩子吃剩下的东西，这会对诊断治疗有帮助。

如果在等救护车期间孩子出现呼吸困难，要及时进行人工呼吸。

吞食异物时的急救措施

如果确认孩子吞食了有毒物品，要赶紧送孩子去医院，如果不严重，则要仔细观察孩子的状态，并让他把异物吐出来。要想让孩子把异物吐出，可以用手指按压舌根部，或者喂孩子2~3杯牛奶。

异物在嗓子里： 要立即让孩子侧躺下来，使异物不要再往下走，同时用小钳子或手指往外抠，用手指使劲按压舌根部可以让孩子呕吐，从而连异物一起吐出来。

如果动作不当，反而会使异物堵塞气管，所以如果没有把握，父母要立即将孩子送往医院。特别是孩子出现严重的呼吸困难时，要争取在10分钟以内把孩子送往最近的医院。

让孩子把卡在嗓子里的异物吐出来的方法：

婴儿： 把他的肚子撑起来，头低下，拍打他的背部。

幼儿： 把孩子放在大人膝盖上，头朝下，拍打他的背部。

儿童： 大人站在孩子背后，用两只手抱住孩子的胸口，同时把孩子举起来，让孩子身子前倾，弯腰低头。

●**喝水、牛奶并催吐的异物：** 肥皂、洗涤剂、洗洁精、纤维柔顺剂、护发素、洗发水、化妆水、生发水、香水、干燥剂、烟等。

●**不可以喝牛奶的异物：** 樟脑丸、动物肝脏等，可以让孩子喝水后把异物吐出来。

●**喝水或牛奶，但不可催吐的异物：** 除味剂、漂白剂、合成树脂涂料、油性涂料、除斑剂等。

●**禁食，不可催吐的异物：** 指甲油、稀释剂、煤油、苯、卸妆水、鞋油、杀虫剂、碱性电池等。另外，有些东西吐出来会伤到食道或气管，如吞下玻璃碎片、针、金属片等，也不可催吐。

外伤出血

孩子受伤流血的时候，妈妈肯定会很惊慌，如果伤口小而浅，出血很少，就不必太担心了。

 受伤时需要首先确认的事项

如果孩子受伤流血，妈妈首先需要确认的是伤口的大小和深度、血流量及持续时间。如果是被玻璃碎片、树枝、金属等比较锋利的物体刺伤，还要检查一下尖利物体有没有残留在伤口上。

 到医院之前的处理措施

首先要用流动水或肥皂水把伤口洗干净，因为伤口上可能沾有沙子或泥土，被长锈的钉子扎到还会留下锈迹。

如果伤口上有残留的玻璃渣，要用小镊子将其拔掉，然后把伤口处的血擦干净，再用清水冲洗，洗干净以后用毛巾或纱布按住伤口止血，血止住以后擦上一些药水。

如果伤得较轻，不缠绷带、不贴胶布会好得更快。如果伤口裂开了，一定要缠好纱布，用胶布固定好。

血流不止，或者流血虽有所减少，但伤势很严重，皮肤损伤厉害，这时要采取急救措施，同时抓紧时间送孩子上医院接受治疗。

孩子伤口虽小，但是被树枝、玻璃碎片、金属碎片等刺破，也要当天就送医院，因为这种情况下很容易得破伤风。另外，如果在家采取急救措施使血止住了，但2~3天以后又开始化脓，也要抓紧时间送孩子上医院接受治疗。

 # 被狗或虫子咬了

孩子想接近宠物时，一定要让大人抱着才行，同时注意不要让孩子伸手过去。即使是家里养的小动物，也不要让孩子与其单独相处。

父母要认真打扫卫生，喷防虫剂，防止室内出现虫子、虱子、蚊子等。

 被狗咬后需要首先确认的事项

动物的嘴里有很多细菌，孩子即使被狗或猫轻轻地咬一下，也可能感染化脓。如果孩子被咬之后出现以下症状，务必带他去看医生。

❶ 出血不严重但伤口很深。

❷ 被狗咬过1~3个月以后，出现呕吐、精神不振、浑身乏力等症状。

❸ 被猫抓过10~20天以后，腋窝或腹股沟处的淋巴节肿大突起。

❹ 被毒蛇咬伤。

❺ 被蜜蜂或蜂群蜇伤。

到医院之前的处理措施

被狗或猫咬伤后，要用流动水或肥皂水将伤口清洗干净，然后把消毒药涂抹在伤口处。即使伤得很轻，当天也最好带孩子去医院检查。

因为孩子的皮肤免疫力较低，所以即使被蚊子、臭虫、虱子、臭蛾、毛虫咬到，症状也会很严重，有时还会出现严重瘙痒、食欲不振、精神不振等症状。如果伤口不灼热、不肿也不痒，而且孩子吃得好、睡得好，那么在家好好清洗一下，消消毒、擦点药膏就可以了。

如果被毛毛虫、臭蛾咬到，最好带他去看一下皮肤科。被蜜蜂蜇伤，要先用钳子把毒针拔出，用嘴把毒水吸出来，然后擦一些氨水，再用冰袋敷一下，肿胀疼痛就会慢慢消除，但如果持续瘙痒，就要带孩子去看医生了。

附录

如何做个好爸爸

1 好爸爸什么样

决心做个好爸爸并不难，难在执行。

首先需要不间断的热情和爱心，爸爸要肯为孩子花时间，负起做爸爸的责任。那么究竟什么样的爸爸才能算是好爸爸呢？要怎样做才能成为好爸爸呢？下面我们就要告诉您一些具体的方法。

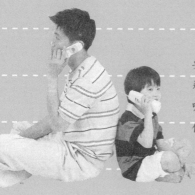

据统计，和孩子亲密愉快相处的爸爸要比和孩子关系淡漠的爸爸更有幸福感，身体更健康，得抑郁症的几率也更低一些。

对男性而言，做个好爸爸其实有助于取得事业上的成功。

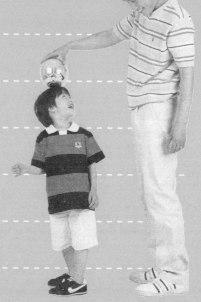

好爸爸的标准

爸爸并不需要给孩子买高档玩具、高价礼物，一个眼神的对视、一句贴心的话、一句称赞就能让孩子感到无比幸福。成为这样的好爸爸，要做出哪些努力呢？

用协作的态度对待孩子

在培养孩子的过程中，爸爸的角色和妈妈一样重要，因此爸爸要勇于承担起培养孩子的重任。特别是在孩子刚刚出生时，爸爸要参与到照顾宝宝的活动中。妈妈和爸爸都是第一次抚养孩子，夫妻一起学习是很重要的。虽然最初会有困难，但是，通过爸爸亲自照顾宝宝，能让宝宝体会到父爱和母爱一样温暖。

把爱充分地传达给孩子

爸爸爱孩子的心很重要，把这份爱表现出来传达给孩子也一样重要。爸爸妈妈对孩子的爱，会像小星星一样撒满孩子的心田。

爸爸可以经常对宝宝说："爸爸爱你！"下班回到家，一定要抱抱宝宝，亲亲他的小脸蛋。另外，上班时可以利用午餐时间给孩子打个电话，告诉他你很想他。

睡前给孩子读20~30分钟的童话书，或者跟宝宝聊聊天都很好。不要忘了，和孩子一起度过的时间是向他传达父爱的最好机会。

让孩子看到父母的恩爱

好爸爸不仅爱孩子，还爱妻子。如果夫妻恩爱，相互尊敬，孩子普遍成绩好，有自信心，身心健康，成为问题少年

❶ 没有时间和孩子在一起的时候，爸爸可以用电话跟孩子聊聊天

的几率很低。研究表明，孩子的自爱程度取决于他的父亲有多爱他的母亲。

努力做个好丈夫

想要做个好爸爸，先要做个好丈夫。即使爸爸因为有事情要晚点回家，如果妈妈告诉孩子的时候态度很正常，那么这并不影响孩子对爸爸的好感。同样，爸爸跟孩子谈妈妈时的态度也会给孩子造成相应的影响。只有夫妻之间互信互爱，孩子才能拥有健康的心理。

多陪孩子玩

要想做个好爸爸，一定要增加和孩子相处的时间，陪孩子好好玩，根据自身情况制订好计划。比如说，爸爸一下班就回家陪孩子玩，在妻子做晚饭的时候可以和孩子一起做游戏，或者给孩子读童话书。

如果平时没有时间，周末要好好利用

如果爸爸平时很忙，抽不出时间陪孩子玩，一定要好好利用周末。爸爸虽然忙碌了一个星期，特别想好好休息一下，但是想想你已经一周都没陪孩子了，那么就为孩子牺牲一下吧。

拜访亲友、周末购物的时候，可以带孩子一起出行。可以制订一个计划，以便用短暂的时间达到最好的效果。

回归到孩子的视角

和孩子在一起的时候，要多和孩子聊一些孩子能理解的话题，多玩一些孩子喜欢的游戏，一切都要回归到孩子的视角。

有的爸爸对孩子过于严格，有的爸爸对孩子又太过宠爱。那些对孩子过于严格的爸爸往往不考虑孩子的接受能力，按照自己的标准要求孩子。而那些过于溺爱孩子的爸爸，没能把孩子当成一个独立的个体，而是无条件地满足孩子的要求。

经常通过电话、信件、邮件和孩子对话

清晨离家，深夜回来，整日披星戴月的爸爸很难见到孩子一面，这时候父爱需要通过电话来传达。即使是还不会说话的小宝宝，听到电话里爸爸的声音，也能体会到爸爸的存在。如果孩子能识字了，那么每天给孩子发邮件不失为一个好方法。

一定要遵守和孩子的约定

父母和孩子的约定比和任何人的约定都重要。因为孩子会特别看重爸爸和自己的约定，如果爸爸违背诺言，就会给孩子造成伤害，甚至不再相信爸爸，以后也不会再向爸爸提什么要求了。

因为孩子会特别看重爸爸和自己做出的约定，所以爸爸无论如何都要遵守和孩子的约定

经常和孩子一起洗澡

和爸爸一起洗澡、刷牙、洗脸，可以帮助孩子养成良好的生活习惯。通过这些可以把父爱传达给孩子，有利于孩子的心理健康。

研究表明，小时候经常和爸爸一起洗澡的孩子，长大以后普遍善于交际，反之，则容易产生沟通能力差等问题。通过洗澡，和爸爸的身体接触，会给孩子带来长久的影响，这主要是通过一种激素的作用。在温暖的浴室里，身体的接触促进了孩子体内这种激素的分泌。

陪孩子看他喜欢的电视节目

和孩子一起边看电视边聊天，这种情感交流非常好。有时候，孩子喜欢看的节目里，也有不太适宜他们看的内容，这时候要在旁边告诉孩子什么是好节目。

读书也是如此，爸爸常给孩子买些喜欢的书，和孩子一起读书并交流感情，这样的话，爸爸自然就会了解孩子的想法，有助于培养孩子的判断力和思考力。

要用协作的态度面对孩子

即使和妻子在教育孩子的观点上有分歧，爸爸也不能当着孩子的面表现出反对情绪，因为这样孩子就不知道到底该听谁的，结果只会是谁都不听。首先需要理解和接受孩子的立场，妈妈在劝说孩子的时候，爸爸最好也能赞成妈妈的说法。

做孩子的榜样

有这样的爸爸，他们告诉孩子要遵守交通规则，自己却闯红灯，这些言行不一的行动不利于对孩子的教育。爸爸无论是在什么场合、什么情况下都要保持一贯的作风。在公交车上，爸爸要主动给老人让位，随手捡起路边的垃圾，要成为孩子生活中的榜样。

要留意相关的育婴知识

爸爸也需要学习育儿知识，比如书报刊、广播里的相关育儿知识都是值得了解的。爸爸参考一下育儿书籍、光盘，或者去听育儿讲座都是很好的方法。

好爸爸的八个原则

认为做个好爸爸的意义大于事业成功的人越来越多。爸爸都非常关心孩子成长，希望花时间陪孩子，担负起做父亲的责任。

"孩子需要什么？要用什么方式对待他，他才会开心？"想想自己是不是以忙为借口忽视了这些。在这里我们为不知道如何做好爸爸的人准备了八条原则。

第一原则　让孩子看到自己有多爱他

什么方法最能让孩子体会到爸爸妈妈对他们的爱？在传统观念里，爸爸很少会通过与孩子身体的接触来表达父爱。

至今还有的爸爸认为儿子是不能抱的，否则就长不成真正的男子汉。有的爸爸过于强调这一点，从来都不亲自己的孩子。

认为和孩子保持一定距离才能培养出坚强有男子汉气魄的想法是错误的。事实上，那些与爸爸有身体接触，能感受父爱的孩子身心更健全。

第二原则　爸爸让女儿确立了恋爱观

女儿也需要爸爸经常抱着才能感觉到爸爸的爱，女儿第一次知道有男性的存在就是通过爸爸。当孩子感觉到自己爱着爸爸，并且爸爸也爱着自己的时候，孩子就会发现自己有被爱的价值和资格，而这种思想会一直伴着她成长。等孩子长大了，到了谈恋爱的年纪，找到能像父亲一样疼爱自己的男朋友的可能性更大。如果爸爸是慈祥热情的，那么女儿很可能也会找一个这样的男朋友。

○成为好爸爸，最重要的是同孩子一起度过快乐时光

第三原则　要肯为孩子花时间

好爸爸不仅给予孩子爱，而且肯花时间陪孩子。如果说爸爸没有时间陪孩子，孩子就有可能产生"自己不值得父母关心"的想法。

"没能和你们在一起，爸爸也很伤心。"说这样的话并不能安慰孩子，这只会让孩子觉得，"原来在爸爸看来，比孩子重要的东西还有很多。"抽出一点时间陪孩子比说"你对爸爸很重要！"这样的话有效得多。

第四原则　不一定和孩子玩激烈的游戏

和孩子一起玩的时候，并不一定要做激烈游戏。一起读读书，做一些简单的游戏，去游乐场坐木马，牵着手去散步，在家玩捉迷藏、摔跤都可以，重要的是要回归到孩子的心态，陪孩子一起度过美好时光。

第五原则　把陪孩子的时间固定下来

为了保证每周都能拿出时间陪孩子，爸爸可以带孩子参加相应的团体，然后一起活动，也可以将每周六或周日下午，作为陪孩子的时间固定下来。

家人一起吃饭的时间也很重要，调查结果显示，能和全家一起吃晚餐的孩子比其他孩子的语言能力和阅读能力更强。因为和家人一起吃饭时，通过聊天创造出良好的气氛，可以提高孩子的语言表达能力。家庭关系和睦还能保证孩子的身心健康发展。

第六原则　担负起对孩子的责任

和孩子的约定一定要遵守，这比什么事

都重要。总是对孩子说："明天吧，明天一定！"这样把约定一推再推，只会让孩子从此不再相信父母，再也不会提出任何要求。爸爸对孩子的承诺今天能履行的，千万不要再推到明天。

第七原则 积极关心孩子参与的活动

有关孩子的大型活动一定要参加，比如钢琴演奏会、运动会、学艺比赛等。万不得已实在参加不了，要请孩子将比赛录下来，然后安排全家人一起坐下来看。

第八原则 肯为孩子牺牲

好爸爸为孩子负起责任，但这并不代表孩子要什么就给什么。爸爸需要照顾好孩子的衣食住行，然后对孩子进行必要的道德教育，让孩子具备完善的人格。想成为好爸爸，要考虑到自己的每次决定会给孩子带来什么样的影响；想成为好爸爸，要具备为孩子牺牲的精神。

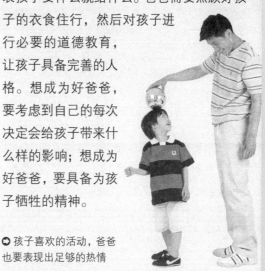

● 孩子喜欢的活动，爸爸也要表现出足够的热情

忙爸爸的时间管理法

排好事情的先后顺序

人们通常最大的失误是没有安排好做事的先后顺序。比如我们常常不在精力最好的上午处理重要事件，反而是忙着发邮件、上网，结果把重要的事情推到下午，结果时间不足，身心疲惫。

把每天要做的事情列出明细

为了安排好事情的先后顺序，可以把每天要做的事列出明细，按先后顺序罗列好。明细中既要有工作也要有家事，并且要把家事列在首位。这个明细要给家人看，这样才会有源源不断的动力。

关掉电视机

电视是剥夺家人相处时间的罪魁祸首，限制看电视的时间就可以增加和孩子相处的时间。

改掉消磨时间的习惯

很多人都习惯在不重要的事情上浪费精力。比如有人会花1个多小时看报纸，有的人只把重要消息略读一遍，这两种阅读方式获得的信息基本相同。家长应精简一下自己的生活习惯，尽可能减少不必要的时间浪费。

在头天晚上准备第二天的事

利用头天晚上准备第二天的事，可节省时间，这样在上午就可以把重要的事情处理完了。

利用空隙时间做小事情

像听留言、看邮件这样的小事情一般几分钟就可以做完了，利用平时处理事情的空隙来做这些小事比较好。

用邮件来代替寄信和电话

邮件比起写信和翻电话本更节省时间，另外打电话联系不到对方的情况也很多，当你需要传递信息的时候要学会利用邮件。

要客观地看待孩子

——位爸爸的心得

我平时比较喜欢玩电脑，就做了自己的网页，然后把家人的照片传上去。不久我的第一个孩子出生了，为了让孩子长大后更能体会到自己对他的爱，我决定开始写育儿日记。

对孩子有了客观的看法

记录下孩子成长过程中的点点滴滴是件很有意义的事情。首先是能对孩子产生一种客观的态度，从"孩子是自己的好"这种偏见中脱离出来。

积极获取育儿知识

随后我开始在网上发表育儿日记，我对现在年轻爸爸们的育儿热情很吃惊。原本只是想写给家人看的育儿日记竟然引起了不少热议，许多人给我发来邮件或留言，这里面就有很多宝贵的育儿经验。

爸爸们聚在一起探讨育儿问题

我和很多朋友同住一个小区，我们的孩子也都差不多大，大家经常聚到一起聊一些关于育儿的话题，互相学习。最近我们讨论的话题是"如何让孩子避开早期教育的热潮，轻松欢乐地度过童年"。

画画、打电玩、唱歌也是爸爸的工作

我们家主要是由我制订育儿方案，由妈妈教育孩子。节假日只要有时间，我就会陪孩子玩游戏，然后我们全家一起在小区散步。

大儿子贤浩让弟弟齐胜坐在自己背后扶好，真有哥哥的样子。

一贯站在孩子的立场上考虑问题

我们夫妻觉得养孩子最好的方法就是站在孩子的立场上想问题。我们每个人都有儿时的记忆，当我的孩子胡搅蛮缠、固执不听劝的时候，我就会想起自己小时候。站在孩子的立场上就更容易理解孩子，找到原因也就容易解决问题了。

一定不要让孩子做损人利己的事情

我们夫妇为孩子订下了一些一定要遵守的规则，无论孩子多小，都不能让他们做出有损他人利益的事。培养不给他人添麻烦、有礼貌懂事的孩子，是我们夫妇的共识。

2 好爸爸要回归到孩子的视角

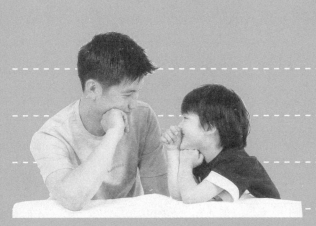

爸爸对孩子的影响和妈妈是不一样的。爸爸教给孩子科学的、逻辑的、系统的思考方法，教给孩子实现梦想的具体方法，教给孩子进取心和自信感，这些都和爸爸的视角密切相关，可见爸爸在孩子健全人格的形成上发挥着多么重要的作用。

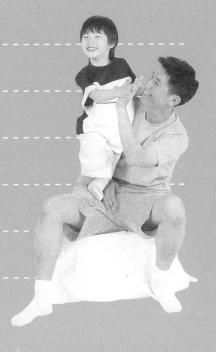

孩子从爸爸身上学到的东西

对于孩子而言,爸爸是世界上最伟大的人物,孩子会自然地模仿爸爸的言行,和爸爸一起玩游戏也有着不同寻常的意义。爸爸在孩子成长过程中起到了什么样的重要作用,孩子能通过爸爸学到些什么呢?

爸爸可以让孩子拥有进取心和自信心

发掘孩子潜力的方法有很多,其中父子关系起着至关重要的作用。爸爸积极地参与到育儿的全过程中,从而形成良好的父子关系,这是孩子心理健康发展的坚实基石。

精神分析学家弗洛伊德曾经这样强调过:"对于孩子,爸爸的角色尤为重要!"也就是说,那些和父亲关系不好的孩子在社交和心理方面都容易出现问题。

爸爸教孩子学习系统化的思考方式

有人认为,爸爸和孩子相处的时间没有妈妈多,因此对孩子的影响也较小,但这是人们的错觉。父母双方对孩子的影响都非常大,只是影响的方面不同。爸爸的怀抱和妈妈的怀抱是不一样的。和爸爸一起玩能给孩子带来痛快刺激的体验,爸爸的激励能促进孩子自信心的形成。和爸爸经常聊天的孩子思想更开阔,心理更健全。孩子在和爸爸的相处中能学到科学的、逻辑的、系统的思考方式,培养出进取心。那些和爸爸相处时间不够的孩子往往为人处事胆小怕事,不敢冒险,优柔寡断。

◐ 爸爸的存在是孩子最强大的精神支柱

爸爸给予孩子梦想和希望

爸爸是孩子的精神支柱,爸爸给了孩子梦想和希望,并教给他实现梦想的方法。爸爸经常激励孩子,可以让孩子对未来充满希望和热情,也让孩子产生自信心和进取心。

孩子通过爸爸学到了道德观和社会性,特别是男孩子,爸爸是自己的榜样,无疑也是自己言行的标准。没有父亲的孩子往往很难融入集体,这是因为在生活中没能学到融入集体的方法,会让孩子形成不合群、腼腆、胆小的性格。

爸爸能完善孩子的人格

父母培养孩子的方式不同,给孩子心理成长带来的影响也不同,培养孩子完善的人格需要爸爸的参与。爸爸每天要抽空陪孩子玩,单独和孩子在一起读书,做游戏,进行各种运动,听孩子讲幼儿园里的故事,这样不仅有利于丰富孩子的情感,还能促进孩子性格的均衡发展,形成完善的人格。

爸爸能激发孩子的潜能

快的话,孩子一般1~2月大的时候就能分辨出爸爸和妈妈了。在妈妈照看孩子的时候,孩子的情绪会比较平静,而当爸爸在身边的时候就会很兴奋好动。

妈妈抱孩子的时候,往往习惯用一种姿势,而爸爸会单手抱,或者把孩子放在肩上,或者干脆倒着抱孩子。

另外，妈妈陪孩子玩的常常是玩具，而爸爸陪孩子玩的则是肢体游戏，带孩子"骑大马""开飞机"，在地板上翻来滚去，让孩子尽情享受肢体游戏的刺激。

爸爸能教会孩子面对危险的方法

爸爸会允许孩子跑得远一点，玩一些冒险的游戏，比起妈妈来，更喜欢在远处注视着孩子。在面对陌生人或环境时，妈妈本能的反应是靠孩子近点才能放心，而爸爸则是退后一步看看孩子会做出什么反应。由此可见，父母培养孩子的方式有所不同，正是这两种不同的教育方式促进了孩子的心智发育。

爸爸会让孩子玩一些冒险的游戏

那些在爸爸的积极照顾下长大的孩子，即使是父母不在身边也不会哭闹，长大后会具有竞争精神和冒险性。

爸爸能让孩子变得独立自由

研究表明，当爸爸积极参与到育儿过程中时，孩子的智商会提高，社会适应力也会增强，孩子逐渐学会克制自己的要求与冲动，变得更加自律。

为人父母并非易事，为了让孩子有一个健康的价值观，父母不仅要为孩子提供物质上的保障，还要做他们精神的支柱。关心孩子，照顾他们的成长，爸爸的爱能够促进孩子的成长。

爸爸能提高孩子的认知能力

父子关系对于孩子的认知能力有着重大的影响。调查结果表明，和爸爸关系亲密的孩子普遍认知能力较强。

5岁前获得的感官和知觉的刺激能影响人的一生。爸爸陪孩子玩各种肢体游戏，讲有意思的故事，一起旅行，这些多种多样的刺激能充分促进孩子大脑的发育。

爸爸能培养孩子的创造性思维

和爸爸一起玩耍能刺激孩子的创造性，培养孩子的创造性思维能力。正是妈妈、爸爸不同的教育方式给了孩子多样的刺激，孩子只有同时受到父母两方面的熏陶，各方面的能力才能得到充分的发挥。

爸爸能提高孩子的语言能力

孩子从咿呀学语开始就已经具备语言构词能力，这时爸爸妈妈各有特点的语言表达方式能进一步促进孩子语言能力的发展。孩子刚开始学话时，爸爸要积极配合孩子咿呀说话，并且把单词多次反复地说给孩子听。

爸爸应经常和孩子说话，即使孩子说不清楚也要听完，爸爸如果能够做到这些，便能有效地促进孩子语言能力的提高。

爸爸可以大声地给孩子朗诵诗歌，或者读童话书，这都是提高孩子语言能力的好方法。一边给孩子读故事，一边模仿里面的动物的叫声和人的语气，这样不仅能够提高孩子的语言能力，还能让孩子获得情感上的提升。

爸爸对孩子人格的影响

和爸爸关系亲密的孩子普遍具有较高的交际能力，在同性和异性交往中都能表现出自信。爸爸对孩子人格的形成起着重要的作用。

爸爸能促进孩子社会性的发展

爸爸可能是孩子唯一能每天见面的成年男性了，这就成为了孩子社会性发展的重要因素。爸爸是孩子与世界相联的通道，孩子通过爸爸学到了正确的职业观和积极的人际关系。

从小就和爸爸很亲密的孩子心理健康，情感丰富，更容易适应新环境，交到新朋友，处事也更积极正面。

爸爸能促进孩子性角色的发展

爸爸是男孩子的榜样，是孩子追寻的偶像，爸爸对孩子人格魅力的形成起着决定性的作用。和爸爸长期分开的男孩子普遍胆小害羞；而女孩也是在和爸爸的相处中产生了对男性的好奇，学会了自然地与异性相处。

和爸爸关系融洽的孩子，能够自信地与人交往

爸爸能够让孩子自信大方地与异性接触

和爸爸关系亲密的孩子不仅在同性交往中信心十足，而且在异性交往中也能自信大方。我们不难发现，一个自信活泼的女孩从小背后就有一个支持她的爸爸。

爸爸能让孩子拥有才干，领导能力强

孩子处事积极，有自信心，很大程度上得益于爸爸的作用。研究表明，如果爸爸给予孩子足够的自由，并且积极地培养孩子，这些孩子会比一般孩子更有才干，有领导能力，有冒险精神，并且更容易理解和接受新事物，在遭遇突发事件时更具有挑战意识。

爸爸能让孩子有效控制情绪和冲动

爸爸对孩子的道德培养有着重大的影响。当爸爸将正面积极的爱展现给孩子的时候，孩子便学会了理解他人，关爱他人。和爸爸关系融洽的孩子不容易出现恐惧心理和罪恶意识，善于控制自己的情绪和冲动。

爸爸能影响孩子的道德观

爸爸及时表扬孩子的正确言行，有利于孩子成长为一个有道德的人。爸爸及时地表扬和激励孩子，有利于孩子辨别是非对错，产生正确的道德标准，爸爸要给孩子做好榜样。如果爸爸要求孩子做个有道德的人，自己却不遵守道德规范，孩子只会感到无所适从。爸爸要铭记：自己是孩子的榜样，是孩子的镜子。

爸爸的激励有助于培养孩子积极的性格

在孩子性格的形成过程中，爸爸的态度起着重要的作用。孩子将爸爸的微笑视为激励与关怀，逐渐产生正面积极的思考方式，在处理人际关系中也能够更好地包容和理解他人。在激励中成长起来的孩子重视个人努力，善于克服困难。

孩子的性格和爸爸的态度息息相关

父母是孩子的镜子，可见孩子受父母影响之深，孩子的性格和爸爸的态度是息息相关的。

漠不关心的爸爸使孩子变得内向

孩子们都渴望父爱，如果爸爸漠视孩子，孩子就会感到失望和情感缺失。不能和爸爸充分沟通的孩子，智力和身体发育会变得迟缓，性格变得很内向，女孩子还会产生异性交往障碍。

过分严格的爸爸使孩子变得被动

苛刻严格的爸爸往往使孩子变得很被动。特别是，如果什么事情都一概不可以、不行，经常听到这样的禁止命令，孩子会变得很畏缩。这样的情况如果一直延续下去，孩子会变得更加胆小，不敢表达自己的想法。

强势的爸爸会使孩子变得委屈

在父亲强权下长大的孩子经常生活在恐惧和不满当中，会越来越委屈。爸爸的严厉管教会使孩子失去自信，充满畏惧感，同时也会无条件地依赖妈妈。特别是当爸爸总是斥责孩子的话，孩子对爸爸就会始终带着负面印象。

溺爱孩子的爸爸会使孩子变得自私

当爸爸过分地宠爱孩子时，孩子在面对困难挫折时会耐心不足，情感上也不成熟，并且依赖心理和自我中心意识很强。无原则地满足孩子要求、溺爱孩子都是不正确的。

过分呵护的爸爸使孩子变得缩手缩脚

面对独生子女，很多家长都容易过分呵护孩子，什么事情都替孩子解决。这种过分

如果经常在小事情上动肝火的话，孩子会感觉到很不安，因此要格外注意

呵护现象，妈妈表现更为突出，带有补偿心理的爸爸往往也会出现过分呵护孩子，或者通过物质满足孩子的倾向。不能让孩子自己解决问题，什么事情都要替孩子出头，或者过分地有求必应，那么孩子只能变得越来越娇气懦弱。

爱动肝火的爸爸使孩子变得言行粗鲁

爱动肝火的爸爸没有逻辑性和一贯性，总是由着自己性子来，孩子没有错却时刻生活在恐怖和愤怒之中。这种事情反复出现，孩子也会变得神经质，言行举止粗野，甚至有可能变成问题少年。

> **Tip**
>
> ## 学做一个好爸爸
>
> "你做好当爸爸的准备了吗？"当有人这样问你的时候，你会怎么回答呢？可能会说害怕，或者还没有准备好吧，但是，做了爸爸才算是真正的男人。
>
> - 可以从漠然和恐怖中摆脱出来。
> - 可以学到同情心、忍耐心、宽容和无私的爱。
> - 可以获得成就感。
> - 能加深亲戚间的纽带关系。
> - 当了爸爸以后会得到不同以往的待遇。
> - 变得更加成熟。

用爸爸的爱来塑造孩子

不要用命令和规则来管制孩子，用爱来塑造孩子吧。因为能打动孩子的不是爸爸的力量和权威，而是爸爸的爱。让我们来仔细了解一下用爱塑造孩子的方法吧。

用榜样来塑造孩子

爸爸让洗手，孩子便听话地跑去洗手，如果自己的孩子也这么听话该多好啊。想要塑造这样的孩子，先要让孩子有一个好的榜样。

好好反省一下自己有没有动不动就冲孩子发火，如果要让孩子高高兴兴地听话，那么就要用积极的话语引导孩子。也就是说，不要用强制的命令方式对待孩子，而是要以身作则地教育孩子。

不要大声斥责孩子

在教育孩子的过程中，包容往往比处罚更有效，但是当看到孩子吃饭磨蹭、欺负弟弟妹妹时，当爸的很难不吼两句。要想避免这种情况，爸爸需要有自制力。

成为彼此的支柱

在以往，当爸爸的要求和孩子的要求出现冲突时，往往是爸爸的要求优先满足。简单来说，就是依靠权利和力量支配孩子，但是如今这种情形被颠倒了过来。嗓门高、力气大的孩子支配了无力的家长，这是因为我们在强权的家长制中长大，因此觉得应该无顾忌地谦让孩子。

为了改正这种弊端，新时代的爸爸需要有所改变，在教育孩子时，要用爱来代替强权。对孩子的爱既不会贬低自己，又不会支配他人，是一种很好的诱导方式。

爱是一种美的教育方式

要想培养孩子的独立性和责任心，爱是秘诀。爱是一种高效率的教育方法，是能敦实父子之情的完美教育方法。从现在起，用爱来引导孩子，你会收到意想不到的效果。

爱能给孩子安全感

假设和孩子一起去游乐场，爸爸在众人面前对孩子嚷："还不快点来，想让爸爸不喜欢你吗？"这样孩子就会很恐惧。"和爸爸一起去游乐场吧，不这样的话爸爸就会觉得失望，因为爸爸喜欢和你一起去啊。"用爱心来说服孩子，这样父子之情才会愈加深厚。

培养有爱心的孩子

假如你带孩子出去吃饭，服务生听错了菜单，这时你会不会说这样的话："怎么还有这样的人，马上解雇！"

相反，如果我们给服务生一点余地，会有什么样的结果呢？然后再对孩子说："谁都会犯错误的，我们笑着告诉叔叔，叔叔也会觉得很抱歉，以后就不会再出现这种情况了。"

爱不会在错误的地方纠缠，这才是教育孩子的最好方式。

只有自重才能关爱他人

我们懂得知足时才能感觉到生活的美好，才能感觉到幸福，周围的人也会在我们的眼中变得善良。相反，当自己感觉不到满足时，即使挣很多钱，在别人眼中过着不错的生活，也会厌恶周围的人和环境。关爱他人的前提，是首先爱自己。

如果你爱自己，在同样的状况下，不是吓唬孩子，而是更加柔和地劝导他，这样孩子会感激爸爸的关爱，反省自己的过失。

爱让我们接受现实，寻找对策

事情不顺利的时候，我们往往是在找借口或者怨天尤人，但是爱会让我们坦然地接受现实，找到对策。

"把玩具都摆在这，让爸爸躺哪儿啊？"不要这样冲着孩子嚷。

"玩具玩过后要放到整理箱里啊，这样下次玩的时候才容易找嘛！"要这样平静地教导孩子，爱不是埋怨而是寻找对策。

不良的视角和恐惧会造成孩子压力过大和学习障碍

与爱相反的表现，比如压制和威胁，会导致孩子形成不良的视角和恐惧，这种恐惧对孩子的影响是致命的。我们每个人都对小时候受过惩罚的事情心有余悸，甚至一听到"把裤子脱下来！"这句话，就会害怕是不是又要受父母责罚了呢？在恐惧中长大的爸爸们如今也无疑是把这种恐惧方式带到了孩子的教育中。

最常见的错误方式之一就是利用奖励和责罚，听话就给买冰激凌，买玩具。孩子们整日担心会不会不给买好吃的了，是不是又不给买玩具了。

和爸爸关系融洽的孩子，能够自信地与人交往

以恐吓为基础的教育方法，在处理孩子的错误时往往喜欢针锋相对，直击要害。总是抨击孩子的错误，会让孩子在无意识中认为自己是个没有用的人。

让孩子在错误中学习

错误在孩子的成长中也有着举足轻重的作用，因为孩子们通过犯错能学到很多东西。因此，孩子犯错误以后，父母没有必要痛加责骂或者担心不已，只是需要注意防止错误反复出现，以致成为习惯。

孩子犯错以后，爸爸给予英明的处理是不无可能的，要让孩子知道通过错误能学到什么东西。

> **Tip**
>
> ## 培养自制力的有效方法
>
> 第一，沉着委婉地告诉孩子你对他们的希望。
>
> 第二，要尊重孩子，才能教育孩子尊重自己。
>
> 第三，让孩子学会果断地拒绝。
>
> 第四，给孩子选择的机会，培养孩子的自尊心、意志力和责任感。
>
> 第五，用积极的态度改变孩子的叛逆心。
>
> 第六，对于情感波动较大的孩子要设法引起他们的共鸣，间接地告诉他们爱的意义。
>
> 第七，对行动的结果做出适当的反应，让孩子能有机会从自己的失误中进行学习。

首先，通过孩子的错误，可以教育孩子分辨安全和危险，而且还能让孩子找到满足自己需求的途径，同时还能让孩子知道什么是对健康有益的，什么是对健康有害的。告诉孩子什么该做什么不该做，通过犯错让孩子知道做事要负责任，要有自制力。

如果觉得这些太难，那我们一起在实际例子中体会一下吧，这样理解起来会更加容易，就像孩子明白了什么是正确的行为，同时也就明白什么是错误的行为。

孩子通过认识到自己的错误行为，进而理解了正确的行为规范，培养了耐性。这些错误对孩子而言是一种沟通的手段，通过爸爸的爱纠正孩子的错误，告诉孩子正确的行为规范，这是重塑孩子的一种教育手段。

善变的孩子需要及时指导和称赞

我们往往会遇到这样的情况，如果让孩子在牛奶和果汁之间选择，那么第一次问孩子时，他说想喝牛奶，等我们拿给他牛奶时，他却说："不喝，我要果汁。"等把果汁端过来了，他又吵着喝牛奶。如此反复几次，脾气再好的爸爸也难免会发火。

但是，理智的爸爸在发火之前会分析一下孩子这样做的原因。孩子一会儿这样一会儿那样，其实是想要支配爸爸和周围的环境。

❶ 孩子使性子的时候，比起训斥，家长理解孩子、倾听孩子的做法更有效

要区分孩子耍脾气是偶尔的，还是习惯性的

如果孩子是无理由地偶尔耍脾气，很有可能是因为一时的压力所引起的。因为孩子在成长过程中受到压力时就会出现退却，这个时候明确指示效果最好。

"看来你是很难取舍吗？这有牛奶，你就喝它吧。"就这样给孩子做出明确的指示。

如果孩子使性子是习惯性的，情况就不一样了。事实上，孩子在调皮使性子时要比乖乖听话时得到的关心照顾会更多。如果已经发展成习惯，爸爸们不能过于心急，应该有耐心。等孩子不知不觉地改掉毛病时，请不要吝啬你的表扬，应通过称赞让孩子区分出正确和错误。

孩子激动使性子的时候，爸爸要试着用孩子的眼光看问题

研究表明，那些在小时候爱激动发脾气的孩子，长大了也不容易控制自己的情绪。那么什么样的时机教给孩子调节控制情绪的方法比较好呢？答案正是孩子耍赖皮、使性子的时候。

孩子使性子、发脾气的时候，不要一味制止，要试着用孩子的眼光看问题，理解孩子。要知道，如果爸爸能站在孩子的立场上，就能够充分理解孩子的处境，进一步地交流感情。

当孩子意识到爸爸对自己的关心时，便会开始反省自己的行为。

真正的共鸣是能倾听孩子的感情和想法，而爸爸的共鸣是给予孩子的最好礼物，这是孩子情感发育的基础，是美满家庭的基石，是幸福生活的保障。

3 适合爸爸和孩子一起玩耍的游戏

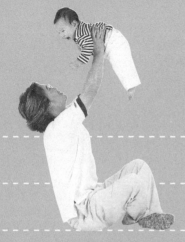

　　肢体游戏能带给孩子积极的刺激。特别是和爸爸一起玩肢体游戏，不仅有助于孩子运动能力的提高，而且可以让父子关系更加亲密。

　　弯腰、跳跃、让孩子坐在肩膀上，通过这些爸爸们特有的肢体游戏可以促进孩子的健康成长。

爸爸和孩子一起玩的**成长游戏**

　　爸爸和孩子一起玩相互接触的肢体游戏，有利于促进孩子的茁壮成长，还有助于增加孩子的安全感，培养孩子丰富的情感。特别是肢体游戏能带动爸爸和孩子的身体互动，对孩子的大脑发育有着重要作用，因此应该积极地陪孩子玩游戏。

和爸爸玩游戏可以促进孩子茁壮成长

▲无论孩子多么喜欢运动游戏，也要注意避免玩过激的游戏。

◀和爸爸一起玩有身体接触的游戏能增加孩子的自信心。

◀因为和爸爸玩的游戏比和妈妈玩的游戏活动性更强、更多花样，因此年龄大些的孩子要经常和爸爸玩耍。

周末和孩子一起洗澡

　　爸爸虽然想天天跟孩子玩，但是平时不一定有时间，建议周末争取和孩子一起洗澡。

　　当然，孩子很小的时候，需要让宝宝在单独的婴儿浴盆内洗澡；孩子稍大一点的时候，可以让孩子和大人一起在浴盆内洗澡。一起洗澡不仅会让孩子和爸爸的关系更加亲密，而且还能促进孩子的情感发育。

　　如果孩子还不能挺起脖子，可

孩子通过和爸爸的肌肤接触，能获得安全感和亲密感

以从侧面抱着宝宝给他洗澡；等宝宝可以挺起脖子时，可以让孩子坐在膝盖上，面对面地给宝宝洗澡。给宝宝擦洗身体时，要一边跟宝宝聊天，一边柔和地擦洗。

换尿布时做的游戏

腹部按摩（6个月以内）

腹部按摩可以起到缓解腹胀和预防便秘的作用。

① 让孩子躺在床上，用手掌轻揉孩子的腹部，注意不要用指端按压宝宝腹部。腹部按摩需要柔和地做3~4分钟。

② 轻轻提起宝宝的双腿，让双腿尽可能地碰到腹部，托住孩子膝盖约3分钟后慢慢地左右摇动。

③ 用孩子的脚掌轻轻地推爸爸胸膛，这样孩子就能有排便便的力气了。

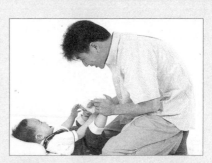

建议 孩子第一次吃母乳以外的食物时，容易出现便秘。这时，腹部按摩能缓解便秘。

拽袜子的游戏

利用给孩子换尿布的机会可以锻炼宝宝的肩部力量和手臂力量，并且可以训练宝宝身体前倾的技能，促进孩子眼睛和手的协调。

① 给宝宝换完尿布之后，爸爸让宝宝躺在床上，把袜子或者新的尿布叼在嘴里，靠近孩子。

② 鼓励宝宝，让宝宝伸手抓袜子（或者尿布），爸爸一边模拟动物的声音，一边假装袜子被宝宝拽走。过一会儿，宝宝拽着袜子荡来荡去，爸爸就要允许宝宝"胜利"了。

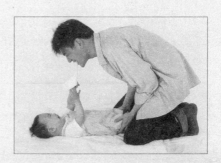

建议 宝宝这个时候刚刚能够起身，因此游戏时，爸爸要用双手托住宝宝的肩膀。

"骑"自行车

像踏车板一样两只脚轮流向前踩，这种运动有利于孩子排便。

① 让宝宝平躺在床上。

② 弯曲宝宝双腿，让宝宝的腿向爸爸的方向展开，模仿骑自行车的动作运动。

③ 让宝宝双腿弯曲着左右运动。

④ 给孩子唱歌："叮铃铃，叮铃铃，自行车来了。"

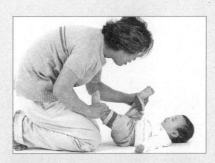

建议 可以增强孩子的腹部肌肉力量，促进排便顺畅。

哄宝宝睡觉时做的游戏

培养孩子的触感（0~2个月大的宝宝）

　　宝宝了解这个崭新的世界不仅是通过眼睛和耳朵，手指的运用也同样重要。通过这个游戏，可以让孩子熟悉新的触感。通过触感，孩子和爸爸的关系会更亲密。这个游戏能让孩子安静下来，帮助孩子入睡。

① 让宝宝侧躺在松软的床上，为了防止宝宝翻向后面，可以在宝宝背上靠一个枕头。

② 和宝宝面对面躺下，然后一一向宝宝介绍触感。让孩子一一触摸爸爸的衬衫、围巾、塑料袋、塑料玩具、凹凸不平的柠檬，给宝宝充分的时间，让他探索和记住这些触感。

③ 让孩子摸摸爸爸的手掌、手指、耳朵、胡子、头发。

建议 为了帮助孩子入睡，这些游戏适宜在光线较暗或者关掉灯的环境来玩。

附录　如何做个好爸爸

让孩子趴在爸爸肚子上睡午觉（3~6个月）

　　孩子睡觉的时候是爸爸最甜美的休息时间了。这时候让宝宝趴在爸爸肚子上睡午觉吧，随着爸爸的肚子一上一下的节奏，孩子很快就能睡着了。孩子会记住爸爸心脏跳动的声音以及呼吸的声音。

① 宝宝淘气、不睡觉闹腾的时候，爸爸抱着孩子轻轻摇晃哄他睡觉。

② 宝宝入睡以后，爸爸抱着宝宝慢慢躺下。

③ 让宝宝趴在爸爸肚子上，爸爸一手扶住孩子的肩膀，一手托住宝宝的屁股，然后再将头侧向一边。

建议 伴随着呼吸，爸爸肚子会一起一伏，这种节奏会促进孩子睡眠。

抓球游戏（出生6个月内的宝宝）

　　通过这个游戏，可以训练孩子视线追踪运动物体的能力，还能训练孩子展开脊背、身体前倾的能力。

① 让宝宝躺在松软的床上。

② 将红色或黑白条纹的小球系在绳子上，爸爸提着绳子，让小球处在宝宝伸手可以够到的高度。

③ 待小球靠近，爸爸吸引宝宝伸手抓小球。宝宝注意小球时，将小球慢慢地左右摇动，让宝宝的视线能跟随小球一起运动。

④ 如果宝宝不看小球，就要暂停动作，待宝宝再次关注小球时，再慢慢地摆动小球。

⑤ 将小球向上稍微提一下，宝宝就必须试图抬起身子才能抓住小球。

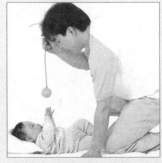

建议 新生儿虽然不能分辨具体的颜色，但是可以分辨明暗。在产后两个月时，宝宝就可以分辨颜色了。

手电筒照明（出生3个月内的宝宝）

这个游戏能够培养宝宝视线跟随物体移动的能力，而且哄着孩子慢慢地做游戏还能起到促进宝宝睡眠的作用。

① 让宝宝侧躺在柔软的床上，关掉灯。

② 打开手电筒，一边哼着歌（或者一边跟宝宝说话），一边用手电筒照房间的角角落落。爸爸让光束慢慢移动，依次照亮宝宝喜欢的玩具，并告诉宝宝玩具的名字。

建议 宝宝两个月以后，利用不同颜色的照明工具做这个游戏会更有意思。

荡秋千（3~8个月大的宝宝）

这个游戏能够培养宝宝的平衡感，让宝宝熟练地根据身体重心的变化移动。

① 爸爸枕着枕头躺下，抬起双腿并弯曲，让宝宝趴在爸爸小腿上，和宝宝面对面，双手抓住宝宝胳膊。

② 爸爸开始左右上下慢慢移动小腿，这时要注意抓牢宝宝，防止宝宝摔下来。

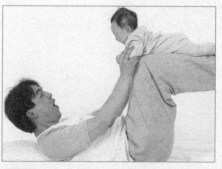

建议 要注意不要将腿抬得太高，防止宝宝摔下来。最好在做游戏时能在地板上铺上柔软的垫子。

开关游戏

通过这个游戏，能让宝宝认识到因果关系。在反复按开关按钮的同时，宝宝也锻炼了手指，为写字、画画、系扣子、拼图等打下基础。

① 给孩子示范如何打开电灯或台灯。

② 让孩子看看关上电灯会是什么样。

建议 注意灯的亮度要适宜，同时要注意避免孩子触电。

宝宝会翻身时适合玩的游戏

抚摸爸爸的脸 (3~4 个月大的宝宝)

　　通过这个游戏可以培养宝宝的运动才能,让宝宝的手更敏捷灵活,还能加深孩子和爸爸的感情。

❶ 让宝宝侧身躺下,爸爸面对宝宝侧身躺下。

❷ 把宝宝的手放到爸爸脸上,让宝宝摸摸爸爸的胡子。

❸ 让宝宝的小手在爸爸脸上抚摸,一边对宝宝说:"让宝宝摸摸爸爸。"边说边让宝宝依次触摸爸爸的头发、眼眉、鼻梁、嘴唇、胡须、下巴,并且告诉宝宝每个部位的名称。

❹ 把宝宝的小手放到爸爸头上,告诉宝宝:"宝宝给爸爸梳梳头发啊。"一边说,一边拿宝宝的小手摸头。

❺ 调换方向,让宝宝用另一只手做相同的游戏。

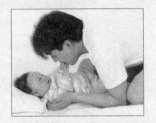

建议 跟宝宝说话时,将打算教给宝宝的单词反复念给他听。

附录
如何做个好爸爸

侧滚翻 (3~6 个月大的宝宝)

　　长毛巾或小毯子可以起到保证安全的作用,可以用小毯子帮助宝宝做侧滚翻的练习。通过这个游戏,宝宝能逐渐掌握分步骤移动身体的能力。

❶ 用小毯子宽松地将宝宝裹好,让宝宝平躺。

❷ 抓住毯子两端,两边依次慢慢提起毯子,带动宝宝身体向左右翻滚,反复几次。

建议 不能把宝宝裹在毯子里扔在一边,宝宝睡着以后要将毯子拿走。

"骑" 毯子 (2~6 个月大的宝宝)

　　这个游戏可以训练宝宝移动身体的能力。作为孩子日后练习爬行的准备,这个游戏能锻炼宝宝抬头和身体前倾的能力。

❶ 将毛毯或褥子铺到地板上,让宝宝趴在毯子上。游戏要等到宝宝抬起头来,呼吸平稳的时候再开始。

❷ 慢慢地将褥子往前后左右拉动,一边说:"预备,走了!"给宝宝掌握平衡的时间,游戏节奏要慢。

建议 玩这个游戏的时候,宝宝需要一个支点,因此可以将毛巾卷好,垫到宝宝胸口下面,也可以放一个小靠垫。

举起宝宝（2~6个月大的宝宝）

这个游戏既可以锻炼孩子的背部肌肉，又能锻炼爸爸的肱二头肌。

❶ 爸爸坐下或站立，双手托住宝宝的腋窝，将宝宝向上举起，然后再将孩子慢慢放下，等孩子的脸靠近爸爸脸时，亲亲宝宝。

❷ 将孩子慢慢举到胸口位置，然后再将孩子举起来，如此反复多次。

建议 做游戏时，要禁止将孩子向上抛，爸爸始终要紧紧抱住孩子。

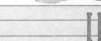

解答爸爸的困惑

Q 4个月大的宝宝，床上竟然有头发，孩子这么小就开始掉头发了吗？

A 宝宝也会脱发，不用担心。4个月的时候，孩子开始脱落胎毛，随之新头发也就长出来了。

Q 爱人希望每周六晚上都能去外面吃饭看电影，可是我一想到要将宝宝交给月嫂就很不放心。

A 只要遵循下面几条原则，将宝宝交给月嫂照看也是不必担心的。首先，如果孩子不满1周岁，要选择有1年以上看护经验的月嫂。如果雇用邻居家的月嫂，一定要先问清楚她上一次所带孩子的父母姓名。

最重要的还是要信任雇用的月嫂，如果不信任月嫂，那么全家即使是出去玩也是没办法尽兴的。

Q 宝宝好像喜欢绵尿布，但是妻子嫌麻烦，固执地坚持给宝宝用纸尿布，因此我们经常吵架。

A 解决方法很简单，如果用绵尿布，那么就由丈夫来做后期工作好了，比如洗尿布、晾尿布、整理尿布等，这样妻子当然不会反对给宝宝用棉尿布了。

Q 妻子在公共场所给孩子喂奶的时候，我觉得很尴尬，干吗不用奶瓶啊？

A 如果妻子不用奶瓶给孩子喂奶，丈夫应该尊重妻子为了孩子健康坚持母乳喂养的决心，而且要帮妻子找一个适合喂奶的场所。妻子喂奶时，站在妻子前面遮挡一下也不失为一个方法。

Q 每次宝宝哭闹或不睡觉的时候，妻子就给孩子喂奶，这样宝宝会不会吃撑，或者会不会变成一个没有规矩的孩子啊？

A 宝宝不安的时候，靠近妈妈怀抱便会感觉到安心。在这个陌生的世界里，小宝宝认识的人只有爸爸妈妈，因此一定要经常抱抱孩子，让孩子嗅到爸爸妈妈的气味。时间久了，孩子就能安心睡觉了，吃奶的时间也就减少了。

宝宝会坐的时侯适合玩的游戏

提起游戏（5~8个月大的宝宝）

通过这个游戏，宝宝的动作会更加敏捷，能够掌握身体失去平衡时马上抓住支撑物的动作要领。

① 如右图所示，让宝宝趴在毯子上。

② 抓住毯子两端，提起两端，使宝宝的上身稍微离开地面。

③ 慢慢移动毯子，教孩子掌握保持重心和身体平衡的方法。

建议 这个游戏要等到宝宝自己能抬头时，至少也是自己会趴着以后再做。

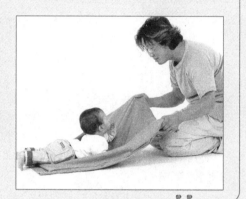

坐飞机（6~24个月大的宝宝）

这个游戏能够锻炼宝宝的腹部和背部肌肉，这样的舒展运动能够让宝宝全身得到伸展，让宝宝舒服享受游戏的乐趣。

① 爸爸躺下，抬起腿，双腿呈90度弯曲。

② 让宝宝趴在弯曲的腿上，和爸爸面对面。

③ 爸爸握住宝宝小手，如飞机展翅般向两边伸展开。

④ 待伸展开宝宝身体之后，腿开始左右上下运动，并且模仿飞机的声音。

建议 最初只是将宝宝放到腿上，帮宝宝伸展身体，等宝宝熟悉以后，爸爸的腿再开始运动。

"骑大马"游戏（6~24个月的宝宝）

通过这个游戏，可以让宝宝熟悉平衡感，锻炼宝宝背部力量，宝宝会更加信任爸爸，体会到爸爸的爱。

① 爸爸双臂支撑趴下。

② 妈妈把宝宝放在爸爸背上。

③ 爸爸以3~5厘米的幅度左右摇动屁股。

④ 这样，当爸爸的重心倾向一边时，宝宝能熟练地将身体向相反的方向移动。

⑤ 游戏结束后，妈妈抱宝宝下来。

建议 要注意不能突然一下子大幅度地晃动。

在爸爸背上做伸展运动（6~24个月大的宝宝）

这个游戏可以增强宝宝脊椎和肌肉的柔韧性，锻炼上身肌肉。

❶ 爸爸坐下来，背起宝宝，让宝宝的肚子冲上，如同躺在爸爸背上一样。

❷ 爸爸抓住宝宝胳膊，上身前后运动，帮助宝宝做伸展运动。

建议 孩子心情不好的时候，把握不住平衡很容易摔下来，因此这个游戏要在宝宝心情好的时候玩。

骑脖子（6个月以上的宝宝）

将宝宝举到高处能带给宝宝更新奇的体验，能扩展宝宝的视野。让在地板上爬的宝宝摸到天花板，摸到屋顶上的挂饰，照镜子看看"长个儿"的自己。"骑脖子"的游戏还能起到加深父子之情的作用。

❶ 让宝宝背向爸爸，然后从后面将宝宝举起。

❷ 让宝宝骑到爸爸肩膀上。

❸ 双手握住宝宝的胳膊，带宝宝四处走走看看。

建议 宝宝既喜欢又害怕骑脖子。如果起初孩子害怕，爸爸要先从较低的高度开始。

教宝宝说话（6个月以上的宝宝）

孩子坐着的时候，可以跟着爸爸妈妈学一些简单的话或者动作。通过这个游戏，宝宝能更快地熟悉语言，也能更快开口叫"爸爸""妈妈"。

❶ 在椅子或地板上跟宝宝面对面坐下。

❷ 对宝宝说："宝贝，'啊'一声给爸爸听听！"宝宝听从爸爸的指示，无论发出什么声音都要鼓励他。

❸ "一""呜""啊"等依次让宝宝跟着学。

建议 孩子学会这些简单的音节后，可以再让宝宝学习较复杂的单音节词。

空中旋转（3~9个月大的宝宝）

宝宝喜欢让爸爸从中间托住自己的身体在空中旋转。通过这个游戏，宝宝能摆正头部、脖子、背部姿势。

❶ 托住宝宝的腋窝，将宝宝举到爸爸肩膀高的位置，然后带宝宝在屋子里转。注意不要吓到宝宝，动作要缓慢。

❷ 宝宝的小脸靠近爸爸时，要给宝宝一个kiss。

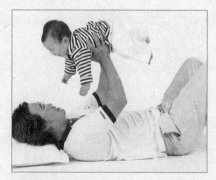

建议 从后面托举宝宝时，要注意不要让宝宝穿过于宽松或过大的衣服，因为衣服太大太宽松的话，爸爸很难抓紧宝宝。

喷水游戏（6~15个月大的宝宝）

这个游戏适合炎热的夏季在海边或公园玩，对开始用奶瓶的孩子也是有帮助的。在这个游戏里，宝宝学会了预测爸爸的行动，而且视线也会随着爸爸而动。

❶ 让宝宝平躺在毯子上。

❷ 在宝宝身边躺下，往宝宝嘴边喷上一点水，待宝宝吸吮完之后，再往嘴边喷上一些。

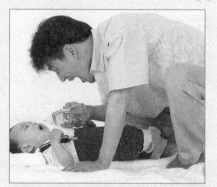

建议 要保证水正好喷入宝宝嘴里，而且每次只喷一点，防止宝宝呛到。

抓球游戏（5~12个月大的宝宝）

这个游戏有助于宝宝掌握前后移动身体重心的方法，和用胳膊支撑身体、防止摔倒的技巧。

❶ 坐在柔软的垫子上，让宝宝坐在爸爸身边，然后将大球放在宝宝面前。

❷ 让宝宝抓住球，然后将宝宝向前推，这时候要在宝宝旁边保护宝宝，防止宝宝受到磕碰。

建议 球越大，对于宝宝学坐就越好。

骑枕头（6~10个月大的宝宝）

让宝宝学会把握重心，不要总是用毛巾拽住他，可以尝试一些比较难的游戏。

① 如右图所示，让宝宝坐在膝盖上面的垫子上。

② 扶住宝宝的上身，然后左右慢慢晃动他。

③ 宝宝倾向一边时，将宝宝扶正到原来的位置。

建议 晃动宝宝的身体可能会让宝宝感到危险，因此一定要稳稳地抱住宝宝，给宝宝安全感。

翻身（4~8个月）

待宝宝脖子有了力气、能够抬头时，便可开始跟宝宝玩翻身的游戏了。翻身游戏可以促进宝宝的肌肉发育，提高宝宝的协调能力。

爸爸躺下后，让宝宝趴在自己肚子上，让宝宝双手能够触到床，然后爸爸抬起肚子，让宝宝能够向一边翻身。动作要慢，保证宝宝安全。

 孩子越重，他所承受的重力就越大。比较胖的孩子，练习翻身要比一般的孩子需要更多的时间。

小摇篮（3~6个月）

这个游戏能够增强宝宝背、颈、肩部的力量，而且能培养孩子的独立意识。

① 找一个大小合适的衣筐，然后铺好毯子，抱宝宝坐进去。

② 给宝宝读故事书，或者跟宝宝一起玩游戏，让宝宝喜欢自己坐着，然后再轻轻地移动衣筐。

 如果担心宝宝坐不稳，怕宝宝翻到后面去的话，爸爸可以在衣筐里再放一个毯子。

1周岁左右玩的游戏

找玩具(8~24个月)

这个游戏有利于提高宝宝的记忆力、求胜心和语言能力，能够培养孩子抓掷物品的运动能力。

① 准备好纸杯和小玩具。

② 让宝宝坐下，用手托住纸杯。

③ 让宝宝将小玩具放入纸杯内。

④ 问宝宝："小玩具跑到哪儿去了？"给宝宝充足的时间思考回答。

 游戏过程中，要防止宝宝吞下小玩具，爸爸要格外留神。

附录

如何做个好爸爸

木琴演奏（10个月以后）

这个游戏有利于提前培养宝宝的音乐鉴赏能力，锻炼宝宝的手指活动能力和听力。

① 做这个游戏，需要准备玩具木琴。

② 让宝宝弹木琴，然后教他分辨高低音调。

 如果没有木琴，可以将矿泉水瓶内装入染色的水，每个瓶子水位各不相同，然后让宝宝用小木棍敲打瓶子做游戏。

和爸爸一起玩球（10个月以后）

通过这个简单的游戏，可以训练宝宝的视线集中力、视线移动能力和手眼协调能力。

① 如右图所示，抱孩子坐下，一手拖着球，保证孩子能够触摸到球。

② 一边托着球移动，一边问宝宝："球在哪儿？"并诱导孩子去触摸球。

③ 上下左右移动球，或者让球围绕宝宝转一圈。

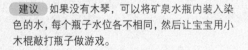

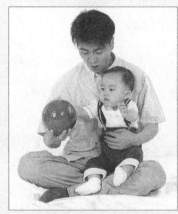

建议 做游戏时也可以用豆豆代替球。

爬"爸爸树"（1周岁大以后）

这个游戏有利于锻炼宝宝的手臂肌肉，而且能加深父子感情。

① 如右图所示，爸爸展开双臂，然后弯曲肘部。

② 孩子双手抓住爸爸的胳膊，双脚离地，呈悬挂姿势。

③ 孩子挂在爸爸的胳膊上，就仿佛在一个大大的"爸爸树"上结了一个小果子。

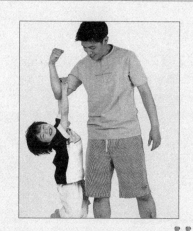

 如果是两个孩子，那么左右手臂一边一个会更有意思。

穿越"爸爸隧道"（1周岁以后）

通过这个游戏，孩子能够产生空间概念，随着"隧道"的大小宽窄变化，让宝宝自动调节身体来通过隧道。

① 爸爸用双臂支撑上身，抬起腰，趴在床上。

② 这样爸爸的肚子和手臂就形成了一条隧道，宝宝要根据隧道的大小、高低来调节身体，通过隧道。

建议 爸爸可以自己调节"隧道"的高低。宝宝通过"隧道"之后，爸爸可以将"隧道"前移，然后游戏继续。

积木游戏（9个月以后）

利用积木，宝宝可以垒城墙、拆城墙、建城堡、玩各种各样的游戏。这个过程中，孩子会学到很多技巧，还可以锻炼手眼协调能力。

① 让宝宝拿起一块积木，然后再放到另一块上面。

② 等积木垒成一堵墙以后，爸爸将墙推倒，让宝宝体会那份轰然倒塌的快乐。

③ 再用积木推成一个斜坡，然后让小汽车从坡顶跑下来。

建议 玩游戏的时候要避免积木碰到宝宝的头。

刚会走路时玩的游戏

乌龟游戏（8~12个月）

背负东西爬行，能锻炼宝宝的身体协调能力，有助于提高宝宝的敏捷性，强化四肢力量。

① 将较轻的枕头或靠垫放到宝宝背上。

② 爸爸坐在宝宝前面，让宝宝向爸爸这边爬。

建议 待宝宝熟悉动作后就可以增加背负物的重量了。

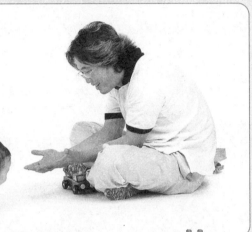

宝宝足球（8~14个月）

足部和球面的接触能让宝宝熟悉触感，踢球时腿部用力，可以锻炼宝宝的下肢肌肉，在眼睛看球、脚踢球的过程中也锻炼了宝宝的眼睛和脚的协调能力。

① 准备好柔软的皮球。

② 如右图所示，爸爸两手扶住宝宝双臂，让宝宝立在地面上，然后带动宝宝身体，帮助宝宝练习踢球。

③ 跟随球移动，反复地玩游戏。

建议 托住宝宝腋窝的时候，手要放在腋窝稍微靠下的地方，减少宝宝的不适。

蹒跚学步（8~14个月）

通过这个游戏，宝宝逐渐产生独自站立的信心了。

① 宝宝坐在前面，爸爸坐在宝宝身后，把毛巾系在宝宝腰上，毛巾要系紧，防止脱落。

② 用毛巾拽住宝宝，然后鼓励宝宝自己站立。这时要保证宝宝双腿的直立，防止后仰。

③ 直到宝宝能够自己站立，爸爸再将毛巾撤掉。

建议 宝宝面向前方，爸爸双腿展开，保护宝宝。

蹒跚学步（10~12个月）

宝宝喜欢穿着爸爸的鞋子学走路。通过这个游戏，宝宝可以掌握平衡感，并且树立独自站立的信心。

❶ 给宝宝穿上爸爸的鞋子，要注意鞋子的间距不能超过宝宝肩膀的宽度。

❷ 宝宝站立的时候，爸爸在后面轻轻扶住宝宝，防止宝宝摔倒。如果宝宝前倾或后仰，爸爸在后面托住宝宝就可以了。

建议 如果鞋子有鞋带，爸爸要给宝宝系上鞋带，防止鞋带绊倒宝宝。

骑马（8~14个月）

通过这个游戏，宝宝可以学会臀部如何用力，并且懂得在站立或坐下时如何移动臀部。特别是宝宝能够学会如何稳稳地坐下，而不是一屁股坐下。

❶ 爸爸趴在地板上。

❷ 妈妈抱宝宝骑在爸爸腰上。

❸ 爸爸抬高屁股，这样宝宝就必须站起来。

❹ 爸爸再慢慢回到原位，让宝宝重新坐下。

建议 为了增加游戏的趣味性，还可以在爸爸的背上放上小球。

"驾车"游戏（6~24个月）

这个游戏有助于宝宝熟练掌握平衡，并且自由地移动身体重心。

❶ 让宝宝坐在方箱子或洗衣筐里。如果宝宝很小的话，就让宝宝坐在椭圆形的小筐里，并用毛巾围住宝宝。

❷ 将小筐放到爸爸膝盖上。

❸ 爸爸一边上下左右晃动腿，一边发出汽车的声音。

❹ 把小筐放到地板上，慢慢地推拉，围着屋子转一圈。

建议 在游戏过程中，为了增加游戏的趣味性和真实性，可以晃动或旋转钥匙，做出发动车子的样子，为宝宝系好"安全带"，中途进加油站加油，等等。

孩子两周岁之后玩的游戏

孩子两岁以后，自我意识形成，爱问问题，而且想做什么就做什么。这个阶段应该努力满足孩子的要求，陪孩子做各种游戏，最好能让孩子充分地放松身心。

这个阶段的孩子好动、好奇心强，可以多尝试一些刺激的、积极的游戏。

这个阶段的游戏变得更加多样化、更加刺激。以前不能玩的简易摔跤、翻越障碍物等游戏，现在都可以做。随着活动范围的扩大，孩子变得越来越勇敢。

木墩游戏是比较合适的游戏之一。准备两个木墩或箱子，然后让孩子两脚分别踏在上面。孩子抬起一只脚，爸爸将孩子脚下的木墩向前移动，然后孩子踏到木墩上，再抬起另一只脚，爸爸再将这只脚下面的木墩向前移动，依此类推，不断前进。如果孩子做得很好，爸爸可以适当地扩大木墩的间距。

通过运动增强孩子的自信心

这个阶段，孩子的身体能跟随意志自由活动，活动范围明显扩大了。一旦孩子们喜欢上和爸爸做运动，就会开始期待与爸爸相处的机会。通过这些肢体游戏，能培养孩子的运动能力，减少孩子的紧张感。如果身体协调能力增强，可以自由地运动，孩子便会获得自信心。

在游戏过程中，爸爸的引导和鼓励是很重要的。

我们是这样培养孩子的
和孩子一起打滚做游戏

宋日摄（教育研究员）

崇尚快乐

我有三个孩子，大孩子和一对龙凤胎。经常有人感慨我带着这么多孩子该多么辛苦，但是我经常这样回应他们，三个孩子，快乐也是三倍的。养育一对龙凤胎有着数不尽的乐趣，同时大孩子不用的衣物他们可以接着用，这也是一种节约。

不仅如此，孩子们虽然很小，但是很懂得互帮互助，爸爸妈妈忙的时候，他们三个就会一起玩，有时还会一起学习，我们做父母的看到这些是很欣慰的。

通过运动游戏，增加了亲密感

三个孩子加上爸爸妈妈一起做游戏是很有意思的。我们有时候会玩老鹰捉小鸡，有时候分组踢足球；或者是躺在床上，大家轮流滚着玩。这样，孩子们玩累了，睡觉也香。

骑自行车

骑自行车、坐学步机都是很好的游戏。通常大孩子骑自行车，两个小家伙坐在学步机上，在客厅里玩捉人的游戏，顿时客厅就变成了孩子们的游乐场。孩子们通过这些日常生活中的游戏，不仅锻炼了身体，而且促进了成长。

转呼拉圈（两周岁以后）

爸爸通过移动呼拉圈增加孩子的运动量，还能培养孩子的空间感，增强孩子的身体协调能力。熟练以后，孩子还可以像跳皮筋那样玩。

❶ 准备一个呼拉圈。

❷ 爸爸站好，一手拿着呼拉圈。

❸ 孩子跑过来，然后跳过呼拉圈。如果做不到，也可以让孩子抬腿迈过去，或者干脆爬过去。

`建议` 随着孩子逐渐掌握技巧，爸爸可以移动呼拉圈，增加游戏的难度。

培养孩子运动能力的"抱抱"游戏

两手环抱

作为最基本的方式，这个游戏能给孩子安全感。

双手环抱孩子，拇指放在宝宝胸前，其他手指托住宝宝的背，这样整体看来就像一件外套将宝宝包裹在两壁之间。这时候要注意不要抓得太紧，手要放在孩子腋窝稍微靠下的部位。

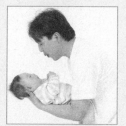

侧抱

宝宝躺着的时候，爸爸轻轻地从侧面抱起宝宝是很舒服的一种抱法。

爸爸双手从孩子腋窝以下将孩子抱起，用手托住宝宝的头部。

放宝宝躺下的时候，爸爸先将孩子侧放在床上，然后再慢慢地让孩子躺下。肩膀靠床后，再让宝宝头着床就可以了。